工业和信息化部“十四五”规划教材
北京理工大学“十四五”规划教材

数学分析

下册

李保奎　闫志忠　沈　良　编

机械工业出版社

本书是“数学分析”课程教材，是为数学类和对数学有较高要求的理工科专业编写的. 全书分上、下两册. 本书是下册，内容包括函数项级数与 Fourier 级数、向量代数与解析几何初步、多元函数的极限和连续性、多元函数微分学、重积分、曲线与曲面积分、微分方程初步.

编者根据北京理工大学大类培养多年的教学实践经验，对数学分析的内容体系给出了新颖的构架，突出了分析学的严谨性、统一性，强化数学基础，同时重视数学分析与不同数学分支和其他学科领域间的交叉融合.

本书适合作为各类高等院校数学类和对数学有较高要求的理工科专业的教材，也可作为高等数学教育的参考教材和自学用书.

图书在版编目（CIP）数据

数学分析. 下册/李保奎，闫志忠，沈良编. —北京：机械工业出版社，2022.9（2023.7 重印）

工业和信息化部“十四五”规划教材

ISBN 978-7-111-71257-2

Ⅰ.①数… Ⅱ.①李…②闫…③沈… Ⅲ.①数学分析-高等学校-教材 Ⅳ.①O17

中国版本图书馆 CIP 数据核字（2022）第 127381 号

机械工业出版社（北京市百万庄大街 22 号　邮政编码 100037）

策划编辑：韩效杰　　　　责任编辑：韩效杰　李　乐

责任校对：潘　蕊　张　薇　封面设计：王　旭

责任印制：常天培

固安县铭成印刷有限公司印刷

2023 年 7 月第 1 版第 2 次印刷

184mm×260mm · 18.5 印张 · 446 千字

标准书号：ISBN 978-7-111-71257-2

定价：59.80 元

电话服务　　　　　　　　网络服务

客服电话：010-88361066　机 工 官 网：www.cmpbook.com

010-88379833　机 工 官 博：weibo.com/cmp1952

010-68326294　金 书 网：www.golden-book.com

封底无防伪标均为盗版　机工教育服务网：www.cmpedu.com

前　言

党的二十大报告指出："育人的根本在于立德. 全面贯彻党的教育方针，落实立德树人根本任务，培养德智体美劳全面发展的社会主义建设者和接班人." 本书在每章设置了视频观看学习任务，帮助学生形成辩证唯物主义世界观和方法论；培养学生对中国文化的自信心，激发学生对国家的认同感和自豪感，强化学生的责任意识、大局意识；激发学生爱国热情和民族自信心；培养学生坚持不懈，不怕困难的品质；培养学生严谨的思维和实事求是的科学态度.

促进数学发展的力量一方面是自身矛盾运动产生的内部力量，另一方面是由人类社会实践所产生的外部力量，在内外两股力量的驱动下，数学正以前所未有的发展速度影响着各行各业. 数学分析是以极限为工具来研究实值函数的一门课程，又称为高级微积分. 微积分从萌芽到发展经历了一个漫长的时期，被称为人类思维的最伟大的成果之一，是一颗光辉灿烂的明珠. 数学分析是现代数学以及其他专业最重要的基础，如果把数学比喻成一个王国的话，那么数学分析就是这个王国的基础语言. 随着人工智能、信息科技、科学计算以及金融数学的飞速发展，数学分析的思想和方法几乎渗入现代科技的所有领域，越来越多的行业迫切需要高深的现代数学知识，而要运用数学来创造高技术，就必须掌握好数学分析这一重要的数学王国语言. 现代科学技术正在由工程层面的创新转化为基础理论层面的研究，而基础理论层面的研究需要抽象思维、逻辑推理、科学计算和空间想象等能力. 与其他学科相比，数学分析集中体现了这些能力的培养. 当今谁能占领数学最高地，谁就能占领技术的最高地. 数学在现代技术进步中扮演着越来越重要的角色.

数学分析的创立始于 17 世纪以牛顿和莱布尼茨为代表的开创性工作，而完成于 19 世纪以柯西和魏尔斯特拉斯为代表的奠基性工作. 经过两三百年的努力，数学分析的理论框架已经相当完美. 尽管国内外已经出版的数学分析、高等数学、微积分教材为数颇多，但针对各类院校的教学实际和要求，对于教材的编排和内容设置，也仁者见仁，智者见智.

从 2018 年实施大类培养以来，北京理工大学徐特立书院、精工书院、求是书院以及对数学有较高要求的理工科学生都选修数学分析课程，人数成倍增加. 因此，编写一套适合当前大类培养需求，符合教师和学生使用要求的教材有着重要的意义. 本书是我们几位北京理工大学数学与统计学院的教师根据大类培养教学内容和课程体系改革的要求，结合自身的教学实践编写的数学分析教材. 我们编写此书的想法如下：

第一，注重教材体系完整和严谨，保证整体内容和思想上的紧凑、统一，强化数学基础，以简单、平实、自然的语言来介绍数学分析的基本知识，而不是以近代数学（集合论、拓扑、测度论、微分流形）的语言来表述，力求让读者容易理解数学分析的基本完整理论体系.

(1) 首先对数学分析的内容脉络做了梳理，把集合→自然数→实数→极限→连续→微分→积分的联系讲清楚，让初学者体会数学的严谨性，知道先讲集合这样安排的目的. 此外，采用戴德金分割来定义实数，而不是将实数表示为一个无限小数，虽然用无限小数定义比较直观，但缺乏数学的严格性.

(2) 同一个研究对象的内容放在一起，例如：对于数列，我们把描述实数集完备性的各种命题，包括单调有界数列必收敛、闭区间套定理、波尔查诺-魏尔斯特拉斯定理、数列柯西收敛原理放在数列极限章节中，数项级数与数列极限放在一起；对于函数，把上下极限、海涅定理、函数柯西收敛原理、一致连续这些内容放在函数极限和连续函数章节，使这些命题与其直接对象和概念衔接在一起. 这样处理的好处是内容紧凑，不会让读者感到分散凌乱.

(3) 由于一些数学概念，例如方向导数，不同的教材和参考书中有不同的定义形式和描述形式，学生很容易在学习过程中产生困惑，因此对于概念的引入和定义，本书采用多种定义方式. 教学实践表明，这样做直观易懂，使得学生对概念的理解更透彻，且在看其他参考书时易于融会贯通.

(4) 对形异实同的教学内容进行统一化处理. 例如，24 种函数极限的统一表述. 对形同实异的内容进行比较处理. 例如，一致连续和柯西收敛原理的区别和联系.

第二，重视培养学生在抽象思维、逻辑推理、空间想象、科学计算等诸方面的数学能力，加强书中内容与其他学科领域的交叉融合. 在篇幅允许的前提下，书中通过与其他学科密切相关的典型例题的引入，介绍了数学分析与其他学科专业（物理、力学、化学、材料、生物、航空航天、计算机、经济、机电、机械）的联系，为其他工科专业提供现代数学的接口，开拓学生的视野，加强数学模型的思想和训练，增加应用实践能力，并且使得读者理解自然现象一直是数学发展的重要源泉.

第三，插入有关的数学史和辩证的数学思想，以“人物注记”和“历史注记”的栏目形式，把数学内容和历史事实以及科学家的一些评述附在栏目当中，这样做的好处是多方面的：①学生能够从历史和数学家的思想和精神中得到激励与启发，调动学生学习数学的兴趣，同时也将思政元素自然地融入教材和课堂教学中；②从数学史的角度来学习数学分析，能够让学生了解数学发展的概貌，提升综合科学素养，感悟数学的魅力，从而能够俯视数学王国；③抽象的数学内容体现了辩证的人生哲理，将数学分析与人生哲理有机地结合在一起.

第四，本书与线上乐学、慕课（MOOC）资源相结合，配套有可供手机或者计算机观看的乐学平台课程和数学分析慕课，综合运用这些线上资源实现读者和作者的全方位交流. 借助这种线上资源，可以学会在乐学平台提问题并得以及时解决.

第五，与国内一般高等数学、微积分教材相比，本书对随着计算机的发展而日益淡化的内容（如函数作图、复杂的积分技巧）进行了适度淡化，而对日益重要的数值微分、数值积分、傅里叶变换和微分方程（包括偏微分方程）进行了适当加强. 与传统的数学分析教材相比，本书增加了与其他学科密切相关的解析几何、线性代数和微分方程（包括偏微分方程）章节.

第六，权衡内容取舍以及斟酌讲述重点，凡属于分析学中的基本概念、基本理论，书中不惜篇幅和笔墨，讲深，讲通俗.

全书分为上下两册. 本书为下册，由李保奎、闫志忠、沈良编写. 其中，闫志忠编写第 8、9、13 章，李保奎编写第 11、12 章，沈良编写第 7、10 章.

本书的完成得到了众多支持和无私帮助，在此，我们对大家的帮助表示衷心的感谢！鉴于我们的水平有限，书中难免有错误或不妥之处，恳请广大读者批评指正.

目　录

第 7 章 函数项级数与Fourier级数

本章讨论函数项级数的求和问题以及它的反问题——函数的级数展开. 首先介绍函数项级数的收敛性及求和问题，然后介绍函数的幂级数展开及 Fourier(傅里叶)级数展开.

7.1 函数列的一致收敛性

7.1.1 一致收敛的定义

一列函数

$$f_1(x),\ f_2(x),\ \cdots,\ f_n(x),\cdots$$

称为一个函数列，记为$\{f_n(x)\}$. 对一个函数列，我们关心当 n 趋于无穷时$f_n(x)$的极限行为. 给定点 x_0，如果$\{f_n(x)\}$在点 x_0 处有定义且数列$\{f_n(x_0)\}$有极限，则称函数列在 x_0 处收敛，此时 x_0 称为该函数列的收敛点. 全体收敛点构成的集合称为函数列$\{f_n(x)\}$的收敛域.

在收敛域上，不同点处的极限值构成一个新的函数$f(x)$，称为$\{f_n(x)\}$的极限函数，即

$$f(x)=\lim_{n\to\infty} f_n(x).$$

当函数$f_n(x)$具有好的性质时(例如连续性、可积性、可导性等)，这种性质是否能保持到极限函数$f(x)$呢？一般来说，当$f_n(x)$在有些点处收敛到极限函数$f(x)$的速度过于慢时，极限函数会表现出一些不好的性质. 例如以下的几个例子. 首先来看连续性.

例 7.1.1 设函数列 $f_n(x)=\dfrac{1}{(1+x^2)^n}$，$n=1,2,\cdots$，其极限函数为

$$f(x)=\begin{cases}0, & x\neq 0,\\ 1, & x=0.\end{cases}$$

函数列$\{f_n(x)\}$中的每一个函数都在 $x=0$ 处连续，但其极限函数$f(x)$在 $x=0$ 处不连续.

一列函数即使都可积，它的极限函数仍可能不可积.

例 7.1.2　设

$$f_n(x)=\begin{cases}1, & 当\ x=\dfrac{k}{n!},\ 其中\ k\in\mathbf{Z},\\ 0, & 其他情形.\end{cases}$$

函数$f_n(x)$在$[0,1]$上只有有限个间断点，所以在$[0,1]$上可积. 而极限函数

$$f(x)=\begin{cases}1, & x\in\mathbf{Q},\\ 0, & x\notin\mathbf{Q}\end{cases}$$

为 Dirichlet(狄利克雷)函数，在$[0,1]$上不可积.

此外，即使极限函数具有可积性，函数列的积分值也不一定收敛到极限函数的积分值.

例 7.1.3　考虑$(0,1)$上的函数列$f_n(x)=nx^{n-1}$，$n=1,2,\cdots$，其极限函数为$f(x)=0$. 积分值

$$\int_0^1 f_n(x)\,\mathrm{d}x=1,\quad \int_0^1 f(x)\,\mathrm{d}x=0.$$

所以

$$\lim_{n\to\infty}\int_0^1 f_n(x)\,\mathrm{d}x\neq\int_0^1 f(x)\,\mathrm{d}x.$$

下面再观察可导性. 一列函数即使都有导数，它的极限函数仍可能不可导.

例 7.1.4　设$f_n(x)=x\arctan nx$，$n=1,2,\cdots$，极限函数为$f(x)=\dfrac{\pi}{2}|x|$. 每个函数$f_n(x)$都有导函数

$$f_n'(x)=\arctan nx+\frac{nx}{1+(nx)^2},$$

但$f_n(x)$的极限函数$f(x)$在$x=0$处不可导. 注意这里导函数列$f_n'(x)$当n趋于无穷时处处收敛.

类似地，即使极限函数具有可导性，函数列的导数值也不一定收敛到极限函数的导数值.

例 7.1.5　设$f_n(x)=\dfrac{\sin nx}{\sqrt{n}}$，$n=1,2,\cdots$，极限函数为$f(x)=0$. 函数$f_n(x)$的导函数为

$$f_n'(x)=\sqrt{n}\cos nx.$$

容易看出$f_n'(x)$在$x=2\pi$处不收敛，因此该函数列的导函数不收敛于极限函数的导函数.

为了保证极限函数能保持函数列中函数的性质，我们对不同

点处的收敛速度做些约束，让它们具有某种"一致性"．为此我们引入以下重要的概念.

定义 7.1.1　设函数列 $f_n(x)$，$n=1,2,\cdots$ 在集合 $I\subset\mathbf{R}$ 上收敛到极限函数 $f(x)$．若对于 $\forall\varepsilon>0$，存在 $N\in\mathbf{N}$，当 $n>N$ 时，对一切 $x\in I$，有

$$|f_n(x)-f(x)|<\varepsilon,$$

则称 $\{f_n(x)\}$ 在 I 上一致收敛于 $f(x)$.

上述定义中的一致性体现在 N 只依赖于 ε，而不依赖于点 $x\in I$. 从几何上来看，当 $n>N$ 时，$f_n(x)$ 的图像整个地落在了函数 $f(x)-\varepsilon$ 与 $f(x)+\varepsilon$ 的图像之间.

若函数列 $\{f_n(x)\}$ 在集合 I 的任何一个闭子区间上一致收敛，则称 $\{f_n(x)\}$ 在 I 上内闭一致收敛.

例 7.1.6　证明函数列 $f_n(x)=x^n$，$n=1,2,\cdots$ 在 $(-1,1)$ 不一致收敛，但内闭一致收敛.

证明：极限函数为 $f(x)=\lim\limits_{n\to\infty}f_n(x)=0$，$x\in(-1,1)$．首先证明 $f_n(x)$ 在 $(-1,1)$ 上不一致收敛．事实上，由于

$$|f_n(x)-f(x)|=|x|^n,$$

对于任给的 $\varepsilon>0$，不论正整数 n 取多么大，总存在 $x\in(-1,1)$，使得 $|x|^n>\varepsilon$．即找不到定义要求的 N，所以 $\{f_n(x)\}$ 在 $(-1,1)$ 上不一致收敛.

下面证明 $f_n(x)$ 在 $(-1,1)$ 内闭一致收敛．等价地，我们只需要证明对任意的 $0<r<1$，$f_n(x)$ 在 $(-r,r)$ 内一致收敛．注意到

$$|f_n(x)-f(x)|=|x|^n<r^n,$$

对于任给的 $\varepsilon>0$，当 n 充分大时，有 $r^n<\varepsilon$，即有

$$|f_n(x)-f(x)|<\varepsilon.$$

所以 $f_n(x)$ 在 $(-r,r)$ 内一致收敛.

7.1.2 一致收敛的判别

由一致收敛的定义，可以得到以下方便使用的判别方法．证明请读者自己给出.

定理 7.1.1　设函数列 $\{f_n(x)\}$ 在 I 上一致收敛到 $f(x)$ 的充分必要条件是 $\lim\limits_{n\to\infty}\sup\limits_{x\in I}\{|f_n(x)-f(x)|\}=0$.

由以上判别方法，如果有一列特殊选取的点 x_n，使得

$|f_n(x_n)-f(x_n)|$有正的下界，则函数列$\{f_n(x)\}$在I上不一致收敛到$f(x)$.

由以上判别方法，我们也可以得到常用的 Weierstrass(魏尔斯特拉斯)判别法.

推论(Weierstrass 判别法) 设集合I上定义的函数列$\{f_n(x)\}$及函数$f(x)$满足：

$$|f_n(x)-f(x)|\leqslant M_n,\qquad \forall x\in I,$$

其中M_n为趋于 0 的序列，则$\{f_n(x)\}$在I上一致收敛到$f(x)$.

例 7.1.7 证明：函数列$f_n(x)=x^n(1-x)^n$在$(0,1)$内一致收敛.

证明：极限函数$f(x)=0$. 由于

$$|x^n(1-x)^n-0|\leqslant\frac{1}{2^n},\qquad \forall x\in(0,1),$$

而$\frac{1}{2^n}$为趋于 0 的序列，由 Weierstrass 判别法，$f_n(x)$在$(0,1)$内一致收敛.

例 7.1.8 讨论函数列$f_n(x)=\sin\frac{x}{n}$在$(-\infty,+\infty)$以及有限区间(a,b)的一致收敛性.

解：首先极限函数$f(x)=0$. 为讨论$f_n(x)$的一致收敛性，由定理 7.1.1，我们只需观察$\sup\{|f_n(x)-f(x)|\}$的极限是否为 0. 容易看出，对给的n,

$$\sup_{x\in(-\infty,+\infty)}\left\{\left|\sin\frac{x}{n}-0\right|\right\}=1.$$

所以$f_n(x)$在$(-\infty,+\infty)$上不一致收敛.

而在有限区间(a,b)上，当n充分大时，有

$$\left|\sin\frac{x}{n}-0\right|\leqslant\frac{|x|}{n}\leqslant\frac{\max\{|a|,|b|\}}{n}\to 0,$$

由 Weierstrass 判别法，$f_n(x)$在有限区间(a,b)上一致收敛.

类似于数列情形的 Cauchy(柯西)收敛原理，关于函数列的一致收敛性，我们也有 Cauchy 收敛原理.

定理 7.1.2(Cauchy 收敛原理) 函数列$\{f_n(x)\}$在I上一致收敛的充分必要条件是：对于$\forall\varepsilon>0$，存在$N\in\mathbf{N}$，当n，$m>N$时，对一切$x\in I$，有

$$|f_n(x)-f_m(x)|<\varepsilon.$$

证明：必要性．函数列 $f_n(x)$ 在 I 上一致收敛，设极限函数为 $f(x)$．对于 $\forall\varepsilon>0$，存在 $N\in\mathbf{N}$，当 $n>N$ 时，对于 $\forall x\in I$，有

$$|f_n(x)-f(x)|<\frac{\varepsilon}{2}.$$

因此当 n，$m>N$ 时，对于 $\forall x\in I$，有

$$|f_n(x)-f_m(x)|\leqslant|f_n(x)-f(x)|+|f_m(x)-f(x)|<\varepsilon.$$

充分性. 由已知条件，对于 $\forall\varepsilon>0$，存在 $N\in\mathbf{N}$，当 n，$m>N$ 时，对一切 $x\in I$，有

$$|f_n(x)-f_m(x)|<\varepsilon.$$

对每个固定的 $x\in I$，由 Cauchy 收敛原理知，数列 $\{f_n(x)\}$ 收敛，设其极限为 $f(x)$．在 $|f_n(x)-f_m(x)|<\varepsilon$ 中令 $m\to\infty$，得

$$|f_n(x)-f(x)|\leqslant\varepsilon$$

对一切 $n>N$ 及 $x\in I$ 成立，这说明函数列 $f_n(x)$ 在 I 上一致收敛.

7.1.3 一致收敛的性质

一个函数列如果仅仅是逐点收敛的，即使这列函数具有很好的性质(例如连续性、可积性、可导性)，它的极限函数也不一定会有这些好的性质. 但如果函数本身或者它的导函数构成的函数列具有一致收敛性，则可以证明它的极限函数具有良好的性质. 首先来看连续性.

定理 7.1.3　设函数列 $f_n(x)$ 在 $[a,b]$ 上一致收敛到函数 $f(x)$，若 $f_n(x)$ 为 $[a,b]$ 上的连续函数，则 $f(x)$ 也为 $[a,b]$ 上的连续函数.

证明：由于 $f_n(x)$ 在 $[a,b]$ 上一致收敛到 $f(x)$，对于 $\forall\varepsilon>0$，存在 $N\in\mathbf{N}$，当 $n>N$ 时，有

$$|f_n(x)-f(x)|<\varepsilon,\qquad \forall x\in[a,b].$$

任给 $x_0\in[a,b]$，下面证明 $f(x)$ 在 x_0 处连续. 取定 $n_0=N+1$，由于 $f_{n_0}(x)$ 在 x_0 连续，存在 $\delta>0$，当 $x\in U(x_0,\delta)\cap[a,b]$ 时，有

$$|f_{n_0}(x)-f_{n_0}(x_0)|<\varepsilon.$$

因此当 $x\in U(x_0,\delta)\cap[a,b]$ 时，有

$$\begin{aligned}&|f(x)-f(x_0)|\\ \leqslant&|f(x)-f_{n_0}(x)|+|f_{n_0}(x)-f_{n_0}(x_0)|+|f_{n_0}(x_0)-f(x_0)|\\ <&3\varepsilon.\end{aligned}$$

所以 $f(x)$ 在 x_0 处连续.

再来看可积性. 下面定理说明，一致收敛性保证积分和极限可交换.

定理 7.1.4 设函数列$f_n(x)$在$[a,b]$上一致收敛到函数$f(x)$，若$f_n(x)$在$[a,b]$上可积，则$f(x)$在$[a,b]$上可积，且

$$\int_a^b f(x)\,\mathrm{d}x=\lim_{n\to\infty}\int_a^b f_n(x)\,\mathrm{d}x.$$

证明： 由于$f_n(x)$在$[a,b]$上一致收敛到$f(x)$，对$\forall\varepsilon>0$，存在$N\in\mathbf{N}$，当$n>N$时，有

$$|f_n(x)-f(x)|<\varepsilon,\quad \forall x\in[a,b].$$

取定$n_0=N+1$，则$f_{n_0}(x)$满足上式. 由$f_{n_0}(x)$在$[a,b]$上可积，存在$[a,b]$的分割T，使得小区间上的振幅满足

$$\sum_{i=1}^{n}\omega_i(f_{n_0})\Delta x_i<\varepsilon.$$

注意到

$$|f(x')-f(x'')|\leqslant|f(x')-f_{n_0}(x')|+|f_{n_0}(x')-f_{n_0}(x'')|+|f_{n_0}(x'')-f(x'')|,$$

所以$\omega_i(f)\leqslant\omega_i(f_{n_0})+2\varepsilon$. 因此对上述分割$T$，我们有

$$\sum_{i=1}^{n}\omega_i(f)\Delta x_i\leqslant\sum_{i=1}^{n}\omega_i(f_{n_0})\Delta x_i+2\varepsilon(b-a)<(1+2(b-a))\varepsilon.$$

这证明了$f(x)$在$[a,b]$上可积. 另外，当$n>N$时，有

$$\left|\int_a^b f_n(x)\,\mathrm{d}x-\int_a^b f(x)\,\mathrm{d}x\right|\leqslant\int_a^b|f_n(x)-f(x)|\,\mathrm{d}x\leqslant(b-a)\varepsilon.$$

因此有

$$\lim_{n\to\infty}\int_a^b f_n(x)\,\mathrm{d}x=\int_a^b f(x)\,\mathrm{d}x.$$

证毕.

最后来看可导性.

定理 7.1.5 设函数$f_n(x)$在有限区间(a,b)上可导，且在某个点x_0处极限$\lim\limits_{n\to\infty}f_n(x_0)$存在. 若导函数列$f_n'(x)$在$(a,b)$上一致收敛，则函数列$f_n(x)$在$(a,b)$上一致收敛，且极限函数可导，满足

$$\frac{\mathrm{d}}{\mathrm{d}x}\left(\lim_{n\to\infty}f_n(x)\right)=\lim_{n\to\infty}\frac{\mathrm{d}}{\mathrm{d}x}f_n(x).$$

注 上述定理假定$f_n(x)$至少在一个点处有极限是必要的，由于同一个函数的原函数可以相差一个常数.

证明： 已知$\lim\limits_{n\to\infty}f_n(x_0)$存在且$f'_n(x)$在$(a,b)$上一致收敛，由Cauchy 收敛原理，对于$\forall\varepsilon>0$，存在$N\in\mathbf{N}$，当$n>m\geqslant N$时，有

$$|f_n(x_0)-f_m(x_0)|<\varepsilon,$$

以及

$$|f'_n(x)-f'_m(x)|<\varepsilon,\quad \forall x\in(a,b).$$

因此对于 $\forall x\in[a,b]$，得

$$\begin{aligned}&|f_n(x)-f_m(x)|\\ \leqslant&|(f_n(x)-f_m(x))-(f_n(x_0)-f_m(x_0))|+|f_n(x_0)-f_m(x_0)|\\ \leqslant&(b-a)\varepsilon+\varepsilon.\end{aligned}$$

这里不等式中第一项对函数 $f_n(x)-f_m(x)$ 利用了 Lagrange（拉格朗日）中值定理. 由 Cauchy 收敛原理知 $f_n(x)$ 在 (a,b) 上一致收敛.

设 $f_n(x)$ 的极限函数为 $f(x)$，导函数列 $f'_n(x)$ 的极限函数为 $g(x)$. 任给 $c\in(a,b)$，下面证明 $f(x)$ 在 c 上可导，且满足 $f'(c)=g(c)$. 令

$$h_n(x)=\begin{cases}\dfrac{f_n(x)-f_n(c)}{x-c}, & x\neq c,\\ f'_n(c), & x=c.\end{cases}$$

则 $h_n(x)$ 在 (a,b) 上连续. 对于 $x\neq c$，

$$\begin{aligned}|h_n(x)-h_m(x)|&=\frac{1}{|x-c|}|(f_n(x)-f_m(x))-(f_n(c)-f_m(c))|\\&=|f'_n(\xi)-f'_m(\xi)|.\end{aligned}$$

其中 ξ 介于 x 与 c 之间，这里对函数 $f_n(x)-f_m(x)$ 利用了 Lagrange 中值定理. 由 $f'_n(x)$ 在 (a,b) 一致收敛，得 $h_n(x)$ 在 $(a,b)\setminus\{c\}$ 上一致收敛. 而 $h_n(x)$ 在 $x=c$ 处收敛，因此 $h_n(x)$ 在 (a,b) 上一致收敛. 其极限函数为

$$h(x)=\begin{cases}\dfrac{f(x)-f(c)}{x-c}, & x\neq c,\\ g(c), & x=c.\end{cases}$$

由定理 7.1.3，极限函数 $h(x)$ 连续，从而 $f(x)$ 在 c 上可导，且 $f'(c)=g(c)$.

上述定理中的区间 (a,b) 不能改为无穷区间. 例如函数列 $f_n(x)=\sin\dfrac{x}{n}$. 它在 $(-\infty,+\infty)$ 上处处收敛到 0，它的导函数列 $f'_n(x)=\dfrac{1}{n}\cos\dfrac{x}{n}$ 在 $(-\infty,+\infty)$ 上一致收敛，但 $f_n(x)$ 在 $(-\infty,+\infty)$ 上不一致收敛.

习题 7.1

1. 讨论下列函数列在给定区间上的一致收敛性：

(1) $f_n(x)=x(1-x)^n,\quad x\in[0,1]$；

(2) $f_n(x)=\dfrac{x^2+nx}{n}$，① $x\in(-\infty,+\infty)$，② $x\in[a,b]$；

(3) $f_n(x)=n^2\mathrm{e}^{-nx^2},\quad x\in[a,+\infty)$，这里 $a>0$；

(4) $f_n(x)=\dfrac{x^2}{x^2+(1-nx)^2}$, $x\in[0,1]$;

(5) $f_n(x)=nxe^{-nx^2}$, ①$x\in[0,1]$, ②$x\in(-\infty,+\infty)$;

(6) $f_n(x)=\sin\dfrac{x}{n^n}$, ①$x\in(-\infty,+\infty)$, ②$x\in[a,b]$;

(7) $f_n(x)=(\sin x)^{\frac{1}{n}}$, ①$x\in(0,\pi)$,

②$x\in[\delta,\pi-\delta]\left(\dfrac{\pi}{2}>\delta>0\right)$;

(8) $f_n(x)=\ln\left(1+\dfrac{x^2}{n^2}\right)$, ①$x\in(-\infty,+\infty)$,

②$x\in[-a,a](a>0)$;

(9) $f_n(x)=\dfrac{n\sin\dfrac{x}{n}}{x}$, $x\in(0,1)$;

(10) $f_n(x)=\dfrac{x^n}{n!}$, $x\in[-a,a](a>0)$.

2. 证明$f_n(x)=\left(1+\dfrac{x}{n}\right)^n$在$[0,1]$上一致收敛,而在$[0,+\infty)$上不一致收敛.

3. 设连续函数列$\{f_n(x)\}$在$[a,b]$上一致收敛到函数$f(x)$,再设$f(x)$在$[a,b]$上无零点. 证明:存在$N\in\mathbf{N}$,当$n>N$时,$f_n(x)$在$[a,b]$也没有零点.

4. 设连续函数列$\{f_n(x)\}$在区间$[0,1]$上一致收敛,证明$\{e^{f_n(x)}\}$在$[0,1]$上也一致收敛.

5. 设函数$f_n(x)(n=1,2,\cdots)$在$[a,b]$上连续并且$\{f_n(x)\}$在(a,b)内一致收敛,证明$\{f_n(x)\}$在$[a,b]$一致收敛.

6. 设函数列$\{f_n(x)\}$在区间I上一致收敛到函数$f(x)$,函数列$\{g_n(x)\}$在区间I上一致收敛到函数$g(x)$. 设$f_n(x)$和$g_n(x)$ $(n=1,2,\cdots)$均是一致有界的. 证明$f_n(x)g_n(x)$在区间I上一致收敛到函数$f(x)g(x)$.

7. 设$f_n(x)=\dfrac{1}{n}e^{-n^2x^2}$ $(n=1,2,\cdots)$,证明在$(-\infty,+\infty)$上,

(1) $\{f_n(x)\}$一致收敛到0;

(2) $\{f_n'(x)\}$处处收敛到0,但不是一致收敛.

8. 已知$\{f_n(x)\}$为$[0,1]$上的连续函数列,收敛到函数$f(x)$. 证明$\{f_n(x)\}$在$[0,1]$上一致收敛的充分必要条件是$\{f_n(x)\}$在$[0,1]$上是等度连续的:即对于$\forall\varepsilon>0$,$\exists\delta>0$,当x_1,$x_2\in[0,1]$且$|x_1-x_2|<\delta$时,对$\forall n\geqslant1$,有$|f_n(x_1)-f_n(x_2)|<\varepsilon$.

7.2 函数项级数的一致收敛性

7.2.1 一致收敛的定义

一列函数求和构成的级数$\sum\limits_{n=1}^{\infty}u_n(x)$称为一个函数项级数. 当$x$取定一个点$x_0$时,函数项级数变为数项级数. 我们关心当$n$趋于无穷时级数$\sum\limits_{n=1}^{\infty}u_n(x)$的敛散性及它的和. 考虑部分和构成的函数

$$S_n(x)=\sum_{k=1}^{n}u_k(x)\quad(n=1,2,\cdots).$$

若数列$\{S_n(x)\}$在x_0处收敛,则称$\sum\limits_{n=1}^{\infty}u_n(x)$在$x_0$处收敛,$x_0$称为$\sum\limits_{n=1}^{\infty}u_n(x)$的一个收敛点. 收敛点的全体称为$\sum\limits_{n=1}^{\infty}u_n(x)$的收敛域. 在收敛域上,可以谈论函数项级数的和函数,记为

$$S(x)=\sum_{n=1}^{\infty} u_n(x).$$

从定义来看，函数项级数 $\sum_{n=1}^{\infty} u_n(x)$ 的敛散性转化为了部分和函数列 $\{S_n(x)\}$ 的敛散性. 因此，我们可以借助上一节函数列的敛散性及极限函数的性质来研究函数项级数的敛散性及和函数的性质. 反过来，对一个函数列 $\{f_n(x)\}$，它的敛散性也可转化为函数项级数 $\sum_{n=1}^{\infty}(f_n(x)-f_{n-1}(x))$ 的敛散性问题.

例 7.2.1　函数项级数

$$\sum_{n=0}^{\infty} x^n = 1 + x + x^2 + \cdots$$

的收敛域为 $(-1,1)$，和函数

$$S(x)=\lim_{n\to\infty} S_n(x)=\lim_{n\to\infty}\frac{1-x^n}{1-x}=\frac{1}{1-x}.$$

例 7.2.2　函数项级数 $\sum_{n=1}^{\infty}\frac{1}{n^x}$ 的收敛域为 $(1,\infty)$，和函数即 Riemann zeta(黎曼 ζ) 函数 $\zeta(x)$，$x>1$.

函数项级数 $\sum_{n=1}^{\infty} u_n(x)$ 在集合 I 上的一致收敛性定义为部分和函数列 $\{S_n(x)\}$ 在 I 上的一致收敛性，即我们有以下定义.

定义 7.2.1　设 $\sum_{n=1}^{\infty} u_n(x)$ 为 $I\subset\mathbf{R}$ 上的函数项级数，$S_n(x)=\sum_{k=1}^{n} u_k(x)$ 为它的部分和函数列. 若存在 I 上的函数 $S(x)$，使得对于 $\forall\varepsilon>0$，存在 $N\in\mathbf{N}$，当 $n>N$ 时，对一切 $x\in I$，有

$$|S_n(x)-S(x)|<\varepsilon,$$

则称 $\sum_{n=1}^{\infty} u_n(x)$ 在 I 上一致收敛于 $S(x)$.

若 $\sum_{n=1}^{\infty} u_n(x)$ 在集合 I 的任何一个闭子区间上一致收敛，则称 $\sum_{n=1}^{\infty} u_n(x)$ 在 I 上内闭一致收敛.

例 7.2.3　函数项级数 $\sum_{n=0}^{\infty} x^n$ 在 $(-1,1)$ 不一致收敛，但内闭一致收敛.

证明：部分和 $S_n(x)=\dfrac{1-x^n}{1-x}$，令 $n\to\infty$，得到和函数 $S(x)=$

$\frac{1}{1-x}$, $x\in(-1,1)$. 下面考察一致收敛性. 注意到

$$|S_n(x)-S(x)|=\frac{|x|^n}{1-x},$$

所以

$$\sup_{x\in(-1,1)}\{|S_n(x)-S(x)|\}=\sup_{x\in(-1,1)}\left\{\frac{|x|^n}{1-x}\right\}=+\infty,$$

从而 $\sum_{n=0}^{\infty}x^n$ 在 $(-1,1)$ 不一致收敛. 而在闭子区间 $[-\alpha,\alpha]$ 上,

$$\sup_{x\in[-\alpha,\alpha]}\left\{\frac{|x|^n}{1-x}\right\}=\frac{\alpha^n}{1-\alpha}\to 0,$$

所以 $\sum_{n=0}^{\infty}x^n$ 在 $(-1,1)$ 内闭一致收敛.

7.2.2 一致收敛的判别

下面讨论函数项级数一致收敛的判别法，首先是 Cauchy 收敛原理.

定理 7.2.1(Cauchy 收敛原理) 函数项级数 $\sum_{n=1}^{\infty}u_n(x)$ 在 I 上一致收敛的充分必要条件是：对于 $\forall\varepsilon>0$，存在 $N\in\mathbf{N}$，当 $n>N$ 时，对任意的正整数 p，有

$$\left|\sum_{k=n+1}^{n+p}u_k(x)\right|<\varepsilon,\quad \forall x\in I.$$

由 Cauchy 收敛原理可以得到函数项级数一致收敛的一个必要条件.

推论 设函数项级数 $\sum_{n=1}^{\infty}u_n(x)$ 在 I 上一致收敛，则 $u_n(x)$ 在 I 上一致收敛于 0.

例 7.2.4 $\sum_{n=1}^{\infty}n\mathrm{e}^{-n^2x}$ 在 $(0,+\infty)$ 不一致收敛.

证明：由于

$$\sup_{x\in(0,+\infty)}\{|n\mathrm{e}^{-n^2x}-0|\}=n,$$

所以 $n\mathrm{e}^{-n^2x}$ 在 $(0,+\infty)$ 不一致收敛于 0. 因此由推论 7.2.1, $\sum_{n=1}^{\infty}n\mathrm{e}^{-n^2x}$ 在 $(0,+\infty)$ 不一致收敛.

对于函数项级数，我们常用以下的 Weierstrass 判别法来判断一致收敛性.

定理 7.2.2(Weierstrass 判别法)　若函数项级数 $\sum_{n=1}^{\infty} u_n(x)$ 满足

$$|u_n(x)| \leqslant a_n, \qquad \forall x \in I,$$

且 $\sum_{n=1}^{\infty} a_n$ 收敛，则 $\sum_{n=1}^{\infty} u_n(x)$ 在 I 上一致收敛.

证明：由于 $\sum_{n=1}^{\infty} a_n$ 收敛，由 Cauchy 收敛原理，对于 $\forall \varepsilon>0$，存在 $N \in \mathbf{N}$，当 $n>N$ 时，对任意正整数 p，有

$$\sum_{k=n+1}^{n+p} a_k < \varepsilon.$$

从而对一切 $x \in I$，有

$$\sum_{k=n+1}^{n+p} |u_k(x)| \leqslant \sum_{k=n+1}^{n+p} a_k < \varepsilon,$$

再由 Cauchy 收敛原理，$\sum_{n=1}^{\infty} u_n(x)$ 在 I 上绝对一致收敛.

例 7.2.5　证明 $\sum_{n=1}^{\infty} \frac{1}{n^2+x^2}$ 在 $(-\infty,+\infty)$ 上一致收敛.

证明：由于

$$\frac{1}{n^2+x^2} \leqslant \frac{1}{n^2},$$

而 $\sum_{n=1}^{\infty} \frac{1}{n^2}$ 收敛，由 Weierstrass 判别法，$\sum_{n=1}^{\infty} \frac{1}{n^2+x^2}$ 在 $(-\infty,+\infty)$ 上一致收敛.

例 7.2.6　设 $a_n>0$，$\sum_{n=1}^{\infty} a_n$ 收敛. 证明 $\sum_{n=1}^{\infty} \frac{a_n}{n^x}$ 在 $(0,+\infty)$ 一致收敛.

证明：由于

$$\left|\frac{a_n}{n^x}\right| \leqslant a_n, \qquad \forall x \in (0,+\infty),$$

而 $\sum_{n=1}^{\infty} a_n$ 收敛，由 Weierstrass 判别法，$\sum_{n=1}^{\infty} \frac{a_n}{n^x}$ 在 $(0,+\infty)$ 一致收敛.

例 7.2.7　设 $\sum_{n=1}^{\infty} \sqrt{a_n^2+b_n^2} <+\infty$，证明 $\sum_{n=1}^{\infty} (a_n \cos nx + b_n \sin nx)$ 在 $(-\infty,+\infty)$ 一致收敛.

证明：由于

$$|a_n\cos nx+b_n\sin nx|=|(a_n,b_n)\cdot(\cos nx,\sin nx)|\leqslant\sqrt{a_n^2+b_n^2},$$

由 Weierstrass 判别法，$\sum\limits_{n=1}^{\infty}(a_n\cos nx+b_n\sin nx)$ 在 $(-\infty,+\infty)$ 一致收敛.

类似于数项级数，当函数项级数具有 $\sum\limits_{n=1}^{\infty}u_n(x)v_n(x)$ 的形式时，我们有 Abel-Dirichlet(阿贝尔-狄利克雷)判别法. 这里首先给出一列函数一致有界的概念.

定义 7.2.2 对定义在 X 上的一列函数 $f_n(x)$，若存在 $M>0$，使得对任意 n，任意 $x\in X$，都有

$$|f_n(x)|\leqslant M,$$

则称 $f_n(x)$ 在 X 上一致有界.

定理 7.2.3(Abel-Dirichlet 判别法) 设函数项级数 $\sum\limits_{n=1}^{\infty}u_n(x)v_n(x)$ 在 I 上有定义. 若下列两组条件之一成立，则 $\sum\limits_{n=1}^{\infty}u_n(x)v_n(x)$ 在 I 上一致收敛：

Abel 判别条件：

(1) $u_n(x)$ 关于 n 单调，且在 I 上一致有界，

(2) $\sum\limits_{n=1}^{\infty}v_n(x)$ 在 I 上一致收敛；

Dirichlet 判别条件：

(1) $u_n(x)$ 关于 n 单调，且 $u_n(x)$ 一致收敛到 0，

(2) $\sum\limits_{n=1}^{\infty}v_n(x)$ 的部分和在 I 上一致有界.

证明：先证明 Abel 判别条件满足的情形.

由于 $\sum\limits_{n=1}^{\infty}v_n(x)$ 在 I 上一致收敛，由 Cauchy 收敛原理，对于 $\forall\varepsilon>0$，存在 $N\in\mathbf{N}$，当 $n>N$ 时，对任意正整数 p，有

$$\left|\sum_{k=n+1}^{n+p}v_k(x)\right|<\varepsilon,\qquad\forall x\in I.$$

已知 $\{u_n(x)\}$ 在 I 上一致有界，设 $|u_n(x)|\leqslant M$. 由于 $\{u_n(x)\}$ 关于 n 单调，由 Abel 变换，有

$$\left|\sum_{k=n+1}^{n+p} u_k(x)v_k(x)\right| \leqslant \varepsilon(|u_{n+1}(x)|+2|u_{n+p}(x)|) \leqslant 3M\varepsilon.$$

由 Cauchy 收敛原理，知 $\sum_{n=1}^{\infty} u_n(x)v_n(x)$ 在 I 一致收敛.

再来证明 Dirichlet 判别条件满足的情形．已知 $\sum_{n=1}^{\infty} v_n(x)$ 的部分和在 I 上一致有界，设 $\left|\sum_{k=1}^{n} v_k(x)\right| \leqslant M$. 由于 $\{u_n(x)\}$ 关于 n 单调，由 Abel 变换，有

$$\left|\sum_{k=n+1}^{n+p} u_k(x)v_k(x)\right| \leqslant 2M(|u_{n+1}(x)| + 2|u_{n+p}(x)|).$$

既然 $u_n(x)$ 一致收敛到 0，由 Cauchy 收敛原理，知 $\sum_{n=1}^{\infty} u_n(x)v_n(x)$ 在 I 上一致收敛.

例 7.2.8　证明 $\sum_{n=1}^{\infty}(-1)^n \dfrac{x^{n-1}}{n}$ 在 $[0,1]$ 上一致收敛.

证明：注意到

(1) $u_n(x)=\dfrac{x^{n-1}}{n}$ 关于 n 单调，且满足 $|u_n(x)| \leqslant \dfrac{1}{n}$，即 $u_n(x)$ 在 $[0,1]$ 上一致收敛于 0；

(2) 部分和 $\sum_{k=1}^{n} v_k(x) = \sum_{k=1}^{n}(-1)^k$(一致) 有界.

由 Dirichlet 判别法，$\sum_{n=1}^{\infty} u_n(x)v_n(x)$ 在 $[0,1]$ 上一致收敛.

例 7.2.9　设 $\sum_{n=1}^{\infty} a_n$ 收敛. 证明 $\sum_{n=1}^{\infty} \dfrac{a_n}{n^x}$ 在 $(0,+\infty)$ 上一致收敛.

证明：注意到

(1) $u_n(x) = \dfrac{1}{n^x}$ 关于 n 单调，且 $|u_n(x)| \leqslant 1$，即 $u_n(x)$ 在 $(0,+\infty)$ 上一致有界；

(2) $\sum_{n=1}^{\infty} v_n(x) = \sum_{n=1}^{\infty} a_n$(一致) 收敛.

由 Abel 判别法，$\sum_{n=1}^{\infty} u_n(x)v_n(x)$ 在 $(0, +\infty)$ 上一致收敛.

7.2.3　一致收敛的性质

类似于函数列的情形，一致收敛性保证了函数项级数的和函数具有良好的性质. 由函数列情形的定理可以直接推出以下定理.

定理 7.2.4 设 $\sum_{n=1}^{\infty} u_n(x)$ 在 $[a,b]$ 上一致收敛. 若函数 $u_n(x)\,(n=1,2,\cdots)$ 在 $[a,b]$ 连续，则和函数 $\sum_{n=1}^{\infty} u_n(x)$ 也在 $[a,b]$ 上连续.

定理 7.2.5 设 $\sum_{n=1}^{\infty} u_n(x)$ 在 $[a,b]$ 上一致收敛. 若函数 $u_n(x)\,(n=1,2,\cdots)$ 在 $[a,b]$ 上可积，则和函数 $\sum_{n=1}^{\infty} u_n(x)$ 在 $[a,b]$ 上可积，并且满足

$$\int_a^b \left(\sum_{n=1}^{\infty} u_n(x)\right) \mathrm{d}x = \sum_{n=1}^{\infty} \int_a^b u_n(x)\,\mathrm{d}x.$$

定理 7.2.6 设 $\sum_{n=1}^{\infty} u_n(x_0)$ 在某个点 $x_0 \in (a,b)$ 收敛，且 $\sum_{n=1}^{\infty} u_n'(x)$ 在 (a,b) 上一致收敛. 则 $\sum_{n=1}^{\infty} u_n(x)$ 在 (a,b) 上一致收敛，并且和函数可导，满足

$$\left(\sum_{n=1}^{\infty} u_n(x)\right)' = \sum_{n=1}^{\infty} u_n'(x).$$

例 7.2.10 设 $\{a_n\}$ 单调趋于 0，证明 $\sum_{n=1}^{\infty} a_n \cos nx$ 与 $\sum_{n=1}^{\infty} a_n \sin nx$ 在 $(0,2\pi)$ 连续.

证明：令 $u_n(x)=a_n$，$v_n(x)=\cos nx$. 下面证明 $\sum_{n=1}^{\infty} u_n(x)v_n(x)$ 在 $(0,2\pi)$ 内闭一致收敛.

首先由已知条件，$u_n(x)$ 关于 n 单调，且(一致)趋于零. 对于 $v_n(x)$，任取闭区间 $[\delta,2\pi-\delta]\,(\delta>0)$，

$$\left|\sum_{k=1}^{n} \cos kx\right| = \frac{\left|\sin\left(n+\frac{1}{2}\right)x - \sin\frac{x}{2}\right|}{2\sin\frac{x}{2}} \leqslant \frac{1}{\sin\frac{\delta}{2}}.$$

根据 Dirichlet 判别法，$\sum_{n=1}^{\infty} a_n \cos nx$ 在 $[\delta,2\pi-\delta]$ 上一致收敛. 由于 $a_n \cos nx$ 连续，因此 $\sum_{n=1}^{\infty} a_n \cos nx$ 在 $[\delta,2\pi-\delta]$ 连续. 由 δ 的任意性，

$\sum_{n=1}^{\infty} a_n \cos nx$ 在 $(0,2\pi)$ 连续.

同理可证 $\sum_{n=1}^{\infty} a_n \sin nx$ 在 $(0,2\pi)$ 连续.

习题 7.2

1. 讨论下列函数项级数在给定区间的一致收敛性:

(1) $\sum_{n=1}^{\infty} \frac{x}{n(1+nx^2)}$, $x\in(-\infty,+\infty)$;

(2) $\sum_{n=1}^{\infty} \frac{(-1)^{n+1}}{x^2+n}$, $x\in(-\infty,+\infty)$;

(3) $\sum_{n=1}^{\infty} \frac{x^{2n}}{(1+x^2)^n}$, $x\in(-\infty,+\infty)$;

(4) $\sum_{n=1}^{\infty} \frac{x}{(1+(n-1)x)(1+nx)}$, $x\in(-\infty,+\infty)$;

(5) $\sum_{n=1}^{\infty} \frac{(-1)^n}{n} e^{-nx}$, $x\in[0,+\infty)$;

(6) $\sum_{n=1}^{\infty} \frac{nx^2}{n^3+x^3}$, $x\in[0,a]$;

(7) $\sum_{n=1}^{\infty} (-1)^n \frac{n+x^2}{n^2}$, ①$x\in[a,b]$, ②$x\in(-\infty,+\infty)$.

2. 设 $\sum_{n=1}^{\infty} |a_n| < +\infty$, $\{b_n\}$ 是有界数列. 证明 $\sum_{n=1}^{\infty} b_n \sin a_n x$ 在 $(-\infty,+\infty)$ 上内闭一致收敛.

3. 设 $|u_n(x)| \leqslant v_n(x)$, $\forall x\in X$, $n=1,2,\cdots$, 证明: 若 $\sum_{n=1}^{\infty} v_n(x)$ 在 I 上一致收敛, 则 $\sum_{n=1}^{\infty} u_n(x)$ 在 I 上一致收敛.

4. 证明函数 $f(x) = \sum_{n=1}^{\infty} \frac{1}{1+n^2x^2}$ 在 $(0,+\infty)$ 上连续.

5. 证明函数 $f(x) = \sum_{n=1}^{\infty} 2^n \sin \frac{x}{3^n}$ 在 $(-\infty,+\infty)$ 上有连续的导函数.

6. 证明 $\zeta(x) = \sum_{n=1}^{\infty} \frac{1}{n^x}$ $(x>1)$ 的导数存在, 且 $\zeta'(x) = -\sum_{n=1}^{\infty} \frac{\ln n}{n^x}$.

7. 已知 $\sum_{n=1}^{\infty} a_n$ 收敛, 证明 $\lim_{x\to 0^+} \sum_{n=1}^{\infty} \frac{a_n}{n^x} = \sum_{n=1}^{\infty} a_n$.

8. 设 $0<u_n(x)<\frac{1}{n}$, $\forall x\in I$, $n=1,2,\cdots$ 又设 $u_n(x)$ 对 n 单调递减. 证明

$$\sum_{n=1}^{\infty} (-1)^n u_n(x)$$

在 I 上一致收敛.

9. 证明: $\sum_{n=1}^{\infty} (-1)^{n-1} \frac{e^{-nx^2}}{n}$ 的和函数在 $\mathbf{R}\setminus\{0\}$ 中有连续的导函数.

7.3 幂级数

这一节考虑一种特殊的函数项级数——幂级数. 形如 $\sum_{n=0}^{\infty} a_n (x-x_0)^n$ 的函数项级数称为幂级数, 其中 x_0 称为幂级数的中心, a_n 称为幂级数的系数. 幂级数的前 n 项的部分和是一个多项式, 记为 $S_n(x)$. 显然在 $x=x_0$ 处, 幂级数是收敛的.

当 $x_0=0$ 时, 幂级数具有简化的形式

$$\sum_{n=0}^{\infty} a_n x^n = a_0 + a_1 x + a_2 x^2 + \cdots.$$

有些时候幂级数的若干项系数为 0，例如级数 $\sum_{n=0}^{\infty} a_n x^{n!}$，它仍然是幂级数.

对一个幂级数，我们关心它的收敛域以及和函数. 相较于一般的函数项级数，幂级数具有良好的性质.

7.3.1 幂级数的收敛半径与收敛域

首先讨论幂级数的收敛域. 先给出一个基本结果.

命题 设幂级数 $\sum_{n=0}^{\infty} a_n(x-x_0)^n$ 在 $x_1 \neq x_0$ 收敛. 当 $|x-x_0|<|x_1-x_0|$时，级数 $\sum_{n=0}^{\infty} a_n(x-x_0)^n$ 绝对收敛.

证明：由于 $\sum_{n=0}^{\infty} a_n(x_1-x_0)^n$ 收敛，我们有 $\lim\limits_{n\to\infty} a_n(x_1-x_0)^n=0$. 因此存在 $M>0$，使得对于 $\forall n\geqslant 0$，有

$$|a_n(x_1-x_0)^n|\leqslant M.$$

注意到

$$|a_n(x-x_0)^n|=\left|a_n(x_1-x_0)^n\cdot\frac{(x-x_0)^n}{(x_1-x_0)^n}\right|\leqslant M\left|\frac{x-x_0}{x_1-x_0}\right|^n.$$

由于 $|x-x_0|<|x_1-x_0|$，等比级数 $\sum_{n=0}^{\infty} M\left|\frac{x-x_0}{x_1-x_0}\right|^n$ 收敛，由比较判别法，级数 $\sum_{n=0}^{\infty} a_n(x-x_0)^n$ 绝对收敛.

由以上命题，立即得到以下结论.

推论 设幂级数 $\sum_{n=0}^{\infty} a_n(x-x_0)^n$ 在 $x=x_2$ 发散. 则当 $|x-x_0|>|x_2-x_0|$时，级数 $\sum_{n=0}^{\infty} a_n(x-x_0)^n$ 发散.

令

$$R=\sup\left\{|x-x_0|:\sum_{n=0}^{\infty} a_n(x-x_0)^n \text{ 收敛}\right\}.$$

由以上两个结论，幂级数 $\sum_{n=0}^{\infty} a_n(x-x_0)^n$ 在开区间 (x_0-R,x_0+R) 收敛，而在 $[x_0-R,x_0+R]$ 的外部发散. 这里 R 有可能为 0 或 $+\infty$，若 $R=0$，则幂级数 $\sum_{n=0}^{\infty} a_n(x-x_0)^n$ 只在 x_0 一点处收敛；若 $R=+\infty$，

则幂级数 $\sum_{n=0}^{\infty} a_n(x-x_0)^n$ 在整个$(-\infty,+\infty)$上收敛. 于是我们有以下定理.

定理 7.3.1　幂级数 $\sum_{n=0}^{\infty} a_n(x-x_0)^n$ 或者仅在 x_0 一点收敛，或者在整个$(-\infty,+\infty)$上收敛，或者存在正数 R：

当 $|x-x_0|<R$ 时，幂级数绝对收敛；

当 $|x-x_0|>R$ 时，幂级数发散.

由以上讨论，一个幂级数的收敛域如图 7.3.1 所示，这里 R 称为幂级数的收敛半径，(x_0-R, x_0+R) 称为幂级数的收敛区间，在左右两个端点处可能收敛，也可能发散. 求一个幂级数的收敛域时，我们首先需要求幂级数的收敛半径 R，然后再考虑收敛区间端点的敛散性.

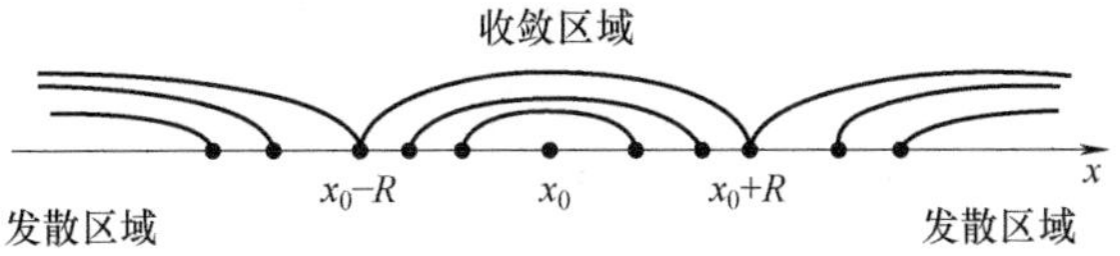

图　7.3.1

以下定理给出了幂级数收敛半径的求法.

定理 7.3.2　设幂级数 $\sum_{n=0}^{\infty} a_n(x-x_0)^n$ 的收敛半径为 R. 若

$$\rho=\overline{\lim_{n\to\infty}}\sqrt[n]{|a_n|},\quad \text{或}\quad \rho=\lim_{n\to\infty}\frac{|a_{n+1}|}{|a_n|},$$

则 $R=\frac{1}{\rho}$. 特别地，当 $\rho=0$ 时，$R=+\infty$；当 $\rho=+\infty$ 时，$R=0$.

证明：先考虑 $\rho=\overline{\lim_{n\to\infty}}\sqrt[n]{|a_n|}$ 的情形. 对固定的 $x\in\mathbf{R}$，由于

$$\overline{\lim_{n\to\infty}}\sqrt[n]{|a_n(x-x_0)^n|}=\rho|x-x_0|,$$

由数项级数的 Cauchy 判别法知，当 $\rho|x-x_0|<1$ 时，级数 $\sum_{n=0}^{+\infty} a_n(x-x_0)^n$ 收敛，而当 $\rho|x-x_0|>1$ 时，级数 $\sum_{n=0}^{+\infty} a_n(x-x_0)^n$ 发散.

因此，当 $0<\rho<+\infty$ 时，若 $|x-x_0|<\frac{1}{\rho}$ 时收敛，而 $|x-x_0|>\frac{1}{\rho}$ 时发散，因此收敛半径 $R=\frac{1}{\rho}$.

当 $\rho=0$ 时，级数对一切 $x\in(-\infty,+\infty)$ 收敛，因此 $R=+\infty$. 而当 $\rho=+\infty$ 时，级数仅当 $x=x_0$ 时收敛，因此 $R=0$.

下面考虑 $\rho=\lim\limits_{n\to\infty}\dfrac{|a_{n+1}|}{|a_n|}$ 的情形. 由于

$$\varliminf_{n\to\infty}\frac{|a_{n+1}|}{|a_n|}\leqslant\varliminf_{n\to\infty}\sqrt[n]{|a_n|}\leqslant\varlimsup_{n\to\infty}\sqrt[n]{|a_n|}\leqslant\varlimsup_{n\to\infty}\frac{|a_{n+1}|}{|a_n|},$$

此时必有 $\rho=\lim\limits_{n\to\infty}\sqrt[n]{|a_n|}$. 证毕.

例 7.3.1 求幂级数 $\sum\limits_{n=1}^{\infty}(-1)^n\dfrac{x^n}{n}$ 的收敛半径和收敛域.

解：系数 $a_n=(-1)^n\dfrac{1}{n}$. 由于

$$\rho=\lim_{n\to\infty}\left|\frac{a_{n+1}}{a_n}\right|=\lim_{n\to\infty}\frac{n}{n+1}=1,$$

所以收敛半径 $R=\dfrac{1}{\rho}=1$. 当 $x=1$ 时，级数为 $\sum\limits_{n=1}^{\infty}\dfrac{(-1)^n}{n}$，该级数收敛；当 $x=-1$ 时，级数为 $\sum\limits_{n=1}^{\infty}\dfrac{1}{n}$，该级数发散. 故收敛域是 $(-1,1]$.

例 7.3.2 求幂级数 $\sum\limits_{n=1}^{\infty}\dfrac{x^n}{n!}$ 的收敛半径和收敛域.

解：系数 $a_n=\dfrac{1}{n!}$. 由于

$$\rho=\lim_{n\to\infty}\left|\frac{a_{n+1}}{a_n}\right|=\lim_{n\to\infty}\frac{\dfrac{1}{(n+1)!}}{\dfrac{1}{n!}}=\lim_{n\to\infty}\frac{1}{(n+1)}=0,$$

所以收敛半径 $R=\dfrac{1}{\rho}=+\infty$. 故收敛域为 $(-\infty,+\infty)$.

例 7.3.3 求幂级数 $\sum\limits_{n=1}^{\infty}\dfrac{(x-1)^n}{n2^n}$ 的收敛域.

解：由于

$$\rho=\lim_{n\to\infty}\sqrt[n]{|a_n|}=\lim_{n\to\infty}\frac{1}{2\sqrt[n]{n}}=\frac{1}{2},$$

所以收敛半径为 $R=\dfrac{1}{\rho}=2$. 收敛域的边界点为 -1，3. 当 $x=3$ 时，级数为 $\sum\limits_{n=1}^{\infty}\dfrac{1}{n}$，发散；当 $x=-1$ 时，级数为 $\sum\limits_{n=1}^{\infty}\dfrac{(-1)^n}{n}$，收敛.

因此级数的收敛域为$[-1,3)$.

例 7.3.4　求幂级数 $\sum_{n=1}^{\infty}\frac{(2n)!}{(n!)^2}x^{2n-1}$ 的收敛半径.

解：设 $t=x^2$，则

$$\sum_{n=1}^{\infty}\frac{(2n)!}{(n!)^2}x^{2n-1}=x^{-1}\cdot\sum_{n=1}^{\infty}\frac{(2n)!}{(n!)^2}t^n.$$

对幂级数 $\sum_{n=1}^{\infty}\frac{(2n)!}{(n!)^2}t^n$，

$$\rho_1=\lim_{n\to\infty}\left|\frac{a_{n+1}}{a_n}\right|=\lim_{n\to\infty}\frac{\frac{(2n+2)!}{((n+1)!)^2}}{\frac{(2n)!}{(n!)^2}}=\lim_{n\to\infty}\frac{(2n+2)(2n+1)}{(n+1)^2}=4.$$

所以幂级数 $\sum_{n=1}^{\infty}\frac{(2n)!}{(n!)^2}t^n$ 的收敛半径 $R_1=\frac{1}{\rho_1}=\frac{1}{4}$，从而幂级数 $\sum_{n=1}^{\infty}\frac{(2n)!}{(n!)^2}x^{2n-1}$ 的收敛半径 $R=\sqrt{R_1}=\frac{1}{2}$.

7.3.2　幂级数的和函数

下面讨论幂级数的和函数. 一般地，如果幂级数在收敛区间的端点发散，则幂级数在端点附近的收敛速度越来越慢，我们不能期望幂级数在整个收敛域上一致收敛 . 下面的定理告诉我们，幂级数在收敛域上满足内闭一致收敛.

定理 7.3.3(Abel 定理)　幂级数 $\sum_{n=0}^{\infty}a_n(x-x_0)^n$ 在收敛域上内闭一致收敛.

证明：只考虑收敛半径 $R>0$ 的情形，$R=+\infty$ 的情形可类似考虑 . 设$[a,b]$为收敛域中的一个闭子区间. 下面分两种情况讨论.

(1) 若$[a,b]\subset(x_0-r,\ x_0+r)$，其中 $r<R$. 此时，

$$|a_n(x-x_0)^n|<|a_nr^n|,\quad \forall x\in[a,b].$$

由定理 7.3.1，$\sum_{n=0}^{\infty}|a_nr^n|$ 收敛，由 Weierstrass 判别法，$\sum_{n=0}^{\infty}a_n(x-x_0)^n$ 在$[a,b]$上一致收敛.

(2) 假设收敛域包含至少一个端点，例如端点 x_0+R. 设闭子区间包含端点，不妨设闭子区间为$[x_0,x_0+R]$. 下面证明幂级数 $\sum_{n=0}^{\infty}a_n(x-x_0)^n$ 在$[x_0,x_0+R]$上一致收敛.

注意到

$$\sum_{n=0}^{\infty} a_n(x-x_0)^n = \sum_{n=0}^{\infty} a_n R^n \cdot \left(\frac{x-x_0}{R}\right)^n.$$

设 $u_n(x)=\left(\frac{x-x_0}{R}\right)^n$，$v_n(x)=a_nR^n$. 函数 $u_n(x)$ 关于 n 单调，且 $|u_n(x)|\leqslant 1$，在$[x_0,x_0+R]$上一致有界. 而 $\sum_{n=0}^{\infty} v_n(x)=\sum_{n=0}^{\infty} a_nR^n$ 收敛，由于与 x 无关，即在$[x_0,x_0+R]$上一致收敛. 因此由 Abel 判别法，$\sum_{n=0}^{\infty} a_n(x-x_0)^n$ 在$[x_0,x_0+R]$上一致收敛.

幂级数在收敛域上的内闭一致收敛性保证了它的和函数具有良好的性质.

定理 7.3.4 幂级数的和函数在收敛域上连续. 特别地，如果幂级数在收敛区间的端点收敛，则和函数在端点处单侧连续.

下面讨论幂级数的积分、求导性质，首先给出一个引理.

引理 幂级数逐项积分或逐项求导后，新旧幂级数的收敛半径不变.

证明：设幂级数 $\sum_{n=1}^{\infty} a_n(x-x_0)^n$ 和 $\sum_{n=1}^{\infty} na_n(x-x_0)^{n-1}$. 后者可看作前者逐项求导得到的级数，而前者可看作后者逐项积分得到的级数. 下面证明两个幂级数的收敛半径相同. 事实上，由于

$$\rho=\overline{\lim_{n\to\infty}}\sqrt[n]{|a_n|},\quad \rho'=\overline{\lim_{n\to\infty}}\sqrt[n]{n|a_n|},$$

并且 $\lim_{n\to\infty}\sqrt[n]{n}=1$，所以 $\rho=\rho'$. 从而收敛半径 $R=R'$.

注 幂级数逐项积分或逐项求导后，收敛区间端点处的敛散性可能会发生变化. 例如，幂级数 $\sum_{n=1}^{\infty}\frac{x^n}{n}$ 的收敛域为$[-1,1)$；而 $\sum_{n=1}^{\infty} x^{n-1}$ 的收敛域为$(-1,1)$.

定理 7.3.5 幂级数在收敛域内可逐项积分，即

$$\int_{x_0}^{x}\sum_{n=0}^{\infty} a_n(x-x_0)^n\mathrm{d}x=\sum_{n=0}^{\infty}\int_{x_0}^{x} a_n(x-x_0)^n\mathrm{d}x.$$

定理 7.3.6 幂级数在收敛区间可逐项求导，即

$$\left(\sum_{n=0}^{\infty} a_n(x-x_0)^n\right)'=\sum_{n=1}^{\infty} na_n(x-x_0)^{n-1}.$$

注　由于幂级数逐项求导后，收敛半径不变. 由定理 7.3.6 知，幂级数的和函数在收敛区间内可求任意阶导数.

例 7.3.5　求幂级数 $\sum_{n=1}^{\infty}\frac{x^n}{n}$ 的和函数.

解：当 $x\in(-1,1)$ 时，

$$\sum_{n=1}^{\infty}\frac{x^n}{n}=\sum_{n=1}^{\infty}\int_0^x x^{n-1}\mathrm{d}x=\int_0^x\left(\sum_{n=1}^{\infty}x^{n-1}\right)\mathrm{d}x=\int_0^x\frac{1}{1-x}\mathrm{d}x=-\ln(1-x).$$

由于逐项求导不改变收敛半径，所以 $\sum_{n=1}^{\infty}\frac{x^n}{n}$ 的收敛半径 $R=1$. 由于 $\sum_{n=1}^{\infty}\frac{x^n}{n}$ 在 $x=1$ 处发散，在 $x=-1$ 处收敛，所以 $\sum_{n=1}^{\infty}\frac{x^n}{n}$ 的收敛域为 $[-1,1)$. 幂级数的和函数在收敛的端点处单侧连续，又 $-\ln(1-x)$ 在 $x=-1$ 连续，在以上等式中取极限 $x\to-1^+$，则得上式在 $x=-1$ 处仍成立，即

$$\sum_{n=1}^{\infty}\frac{x^n}{n}=-\ln(1-x),\quad x\in[-1,1).$$

注　令 $x=-1$，则有 $1-\frac{1}{2}+\frac{1}{3}-\frac{1}{4}+\cdots=\ln2$.

例 7.3.6　证明：$\arctan x=x-\frac{x^3}{3}+\frac{x^5}{5}-\cdots$，$x\in[-1,1]$.

证明：首先，

$$\frac{1}{1+x^2}=1-x^2+x^4-\cdots,\quad x\in(-1,1).$$

逐项积分得

$$\int_0^x\frac{1}{1+x^2}\mathrm{d}x=\int_0^x1\mathrm{d}x-\int_0^x x^2\mathrm{d}x+\int_0^x x^4\mathrm{d}x-\cdots,$$

因此

$$\arctan x=x-\frac{x^3}{3}+\frac{x^5}{5}-\cdots,\quad x\in(-1,1).$$

右边幂级数在 $x=\pm1$ 处收敛，所以上式在 $x=\pm1$ 处也成立.

注　令 $x=1$，则有 $1-\frac{1}{3}+\frac{1}{5}-\frac{1}{7}+\cdots=\frac{\pi}{4}$.

例 7.3.7　求幂级数 $\sum_{n=0}^{\infty}(n+1)x^n$ 的和函数.

解：当 $x\in(-1,1)$ 时，

$$\sum_{n=0}^{\infty}(n+1)x^n=\sum_{n=0}^{\infty}(x^{n+1})'=\left(\sum_{n=0}^{\infty}x^{n+1}\right)'=\left(\frac{x}{1-x}\right)'=\frac{1}{(1-x)^2}.$$

由于逐项求导不改变收敛半径，因此 $\sum\limits_{n=0}^{\infty}(n+1)x^n$ 的收敛半径为 $R=1$. 而 $\sum\limits_{n=0}^{\infty}(n+1)x^n$ 在端点±1 发散，所以收敛域为 $(-1,1)$.

例 7.3.8 求级数 $\sum\limits_{n=2}^{\infty}\dfrac{1}{(n^2-1)2^n}$ 的和.

解：考虑幂级数 $S(x)=\sum\limits_{n=2}^{\infty}\dfrac{x^n}{n^2-1}$.

$$\begin{aligned}
S(x)&=\sum_{n=2}^{\infty}\frac{1}{2}\left(\frac{1}{n-1}-\frac{1}{n+1}\right)x^n\\
&=\frac{x}{2}\sum_{n=2}^{\infty}\frac{x^{n-1}}{n-1}-\frac{1}{2x}\sum_{n=2}^{\infty}\frac{x^{n+1}}{n+1}\\
&=\frac{x}{2}\sum_{n=1}^{\infty}\frac{x^n}{n}-\frac{1}{2x}\sum_{n=3}^{\infty}\frac{x^n}{n}\\
&=\left(\frac{x}{2}-\frac{1}{2x}\right)\sum_{n=1}^{\infty}\frac{x^n}{n}+\frac{1}{2x}\left(x+\frac{x^2}{2}\right).
\end{aligned}$$

由例 7.3.5，$\sum\limits_{n=1}^{\infty}\dfrac{x^n}{n}=-\ln(1-x)$，$x\in[-1,1)$，因此

$$S(x)=\frac{1-x^2}{2x}\ln(1-x)+\frac{2+x}{4}.$$

代入 $x=\dfrac{1}{2}$，得

$$\sum_{n=2}^{\infty}\frac{1}{(n^2-1)2^n}=S\left(\frac{1}{2}\right)=\frac{5}{8}-\frac{3}{4}\ln 2.$$

习题 7.3

1. 证明：若 $\sum\limits_{n=0}^{\infty}a_nx^n$ 的收敛半径是 $R(0<R<+\infty)$，则 $\sum\limits_{n=0}^{\infty}a_nx^{2n+1}$ 的收敛半径是 $\sqrt{R}$.

2. 求下列幂级数的收敛半径：

(1) $\sum\limits_{n=0}^{\infty}\dfrac{3^n}{n!}x^n$；　(2) $\sum\limits_{n=1}^{\infty}\dfrac{4^n}{\sqrt{n}}x^n$；

(3) $\sum\limits_{n=0}^{\infty}\dfrac{n}{2^n}x^{2n}$；　(4) $\sum\limits_{n=1}^{\infty}\dfrac{x^n}{n3^n}$；

(5) $\sum\limits_{n=0}^{\infty}\dfrac{n!}{(2n)!}x^{2n+1}$；　(6) $\sum\limits_{n=1}^{\infty}\left(\sin\dfrac{n\pi}{2}\right)x^{n-1}$；

(7) $\sum\limits_{n=0}^{\infty}\dfrac{(n!)^2}{(2n)!}x^n$；　(8) $\sum\limits_{n=1}^{\infty}\dfrac{n!}{n^n}(x-1)^n$.

3. 求下列幂级数的收敛域：

(1) $\sum\limits_{n=1}^{\infty}\dfrac{n!}{n^{2n}}x^n$；

(2) $\sum\limits_{n=0}^{\infty}(2x-1)^n$；

(3) $\sum\limits_{n=1}^{\infty}n^{\alpha}x^n\quad(\alpha\in\mathbf{R})$；

(4) $\sum\limits_{n=1}^{\infty}2^nn^2x^n$；

(5) $\sum\limits_{n=1}^{\infty}\dfrac{1}{n^n}x^n$；

(6) $\sum\limits_{n=1}^{\infty}\left(1+\dfrac{1}{n}\right)^{n^2}(x-2)^n$；

(7) $\sum_{n=1}^{\infty}\frac{x^n}{\sqrt{n}}$;

(8) $\sum_{n=1}^{\infty}\left(1+2\cos\frac{n\pi}{4}\right)x^n$;

(9) $\sum_{n=1}^{\infty}\frac{1}{2^{n^2}}x^n$;

(10) $\sum_{n=2}^{\infty}(-1)^{-n}\frac{(2x+3)^n}{n\ln n}$.

4. 求下列幂级数的和函数：

(1) $\sum_{n=0}^{\infty}(n+3)x^n$;　(2) $\sum_{n=0}^{\infty}\frac{x^{2n}}{2n+1}$;

(3) $\sum_{n=1}^{\infty}n^2x^n$;　(4) $\sum_{n=1}^{\infty}nx^{2n}$;

(5) $\sum_{n=1}^{\infty}\frac{x^n}{n(n+1)}$;　(6) $\sum_{n=1}^{\infty}n(n+1)x^n$;

(7) $\sum_{n=1}^{\infty}nx^n$;　(8) $\sum_{n=0}^{\infty}\frac{x^{2n}}{(2n)!}$ $(0!=1)$.

5. 求下列级数的和：

(1) $\sum_{n=0}^{\infty}\frac{(-1)^n}{2n+1}$;　(2) $\sum_{n=0}^{\infty}\frac{(-1)^n}{2^n n!}$;

(3) $\sum_{n=1}^{\infty}\frac{(-1)^{n+1}}{n}$;　(4) $\sum_{n=0}^{\infty}\frac{(-1)^n}{3n+1}$.

6. 已知 $a_n\geqslant 0$，$n=0,1,2,\cdots$. 设幂级数 $\sum_{n=0}^{\infty}a_nx^n$ 的收敛半径为 1，在 $x=1$ 处级数发散. 证明当 $x\to 1^-$ 时，$\sum_{n=0}^{\infty}a_nx^n\to+\infty$.

7. 设 $f(x)$ 不恒为 0，在 (a,b) 内每一点都可以展成幂级数. 证明 $f(x)$ 在 (a,b) 内的零点都是孤立的，即每个零点存在一个邻域，在该邻域内为唯一零点.

8. 设函数 $f(x)$ 在 $x=0$ 的某个邻域内可以展成幂级数，并且序列 $f^{(n)}(0)$ 是有界的. 证明 $f(x)$ 必是 $(-\infty,+\infty)$ 内的一个 C^∞ 函数的限制.

7.4 Taylor 级数

上一节我们讨论了幂级数求和函数，这一节考虑它的反问题：已知一个函数，如何将它展开成幂级数. 由于幂级数的和函数总是任意阶可导的，一个函数如果能展开成幂级数，它首先需要是任意阶可导的. 给定一个任意阶可导的函数，如何得到相应的幂级数呢？下面我们通过函数在一点处带 Lagrange 余项的 Taylor 公式来研究这个问题.

7.4.1 Taylor 级数的概念

首先回忆带 Lagrange 余项的 Taylor 公式. 设函数 $f(x)$ 有 $n+1$ 阶导数，$f(x)$ 以 x_0 为中心的 Taylor 公式为

$$f(x)=f(x_0)+\frac{f'(x_0)}{1!}(x-x_0)+\frac{f''(x_0)}{2!}(x-x_0)^2+\cdots+\frac{f^{(n)}(x_0)}{n!}(x-x_0)^n+\frac{f^{(n+1)}(\xi)}{(n+1)!}(x-x_0)^{(n+1)},$$

其中 ξ 介于 x 与 x_0 之间.

受此启发，当我们希望把 $f(x)$ 展开为以 x_0 为中心的幂级数时，我们可以取幂级数的系数为

$$a_n=\frac{f^{(n)}(x_0)}{n!}.$$

即从$f(x)$出发，可以直接构造一个幂级数$\sum_{n=0}^{\infty}\frac{f^{(n)}(x_0)}{n!}(x-x_0)^n$.

定义 7.4.1　设$f(x)$在$x=x_0$处具有任意阶导数，称幂级数

$$\sum_{n=0}^{\infty}\frac{f^{(n)}(x_0)}{n!}(x-x_0)^n$$

为$f(x)$以x_0为中心的Taylor级数，其中$a_n=\frac{f^{(n)}(x_0)}{n!}$称为$f(x)$的Taylor系数. 当$x_0=0$时，该级数也称为$f(x)$的Maclaurin级数.

对一些特殊的函数，它的Taylor级数的和函数不一定等于它自身，例如函数

$$f(x)=\begin{cases}e^{-\frac{1}{x^2}}, & x\neq 0,\\ 0, & x=0.\end{cases}$$

函数$f(x)$具有任意阶导函数，在$x=0$处的各阶导数值均为0，从而函数$f(x)$在$x=0$处的Taylor系数均为0. 由此可知对这个特殊的函数，它的Taylor级数的和函数并不等于这个函数自身.

考虑函数$f(x)$的带Lagrange余项的Taylor公式，

$$f(x)=\sum_{n=0}^{\infty}\frac{f^{(n)}(x_0)}{n!}(x-x_0)^n+R_n(x),$$

其中$R_n(x)=\frac{f^{(n+1)}(\xi)}{(n+1)!}(x-x_0)^{n+1}$. 由此，我们可以看到$f(x)$的Taylor级数收敛到$f(x)$的充分必要条件是余项$R_n(x)$满足$\lim\limits_{n\to\infty}R_n(x)=0$.

如果在x_0的某个邻域内成立

$$f(x)=\sum_{n=0}^{\infty}\frac{f^{(n)}(0)}{n!}(x-x_0)^n,$$

则$\sum_{n=0}^{\infty}\frac{f^{(n)}(0)}{n!}(x-x_0)^n$称为$f(x)$在该邻域内的Taylor展式. 特别地，当$x_0=0$时，该Taylor展式也称为$f(x)$的Maclaurin展式. 一个函数如果能够在每个点附近作Taylor展开，我们称之为实解析的. 实解析是比任意阶可导更强的一个概念.

下面的定理告诉我们，函数$f(x)$如果能展开成以x_0为中心的幂级数，则这个幂级数只能是$f(x)$的Taylor级数. 即在给定点处的幂级数展开具有唯一性.

定理 7.4.1 若在 x_0 的某个邻域成立

$$f(x)=\sum_{n=0}^{\infty}a_n(x-x_0)^n,$$

则必有 $a_n=\dfrac{f^{(n)}(0)}{n!}\quad(n=0,1).$

证明：代入 $x=x_0$，则首先有 $f(0)=a_0$. 对于 $\forall n\in\mathbf{N}$，式子两边求 n 阶导数后令 $x=x_0$，则有 $a_n=\dfrac{f^{(n)}(0)}{n!}$.

7.4.2 初等函数的 Taylor 展式

首先我们考虑基本初等函数的 Taylor 展式，它是一般初等函数 Taylor 展开的基础. 回忆一下，给定一个函数，我们可以构造出它的 Taylor 级数. 而 Taylor 级数的和函数等于给定的函数，当且仅当 Taylor 公式中的 Lagrange 余项趋于零. 因此我们需要在 Taylor 级数的收敛域中验证：

$$\lim_{n\to\infty}R_n(x)=\lim_{n\to\infty}\frac{f^{(n+1)}(\xi)}{(n+1)!}(x-x_0)^{n+1}=0.$$

例 7.4.1 将 $f(x)=\mathrm{e}^x$ 以 $x=0$ 为中心作 Taylor 展开.

解：对 $\forall n\in\mathbf{N}$，有 $f^{(n)}(x)=\mathrm{e}^x$，$f^{(n)}(0)=1$. 因此对于 $\forall x\in(-\infty,+\infty)$，有带 Lagrange 余项的 Taylor 公式

$$\mathrm{e}^x=1+x+\frac{1}{2!}x^2+\cdots+\frac{1}{n!}x^n+\frac{\mathrm{e}^{\theta x}}{(n+1)!}x^{n+1},$$

其中，$0<\theta<1$. 由于

$$\left|\frac{\mathrm{e}^{\theta x}}{(n+1)!}x^{n+1}\right|\leqslant\mathrm{e}^{|x|}\frac{|x|^{n+1}}{(n+1)!}\to0\quad(n\to\infty),$$

所以

$$\mathrm{e}^x=1+x+\frac{1}{2!}x^2+\cdots+\frac{1}{n!}x^n+\cdots,\quad x\in(-\infty,+\infty).$$

例 7.4.2 求 $f(x)=\sin x$ 的 Maclaurin 展式.

解：对 $\forall n\in\mathbf{N}$，有 $f^{(n)}(x)=\sin\left(x+\dfrac{n\pi}{2}\right)$，$f^{(n)}(0)=\sin\dfrac{n\pi}{2}$.

所以

$$f^{(2n)}(0)=0,\quad f^{(2n+1)}(0)=(-1)^n.$$

因此对于 $\forall x\in(-\infty,+\infty)$，我们有带 Lagrange 余项的 Taylor 公式

$$\sin x=x-\frac{1}{3!}x^3+\frac{1}{5!}x^5-\cdots+(-1)^n\frac{x^{2n+1}}{(2n+1)!}+\frac{\sin\left(\theta x+\dfrac{(2n+2)\pi}{2}\right)}{(2n+2)!}x^{2n+2},$$

其中，$0<\theta<1$. 由于

$$\left|\frac{\sin\left(\theta x+\frac{(2n+2)\pi}{2}\right)}{(2n+2)!}x^{2n+2}\right|\leqslant\frac{|x|^{2n+2}}{(2n+2)!}\to 0\quad(n\to\infty),$$

所以

$$\sin x=x-\frac{1}{3!}x^3+\frac{1}{5!}x^5-\cdots+(-1)^n\frac{x^{2n+1}}{(2n+1)!}+\cdots,\quad x\in(-\infty,+\infty).$$

类似地，可以得到 $\cos x$ 的 Maclaurin 展式为

$$\cos x=1-\frac{1}{2!}x^2+\frac{1}{4!}x^4-\cdots+(-1)^n\frac{x^{2n}}{(2n)!}+\cdots,\quad x\in(-\infty,+\infty).$$

上一节我们已经得到了对数函数 $\ln(1+x)$ 的 Taylor 展式：

$$\ln(1+x)=x-\frac{1}{2}x^2+\frac{1}{3}x^3-\cdots+(-1)^{n-1}\frac{x^n}{n}+\cdots,\quad x\in(-1,1].$$

最后，我们不加证明地给出幂函数 $(1+x)^\alpha$ 的 Taylor 展式：

$$(1+x)^\alpha=1+\alpha x+\frac{\alpha(\alpha-1)}{2!}x^2+\cdots+\frac{\alpha(\alpha-1)\cdots(\alpha-(n-1))}{n!}x^n+\cdots,$$

其中 $\alpha\in\mathbf{R}$ 不取正整数. 对于不同的 α，上述级数有不同的收敛域：

当 $\alpha\leqslant-1$ 时，上式在 $(-1,1)$ 上成立；

当 $-1<\alpha<0$ 时，上式在 $(-1,1]$ 上成立；

当 $\alpha>0$ 时，上式在 $[-1,1]$ 上成立.

有了以上常见基本初等函数的 Taylor 展式，我们可以借助变量代换、四则运算、恒等变形，以及逐项积分、逐项求导等方法得到一般的初等函数的 Taylor 展式.

例 7.4.3 求 $f(x)=\sin x$ 在 $x=1$ 处的 Taylor 展式.

解：由于

$$\sin x=\sin[(x-1)+1]=\sin(x-1)\cos 1+\cos(x-1)\sin 1,$$

代入 $\sin x$ 及 $\cos x$ 的 Taylor 展式，得到对 $x\in(-\infty,+\infty)$，

$$\sin x=\cos 1\sum_{n=0}^{\infty}\frac{(-1)^n(x-1)^{2n+1}}{(2n+1)!}+\sin 1\sum_{n=0}^{\infty}\frac{(-1)^n(x-1)^{2n}}{(2n)!}.$$

例 7.4.4 求 $f(x)=\sqrt{x^5+4x^4}$ 的 Maclaurin 展式.

解：注意到 $f(x)=2x^2\sqrt{1+\frac{x}{4}}$. 回顾公式

$$\sqrt{1+x}=1+\frac{1}{2}x+\cdots+(-1)^{n+1}\frac{(2n-3)!!}{(2n)!!}x^n+\cdots,$$

其中 $x\in[-1,1]$. 由此得到

$$f(x)=2x^2\left[1+\frac{1}{2}\cdot\frac{x}{4}+\sum_{n=2}^{\infty}(-1)^{n+1}\frac{(2n-3)!!}{(2n)!!}\left(\frac{x}{4}\right)^n\right],$$

其中$-1\leqslant\frac{x}{4}\leqslant 1$. 整理得

$$f(x)=2x^2+\frac{1}{4}x^3+2\sum_{n=2}^{\infty}(-1)^{n+1}\frac{(2n-3)!!}{4^n\cdot(2n)!!}x^{n+2},$$

收敛域为$-4\leqslant x\leqslant 4$.

例 7.4.5　将$f(x)=\sin x\cos 2x$ 展开成 x 的幂级数.

解：首先$f(x)=\sin x\cos 2x=\frac{1}{2}(\sin 3x-\sin x)$. 代入公式

$$\sin x=x-\frac{1}{3!}x^3+\cdots+(-1)^n\frac{x^{2n+1}}{(2n+1)!}+\cdots,$$

得到

$$\begin{aligned}f(x)&=\frac{1}{2}\sum_{n=0}^{\infty}(-1)^n\frac{(3x)^{2n+1}}{(2n+1)!}-\frac{1}{2}\sum_{n=0}^{\infty}(-1)^n\frac{x^{2n+1}}{(2n+1)!}\\&=\frac{1}{2}\sum_{n=0}^{\infty}(-1)^n\frac{(3^{2n+1}-1)}{(2n+1)!}x^{2n+1},\end{aligned}$$

收敛域为$(-\infty,+\infty)$.

例 7.4.6　将$f(x)=\frac{x-1}{4-x}$在 $x=1$ 处展开，并求$f^{(n)}(1)$.

解：首先，

$$\frac{1}{4-x}=\frac{1}{3\left(1-\frac{x-1}{3}\right)}=\frac{1}{3}\left[1+\frac{x-1}{3}+\cdots+\left(\frac{x-1}{3}\right)^n+\cdots\right],$$

所以

$$f(x)=(x-1)\frac{1}{4-x}=\frac{1}{3}(x-1)+\frac{(x-1)^2}{3^2}+\cdots+\frac{(x-1)^n}{3^n}+\cdots,$$

收敛域为$(-2,4)$. 由于$\frac{f^{(n)}(1)}{n!}=\frac{1}{3^n}$，所以$f^{(n)}(1)=\frac{n!}{3^n}$.

例 7.4.7　将$-\frac{1}{x^2}$展开成$(x-2)$的幂级数.

解：由于$-\frac{1}{x^2}=\left(\frac{1}{x}\right)'$，先考虑将$\frac{1}{x}$展开成$(x-2)$的幂级数.

$$\frac{1}{x}=\frac{1}{2+(x-2)}=\frac{1}{2}\frac{1}{1+\frac{(x-2)}{2}}=\frac{1}{2}\sum_{n=0}^{\infty}\left(-\frac{x-2}{2}\right)^n,$$

逐项求导得

$$-\frac{1}{x^2}=\frac{1}{2}\sum_{n=0}^{\infty}\frac{\mathrm{d}}{\mathrm{d}x}\left(-\frac{x-2}{2}\right)^n$$

$$= \sum_{n=1}^{\infty}(-1)^n \frac{n(x-2)^{n-1}}{2^{n+1}}$$

$$= \sum_{n=0}^{\infty}(-1)^{n+1} \frac{(n+1)(x-2)^n}{2^{n+2}}.$$

在 $x=0$ 和 $x=4$ 处，上述级数发散，所以收敛域为 $(0,4)$.

习题 7.4

1. 求下列函数在指定点 x_0 的幂级数展开式：

(1) $f(x)=e^x$，$x_0=3$；

(2) $f(x)=\ln x$，$x_0=2$；

(3) $f(x)=\cos^2 x$，$x_0=0$；

(4) $f(x)=\cos\pi x$，$x_0=0$；

(5) $f(x)=x^2e^{-x}$，$x_0=0$；

(6) $f(x)=\sqrt{1-x}$，$x_0=0$；

(7) $f(x)=\dfrac{1}{3x+5}$，$x_0=0$；

(8) $f(x)=\dfrac{1}{3x+5}$，$x_0=1$；

(9) $f(x)=\dfrac{1}{\sqrt{1-x^2}}$，$x_0=0$；

(10) $f(x)=\begin{cases}\dfrac{\sin x}{x}, & x\neq 0,\\ 1, & x=0,\end{cases}$ $x_0=0$.

2. 证明

$$\sum_{n=0}^{\infty}\frac{x^n}{(n+1)!}=\frac{1}{x}(e^x-1),\quad x\neq 0.$$

3. 求下列函数的 Maclaurin 展式：

(1) $\sin^2 x$； (2) $\cos(\alpha+\beta x)$；

(3) $\cos^3 x$； (4) $\int_0^x e^{-t^2}dt$；

(5) $\int_0^x \dfrac{\sin t}{t}dt$； (6) $(1+x)\ln(1+x)$；

(7) $\arctan\dfrac{2(1-x)}{1+4x}$； (8) $\ln(x+\sqrt{1+x^2})$；

(9) $\ln\sqrt{\dfrac{1+x}{1-x}}$； (10) $\ln(1+x+x^2+x^3)$；

(11) $(\arctan x)^2$； (12) $\ln^2(1-x)$.

4. 求出 $\tan x$ 的 Maclaurin 展式(展到 x^6 次项).

5. 求函数 $f(x)=\sum_{n=1}^{\infty}\dfrac{1}{n(n+1)}\left(\dfrac{x+1}{2}\right)^n$ 的 Maclaurin 展式.

6. 证明当 a，$b>-1$ 时，

$$\int_0^1 \frac{x^a-x^b}{1-x}dx=\sum_{n=1}^{\infty}\left(\frac{1}{n+a}-\frac{1}{n+b}\right).$$

7.5 Fourier 级数

由三角函数系

$$1,\cos\omega x,\sin\omega x,\cdots,\cos2\omega x,\sin2\omega x,\cdots,\cos n\omega x,\sin n\omega x,\cdots$$

的无穷线性组合得到的函数项级数

$$\frac{a_0}{2}+\sum_{n=1}^{\infty}(a_n\cos n\omega x+b_n\sin n\omega x)$$

称为是一个三角级数，其中 ω 是一个常数. 一般地，称

$$\frac{a_0}{2}+\sum_{k=1}^{n}(a_k\cos k\omega x+b_k\sin k\omega x)$$

为一个 n 阶的三角多项式.

一个函数做幂级数展开，要求是比较高的，它首先需要具有无穷多次导数. 但在实际问题中有些函数甚至都是不连续的，对这样的函数我们可以考虑三角级数展开 . 后面我们将看到一个函数做三角级数展开，它的要求是比较低的. 另一方面，实际问题中很多函数是周期的，三角函数系本身具有周期性，因此考虑三角级数展开是比较自然的.

7.5.1 基本三角函数系

为研究三角级数，我们先来讨论基本三角函数系：

$$1,\cos x,\sin x,\cos 2x,\sin 2x,\cdots,\cos nx,\sin nx,\cdots.$$

基本三角函数系以 2π 为周期，所以一个函数如果可以表示成关于三角函数系的无穷线性组合的形式，它一定是以 2π 为周期的周期函数.

基本三角函数系非常重要的一个特点是正交性. 设 $f(x)$，$g(x)$ 是 $[-\pi,\pi]$ 上可积的函数，如果满足 $\int_a^b f(x)g(x)\mathrm{d}x=0$，则称 $f(x)$ 和 $g(x)$ 正交. ⊖

命题 7.5.1　基本三角函数系中任意两个不同元素均正交.

证明：直接计算：

$$\int_{-\pi}^{\pi}1\cdot\cos nx\mathrm{d}x=0,\quad \int_{-\pi}^{\pi}1\cdot\sin nx\mathrm{d}x=0,\quad \int_{-\pi}^{\pi}\sin mx\cos nx\mathrm{d}x=0.$$

$$\int_{-\pi}^{\pi}\sin mx\sin nx\mathrm{d}x=\begin{cases}0, & m\neq n,\\ \pi, & m=n,\end{cases}$$

$$\int_{-\pi}^{\pi}\cos mx\cos nx\mathrm{d}x=\begin{cases}0, & m\neq n,\\ \pi, & m=n.\end{cases}$$

7.5.2 周期为 2π 的 Fourier 级数

下面我们来考虑以 2π 为周期的函数能否按照以上基本三角函数系展成三角级数的问题. 与幂级数展开类似，有两个基本的问题：

（1）如果函数 $f(x)$ 能够展开为三角级数，它的系数如何由 $f(x)$ 生成？

（2）由 $f(x)$ 生成的三角级数是否收敛，和函数是否等于 $f(x)$？

⊖ 考虑定义在 $[-\pi,\pi]$ 上的 Lebesgue 意义下平方可积的函数构成的线性空间 $L^2([-\pi,\pi])$，则 $\langle f,g\rangle=\frac{1}{\pi}\int_a^b f(x)g(x)\mathrm{d}x$ 给出了 $L^2([-\pi,\pi])$ 上内积的定义，从而有夹角、模长的概念.

为了寻找$f(x)$对应的三角级数系数的表达形式，不妨设

$$f(x)=\frac{a_0}{2}+\sum_{n=1}^{\infty}(a_n\cos nx+b_n\sin nx),$$

在$[-\pi,\pi]$成立，并且假设可以做以下的逐项积分.

上式两边同乘以$\cos kx$，$k\geqslant 0$，逐项积分，利用基本三角函数系的正交性得

$$\begin{aligned}&\int_{-\pi}^{\pi}f(x)\cos kx\mathrm{d}x\\ &=\int_{-\pi}^{\pi}\frac{a_0}{2}\cos kx\mathrm{d}x+\sum_{n=1}^{\infty}a_n\int_{-\pi}^{\pi}\cos nx\cos kx\mathrm{d}x+\sum_{n=1}^{\infty}b_n\int_{-\pi}^{\pi}\sin nx\cos kx\mathrm{d}x\\ &=\pi a_k.\end{aligned}$$

因此有

$$a_k=\frac{1}{\pi}\int_{-\pi}^{\pi}f(x)\cos kx\mathrm{d}x,\quad k=0,1,2,\cdots.$$

类似地，上式两边同乘以$\sin kx$，$k\geqslant 0$，逐项积分，得

$$\begin{aligned}&\int_{-\pi}^{\pi}f(x)\sin kx\mathrm{d}x\\ &=\int_{-\pi}^{\pi}\frac{a_0}{2}\sin kx\mathrm{d}x+\sum_{n=1}^{\infty}a_n\int_{-\pi}^{\pi}\cos nx\sin kx\mathrm{d}x+\sum_{n=1}^{\infty}b_n\int_{-\pi}^{\pi}\sin nx\sin kx\mathrm{d}x\\ &=\pi b_k,\end{aligned}$$

因此有

$$b_k=\frac{1}{\pi}\int_{-\pi}^{\pi}f(x)\sin kx\mathrm{d}x,\quad k=1,2,\cdots.$$

受以上观察启发，下面给出 Fourier 系数和 Fourier 级数的定义.

定义 7.5.1 设函数$f(x)$是以2π为周期的周期函数，在$[-\pi,\pi]$上可积. 定义$f(x)$的 Fourier 系数为

$$a_n=\frac{1}{\pi}\int_{-\pi}^{\pi}f(x)\cos nx\mathrm{d}x,\quad n=0,1,2,\cdots,$$

$$b_n=\frac{1}{\pi}\int_{-\pi}^{\pi}f(x)\sin nx\mathrm{d}x,\quad n=1,2,\cdots.$$

称

$$\frac{a_0}{2}+\sum_{n=1}^{\infty}(a_n\cos nx+b_n\sin nx)$$

为$f(x)$的 Fourier 级数，记为

$$f(x)\sim\frac{a_0}{2}+\sum_{n=1}^{\infty}(a_n\cos nx+b_n\sin nx).$$

这里用记号~表示该 Fourier 级数与 $f(x)$ 有关，但该 Fourier 级数是否收敛，以及收敛的话和函数是否等于 $f(x)$ 都是未知的.

改变 $f(x)$ 的有限个点的值，并不改变 Fourier 系数和 Fourier 级数. 由此可知函数 $f(x)$ 的 Fourier 级数有可能在某些点处不收敛于 $f(x)$. 事实上，即使 $f(x)$ 是连续函数，它的 Fourier 级数的敛散性也是一个复杂的问题.

例 7.5.1　将函数 $u(t)=\begin{cases}1, & 0\leqslant t<\pi,\\ -1, & -\pi\leqslant t<0\end{cases}$ 展开成 Fourier 级数.

解：首先将 $u(t)$ 延拓为 2π 周期的周期函数，如图 7.5.1 所示.

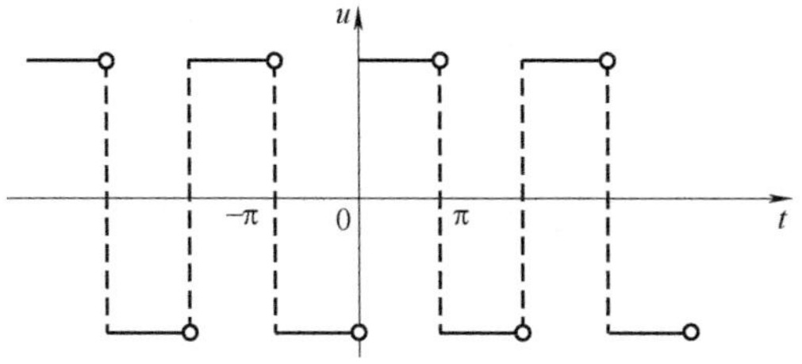

图　7.5.1

计算 Fourier 系数：

$$a_0=\frac{1}{\pi}\int_{-\pi}^{\pi}u(t)\,\mathrm{d}t=0;$$

$$a_n=\frac{1}{\pi}\int_{-\pi}^{\pi}u(t)\cos nt\,\mathrm{d}t=0;$$

$$b_n=\frac{1}{\pi}\int_{-\pi}^{\pi}u(t)\sin nt\,\mathrm{d}t=\begin{cases}\dfrac{4}{(2k-1)\pi}, & n=2k-1,\\ 0, & n=2k.\end{cases}$$

因此 $u(t)$ 的 Fourier 级数为 $u(t)\sim\displaystyle\sum_{n=1}^{\infty}\frac{4}{(2n-1)\pi}\sin(2n-1)t.$

例 7.5.2　将 $f(x)=\begin{cases}-x, & -\pi\leqslant x<0,\\ x, & 0\leqslant x\leqslant\pi\end{cases}$ 展开成 Fourier 级数.

解：首先将 $f(x)$ 延拓为 2π 周期的周期函数，如图 7.5.2 所示.

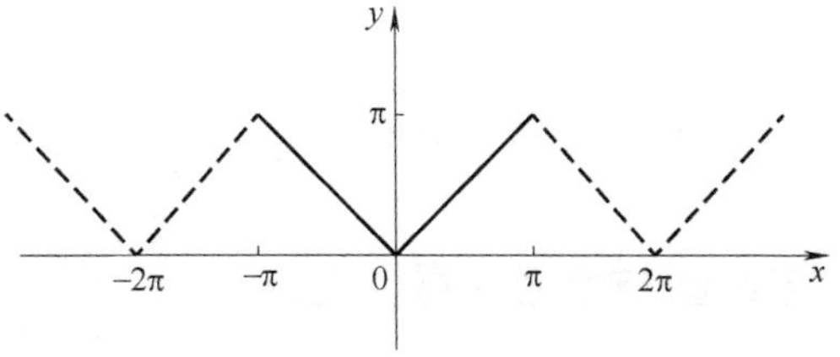

图　7.5.2

计算 Fourier 系数：

$$a_0=\frac{1}{\pi}\int_{-\pi}^{\pi}f(x)\,\mathrm{d}x=\pi,$$

$$a_n=\frac{1}{\pi}\int_{-\pi}^{\pi}f(x)\cos nx\mathrm{d}x=\begin{cases}-\dfrac{4}{(2k-1)^2\pi}, & n=2k-1,\\ 0, & n=2k,\end{cases}$$

$$b_n=\frac{1}{\pi}\int_{-\pi}^{\pi}f(x)\sin nx\mathrm{d}x=0.$$

因此$f(x)$ 的 Fourier 级数为$f(x)\sim\dfrac{\pi}{2}-\dfrac{4}{\pi}\sum\limits_{n=1}^{\infty}\dfrac{1}{(2n-1)^2}\cos(2n-1)x.$

例 7.5.3 设$f(x)=\dfrac{\pi-x}{2}$，$x\in[0,2\pi)$，求$f(x)$的 Fourier 级数.

解：首先将$f(x)$延拓为 2π 周期的周期函数，如图 7.5.3 所示.

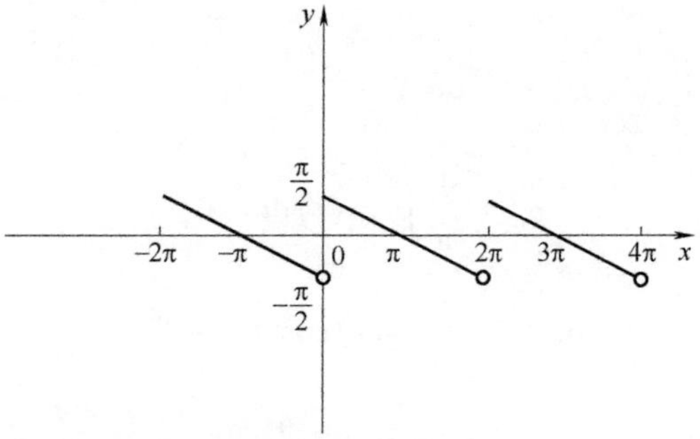

图 7.5.3

计算 Fourier 系数：

$$a_n=0(n=0,1,2,\cdots).$$

$$\begin{aligned}b_n&=\frac{2}{\pi}\int_0^{\pi}\frac{\pi-x}{2}\sin nx\mathrm{d}x\\&=-\frac{1}{n\pi}(\pi-x)\cos nx\Big|_0^{\pi}-\frac{1}{n\pi}\int_0^{\pi}\cos nx\mathrm{d}x\\&=\frac{1}{n}.\end{aligned}$$

因此$f(x)$的 Fourier 级数为$f(x)\sim\sum\limits_{n=1}^{\infty}\dfrac{\sin nx}{n}.$

7.5.3 正弦级数与余弦级数

设$f(x)$在$(0,\pi)$内可积. 如果要将$f(x)$展开为以 2π 周期的

Fourier 级数，我们需要将$f(x)$延拓定义到$(-\pi,0)$上. 不同的延拓定义会得到$f(x)$在$(0,\pi)$上不同的 Fourier 级数. 特别地，我们会考虑$f(x)$的奇延拓和偶延拓.

如果将$f(x)$延拓成$(-\pi,\pi)$的奇函数$\tilde{f}(x)$，则$\tilde{f}(x)$的 Fourier 系数

$$a_n=0,\quad n=0,1,2,\cdots,$$

$$b_n=\frac{1}{\pi}\int_{-\pi}^{\pi}\tilde{f}(x)\sin nx\mathrm{d}x=\frac{2}{\pi}\int_0^{\pi}f(x)\sin nx\mathrm{d}x.$$

因此

$$f(x)\sim\sum_{n=1}^{\infty}b_n\sin nx,\qquad x\in(0,\pi).$$

称 $\sum_{n=1}^{\infty}b_n\sin nx$ 为$f(x)$ 在$(0,\pi)$ 上的正弦级数.

如果将$f(x)$延拓成$(-\pi,\pi)$的偶函数$\tilde{f}(x)$，则$\tilde{f}(x)$的 Fourier 系数

$$b_n=0,\quad n=0,1,2,\cdots,$$

$$a_n=\frac{2}{\pi}\int_0^{\pi}f(x)\cos nx\mathrm{d}x,\qquad n=0,1,2,\cdots.$$

因此

$$f(x)\sim\frac{a_0}{2}+\sum_{n=1}^{\infty}a_n\cos nx,\qquad x\in(0,\pi).$$

称 $\frac{a_0}{2}+\sum_{n=1}^{\infty}a_n\cos nx$ 为$f(x)$ 在$(0,\pi)$上的余弦级数.

例 7.5.4　求函数$f(x)=x^2$，$x\in(0,\pi)$的余弦级数.

解：为了得到$f(x)$的余弦级数，对$f(x)$做偶延拓.

$$a_0=\frac{2}{\pi}\int_0^{\pi}x^2\mathrm{d}x=\frac{2}{3}\pi^2.$$

$$\begin{aligned}a_n&=\frac{2}{\pi}\int_0^{\pi}x^2\cos nx\mathrm{d}x\\&=\frac{2}{n\pi}x^2\sin nx\Big|_0^{\pi}-\frac{4}{n\pi}\int_0^{\pi}x\sin nx\mathrm{d}x\\&=\frac{4}{n^2\pi}\left[x\cos nx\Big|_0^{\pi}-\int_0^{\pi}\cos nx\mathrm{d}x\right]\\&=(-1)^n\frac{4}{n^2},\quad n=1,2,\cdots,\end{aligned}$$

我们求得$f(x)$在$(0,\pi)$上的余弦级数展开为

$$x^2\sim\frac{\pi^2}{3}+4\sum_{n=1}^{\infty}\frac{(-1)^n}{n^2}\cos nx.$$

7.5.4 任意周期的 Fourier 级数

设$f(x)$是以 $2l$ 为周期的周期函数，且在$[-l,l]$上可积. 如何将$f(x)$展开为以 $2l$ 为周期的 Fourier 级数呢?

我们可以考虑换元. 做变量变换 $x=\frac{l}{\pi}t$，则函数 $F(t)=f\left(\frac{l}{\pi}t\right)$ 以 2π 为周期且在$[-\pi,\pi]$上可积. 于是可求 $F(t)$的以 2π 为周期的 Fourier 级数:

$$F(t)\sim\frac{a_0}{2}+\sum_{n=1}^{\infty}(a_n\cos nt+b_n\sin nt),$$

将变量 t 变回 x 后，得到$f(x)$的 Fourier 级数:

$$f(x)\sim\frac{a_0}{2}+\sum_{n=1}^{\infty}(a_n\cos n\omega x+b_n\sin n\omega x),$$

其中 $\omega=\frac{\pi}{l}$，系数满足

$$a_n=\frac{1}{l}\int_{-l}^{l}f(x)\cos n\omega x\mathrm{d}x,\quad n=0,1,2,\cdots,$$

$$b_n=\frac{1}{l}\int_{-l}^{l}f(x)\sin n\omega x\mathrm{d}x,\quad n=1,2,\cdots.$$

例 7.5.5 将$f(x)=x^2$，$-1\leqslant x\leqslant 1$，展开成以 2 为周期的 Fourier 级数.

解: 函数$f(x)$为偶函数，所以$f(x)$的 Fourier 级数为余弦级数. 计算 Fourier 系数:

$$a_0=2\int_0^1 x^2\mathrm{d}x=\frac{2}{3},$$

$$a_n=2\int_0^1 x^2\cos n\pi x\mathrm{d}x=(-1)^n\frac{4}{n^2\pi^2}.$$

因此 $x^2\sim\frac{1}{3}+\frac{4}{\pi^2}\sum_{n=1}^{\infty}(-1)^n\frac{1}{n^2}\cos n\pi x.$

习题 7.5

1. 求下列函数以 2π 为周期的 Fourier 级数:

(1) $f(x)=x^2,\quad -\pi\leqslant x\leqslant\pi$;

(2) $f(x)=\mathrm{e}^{\alpha x},\quad -\pi\leqslant x<\pi$;

(3) $f(x)=x\cos x,\quad -\pi\leqslant x<\pi$;

(4) $f(x)=\sin^4 x,\quad -\pi\leqslant x\leqslant\pi$;

(5) $f(x)=|x|,\quad -\pi\leqslant x\leqslant\pi$;

(6) $f(x)=\begin{cases}3, & -\pi\leqslant x<0,\\ 4, & 0\leqslant x\leqslant\pi;\end{cases}$

(7) $f(x)=\begin{cases}0, & -\pi\leqslant x<0,\\ x, & 0\leqslant x\leqslant\pi;\end{cases}$

(8) $f(x)=\begin{cases} e^x, & -\pi\leqslant x<0, \\ 1, & 0\leqslant x\leqslant\pi. \end{cases}$

2. 求下列函数以 2π 为周期的正弦级数与余弦级数：

(1) $f(x)=\dfrac{x^2}{4}-\dfrac{\pi x}{2}\quad(0\leqslant x\leqslant\pi)$；

(2) $f(x)=\cos x\quad(0\leqslant x\leqslant\pi)$；

(3) $f(x)=\dfrac{1}{2}-\dfrac{\pi}{4}\sin x\quad(0\leqslant x\leqslant\pi)$；

(4) $f(x)=\dfrac{\pi-x}{2}\quad(0\leqslant x\leqslant\pi)$；

(5) $f(x)=x(\pi-x)\quad(0\leqslant x\leqslant\pi)$；

(6) $f(x)=\begin{cases} \dfrac{\pi}{2}-x, & 0<x<\dfrac{\pi}{2}, \\ 0, & \dfrac{\pi}{2}\leqslant x<\pi. \end{cases}$

3. 设 $f(x)$ 是以 2π 为周期的函数，且在 $[0,2\pi]$ 上的表达式为

$$f(x)=|\cos x|,\quad x\in[0,2\pi].$$

试求其 Fourier 级数.

4. 求下列周期为 2 的函数的 Fourier 级数：

(1) $f(x)=x,\ -1\leqslant x<1$；

(2) $f(x)=\begin{cases} 1, & 0\leqslant x<1, \\ 0, & -1\leqslant x<0. \end{cases}$

5. 已知函数 $f(x)\,(-\pi\leqslant x\leqslant\pi)$ 的 Fourier 系数为 a_0，a_n，b_n. 试求函数 $g(x)=f(-x)\,(-\pi\leqslant x\leqslant\pi)$ 的 Fourier 系数.

6. 设 $y=f(x)$ 在 $[-\pi,\pi]$ 中满足 $f(x+\pi)=f(x)$，证明 $a_{2n-1}=b_{2n-1}=0\,(n=1,2,\cdots)$.

7. 设 $f(x)$ 是以 2π 为周期的可导函数，设 $f'(x)$ 在 $[-\pi,\pi]$ 上可积. 证明 $f(x)$ 的 Fourier 系数 a_0，a_n，b_n 与 $f'(x)$ 的 Fourier 系数 a_0'，a_n'，b_n' 满足关系：$a_n'=nb_n$，$b_n'=-na_n$.

7.6 Fourier 级数的敛散性

7.6.1 两个引理

设 $f(x)$ 是以 2π 为周期的周期函数，在 $[-\pi,\pi]$ 上可积. 这一节我们关心 $f(x)$ 的 Fourier 级数的敛散性问题，为此分析 Fourier 级数的部分和

$$S_n(x)=\frac{a_0}{2}+\sum_{k=1}^{n}(a_k\cos kx+b_k\sin kx),$$

其中

$$a_k=\frac{1}{\pi}\int_{-\pi}^{\pi}f(x)\cos kx\,dx,\quad k=0,1,\cdots,n,$$

$$b_k=\frac{1}{\pi}\int_{-\pi}^{\pi}f(x)\sin kx\,dx,\quad k=1,2,\cdots,n.$$

引理 7.6.1　设函数 $f(x)$ 以 2π 为周期，在 $[-\pi,\pi]$ 上可积，则函数 $f(x)$ 的 Fourier 级数的部分和可表示为

$$S_n(x)=\frac{1}{\pi}\int_0^{\pi}[f(x+t)+f(x-t)]\cdot\frac{\sin\left(n+\frac{1}{2}\right)t}{2\sin\frac{t}{2}}dt.$$

上述积分称为 Dirichlet 积分，$\sigma_n(t)=\dfrac{\sin\left(n+\dfrac{1}{2}\right)t}{2\sin\dfrac{t}{2}}$称为 Dirichlet 核.

证明：考虑$f(x)$的 Fourier 级数的部分和

$$
\begin{aligned}
S_n(x) &= \frac{a_0}{2} + \sum_{k=1}^{n}(a_k\cos kx + b_k\sin kx)\\
&= \frac{1}{2\pi}\int_{-\pi}^{\pi}f(t)\,\mathrm{d}t + \sum_{k=1}^{n}\frac{1}{\pi}\int_{-\pi}^{\pi}f(t)(\cos kx\cos kt + \sin kx\sin kt)\,\mathrm{d}t\\
&= \frac{1}{\pi}\int_{-\pi}^{\pi}f(t)\left[\frac{1}{2} + \sum_{k=1}^{n}\cos k(t-x)\right]\mathrm{d}t.
\end{aligned}
$$

记$\sigma_n(x) = \dfrac{1}{2} + \sum\limits_{k=1}^{n}\cos kx$，则上式化为

$$S_n(x) = \frac{1}{\pi}\int_{-\pi}^{\pi}f(t)\sigma_n(t-x)\,\mathrm{d}t.$$

容易验证$\sigma_n(x)$是偶函数，以2π为周期，满足$\dfrac{2}{\pi}\int_0^{\pi}\sigma_n(x)\,\mathrm{d}x = 1$，并且

$$\sigma_n(x)=\frac{\sin\left(n+\dfrac{1}{2}\right)x}{2\sin\dfrac{x}{2}}\quad (x\neq 2k\pi,\ k\in\mathbf{Z}).$$

设$u=t-x$，换元得

$$S_n(x) = \frac{1}{\pi}\int_{-\pi-x}^{\pi-x}f(u+x)\sigma_n(u)\,\mathrm{d}u.$$

注意到被积函数以2π为周期，得

$$S_n(x) = \frac{1}{\pi}\int_{-\pi}^{\pi}f(u+x)\sigma_n(u)\,\mathrm{d}u.$$

继续变形，得

$$
\begin{aligned}
S_n(x) &= \frac{1}{\pi}\int_0^{\pi}f(u+x)\sigma_n(u)\,\mathrm{d}u + \frac{1}{\pi}\int_{-\pi}^{0}f(u+x)\sigma_n(u)\,\mathrm{d}u\\
&= \frac{1}{\pi}\int_0^{\pi}f(u+x)\sigma_n(u)\,\mathrm{d}u + \frac{1}{\pi}\int_0^{\pi}f(-v+x)\sigma_n(-v)\,\mathrm{d}v\\
&= \frac{1}{\pi}\int_0^{\pi}f(u+x)\sigma_n(u)\,\mathrm{d}u + \frac{1}{\pi}\int_0^{\pi}f(x-u)\sigma_n(u)\,\mathrm{d}u\\
&= \frac{1}{\pi}\int_0^{\pi}[f(x+u)+f(x-u)]\sigma_n(u)\,\mathrm{d}u.
\end{aligned}
$$

即$S_n(x) = \dfrac{1}{\pi}\int_0^{\pi}[f(x+u)+f(x-u)]\cdot\dfrac{\sin\left(n+\dfrac{1}{2}\right)u}{2\sin\dfrac{u}{2}}\mathrm{d}u.$

引理 7.6.2(Riemann-Lebesgue 引理)　设 f 在 $[a,b]$ 上可积，则

$$\lim_{\lambda\to+\infty}\int_a^b f(x)\sin\lambda x\mathrm{d}x=0.$$

证明：由 $f(x)$ 可积，$\forall\varepsilon>0$，存在 $[a,b]$ 的分割

$$T: a=x_0<x_1<\cdots<x_n=b,$$

使得 $\sum\limits_{i=1}^{n}\omega_i(f)\Delta x_i<\varepsilon$. 由于

$$\begin{aligned}&\int_a^b f(x)\sin\lambda x\mathrm{d}x\\&=\sum_{i=1}^{n}\int_{x_{i-1}}^{x_i}(f(x)-f(x_i))\sin\lambda x\mathrm{d}x+\sum_{i=1}^{n}\int_{x_{i-1}}^{x_i}f(x_i)\sin\lambda x\mathrm{d}x,\end{aligned}$$

所以

$$\left|\int_a^b f(x)\sin\lambda x\mathrm{d}x\right|\leqslant\sum_{i=1}^{n}\omega_i(f)\Delta x_i+\sum_{i=1}^{n}|f(x_i)|\left|\int_{x_{i-1}}^{x_i}\sin\lambda x\mathrm{d}x\right|.$$

由于

$$\left|\int_{x_{i-1}}^{x_i}\sin\lambda x\mathrm{d}x\right|=\left|-\frac{\cos\lambda x}{\lambda}\right|_{x_{i-1}}^{x_i}\Bigg|\leqslant\frac{2}{|\lambda|},$$

取 λ 充分大，可使 $\left|\int_{x_{i-1}}^{x_i}\sin\lambda x\mathrm{d}x\right|<\varepsilon$. 由此证明了

$$\lim_{\lambda\to+\infty}\int_a^b f(x)\sin\lambda x\mathrm{d}x=0.$$

7.6.2 Fourier 级数敛散性的判别法

设 $f(x)$ 是以 2π 为周期的周期函数，在 $[-\pi,\pi]$ 上可积. 取定 $x_0\in[-\pi,\pi]$，下面给出 $f(x)$ 的 Fourier 级数的部分和 $\{S_n(x_0)\}$ 收敛到某个值 S_0 的判别方法.

定理 7.6.1　函数 $f(x)$ 的 Fourier 级数在点 x_0 收敛到值 S_0 的充分必要条件是：存在 $\delta>0$，满足

$$\lim_{n\to\infty}\int_0^\delta\frac{f(x_0+t)+f(x_0-t)-2S_0}{t}\sin\left(n+\frac{1}{2}\right)t\mathrm{d}t=0.$$

注　结合 Riemann-Lebesgue 引理，当上式对一个 $\delta>0$ 成立时，则对所有的 $\delta>0$ 均成立. 因此我们只需要关心充分小的 δ 即可，由此可知 $f(x)$ 的 Fourier 级数在 $x_0\in[-\pi,\pi]$ 处的敛散性只与 $f(x)$ 在点 x_0 附近的取值有关.

证明：$f(x)$ 的 Fourier 级数在点 x_0 收敛到值 S_0 的充分必要条件是 $\lim\limits_{n\to\infty}S_n(x_0)-S_0=0$. 由引理 7.6.1，即

$$\lim_{n\to\infty}\frac{1}{\pi}\int_0^{\pi}\frac{f(x_0+t)+f(x_0-t)-2S_0}{2\sin\frac{t}{2}}\sin\left(n+\frac{1}{2}\right)t\mathrm{d}t=0.$$

记 $G(t)=f(x_0+t)+f(x_0-t)-2S_0$. 考虑函数

$$\varphi(t)=\begin{cases}\dfrac{1}{2\sin\frac{t}{2}}-\dfrac{1}{t}, & t\neq 0,\\ 0, & t=0.\end{cases}$$

容易验证 $\varphi(t)$ 在 $t=0$ 处右侧连续，从而 $\varphi(t)$ 在 $[0,\pi]$ 上连续，所以 $G(t)\varphi(t)$ 在 $[0,\pi]$ 上可积. 由 Riemann-Lebesgue 引理，得

$$\lim_{n\to\infty}\int_0^{\pi}G(t)\varphi(t)\sin\left(n+\frac{1}{2}\right)t\mathrm{d}t=0.$$

由此得

$$\lim_{n\to\infty}\int_0^{\pi}\frac{G(t)}{2\sin\frac{t}{2}}\sin\left(n+\frac{1}{2}\right)\mathrm{d}t=\lim_{n\to\infty}\int_0^{\pi}\frac{G(t)}{t}\sin\left(n+\frac{1}{2}\right)\mathrm{d}t.$$

因此 $f(x)$ 的 Fourier 级数在点 x_0 收敛到 S_0 的充要条件进一步改进为

$$\lim_{n\to\infty}\int_0^{\pi}\frac{G(t)}{t}\sin\left(n+\frac{1}{2}\right)t\mathrm{d}t=0.$$

对任给 $\delta>0$，函数 $\dfrac{G(t)}{t}$ 在 $[\delta,\pi]$ 上可积，由 Riemann-Lebesgue 引理，

$$\lim_{n\to\infty}\int_{\delta}^{\pi}\frac{G(t)}{t}\sin\left(n+\frac{1}{2}\right)t\mathrm{d}t=0.$$

从而上述条件又等价于

$$\lim_{n\to\infty}\int_0^{\delta}\frac{G(t)}{t}\sin\left(n+\frac{1}{2}\right)t\mathrm{d}t=0.$$

由此得到所证结论.

下面继续讨论 Fourier 级数在给定点处的敛散性. 由以上定理可以证明：若 $f(x)$ 在 x_0 处可导，则 $f(x)$ 的 Fourier 级数在 x_0 收敛，且收敛于 $f(x_0)$.

事实上，由导数定义，存在 $L>0$，使得 $f(x)$ 在 x_0 的某个邻域 $U(x_0,\delta_0)$ 满足

$$|f(x)-f(x_0)|\leqslant L|x-x_0|,$$

所以

$$|G(t)|=|f(x_0+t)+f(x_0-t)-2f(x_0)|\leqslant 2L|t|.$$

从而 $\forall\varepsilon>0$，存在 $\delta<\delta_0$，使得

$$\left|\int_0^{\delta} \frac{G(t)}{t} \sin\left(n+\frac{1}{2}\right) t \mathrm{d}t\right| \leqslant 2L\delta < \varepsilon.$$

在$[\delta,\delta_0]$上，由 Riemann-Lebesgue 引理，得

$$\lim_{n\to\infty}\int_{\delta}^{\delta_0} \frac{G(t)}{t} \sin\left(n+\frac{1}{2}\right) t \mathrm{d}t = 0.$$

由此得到当 n 充分大时，

$$\left|\int_0^{\delta_0} \frac{G(t)}{t} \sin\left(n+\frac{1}{2}\right) t \mathrm{d}t\right| < \varepsilon.$$

由定理 7.6.1，函数$f(x)$的 Fourier 级数在点 x_0 收敛到$f(x_0)$.

类似的方法可以证明，如果$f(x)$在 x_0 处 Hölder 连续，则$f(x)$的 Fourier 级数也在 x_0 收敛，且收敛于$f(x_0)$.

下面给出更常用的一个判别法——Dirichlet 判别法，它关心分段单调的有界函数. 设$f(x)$在$[a,b]$上有定义，若存在$[a,b]$的一个分割

$$a=c_0<c_1<\cdots<c_n=b,$$

使得$f(x)$在$(c_{k-1},c_k)(k=1,2,\cdots,n)$上单调，则称$f(x)$在$[a,b]$上分段单调.

首先给出一个引理.

引理 7.6.3　设$\varphi(t)$为$[0,a]$上的单调函数，满足$\lim\limits_{t\to0^+}\varphi(t)=0$，则

$$\lim_{\lambda\to+\infty}\int_0^{a} \frac{\varphi(t)}{t} \sin\lambda t \mathrm{d}t = 0.$$

证明：不妨设$\varphi(t)$为单增函数. 由$\lim\limits_{t\to0^+}\varphi(t)=0$，可知$\forall\varepsilon>0$，存在$\delta>0$，使得当$0<t\leqslant\delta$时，$|\varphi(t)|<\varepsilon$.

注意到$\varphi(t)$单增，而$\dfrac{\sin\lambda t}{t}$在$[0,\delta]$上可积，由积分第二中值定理，存在$\xi\in[0,\delta]$，使得

$$\int_0^{\delta} \frac{\varphi(t)}{t} \sin\lambda t \mathrm{d}t = \varphi(\delta)\int_{\xi}^{\delta} \frac{\sin\lambda t}{t}\mathrm{d}t.$$

由于$\displaystyle\int_0^{+\infty}\frac{\sin t}{t}\mathrm{d}t$收敛，存在常数$M>0$，使得对任意$0\leqslant t_1<t_2<+\infty$，有

$$\left|\int_{t_1}^{t_2} \frac{\sin t}{t}\mathrm{d}t\right| \leqslant M.$$

从而

$$\left|\int_0^{\delta} \frac{\varphi(t)}{t} \sin\lambda t \mathrm{d}t\right| < M\varepsilon.$$

由 Riemann-Lebesgue 引理，在$[\delta,a]$上，有

$$\lim_{\lambda\to+\infty}\int_{\delta}^{a}\frac{\varphi(t)}{t}\sin\lambda t\mathrm{d}t=0.$$

从而在$[0,a]$上，有 $\lim\limits_{\lambda\to+\infty}\int_{0}^{a}\frac{\varphi(t)}{t}\sin\lambda t\mathrm{d}t=0.$

定理 7.6.2(Dirichlet 判别法) 设$f(x)$是以 2π 为周期的有界函数，在周期区间分段单调，则$f(x)$的 Fourier 级数处处收敛，且

(1) 在连续点 x_0，收敛于$f(x_0)$；

(2) 在间断点 x_0，收敛于$\dfrac{f(x_0+0)+f(x_0-0)}{2}$.

证明：给定任一点 $x_0\in[-\pi,\pi]$. 取 $\delta_0>0$ 充分小，使得$f(x)$在$(x_0-\delta_0,x_0)$及$(x_0,x_0+\delta_0)$上单调.

由$f(x)$在$(x_0,x_0+\delta_0)$上单调，由引理(7.6.3)，得

$$\lim_{\lambda\to+\infty}\int_{0}^{\delta_0}\frac{f(x_0+t)-f(x_0+0)}{t}\sin\lambda t\mathrm{d}t=0.$$

类似地由$f(x)$在$(x_0-\delta_0,x_0)$单调，得

$$\lim_{\lambda\to+\infty}\int_{0}^{\delta_0}\frac{f(x_0-t)-f(x_0-0)}{t}\sin\lambda t\mathrm{d}t=0.$$

以上两式相加得

$$\lim_{n\to\infty}\int_{0}^{\delta_0}\frac{f(x_0+t)+f(x_0-t)-2\dfrac{f(x_0+0)+f(x_0-0)}{2}}{t}\sin\left(n+\frac{1}{2}\right)t\mathrm{d}t=0.$$

由定理 7.6.1，知 $f(x)$ 的 Fourier 级数在点 x_0 收敛到 $\dfrac{f(x_0+0)+f(x_0-0)}{2}$.

我们可以利用上述 Dirichlet 判别法讨论 Fourier 级数的和函数.

例 7.6.1 求函数 $u(t)=\begin{cases}1, & 0\leqslant t<\pi,\\ -1, & -\pi\leqslant t<0\end{cases}$ 的 Fourier 级数的和函数.

解：首先将 $u(t)$ 延拓为 2π 周期的周期函数，如图 7.6.1 所示.

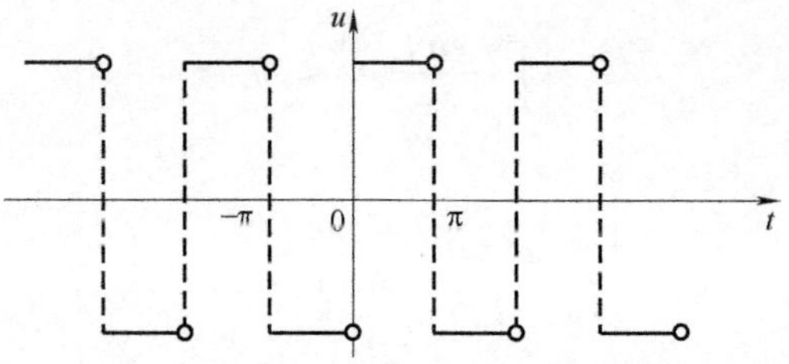

图 7.6.1

由例 7.5.1，$u(t)$的 Fourier 级数为

$$u(t)\sim\sum_{n=1}^{\infty}\frac{4}{(2n-1)\pi}\sin(2n-1)t.$$

下面讨论和函数，由 Dirichlet 判别法，当 $t\neq k\pi$ 时，$u(t)$连续，此时

$$\sum_{n=1}^{\infty}\frac{4}{(2n-1)\pi}\sin(2n-1)t\Big|_{t\neq k\pi}=u(t).$$

在点 $t=k\pi(k=0,\pm1,\pm2,\cdots)$处，$u(t)$不连续，左右极限分别为 ±1，于是，

$$\sum_{n=1}^{\infty}\frac{4}{(2n-1)\pi}\sin(2n-1)t\Big|_{t=k\pi}=\frac{-1+1}{2}=0.$$

例 7.6.2　求$f(x)=\begin{cases}-x, & -\pi\leqslant x<0,\\ x, & 0\leqslant x\leqslant\pi\end{cases}$的 Fourier 级数的和函数.

解：将$f(x)$延拓为 2π 周期的周期函数，如图 7.6.2 所示.

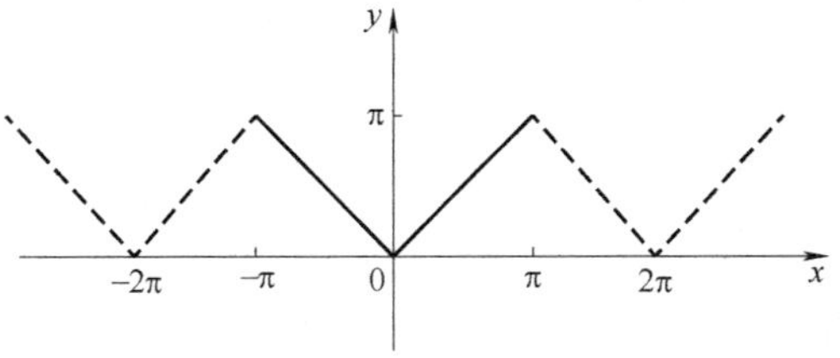

图　7.6.2

由例 7.5.2，$f(x)$的 Fourier 级数为

$$f(x)\sim\frac{\pi}{2}-\frac{4}{\pi}\sum_{n=1}^{\infty}\frac{1}{(2n-1)^2}\cos(2n-1)x.$$

由于$f(x)$处处连续，由 Dirichlet 判别法，Fourier 级数处处收敛且等于$f(x)$，即

$$\frac{\pi}{2}-\frac{4}{\pi}\sum_{n=1}^{\infty}\frac{1}{(2n-1)^2}\cos(2n-1)x=\begin{cases}-x, & -\pi\leqslant x<0,\\ x, & 0\leqslant x\leqslant\pi.\end{cases}$$

注　上式中代入 $x=0$，得

$$\sigma_1=1+\frac{1}{3^2}+\frac{1}{5^2}+\cdots=\frac{\pi^2}{8}.$$

设

$$\sigma=1+\frac{1}{2^2}+\frac{1}{3^2}+\frac{1}{4^2}+\cdots,$$

则

$$\sigma_2=\frac{1}{2^2}+\frac{1}{4^2}+\frac{1}{6^2}+\cdots=\frac{\sigma}{4},$$

由于 $\sigma=\sigma_1+\sigma_2=\frac{\pi^2}{8}+\frac{\sigma}{4}$，所以 $\sigma=\frac{\pi^2}{6}$.

例 7.6.3 求$f(x)=\dfrac{\pi-x}{2}$，$x\in[0,2\pi)$的 Fourier 级数的和函数.

解：将$f(x)$延拓为2π周期的周期函数，如图 7.6.3 所示.

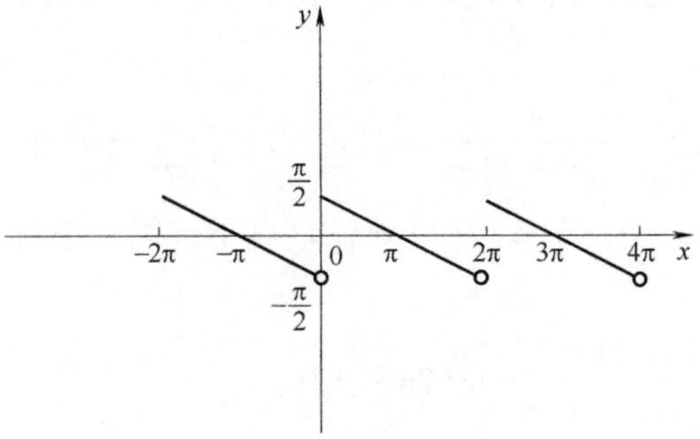

图 7.6.3

由例 7.5.3，$f(x)$的 Fourier 级数为$f(x)\sim\sum\limits_{n=1}^{\infty}\dfrac{\sin nx}{n}$. 由 Dirichlet 判别法，在$[0,2\pi]$上和函数为

$$\sum_{n=1}^{\infty}\frac{\sin nx}{n}=\begin{cases}\dfrac{\pi-x}{2}, & x\in[0,2\pi),\\ 0, & x=0,2\pi.\end{cases}$$

历史注记

Fourier 分析，又称为调和分析，是现代分析学研究的重要内容之一. 它不仅有重要的理论意义，而且有着广泛的应用. Fourier 级数是法国数学家 Fourier 在研究热传导问题时引出的. Fourier 级数的敛散性是一个复杂的问题，例如存在连续函数，它的 Fourier 级数在一个(处处稠密的)无穷点集上发散. Dirichlet 在 1829 年给出了判断 Fourier 级数收敛的 Dirichlet 判别法. Cantor 在 1870 年证明了三角级数展式的唯一性. 1966 年 Carleson(卡尔松)证明了平方可积函数的 Fourier 级数几乎处处收敛.

习题 7.6

1. 设$f(x)$是一个以2π为周期的函数，它在$(-\pi,\pi]$上的表达式为

$$f(x)=\begin{cases}0, & x\in(-\pi,0],\\ 1, & x\in(0,\pi].\end{cases}$$

证明：当$0<x<\pi$时，

$$1=\frac{1}{2}+\frac{2}{\pi}\sum_{n=0}^{\infty}\frac{\sin(2n+1)x}{2n+1},$$

并由此推出$\dfrac{\pi}{4}=\sum\limits_{n=0}^{\infty}\dfrac{(-1)^n}{2n+1}$.

2. 将$f(x)=\sin x\ (x\in(0,\pi))$展成余弦级数，并求出下列值：

$$\sum_{n=1}^{\infty}\frac{(-1)^n}{4n^2-1},\quad \sum_{n=1}^{\infty}\frac{1}{4n^2-1}.$$

3. 设$f(x)$是以2π为周期的函数，它在$[-\pi,\pi]$

上的表达式为 $f(x)=(\pi-|x|)^2$. 求该函数的 Fourier 级数，并利用它求出 $\sum_{n=1}^{\infty}\frac{1}{n^2}$.

4. 利用 $f(x)=x^2(|x|\leqslant\pi)$ 的 Fourier 级数求 $\sum_{n=1}^{\infty}\frac{1}{n^2}$.

5. 证明下列等式：

(1) $x=\pi-2\sum_{n=1}^{\infty}\frac{\sin nx}{n},\quad 0<x<2\pi$;

(2) $(x-\pi)^2=\frac{\pi^2}{3}+4\sum_{n=1}^{\infty}\frac{\cos nx}{n^2},\quad 0\leqslant x\leqslant 2\pi$;

(3) $x\sin x=1-\frac{1}{2}\cos x-2\sum_{n=2}^{\infty}\frac{(-1)^n\cos nx}{n^2-1}$, $-\pi\leqslant x\leqslant\pi$;

(4) $\ln\left|\sin\frac{x}{2}\right|=\sum_{n=1}^{\infty}\frac{\cos nx}{n}$, $x\neq 2k\pi$, k 是整数.

7.7 Parseval 等式及 Fourier 变换

这一节讨论 Parseval(帕塞瓦)等式与 Fourier 变换. Parseval 等式说明了一个函数与其 Fourier 系数之间的关系，可以看作是勾股定理的一个推广. Fourier 变换是 Fourier 级数在非周期函数情形的一个表现形式，作为一种积分变换，Fourier 变换在很多领域有着重要的应用.

7.7.1 Parseval 等式

设 $f(x)$ 的 Fourier 级数的部分和为

$$S_n(x)=\frac{a_0}{2}+\sum_{k=1}^{n}(a_k\cos kx+b_k\sin kx)\quad(n=0,1,2,\cdots).$$

记 $f(x)$ 的 Fourier 级数的部分和算术平均为

$$\overline{S}_n(x)=\frac{S_0(x)+S_1(x)+\cdots+S_n(x)}{n+1}.$$

注意 $\overline{S}_n(x)$ 仍为一个三角多项式.

19 世纪中后期，人们发现连续函数的 Fourier 级数可以在无穷多个点处发散. 这说明即使对于连续函数，Fourier 级数的部分和的收敛性依然比较复杂. 如果将 Fourier 级数的部分和替换为部分和的算术平均，则收敛性会非常好，下面是 Fejér(费耶)给出的一个定理.

定理 7.7.1　设 $f(x)$ 是以 2π 为周期的连续函数. 则 $f(x)$ 的 Fourier 级数的部分和算术平均 $\{\overline{S}_n(x)\}$ 在 $[-\pi,\pi]$ 上一致收敛于 $f(x)$.

证明：由引理 7.6.1 的证明，知

$$S_n(x)=\frac{1}{\pi}\int_{-\pi}^{\pi}f(x+t)\sigma_n(t)\,\mathrm{d}t,$$

其中 $\sigma_n(t)=\dfrac{\sin\left(n+\dfrac{1}{2}\right)t}{2\sin\dfrac{t}{2}}$，满足 $\dfrac{1}{\pi}\int_{-\pi}^{\pi}\sigma_n(t)\,\mathrm{d}t=1$. 所以

$$\bar{S}_n(x)=\frac{1}{\pi}\int_{-\pi}^{\pi}f(x+t)\varphi_n(t)\,\mathrm{d}t,$$

其中

$$\varphi_n(t)=\frac{\sigma_0(t)+\sigma_1(t)+\cdots+\sigma_n(t)}{n+1}=\frac{\sin^2\dfrac{n+1}{2}t}{2(n+1)\sin^2\dfrac{t}{2}},$$

满足 $\varphi_n(t)\geqslant 0$，且 $\dfrac{1}{\pi}\int_{-\pi}^{\pi}\varphi_n(t)\,\mathrm{d}t=1$. 对于 $x\in[-\pi,\pi]$，有

$$\begin{aligned}|f(x)-\bar{S}_n(x)|&=\left|\frac{1}{\pi}\int_{-\pi}^{\pi}\varphi_n(t)(f(x)-f(x+t))\,\mathrm{d}t\right|\\&\leqslant\frac{1}{\pi}\int_{-\pi}^{\pi}\varphi_n(t)\,|f(x)-f(x+t)|\,\mathrm{d}t.\end{aligned}$$

由于 $f(x)$ 为连续的周期函数，从而在 $(-\infty,+\infty)$ 上一致连续. 即对于 $\forall\varepsilon>0$，存在 $\delta>0$，当 $|x_1-x_2|<\delta$ 时，有

$$|f(x_1)-f(x_2)|<\frac{\varepsilon}{2}.$$

将积分区间分成两部分：$|t|<\delta$ 和 $\delta<|t|<\pi$，下面分别估计两部分的积分.

$$\frac{1}{\pi}\int_{|t|<\delta}\varphi_n(t)\,|f(x)-f(x+t)|\,\mathrm{d}t\leqslant\frac{\varepsilon}{2\pi}\int_{-\pi}^{\pi}\varphi_n(t)\,\mathrm{d}t=\frac{\varepsilon}{2}.$$

设 $|f(x)|$ 在 $[-\pi,\pi]$ 上最大值为 M，则有

$$\begin{aligned}\frac{1}{\pi}\int_{\delta<|t|<\pi}\varphi_n(t)\,|f(x)-f(x+t)|\,\mathrm{d}t&\leqslant\frac{2M}{\pi}\int_{\delta<|t|<\pi}\frac{\sin^2\dfrac{n+1}{2}t}{2(n+1)\sin^2\dfrac{t}{2}}\mathrm{d}t\\&\leqslant\frac{M}{(n+1)\pi}\int_{\delta<|t|<\pi}\frac{1}{\sin^2\dfrac{\delta}{2}}\mathrm{d}t.\end{aligned}$$

因此当 n 充分大时，上式小于 $\dfrac{\varepsilon}{2}$. 于是当 n 充分大时，对于 $\forall x\in[-\pi,\pi]$，得到 $|f(x)-\bar{S}_n(x)(x)|<\varepsilon$. □

注 上述定理给出了 Weierstrass 第二逼近定理，即闭区间上的连续函数可以被三角多项式一致逼近. 此外，也可以证明 Weierstrass 第一逼近定理，即闭区间上的连续函数可以被多项

式一致逼近. 事实上，设$f(x)$是闭区间$[0,1]$上的连续函数. 考虑定义在$\left[-\frac{\pi}{2},\frac{\pi}{2}\right]$上的函数$f(\cos\theta)$，然后将其延拓为$[-\pi,\pi]$上的连续偶函数，从而得到$f(\cos\theta)$的余弦级数展开. 考虑它的部分和的算术平均，注意到该算术平均是关于 $\cos\theta$ 的多项式($\cos k\theta$ 总可以表示为 $\cos\theta$ 的多项式)，由此得到$f(x)$在$[0,1]$上的多项式一致逼近.

在考察三角多项式对函数的逼近时，我们发现 Fourier 级数的部分和在平方积分的意义下是最佳的.

定理 7.7.2　设函数$f(x)$在$[-\pi,\pi]$上可积，Fourier 级数的部分和为 $S_n(x)$. 对任何 n 阶的三角多项式 $T_n(x)$，有

$$\int_{-\pi}^{\pi}(f(x)-S_n(x))^2\mathrm{d}x \leqslant \int_{-\pi}^{\pi}(f(x)-T_n(x))^2\mathrm{d}x,$$

等号当且仅当 $T_n(x)\equiv S_n(x)$时成立.

证明：对任意的三角多项式

$$T_n(x)=\frac{\alpha_0}{2}+\sum_{k=1}^{n}(\alpha_k\cos kx+\beta_k\sin kx),$$

$$\int_{-\pi}^{\pi}(f(x)-T_n(x))^2\mathrm{d}x=\int_{-\pi}^{\pi}f^2(x)\mathrm{d}x-2\int_{-\pi}^{\pi}f(x)T_n(x)\mathrm{d}x+\int_{-\pi}^{\pi}T_n^2(x)\mathrm{d}x.$$

直接计算可得

$$\int_{-\pi}^{\pi}f(x)T_n(x)\mathrm{d}x=\pi\left[\frac{\alpha_0a_0}{2}+\sum_{k=1}^{n}(\alpha_ka_k+\beta_kb_k)\right],$$

$$\int_{-\pi}^{\pi}T_n^2(x)\mathrm{d}x=\pi\left[\frac{\alpha_0^2}{2}+\sum_{k=1}^{n}(\alpha_k^2+\beta_k^2)\right].$$

所以

$$\begin{aligned}&\int_{-\pi}^{\pi}(f(x)-T_n(x))^2\mathrm{d}x\\&=\int_{-\pi}^{\pi}f^2(x)\mathrm{d}x+\pi\left[\frac{(\alpha_0-a_0)^2}{2}+\sum_{k=1}^{n}(\alpha_k-a_k)^2+(\beta_k-b_k)^2\right]-\\&\quad\pi\left[\frac{a_0^2}{2}+\sum_{k=1}^{n}(a_k^2+b_k^2)\right].\end{aligned}$$

特别地，

$$\int_{-\pi}^{\pi}(f(x)-S_n(x))^2\mathrm{d}x=\int_{-\pi}^{\pi}f^2(x)\mathrm{d}x-\pi\left[\frac{a_0^2}{2}+\sum_{k=1}^{n}(a_k^2+b_k^2)\right],$$

由此得到作证结论.

一般来说，函数 $f(x)$ 的 Fourier 级数不一定处处收敛到函数 $f(x)$. 但在下面积分的意义下，收敛性是没问题的.

定理 7.7.3 设函数 $f(x)$ 在 $[-\pi,\pi]$ 上可积，其 Fourier 级数的部分和为 $S_n(x)$，则有

$$\lim_{n\to\infty}\int_{-\pi}^{\pi}(f(x)-S_n(x))^2\mathrm{d}x=0.$$

证明：任给 $\varepsilon>0$. 由 $f(x)$ 在 $[-\pi,\pi]$ 上可积，存在连续函数 $g(x)$ (习题 6.2 第 6 题)，使得

$$\int_{-\pi}^{\pi}(f(x)-g(x))^2\mathrm{d}x<\frac{\varepsilon}{4}.$$

考虑 $g(x)$ 的 Fourier 级数部分和的算术平均给出的三角多项式 $T_n(x)$. 由定理 7.7.1，存在正整数 N，当 $n>N$ 时，

$$|g(x)-T_n(x)|<\sqrt{\frac{\varepsilon}{8\pi}},\quad \forall x\in[-\pi,\pi].$$

因此

$$\int_{-\pi}^{\pi}(f(x)-T_n(x))^2\mathrm{d}x\leqslant 2\int_{-\pi}^{\pi}[(f(x)-g(x))^2+(g(x)-T_n(x))^2]\mathrm{d}x<\varepsilon.$$

由定理 7.7.2，对于 $f(x)$ 的 Fourier 级数的部分和 $S_n(x)$，有

$$\int_{-\pi}^{\pi}(f(x)-S_n(x))^2\mathrm{d}x\leqslant\int_{-\pi}^{\pi}(f(x)-T_n(x))^2\mathrm{d}x,$$

所以

$$\lim_{n\to\infty}\int_{-\pi}^{\pi}(f(x)-S_n(x))^2\mathrm{d}x=0.$$

证毕.

由于

$$\int_{-\pi}^{\pi}(f(x)-S_n(x))^2\mathrm{d}x=\int_{-\pi}^{\pi}f^2(x)\mathrm{d}x-\pi\left[\frac{a_0^2}{2}+\sum_{k=1}^{n}(a_k^2+b_k^2)\right].$$

由定理 7.7.3，取极限即得以下的 Parseval 等式.

推论(Parseval 等式[㊀]) 设函数 $f(x)$ 在 $[-\pi,\pi]$ 上可积，则有

㊀ 如果我们把 $f(x)$ 的 Fourier 系数看作 $f(x)$ 关于 $L^2([-\pi,\pi])$ 的单位正交基

$$\left\{\frac{1}{\sqrt{2}},\cos x,\sin x,\cos 2x,\sin 2x,\cdots\right\}$$

的坐标，则 Parseval 等式可看作是勾股定理的推广.

$$\frac{a_0^2}{2}+\sum_{n=1}^{\infty}(a_n^2+b_n^2)=\frac{1}{\pi}\int_{-\pi}^{\pi}f^2(x)\,\mathrm{d}x.$$

由 Parseval 等式可知，一个处处收敛的三角级数不一定是某个可积函数的 Fourier 级数. 例如级数 $\sum\limits_{n=1}^{\infty}\dfrac{\sin nx}{\sqrt{n}}$ 处处收敛，但 $\sum\limits_{n=1}^{\infty}b_n^2$ 发散，所以它不可能是某个可积函数的 Fourier 级数.

作为 Parseval 等式的应用，我们讨论 Fourier 级数的一致收敛性.

例 7.7.1　设 $f(x)$ 是以 2π 为周期的可导函数，且 $f'(x)$ 在 $[-\pi,\pi]$ 上可积，则 $f(x)$ 的 Fourier 级数在 $(-\infty,+\infty)$ 上一致收敛.

证明：首先由 $f(x)$ 可导，$f(x)$ 的 Fourier 级数处处收敛. 设 $f(x)$ 的 Fourier 系数为 a_0，a_n，b_n，$f'(x)$ 的 Fourier 系数为 a_0'，a_n'，b_n'. 直接计算可得

$$a_n'=nb_n,\quad b_n'=-na_n\quad (n=1,2,\cdots).$$

从而

$$|a_n\cos nx+b_n\sin nx|\leqslant|a_n|+|b_n|=\frac{|a_n'|+|b_n'|}{n}.$$

注意到

$$\frac{|a_n'|}{n}\leqslant\frac{1}{2}\left(a_n'^2+\frac{1}{n^2}\right),$$

由 Parseval 等式，级数 $\sum\limits_{n=1}^{\infty}a_n'^2$ 收敛. 从而级数 $\sum\limits_{n=1}^{\infty}\dfrac{|a_n'|}{n}$ 收敛. 同理，级数 $\sum\limits_{n=1}^{\infty}\dfrac{|b_n'|}{n}$ 也收敛. 由 Weierstrass 判别法，$f(x)$ 的 Fourier 级数在 $(-\infty,+\infty)$ 上一致收敛.

7.7.2 Fourier 变换

Fourier 级数是对周期函数而言的，但在有些情况下我们需要考虑非周期函数，这时我们有 Fourier 变换. 与 Fourier 级数做比较，Fourier 变换可以看作是一种连续形式的求和式，即积分.

设 $f(x)$ 是 $(-\infty,+\infty)$ 上的函数，满足 $\int_{-\infty}^{+\infty}|f(x)|\,\mathrm{d}x<+\infty$，考虑以下做法. 首先取 $f(x)$ 在 $[-l,l]$ 上的部分，将它延拓为以 $T=2l$ 为周期的周期函数，记为 $f_l(x)$；然后将 $f_l(x)$ 展开为 Fourier 级数：

$$f_l(x) \sim \frac{a_0}{2} + \sum_{n=1}^{\infty}(a_n\cos\omega_n x + b_n\sin\omega_n x) \quad \left(其中\ \omega_n = \frac{n\pi}{l}\right)$$

$$= \frac{a_0}{2} + \sum_{n=1}^{\infty}\left(\frac{a_n - \mathrm{i}b_n}{2}\mathrm{e}^{\mathrm{i}\omega_n x} + \frac{a_n + \mathrm{i}b_n}{2}\mathrm{e}^{-\mathrm{i}\omega_n x}\right),$$

记 $c_0=a_0$，$c_n=a_n-\mathrm{i}b_n$，$c_{-n}=a_n+\mathrm{i}b_n$，$n=1,2,\cdots$，则

$$f_l(x) \sim \frac{c_0}{2} + \frac{1}{2}\sum_{n=1}^{\infty}(c_n\mathrm{e}^{\mathrm{i}\omega_n x} + c_{-n}\mathrm{e}^{-\mathrm{i}\omega_n x}) = \frac{1}{2}\sum_{n=-\infty}^{+\infty}c_n\mathrm{e}^{\mathrm{i}\omega_n x}$$

注意到

$$c_n = \frac{1}{l}\int_{-l}^{l}f_l(t)\mathrm{e}^{-\mathrm{i}\omega_n t}\mathrm{d}t,$$

$f_l(x)$的 Fourier 级数可写为

$$f_l(x) \sim \frac{1}{2l}\sum_{n=-\infty}^{+\infty}\left[\int_{-l}^{l}f_l(t)\mathrm{e}^{-\mathrm{i}\omega_n t}\mathrm{d}t\right]\mathrm{e}^{\mathrm{i}\omega_n x}.$$

记 $\Delta\omega=\omega_n-\omega_{n-1}=\frac{\pi}{l}$，上式又可以写为

$$f_l(x) \sim \frac{1}{2\pi}\sum_{n=-\infty}^{+\infty}\left[\int_{-l}^{l}f_l(t)\mathrm{e}^{-\mathrm{i}\omega_n t}\mathrm{d}t\right]\mathrm{e}^{\mathrm{i}\omega_n x}\Delta\omega.$$

最后令 $l\to+\infty$，等价地，$\Delta\omega\to0$，类比 Riemann 积分的定义，形式上可得 Fourier 级数的极限形式：

$$f(x) \sim \frac{1}{2\pi}\int_{-\infty}^{+\infty}\left[\int_{-\infty}^{+\infty}f(x)\mathrm{e}^{-\mathrm{i}\omega x}\mathrm{d}x\right]\mathrm{e}^{\mathrm{i}\omega x}\mathrm{d}\omega,$$

或者等价地写成

$$f(x) \sim \int_{-\infty}^{+\infty}\left[\int_{-\infty}^{+\infty}f(x)\mathrm{e}^{-2\pi\mathrm{i}\omega x}\mathrm{d}x\right]\mathrm{e}^{2\pi\mathrm{i}\omega x}\mathrm{d}\omega. \tag{7.1}$$

由以上讨论启发，下面给出 Fourier 变换和 Fourier 逆变换的定义.

定义 7.7.1 设$f(x)$是 $\mathbf{R}$ 上的绝对可积的函数，称函数

$$\hat{f}(\omega) = \int_{-\infty}^{+\infty}f(x)\mathrm{e}^{-2\pi\mathrm{i}\omega x}\mathrm{d}x, \quad \omega\in(-\infty,+\infty)$$

为$f(x)$的 Fourier 变换，记为 $F(f)$.

定义 7.7.2 设$\hat{f}(x)$是 $\mathbf{R}$ 上的绝对可积的函数，称函数

$$f(x) = \int_{-\infty}^{+\infty}\hat{f}(\omega)\mathrm{e}^{2\pi\mathrm{i}\omega x}\mathrm{d}\omega, \quad x\in(-\infty,+\infty)$$

为$\hat{f}(\omega)$的 Fourier 逆变换，记为 $F^{-1}(\hat{f})$.

为了讨论式(7.1)中等号何时成立，我们需要在适当的函数空间考虑 Fourier 变换，为此引入 Schwartz(施瓦兹)空间的概念.

Schwartz 空间 $\mathcal{S}(\mathbf{R})$ 由 $\mathbf{R}$ 上无穷可导的(复值)函数 $f(x)$ 构成，其中函数 $f(x)$ 及各阶导数满足速降条件：

$$\sup_{x\in\mathbf{R}} |x|^k |f^{(l)}(x)| < \infty,$$

其中 k，l 为任意非负整数.

容易验证若 $f(x)\in\mathcal{S}(\mathbf{R})$，则 $f'(x)\in\mathcal{S}(\mathbf{R})$，$xf(x)\in\mathcal{S}(\mathbf{R})$，即关于微分及乘多项式运算封闭. 下面列举 Schwartz 空间上 Fourier 变换满足的一些性质.

(1) 若 $f(x)\in\mathcal{S}(\mathbf{R})$，则 $\hat{f}(\omega)\in\mathcal{S}(\mathbf{R})$，并且

$$f(x)=\int_{-\infty}^{+\infty}\hat{f}(\omega)\mathrm{e}^{2\pi\mathrm{i}\omega x}\mathrm{d}\omega,$$

即 $F^{-1}(F(f))=f$. 从而 Fourier 变换给出了 Schwartz 空间 $\mathcal{S}(\mathbf{R})$ 到自身的一一对应.

(2) 线性性质：$F[\alpha f+\beta g]=\alpha F[f]+\beta F[g]$，其中 f，$g\in\mathcal{S}(\mathbf{R})$，$\alpha$，$\beta\in\mathbf{R}$.

(3) 设 $f(x)\in\mathcal{S}(\mathbf{R})$，则

1) $f(x+h)\longrightarrow\hat{f}(\omega)\mathrm{e}^{2\pi\mathrm{i}\omega h}$，其中 $h\in\mathbf{R}$；

2) $f(x)\mathrm{e}^{-2\pi\mathrm{i}xh}\longrightarrow\hat{f}(\omega+h)$，其中 $h\in\mathbf{R}$；

3) $f(\delta x)\longrightarrow\delta^{-1}\hat{f}(\delta^{-1}\omega)$，其中 $\delta>0$；

4) $f'(x)\longrightarrow 2\pi\mathrm{i}\omega\hat{f}(\omega)$；

5) $-2\pi\mathrm{i}xf(x)\longrightarrow\dfrac{\mathrm{d}}{\mathrm{d}\omega}\hat{f}(\omega)$.

(4) 设 $f(x)=\mathrm{e}^{-\pi x^2}$，则 $f(x)\in\mathcal{S}(\mathbf{R})$，满足 $\hat{f}(\omega)=\mathrm{e}^{-\pi\omega^2}$.

(5) 卷积性质：设 f，$g\in\mathcal{S}(\mathbf{R})$，则 f 与 g 的卷积

$$f*g=\int_{-\infty}^{+\infty}f(t)g(x-t)\mathrm{d}t$$

满足：

1) $f*g\in\mathcal{S}(\mathbf{R})$；

2) $f*g=g*f$；

3) $F[f*g]=F[f]F[g]$.

(6) 乘积公式：设 f，$g\in\mathcal{S}(\mathbf{R})$，则

$$\int_{-\infty}^{+\infty}f(x)\hat{g}(x)\mathrm{d}x=\int_{-\infty}^{+\infty}\hat{f}(x)g(x)\mathrm{d}x.$$

(7) Plancherel(普朗歇尔)公式：对于 $f\in\mathcal{S}(\mathbf{R})$，有

$$\|f\|=\|\hat{f}\|,$$

其中范数 $\|f\|=\left(\int_{-\infty}^{+\infty}|f(x)|^2\mathrm{d}x\right)^{1/2}$.

(8) Poisson(泊松)求和公式：设 $f\in\mathcal{S}(\mathbf{R})$，则

科学家精神

$$\sum_{n=-\infty}^{+\infty} f(x+n)=\sum_{n=-\infty}^{+\infty} \hat{f}(n)\mathrm{e}^{2\pi i n x}.$$

特别地，取 $x=0$，有

$$\sum_{n=-\infty}^{+\infty} f(n)=\sum_{n=-\infty}^{+\infty} \hat{f}(n).$$

习题 7.7

1. 设 $f(x)$ 是以 2π 为周期的函数且在 $[-\pi,\pi]$ 上可积，Fourier 系数为 a_0，a_n，b_n. 证明 $\sum\limits_{n=1}^{\infty}\frac{a_n}{n}$ 及 $\sum\limits_{n=1}^{\infty}\frac{b_n}{n}$ 收敛.

2. 证明三角级数

$$\sum_{n=1}^{\infty}\frac{\sin nx}{\ln n}$$

处处收敛，但不是 $[-\pi,\pi]$ 上某个可积函数的 Fourier 级数.

3. 设 $f(x)$ 在 $[-\pi,\pi]$ 上有连续的导数，且 $f(-\pi)=f(\pi)$，并有

$$\int_{-\pi}^{\pi} f(x)\mathrm{d}x=0.$$

证明：

$$\int_{-\pi}^{\pi} f^2(x)\mathrm{d}x \leqslant \int_{-\pi}^{\pi}[f'(x)]^2\mathrm{d}x,$$

其中等号成立当且仅当 $f(x)=a\cos x+b\sin x$.

4. 设 $f(x)$ 在 $(-\infty,+\infty)$ 上连续，且以 2π 为周期. 证明：若其 Fourier 系数 a_n 及 b_n 全为 0，则 $f(x)\equiv 0$.

5. 利用 $f(x)=x^2(|x|\leqslant\pi)$ 的 Fourier 级数，求 $\sum\limits_{n=1}^{\infty}\frac{1}{n^4}$.

6. 设 $f(x)$ 和 $g(x)$ 为以 2π 为周期，且在 $[-\pi,\pi]$ 上可积. 证明 $f(x)$ 与 $g(x)$ 的 Fourier 级数相等的充要条件是 $\int_{-\pi}^{\pi}|f(x)-g(x)|\mathrm{d}x=0$.

7. 设 $f(x)$ 与 $g(x)$ 均是以 2π 为周期的函数且在 $[-\pi,\pi]$ 上可积，设 $f(x)$ 的 Fourier 系数为 a_0，a_n，b_n，$g(x)$ 的 Fourier 系数为 α_0，α_n，β_n. 证明：

$$\frac{1}{\pi}\int_{-\pi}^{\pi} f(x)g(x)\mathrm{d}x=\frac{a_0\alpha_0}{2}+\sum_{n=1}^{\infty}(a_n\alpha_n+b_n\beta_n).$$

8. (逐项积分定理) 设函数 $f(x)$ 在 $[-\pi,\pi]$ 上可积，以 2π 为周期的 Fourier 级数为

$$f(x)\sim\frac{a_0}{2}+\sum_{n=1}^{\infty}(a_n\cos nx+b_n\sin nx),$$

证明：对任意区间 $[a,b]\subseteq[-\pi,\pi]$，有

$$\int_a^b f(x)\mathrm{d}x=\int_a^b\frac{a_0}{2}\mathrm{d}x+\sum_{n=1}^{\infty}\int_a^b(a_n\cos nx+b_n\sin nx)\mathrm{d}x.$$

(提示：对 $f(x)$ 及 $g(x)=\begin{cases}1, & x\in[a,b],\\ 0, & x\in[-\pi,a)\cup(b,\pi],\end{cases}$ 利用第 7 题结论.)

第 8 章 向量代数与解析几何初步

向量代数、空间解析几何是多元函数微积分的重要基础. 尤其是积分学部分，解析几何的作用更大，因为积分区域的确定必然涉及其曲线、曲面的方程与图像. 而对于第二类曲线积分与第二类曲面积分，由于具有方向性，所以必然涉及向量代数的知识.

Descartes（笛卡儿）和 Fermat（费马）创立了解析几何，将空间图形和代数方程联系了起来，建立起对应关系，赋予数和代数方程以几何直观意义，从而可以利用代数方法研究空间图形的性质和相互关系.

本章以向量代数为工具，重点讨论空间基本图类——平面、直线、常用的曲线和曲面. 这部分内容为研究多元函数的微积分建立基础.

8.1 几何空间中的向量及其运算

本节将介绍空间坐标系的建立、几何空间中的向量以及向量的运算，为后面采用代数的方法研究空间的平面与直线奠定基础.

8.1.1 空间坐标系

在多元函数中，三种常用的坐标系为：空间直角坐标系、柱面坐标系和球面坐标系.

1. 空间直角坐标系

(1) 空间直角坐标系的建立

如图 8.1.1 所示，在三维空间内取定一点 O 并引出三条互相垂直的且有相同单位长度的数轴，按照右手规则组成，这样就建立了空间直角坐标系 $Oxyz$. 点 O 叫作坐标原点，三条数轴分别叫作 x 轴、y 轴、z 轴. 三条坐标轴的正方向符合右手规则. 伸直右手，四个手指指向 x 轴正向，弯曲四指 $90°$转向 y 轴正向时，大拇指的指向即为 z 轴的正向. 本书使用的都是右手直角坐标系 . 在空

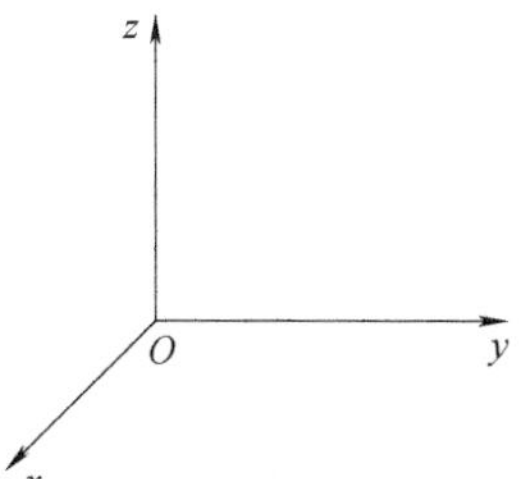

图 8.1.1

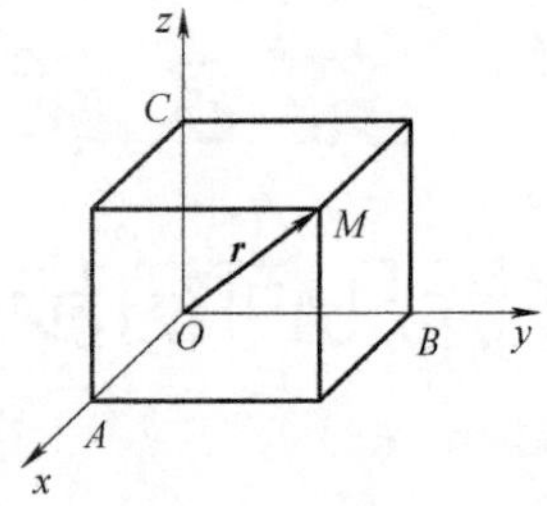

图　8.1.2

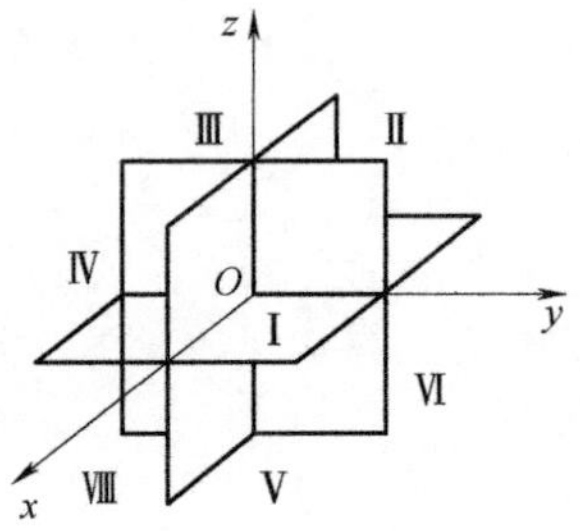

图　8.1.3

间直角坐标系中，有一个中心 O、三条坐标轴. 除此之外，每两条坐标轴所确定的平面叫作坐标面，这样确定了三个互相垂直的坐标面，分别称为 xOy 面、yOz 面、zOx 面(见图 8.1.2).

三个坐标面把空间分成了八部分，每一部分叫作一个卦限(平面直角坐标系中，称为四个象限). 如图 8.1.3 所示，八个卦限分别用字母Ⅰ、Ⅱ、Ⅲ、…、Ⅷ表示，其中含 x 轴、y 轴和 z 轴正半轴的是卦限Ⅰ，在 xOy 面上方的其他三个卦限按逆时针方向排定，依次为卦限Ⅱ、Ⅲ、Ⅳ；在 xOy 面下方与卦限Ⅰ相邻的为卦限Ⅴ，然后也按照逆时针方向排定依次为卦限Ⅵ、Ⅶ(图中未显示)、Ⅷ.

有了空间直角坐标系之后，我们就可以建立空间的点与一个有序数组之间的一一对应关系. 设 M 是空间中的一个点，过点 M 分别作垂直于 x 轴、y 轴和 z 轴的平面. 设这三个平面与 x 轴、y 轴和 z 轴的交点依次为 A，B，C 三点(见图 8.1.2)，这三个点在 x 轴、y 轴和 z 轴上的坐标依次为 $(x,0,0)$，$(0,y,0)$，$(0,0,z)$，于是点 M 确定了一个有序数组，我们将有序数组 (x,y,z) 称为点 M 的坐标. 其中 x 称为横坐标，y 称为纵坐标，z 称为竖坐标. 反之，如果给定一个有序数组 (x,y,z)，在空间中有唯一的一个点以它为坐标. 此外，从原点引出一条有向线到点 M，此条线叫作向径，记为 $\boldsymbol{r}$，则向径也唯一确定了空间中点 M 的坐标. 这样，空间中的点与有序数组 (x,y,z)、向径 $\boldsymbol{r}$ 之间具有一一对应的关系.

在直角坐标系中，一些特殊点的坐标需要熟悉，例如原点的坐标为 $O(0,0,0)$；若点在 x 轴上，则其坐标为 $(x,0,0)$；若点在 y 轴上，则其坐标为 $(0,y,0)$；若点在 z 轴上，则其坐标为 $(0,0,z)$；同样，位于 xOy 面上的点，其坐标为 $(x,y,0)$；位于 yOz 面上的点，其坐标为 $(0,y,z)$；位于 zOx 面上的点，其坐标为 $(x,0,z)$. 可见位于坐标轴上、坐标面上的点，其坐标各有特点.

一些特殊的坐标面表示为

$$xOy\text{ 面}\leftrightarrow z=0,$$
$$yOz\text{ 面}\leftrightarrow x=0,$$
$$zOx\text{ 面}\leftrightarrow y=0.$$

从两个坐标面的交线的角度来看，坐标轴表示为

$$x\text{ 轴}\leftrightarrow\begin{cases}y=0,\\z=0,\end{cases}\quad y\text{ 轴}\leftrightarrow\begin{cases}z=0,\\x=0,\end{cases}\quad z\text{ 轴}\leftrightarrow\begin{cases}x=0,\\y=0.\end{cases}$$

在每个卦限中，点的坐标的正负符号分别为Ⅰ$(+,+,+)$，Ⅱ$(-,+,+)$，Ⅲ$(-,-,+)$，Ⅳ$(+,-,+)$，Ⅴ$(+,+,-)$，Ⅵ$(-,+,-)$，Ⅶ$(-,-,-)$，Ⅷ$(+,-,-)$.

(2) 空间两点间的距离

利用空间点的坐标，可以求出空间中两个点之间的距离.

如图 8.1.4 所示，设 $M_1(x_1,y_1,z_1)$ 和 $M_2(x_2,y_2,z_2)$ 为空间中的两个点，过 M_1 和 M_2 各作三个分别垂直于坐标轴的平面，这六个平面围成一个以 M_1M_2 为对角线的长方体，它的三条棱长分别为 $|x_2-x_1|$，$|y_2-y_1|$，$|z_2-z_1|$，由于 M_1 和 M_2 之间的距离 d 就是该长方体对角线 M_1M_2 的长度，且 $\triangle M_1NP$ 和 $\triangle M_2NM_1$ 都是直角三角形，则由勾股定理得

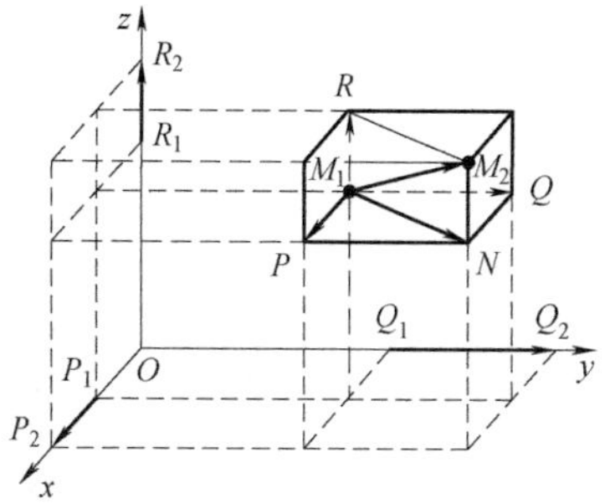

图 8.1.4

$$\begin{aligned} d^2 &= |M_1M_2|^2 = |M_1N|^2 + |NM_2|^2 \\ &= |M_1P|^2 + |PN|^2 + |NM_2|^2 \\ &= |P_1P_2|^2 + |Q_1Q_2|^2 + |R_1R_2|^2 \\ &= (x_2-x_1)^2 + (y_2-y_1)^2 + (z_2-z_1)^2. \end{aligned}$$

于是有空间两点间的距离公式为

$$d = |M_1M_2| = \sqrt{(x_2-x_1)^2+(y_2-y_1)^2+(z_2-z_1)^2}.$$

特殊地，空间点 $M(x,y,z)$ 与原点 $O(0,0,0)$ 间的距离为 $d=|OM|=\sqrt{x^2+y^2+z^2}$，与平面解析几何中两点间的距离公式相比较，空间中两点间的距离公式中只是增加了一项 $(z_2-z_1)^2$.

(3) 坐标轴的平移

坐标系 $Oxyz$ 和坐标系 $O'x'y'z'$ 相应的坐标轴彼此平行，并且具有相同的正向．坐标系 $O'x'y'z'$ 是由坐标系 $Oxyz$ 平行移动得到的. 其中 O' 在坐标系 $Oxyz$ 中的坐标为 (a,b,c)，设点 M 在坐标系 $Oxyz$ 中的坐标为 (x,y,z)，在坐标系 $O'x'y'z'$ 中的坐标为 (x',y',z')，则点 M 所在的两个坐标系平移前后的坐标关系如下：

$$\begin{cases} x = x'+a, \\ y = y'+b, \\ z = z'+c, \end{cases} \quad \begin{cases} x' = x-a, \\ y' = y-b, \\ z' = z-c. \end{cases}$$

2. 柱面坐标系和球面坐标系的建立

(1) 柱面坐标系

在极坐标系的基础上，增加垂直于此平面的 Oz 轴，可得空间柱面坐标系. 设 P 是空间中的一点，点 P 在过点 O 且垂直于 z 轴的 xOy 平面上的投影为点 Q，取 $OQ=\rho$，$\angle xOQ=\theta$，$PQ=z$，那么点 P 的柱面坐标为有序数组 (ρ,θ,z)，当 $\rho>0$，$0\leqslant\theta<2\pi$，$z\in\mathbf{R}$ 时，空间中的点与有序数组 (ρ,θ,z) 建立了一一对应关系(见图 8.1.5).

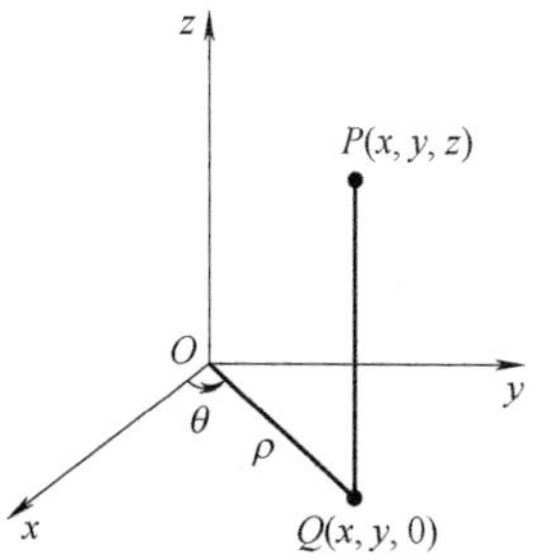

图 8.1.5

空间点 P 的直角坐标 (x,y,z) 与柱面坐标 (ρ,θ,z) 之间的变换公式为

$$\begin{cases}x=\rho\cos\theta,\\ y=\rho\sin\theta,\\ z=z.\end{cases}$$

(2) 球面坐标系

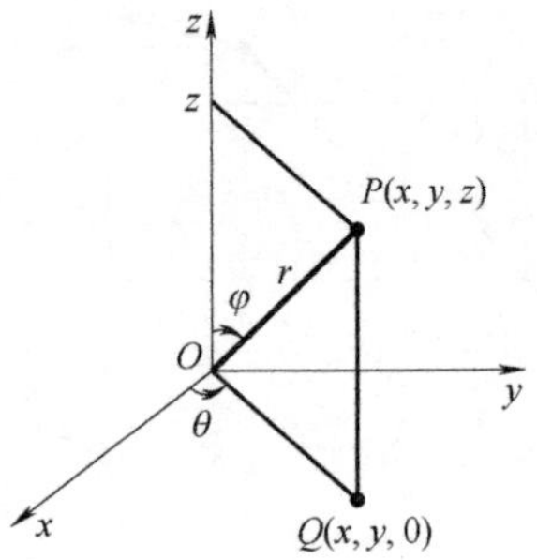

图 8.1.6

设 P 是空间一点，用 r 表示 OP 的长度(即距离球心的距离)，φ 表示以 Oz 为始边，OP 为终边的角，θ 表示半平面 xOz 到半平面 POz 的角，那么有序数组 (r,θ,φ) 就称为点 P 的球坐标，其中，r 是向径，θ 相当于经度(与极坐标中一样)，φ 称为余纬度或者顶角(见图 8.1.6). 当 $r\geqslant 0$，$0\leqslant\theta\leqslant 2\pi$，$0\leqslant\varphi\leqslant\pi$ 时，空间的点与有序数组 (r,θ,φ) 建立了一一对应关系.

空间点 P 的直角坐标 (x,y,z) 与球坐标 (r,θ,φ) 之间的变换公式为

$$x^2+y^2+z^2=r^2,$$

$$\begin{cases}x=r\cos\theta\sin\varphi,\\ y=r\sin\theta\sin\varphi,\\ z=r\cos\varphi.\end{cases}$$

8.1.2 向量及其线性运算

1. 向量的概念

向量(或矢量)：既有大小又有方向的量，例如位移、力、速度、加速度、力矩等，这一类量叫作**向量或者矢量**. 它是与数量相对而言的. 自然地，只有大小没有方向的量，称为**数量(或标量)**. 在几何上，常用一条有向线段表示向量. 有向线段的长度表示向量的大小，有向线段的方向表示向量的方向(见图 8.1.7)，以 A 为起点，B 为终点的向量记作 $\overrightarrow{AB}$. 向量也可以用黑体字母 $\boldsymbol{a}$，$\boldsymbol{b}$，$\boldsymbol{c}$，$\boldsymbol{\alpha}$，$\boldsymbol{\beta}$，$\boldsymbol{\gamma}$，…来表示. 书写向量时也可以用 $\vec{a}$，$\vec{b}$，$\vec{c}$，$\vec{\alpha}$，$\vec{\beta}$，$\vec{\gamma}$，…来表示.

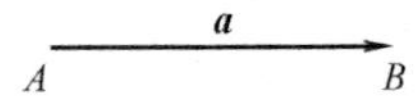

图 8.1.7

向量的模：向量 $\overrightarrow{AB}$(或 $\boldsymbol{\alpha}$)的大小叫作向量的模(或**范数**)，记作 $|\overrightarrow{AB}|$(或 $|\boldsymbol{\alpha}|$).

零向量：模为 0 的向量叫作零向量，记作 $\mathbf{0}$，零向量表示一个点，是唯一没有确定方向的向量，或者说它的方向是任意的. 零向量起点和终点重合.

单位向量：模为 1 的向量称为单位向量，与 $\overrightarrow{AB}$ 同方向的单位向量记作 $\overrightarrow{AB}^0$.

自由向量：在实际问题中，有些向量与其起点有关(例如质点运动的速度与该质点的位置有关，一个力与该力的作用点的位置

有关)，而有些向量与起点位置无关，称这种向量为**自由向量**(简称向量)，即只考虑向量的大小和方向，而不论它的起点在什么地方. 本书中所讨论的向量都是自由向量，即向量可以在空间中任意地平行移动，这样移动后的向量仍被看成是原来的向量.

向量相等：由于我们只讨论自由向量，因此如果向量 $\boldsymbol{a}$ 与 $\boldsymbol{b}$ 的模相等且方向相同，则称 $\boldsymbol{a}$ 与 $\boldsymbol{b}$ 是相等的，记作 $\boldsymbol{a}=\boldsymbol{b}$. 这就是说，经过平行移动后能完全重合的向量是相等的.

向径：常常把向量$\overrightarrow{AB}$从起点平行移动至坐标原点，得到一个以原点为起点的向量$\overrightarrow{OM}$($\overrightarrow{OM}=\overrightarrow{AB}$). 我们将以 M 为终点的向量$\overrightarrow{OM}$($\overrightarrow{OM}=\overrightarrow{AB}$)叫作点 M 的向径.

负向量：与$\overrightarrow{AB}$方向相反但是模相等的向量叫作$\overrightarrow{AB}$的负向量，记作$-\overrightarrow{AB}$.

向量共线(或平行)：如果两个向量 $\boldsymbol{a}$ 与 $\boldsymbol{b}$ 所在的线段平行，则称此两向量平行，记作 $\boldsymbol{a}/\!/\boldsymbol{b}$. 对自由向量而言，相互平行的向量又可称共线的向量. 注意，两向量平行，包括同向和反向两种情况.

向量共面：设有 $k(k\geqslant3)$个向量，当把它们的起点放在同一点时，如果 k 个终点和公共起点都在一个平面上，就称这 $k(k\geqslant3)$个向量共面.

向量的夹角：设有两个非零向量 $\boldsymbol{a}$，$\boldsymbol{b}$，任取空间一点 O，作$\overrightarrow{OA}=\boldsymbol{a}$，$\overrightarrow{OB}=\boldsymbol{b}$，定义角 $\varphi=\angle AOB(0\leqslant\varphi\leqslant\pi)$称为向量 $\boldsymbol{a}$，$\boldsymbol{b}$ 的夹角，记作$\langle\boldsymbol{a},\boldsymbol{b}\rangle$. 如果向量 $\boldsymbol{a}$，$\boldsymbol{b}$ 中有一个是零向量，规定它们的夹角可以在 0 到 π 之间任意取值.

2. 向量的加减法

向量加法：设向量 $\boldsymbol{a}$ 与 $\boldsymbol{b}$，任取一点 O，作$\overrightarrow{OA}=\boldsymbol{a}$，再以 A 为起点，作$\overrightarrow{AC}=\boldsymbol{b}$，连接 OC，那么向量$\overrightarrow{OC}=\boldsymbol{c}$ 称为向量 $\boldsymbol{a}$ 和 $\boldsymbol{b}$ 的和，记作 $\boldsymbol{c}=\boldsymbol{a}+\boldsymbol{b}$(见图 8.1.8)，这种作出两向量之和的方法叫作向量相加的三角形法则. 三角形法则在进行向量加法时，要使两向量首尾相接. 力学上有求合力的平行四边形法则，类似地，我们也有向量相加的平行四边形法则. 这就是：如图 8.1.9 所示，当向量 $\boldsymbol{a}$ 与 $\boldsymbol{b}$ 不平行时，作$\overrightarrow{OA}=\boldsymbol{a}$，$\overrightarrow{OB}=\boldsymbol{b}$，以 OA，OB 为边作一平行四边形 $OACB$，连接对角线 OC，显然向量$\overrightarrow{OC}=\boldsymbol{a}+\boldsymbol{b}$，这种求和的法则叫作平行四边形法则.

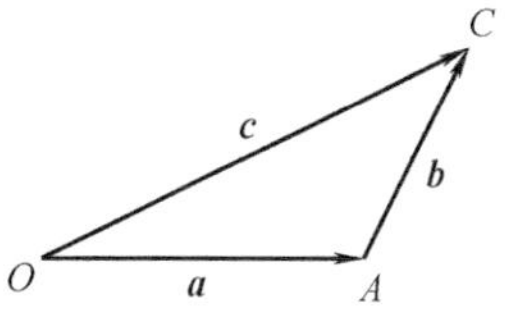

图 8.1.8

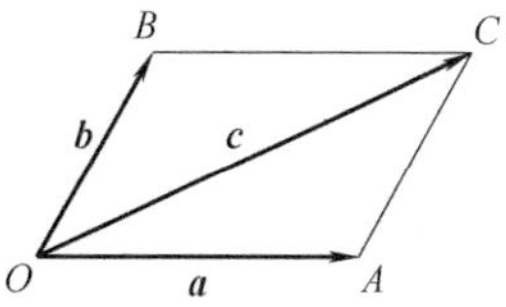

图 8.1.9

向量加法符合以下运算规律：

（1）交换律 $\boldsymbol{a}+\boldsymbol{b}=\boldsymbol{b}+\boldsymbol{a}$；

（2）结合律 $(\boldsymbol{a}+\boldsymbol{b})+\boldsymbol{c}=\boldsymbol{a}+(\boldsymbol{b}+\boldsymbol{c})$；

（3）单位元 $\boldsymbol{a}+\boldsymbol{0}=\boldsymbol{a}$.

如图 8.1.10、图 8.1.11 所示，请读者自行证明.

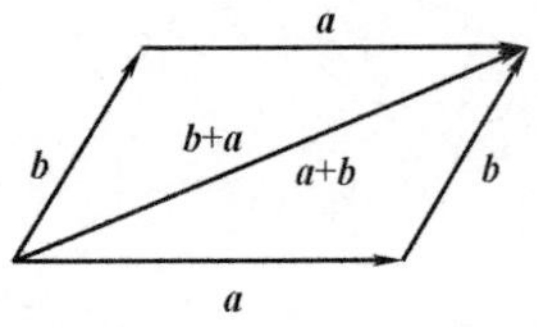

图 8.1.10

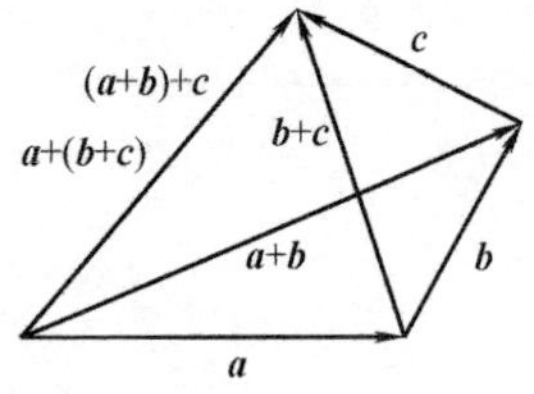

图 8.1.11

由于向量的加法符合交换律和结合律，在求多个向量的和时，可利用多边形法则(三角形法则的推广)，如图 8.1.12 所示，以一个向量的终点作为相邻向量的起点，相继作向量 $\boldsymbol{a}$，$\boldsymbol{b}$，$\boldsymbol{c}$，$\boldsymbol{d}$，依次首尾相接，再以第一个向量的起点为起点，最后一个向量的终点为终点作一个向量，这个向量就是所求的和，有 $\boldsymbol{a}+\boldsymbol{b}+\boldsymbol{c}+\boldsymbol{d}=\overrightarrow{AB}$.

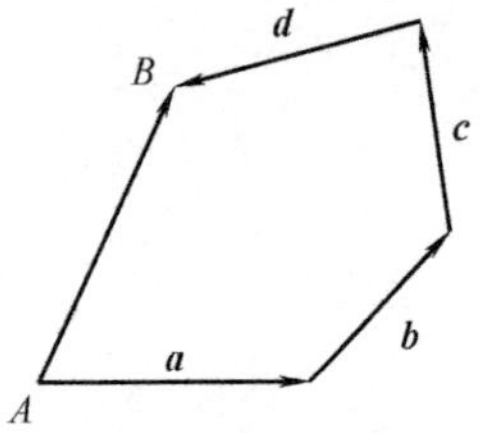

图 8.1.12

向量减法：通过向量加法可以定义向量的减法，其可以看作加法的逆运算. 若 $\boldsymbol{b}+\boldsymbol{c}=\boldsymbol{a}$，则称 $\boldsymbol{c}$ 为 $\boldsymbol{a}$ 与 $\boldsymbol{b}$ 的差向量，记作 $\boldsymbol{c}=\boldsymbol{a}-\boldsymbol{b}$. 也可以利用 $\boldsymbol{a}-\boldsymbol{b}=\boldsymbol{a}+(-\boldsymbol{b})$ 定义 $\boldsymbol{a}$ 与 $\boldsymbol{b}$ 的差向量，其中 $-\boldsymbol{b}$ 为 $\boldsymbol{b}$ 的负向量. 图 8.1.13 中的 $\boldsymbol{c}$ 都表示 $\boldsymbol{a}$ 与 $\boldsymbol{b}$ 的差向量.

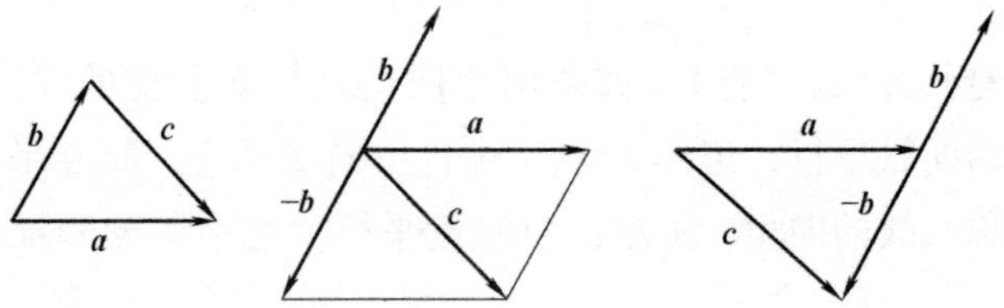

图 8.1.13

3. 数与向量的乘积

向量的数乘：实数 λ 与向量 $\boldsymbol{a}$ 的乘积称为 λ 与 $\boldsymbol{a}$ 的**数乘**，记作 $\lambda\boldsymbol{a}$，$\lambda\boldsymbol{a}$ 是一个向量，它的模为 $|\lambda\boldsymbol{a}|=|\lambda|\cdot|\boldsymbol{a}|$，方向为：当 $\lambda>0$ 时，$\lambda\boldsymbol{a}$ 与 $\boldsymbol{a}$ 同向；当 $\lambda<0$ 时，$\lambda\boldsymbol{a}$ 与 $\boldsymbol{a}$ 反向；当 $\lambda=0$ 时，则向量 $\lambda\boldsymbol{a}$ 为零向量.

数乘向量有如下运算规律：

（1）结合律 $\lambda(\mu\boldsymbol{a})=(\lambda\mu)\boldsymbol{a}$；

（2）分配律 $(\lambda+\mu)\boldsymbol{a}=\lambda\boldsymbol{a}+\mu\boldsymbol{a}$，$\lambda(\boldsymbol{a}+\boldsymbol{b})=\lambda\boldsymbol{a}+\lambda\boldsymbol{b}$；

（3）数乘单位元 $1\boldsymbol{a}=\boldsymbol{a}$.

下面证明 $\lambda(\boldsymbol{a}+\boldsymbol{b})=\lambda\boldsymbol{a}+\lambda\boldsymbol{b}$，其余请读者自己完成.

证明：如图 8.1.14 所示，利用相似三角形，可以得到 $\lambda(\boldsymbol{a}+\boldsymbol{b})=\lambda\boldsymbol{a}+\lambda\boldsymbol{b}$.

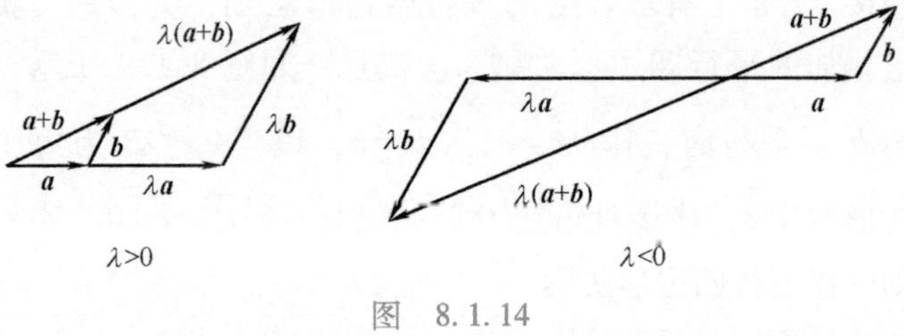

图 8.1.14

注　(1) -1 与任意向量 $\boldsymbol{a}$ 的数乘即为 $\boldsymbol{a}$ 的负向量，即 $(-1)\boldsymbol{a}=-\boldsymbol{a}$.

(2) 与非零向量 $\boldsymbol{a}$ 同方向的单位向量，记作 $\boldsymbol{a}^0$，可看作 $\boldsymbol{a}$ 的模的倒数与 $\boldsymbol{a}$ 的数乘，即 $\boldsymbol{a}^0=\dfrac{1}{|\boldsymbol{a}|}\boldsymbol{a}$.

(3) 设 $\boldsymbol{a}$，$\boldsymbol{b}$ 都是非零向量，则 $\boldsymbol{a}/\!/\boldsymbol{b}$(或者 $\boldsymbol{a}$，$\boldsymbol{b}$ 共线)的充分必要条件是存在唯一确定的实数 λ，使得 $\boldsymbol{b}=\lambda\boldsymbol{a}$. 特别地，零向量被认为与任意向量共线.

(4) 设向量 $\boldsymbol{a}$，$\boldsymbol{b}$ 不共线，则向量 $\boldsymbol{c}$ 与 $\boldsymbol{a}$，$\boldsymbol{b}$ 共面的充要条件是：存在唯一确定的一对实数 k，l，使得 $\boldsymbol{c}=k\boldsymbol{a}+l\boldsymbol{b}$.

(5) 若三个向量 $\boldsymbol{a}$，$\boldsymbol{b}$，$\boldsymbol{c}$ 不共面，那么对空间中的任意向量 $\boldsymbol{d}$，存在唯一确定的一组实数 k，l，m，使得 $\boldsymbol{d}=k\boldsymbol{a}+l\boldsymbol{b}+m\boldsymbol{c}$.

4. 向量的坐标表示

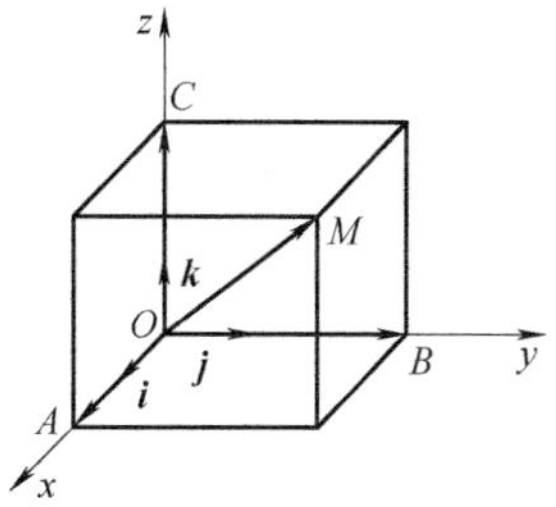

图　8.1.15

如图 8.1.15 所示，$\boldsymbol{i}$，$\boldsymbol{j}$，$\boldsymbol{k}$ 为 x 轴、y 轴、z 轴正方向上两两垂直且模为 1 的单位向量，称为**坐标向量**或**基本单位向量**，设 $\overrightarrow{OM}$ 是以起点为原点，终点为 $M(x,y,z)$ 的向量，根据向量的加法，有 $\overrightarrow{OM}=\overrightarrow{OA}+\overrightarrow{OB}+\overrightarrow{OC}$. 由前面的注(5)，对于空间中的任意向量 $\overrightarrow{OM}$，则存在唯一确定的一组实数 x，y，z，使得 $\overrightarrow{OM}=x\boldsymbol{i}+y\boldsymbol{j}+z\boldsymbol{k}$，我们将 $\overrightarrow{OM}=x\boldsymbol{i}+y\boldsymbol{j}+z\boldsymbol{k}$ 称为向量 $\overrightarrow{OM}$ 的**坐标表达式**，将三元有序实数组 (x,y,z) 称为向量 $\overrightarrow{OM}$ 的**坐标**.

利用向量的坐标表达式，可以将前面用几何方法定义的向量的模及向量的线性运算化成向量的坐标之间的运算(其中用到向量加法及数乘向量的运算规律).

设 $\boldsymbol{a}=x_1\boldsymbol{i}+y_1\boldsymbol{j}+z_1\boldsymbol{k}=(x_1,y_1,z_1)$，$\boldsymbol{b}=x_2\boldsymbol{i}+y_2\boldsymbol{j}+z_2\boldsymbol{k}=(x_2,y_2,z_2)$，则

$$\boldsymbol{a}\pm\boldsymbol{b}=(x_1\boldsymbol{i}+y_1\boldsymbol{j}+z_1\boldsymbol{k})\pm(x_2\boldsymbol{i}+y_2\boldsymbol{j}+z_2\boldsymbol{k})=(x_1\pm x_2)\boldsymbol{i}+(y_1\pm y_2)\boldsymbol{j}+(z_1\pm z_2)\boldsymbol{k}$$

即
$$\boldsymbol{a}\pm\boldsymbol{b}=(x_1\pm x_2,y_1\pm y_2,z_1\pm z_2).$$

对任意的实数 λ，有

$$\lambda\boldsymbol{a}=\lambda(x_1\boldsymbol{i}+y_1\boldsymbol{j}+z_1\boldsymbol{k})=(\lambda x_1)\boldsymbol{i}+(\lambda y_1)\boldsymbol{j}+(\lambda z_1)\boldsymbol{k},$$

即
$$\lambda\boldsymbol{a}=(\lambda x_1,\lambda y_1,\lambda z_1).$$

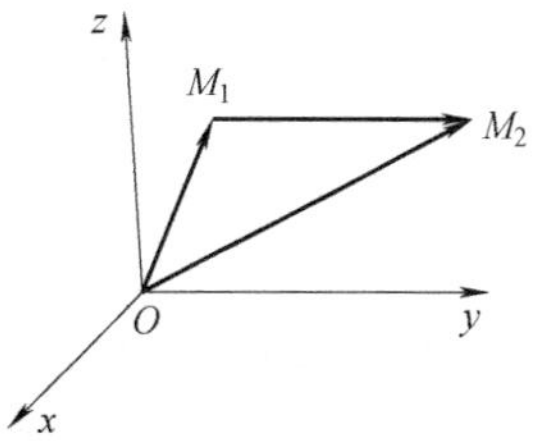

图　8.1.16

如图 8.1.16 所示，由于 $\overrightarrow{OM_1}=x_1\boldsymbol{i}+y_1\boldsymbol{j}+z_1\boldsymbol{k}$，$\overrightarrow{OM_2}=x_2\boldsymbol{i}+y_2\boldsymbol{j}+z_2\boldsymbol{k}$，根据向量的减法，有 $\overrightarrow{M_1M_2}=\overrightarrow{OM_2}-\overrightarrow{OM_1}=(x_2-x_1)\boldsymbol{i}+(y_2-y_1)\boldsymbol{j}+(z_2-z_1)\boldsymbol{k}$，此式即为 $\overrightarrow{M_1M_2}$ 的坐标表达式，其中 $(x_2-x_1,y_2-y_1,z_2-z_1)$ 为 $\overrightarrow{M_1M_2}$ 的坐标.

利用向量的坐标，可以将注(3)里 $\boldsymbol{a}/\!/\boldsymbol{b}$ 的充分必要条件 $\boldsymbol{b}=\lambda\boldsymbol{a}$ 表示为 $x_2=\lambda x_1$，$y_2=\lambda y_1$，$z_2=\lambda z_1$，于是有 $\dfrac{x_2}{x_1}=\dfrac{y_2}{y_1}=\dfrac{z_2}{z_1}$. 此式

中，若某个分母(或分子)为零，则相应的分子(或分母)也应取为0，例如，如果有 $z_2=0$，则意味着向量 $\boldsymbol{b}$ 的起点与终点的 z 坐标相同，因而向量 $\boldsymbol{b}$ 垂直于 z 轴，由于 $\boldsymbol{a}/\!/\boldsymbol{b}$，所以向量 $\boldsymbol{a}$ 也垂直于 z 轴，所以有 $z_1=0$.

5. 向量的方向角与方向余弦

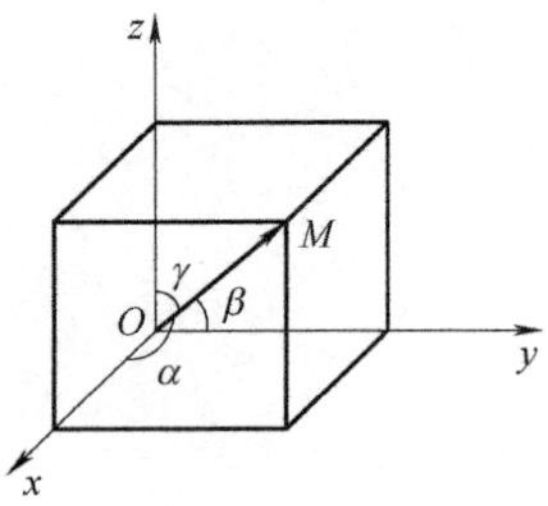

图 8.1.17

如图 8.1.17 所示，设向量 $\boldsymbol{a}=\overrightarrow{OM}$，它与三个坐标轴正方向的夹角，也就是说与三个坐标向量 $\boldsymbol{i}$，$\boldsymbol{j}$，$\boldsymbol{k}$ 的夹角分别为 α，β，γ，则 α，β，γ 称为向量 $\boldsymbol{a}$ 的**方向角**，而 $\cos\alpha$，$\cos\beta$，$\cos\gamma$ 称为向量 $\boldsymbol{a}$ 的方向余弦，方向角或者方向余弦唯一确定了向量的方向.

设向量 $\boldsymbol{a}=(x,y,z)$，则方向余弦为

$$\cos\alpha=\frac{x}{|\boldsymbol{a}|}=\frac{x}{\sqrt{x^2+y^2+z^2}},\quad \cos\beta=\frac{y}{|\boldsymbol{a}|}=\frac{y}{\sqrt{x^2+y^2+z^2}},$$

$$\cos\gamma=\frac{z}{|\boldsymbol{a}|}=\frac{z}{\sqrt{x^2+y^2+z^2}}.$$

以上三式，显然有 $\cos^2\alpha+\cos^2\beta+\cos^2\gamma=1$，$\boldsymbol{a}^0=(\cos\alpha,\cos\beta,\cos\gamma)$.

6. 向量的投影

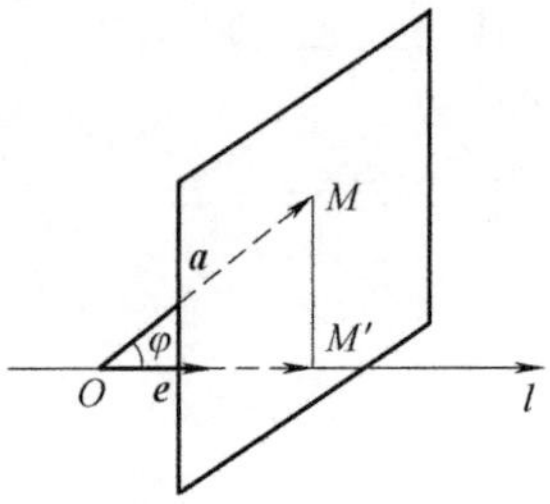

图 8.1.18

如图 8.1.18 所示，设轴 l 的方向由单位向量 $\boldsymbol{e}$ 确定，对任意非零向量 $\boldsymbol{a}=\overrightarrow{OM}$，过点 M 作与轴 l 垂直的平面交 l 轴于 M'，称点 M' 为点 M 在 l 轴上的**投影**，向量 $\overrightarrow{OM'}$ 称为向量 $\boldsymbol{a}$ 在 l 轴上的**投影向量**；若 $\overrightarrow{OM'}=k\boldsymbol{e}$，则称实数 k 为**向量 $\boldsymbol{a}$ 在 l 轴上的投影**，记作 $\mathrm{Prj}_l\boldsymbol{a}$ 或者 $\mathrm{Prj}_{\boldsymbol{e}}\boldsymbol{a}$.

注 (1) 若向量 $\boldsymbol{a}=(x,y,z)$，则 $\boldsymbol{a}$ 在三个坐标轴上的投影恰好是 $\boldsymbol{a}$ 的三个坐标，即

$$\mathrm{Prj}_x\boldsymbol{a}=x,\quad \mathrm{Prj}_y\boldsymbol{a}=y,\quad \mathrm{Prj}_z\boldsymbol{a}=z.$$

(2) 若向量 $\boldsymbol{a}$ 与 l 轴的夹角为 φ，则 $\mathrm{Prj}_l\boldsymbol{a}=|\boldsymbol{a}|\cos\varphi$.

(3) 向量的投影可以与向量的加法及数乘运算换序，即 $\mathrm{Prj}_l(\boldsymbol{a}+\boldsymbol{b})=\mathrm{Prj}_l\boldsymbol{a}+\mathrm{Prj}_l\boldsymbol{b}$，$\mathrm{Prj}_l(k\boldsymbol{a})=k\mathrm{Prj}_l\boldsymbol{a}$.

关于这注(1)~注(3)，请读者自行完成证明.

例 8.1.1 已知 $M_1(1,-2,3)$，$M_2(0,2,-1)$，求 $\overrightarrow{M_1M_2}$ 的模及方向余弦.

解：$\overrightarrow{M_1M_2}=(0-1)\boldsymbol{i}+[2-(-2)]\boldsymbol{j}+(-1-3)\boldsymbol{k}$
$=-\boldsymbol{i}+4\boldsymbol{j}-4\boldsymbol{k}.$

$$|\overrightarrow{M_1M_2}|=\sqrt{(-1)^2+4^2+(-4)^2}=\sqrt{33},\quad \cos\alpha=\frac{-1}{\sqrt{33}},$$

$$\cos\beta=\frac{4}{\sqrt{33}},\quad \cos\gamma=\frac{-4}{\sqrt{33}}.$$

例 8.1.2　已知向量 $\boldsymbol{a}$ 的模为 5，它与 x 轴、y 轴正方向的夹角都是 60°，与 z 轴正方向的夹角是钝角，求向量 $\boldsymbol{a}$.

解：$\boldsymbol{a}=|\boldsymbol{a}|\boldsymbol{a}^0=|\boldsymbol{a}|(\cos\alpha,\cos\beta,\cos\gamma)$，由于 $\alpha=\beta=60°$，$\cos\alpha=\cos\beta=\dfrac{1}{2}$，得

$$\cos^2\gamma=1-\cos^2\alpha-\cos^2\beta=1-\left(\frac{1}{2}\right)^2-\left(\frac{1}{2}\right)^2=\frac{1}{2},$$

由于 γ 是钝角，故 $\cos\gamma=-\dfrac{1}{\sqrt{2}}$，$\boldsymbol{a}=\left(\dfrac{5}{2},\dfrac{5}{2},-\dfrac{5\sqrt{2}}{2}\right)$.

8.1.3 向量的乘法

1. 向量的数量积

如图 8.1.19 所示，当质点在力 $\boldsymbol{F}$ 的作用下沿着某一直线由点 A 移动到点 B 时，如果记 $\overrightarrow{AB}=\boldsymbol{s}$，则力 $\boldsymbol{F}$ 所做的功为 $W=|\boldsymbol{F}||\boldsymbol{s}|\cos\langle\boldsymbol{F},\boldsymbol{s}\rangle$，其中 $\langle\boldsymbol{F},\boldsymbol{s}\rangle$ 为向量的夹角．为了方便地讨论这种运算，给出如下定义.

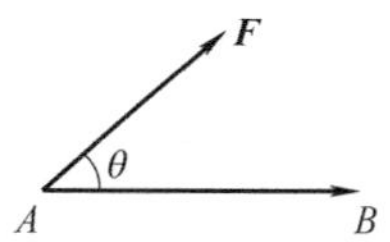

图 8.1.19

两个向量 $\boldsymbol{a}$ 与 $\boldsymbol{b}$ 的**数量积**为一实数，记作 $\boldsymbol{a}\cdot\boldsymbol{b}$，等于 $\boldsymbol{a}$ 与 $\boldsymbol{b}$ 的模与其夹角余弦的乘积，即 $\boldsymbol{a}\cdot\boldsymbol{b}=|\boldsymbol{a}|\cdot|\boldsymbol{b}|\cdot\cos\langle\boldsymbol{a},\boldsymbol{b}\rangle$，其中 $\langle\boldsymbol{a},\boldsymbol{b}\rangle$ 是 $\boldsymbol{a}$ 和 $\boldsymbol{b}$ 的夹角．数量积也称为**点积**或**内积**.

由数量积的定义可知，图 8.1.19 中的功可以表示成 $W=\boldsymbol{F}\cdot\boldsymbol{s}$. 数量积有如下运算规律：①交换律 $\boldsymbol{a}\cdot\boldsymbol{b}=\boldsymbol{b}\cdot\boldsymbol{a}$；②结合律 $\lambda(\boldsymbol{a}\cdot\boldsymbol{b})=(\lambda\boldsymbol{a})\cdot\boldsymbol{b}=\boldsymbol{a}\cdot(\lambda\boldsymbol{b})$；③分配律 $(\boldsymbol{a}+\boldsymbol{b})\cdot\boldsymbol{c}=\boldsymbol{a}\cdot\boldsymbol{c}+\boldsymbol{b}\cdot\boldsymbol{c}$. 下面给出结合律的证明，其他请读者自己完成.

证明：如图 8.1.20 所示，当 $\lambda>0$ 时，$\cos\langle\lambda\boldsymbol{a},\boldsymbol{b}\rangle=\cos\langle\boldsymbol{a},\boldsymbol{b}\rangle$，当 $\lambda<0$ 时，$\cos\langle\lambda\boldsymbol{a},\boldsymbol{b}\rangle=-\cos\langle\boldsymbol{a},\boldsymbol{b}\rangle$，因此有

$$\begin{aligned}(\lambda\boldsymbol{a})\cdot\boldsymbol{b}&=|\lambda\boldsymbol{a}||\boldsymbol{b}|\cos\langle\lambda\boldsymbol{a},\boldsymbol{b}\rangle=|\lambda||\boldsymbol{a}||\boldsymbol{b}|\cos\langle\lambda\boldsymbol{a},\boldsymbol{b}\rangle\\&=\pm\lambda|\boldsymbol{a}||\boldsymbol{b}|(\pm\cos\langle\boldsymbol{a},\boldsymbol{b}\rangle)=\lambda|\boldsymbol{a}||\boldsymbol{b}|\cos\langle\boldsymbol{a},\boldsymbol{b}\rangle\\&=\lambda(\boldsymbol{a}\cdot\boldsymbol{b}).\end{aligned}$$

采用同样的方法可以证明 $\lambda(\boldsymbol{a}\cdot\boldsymbol{b})=\boldsymbol{a}\cdot(\lambda\boldsymbol{b})$.

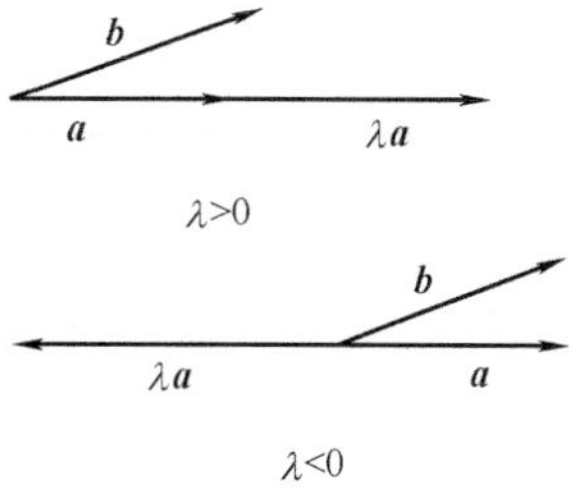

图 8.1.20

例 8.1.3　设 $\boldsymbol{a}+\boldsymbol{b}+\boldsymbol{c}=\boldsymbol{0}$，证明：$\boldsymbol{a}\cdot\boldsymbol{b}+\boldsymbol{b}\cdot\boldsymbol{c}+\boldsymbol{c}\cdot\boldsymbol{a}=\dfrac{1}{2}(|\boldsymbol{a}|^2+|\boldsymbol{b}|^2+|\boldsymbol{c}|^2)$.

证明：在等式 $\boldsymbol{a}+\boldsymbol{b}+\boldsymbol{c}=\boldsymbol{0}$ 两边依次与 $\boldsymbol{a}$，$\boldsymbol{b}$，$\boldsymbol{c}$ 做数量积，可得 $\boldsymbol{a}\cdot\boldsymbol{a}+\boldsymbol{b}\cdot\boldsymbol{a}+\boldsymbol{c}\cdot\boldsymbol{a}=0$，$\boldsymbol{a}\cdot\boldsymbol{b}+\boldsymbol{b}\cdot\boldsymbol{b}+\boldsymbol{c}\cdot\boldsymbol{b}=0$，$\boldsymbol{a}\cdot\boldsymbol{c}+\boldsymbol{b}\cdot\boldsymbol{c}+\boldsymbol{c}\cdot\boldsymbol{c}=0$，三式相加并移项，得到

$$\boldsymbol{a}\cdot\boldsymbol{b}+\boldsymbol{b}\cdot\boldsymbol{c}+\boldsymbol{c}\cdot\boldsymbol{a}=\frac{1}{2}(|\boldsymbol{a}|^2+|\boldsymbol{b}|^2+|\boldsymbol{c}|^2).$$

设向量 $\boldsymbol{a}=x_1\boldsymbol{i}+y_1\boldsymbol{j}+z_1\boldsymbol{k}$，$\boldsymbol{b}=x_2\boldsymbol{i}+y_2\boldsymbol{j}+z_2\boldsymbol{k}$，由数量积的运算规律，有

$$\begin{aligned}\boldsymbol{a}\cdot\boldsymbol{b}&=(x_1\boldsymbol{i}+y_1\boldsymbol{j}+z_1\boldsymbol{k})\cdot(x_2\boldsymbol{i}+y_2\boldsymbol{j}+z_2\boldsymbol{k})\\&=x_1x_2(\boldsymbol{i}\cdot\boldsymbol{i})+x_1y_2(\boldsymbol{i}\cdot\boldsymbol{j})+x_1z_2(\boldsymbol{i}\cdot\boldsymbol{k})+y_1x_2(\boldsymbol{j}\cdot\boldsymbol{i})+y_1y_2(\boldsymbol{j}\cdot\boldsymbol{j})+\\&\quad y_1z_2(\boldsymbol{j}\cdot\boldsymbol{k})+z_1x_2(\boldsymbol{k}\cdot\boldsymbol{i})+z_1y_2(\boldsymbol{k}\cdot\boldsymbol{j})+z_1z_2(\boldsymbol{k}\cdot\boldsymbol{k}).\end{aligned}$$

根据数量积的定义有

$$\boldsymbol{i}\cdot\boldsymbol{i}=\boldsymbol{j}\cdot\boldsymbol{j}=\boldsymbol{k}\cdot\boldsymbol{k}=1,\ \boldsymbol{i}\cdot\boldsymbol{j}=\boldsymbol{j}\cdot\boldsymbol{i}=\boldsymbol{i}\cdot\boldsymbol{k}=\boldsymbol{k}\cdot\boldsymbol{i}=\boldsymbol{j}\cdot\boldsymbol{k}=\boldsymbol{k}\cdot\boldsymbol{j}=0,$$

因此得到 $\boldsymbol{a}\cdot\boldsymbol{b}=x_1x_2+y_1y_2+z_1z_2$，此式称为数量积的坐标表达式.

根据定义和坐标表示，可以得到非零向量 $\boldsymbol{a}$，$\boldsymbol{b}$ 的夹角余弦计算公式

$$\cos\langle\boldsymbol{a},\boldsymbol{b}\rangle=\frac{\boldsymbol{a}\cdot\boldsymbol{b}}{|\boldsymbol{a}||\boldsymbol{b}|}=\frac{x_1x_2+y_1y_2+z_1z_2}{\sqrt{x_1^2+y_1^2+z_1^2}\cdot\sqrt{x_2^2+y_2^2+z_2^2}}.$$

此外，向量的数量积有下列特殊向量的运算：$\boldsymbol{0}\cdot\boldsymbol{a}=0$，$\boldsymbol{a}\cdot\boldsymbol{a}=|\boldsymbol{a}|^2$. 还可以得到向量垂直的充分必要条件为 $\boldsymbol{a}\perp\boldsymbol{b}\Leftrightarrow\boldsymbol{a}\cdot\boldsymbol{b}=0\Leftrightarrow x_1x_2+y_1y_2+z_1z_2=0$.

根据向量投影的定义，可以得到向量的数量积与向量的投影有如下关系：

$$\boldsymbol{a}\cdot\boldsymbol{b}=|\boldsymbol{b}|\mathrm{Prj}_{\boldsymbol{b}}\boldsymbol{a}=|\boldsymbol{a}|\mathrm{Prj}_{\boldsymbol{a}}\boldsymbol{b}.$$

例 8.1.4 已知 $\triangle ABC$ 的三个顶点为 $A(2,1,3)$，$B(1,2,1)$，$C(3,1,0)$，求 BC 边上的高 AD 的长.

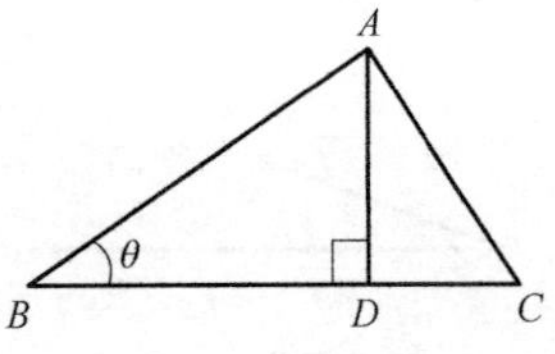

图 8.1.21

解：如图 8.1.21 所示，$\overrightarrow{BA}=\boldsymbol{i}-\boldsymbol{j}+2\boldsymbol{k}$，$\overrightarrow{BC}=2\boldsymbol{i}-\boldsymbol{j}-\boldsymbol{k}$，则

$$\cos\theta=\frac{\overrightarrow{BA}\cdot\overrightarrow{BC}}{|\overrightarrow{BA}||\overrightarrow{BC}|}=\frac{1\times2+(-1)\times(-1)+2\times(-1)}{\sqrt{1^2+(-1)^2+2^2}\sqrt{2^2+(-1)^2+(-1)^2}}=\frac{1}{6},$$

于是

$$AD=|\overrightarrow{BA}|\sin\theta=\sqrt{6}\sqrt{1-\left(\frac{1}{6}\right)^2}=\sqrt{\frac{35}{6}}.$$

2. 向量的向量积

两个向量 $\boldsymbol{a}$ 与 $\boldsymbol{b}$ 的**向量积**为一向量，记作 $\boldsymbol{a}\times\boldsymbol{b}$，它的模为 $|\boldsymbol{a}\times\boldsymbol{b}|=|\boldsymbol{a}||\boldsymbol{b}|\sin\langle\boldsymbol{a},\boldsymbol{b}\rangle$，它的方向是这样规定的：$\boldsymbol{a}\times\boldsymbol{b}$ 同时垂直于 $\boldsymbol{a}$，$\boldsymbol{b}$，且 $\boldsymbol{a}$，$\boldsymbol{b}$，$\boldsymbol{a}\times\boldsymbol{b}$ 三者符合右手系，向量积也称为**叉积**或**外积**.

下面让我们看一下向量积的模的几何意义.

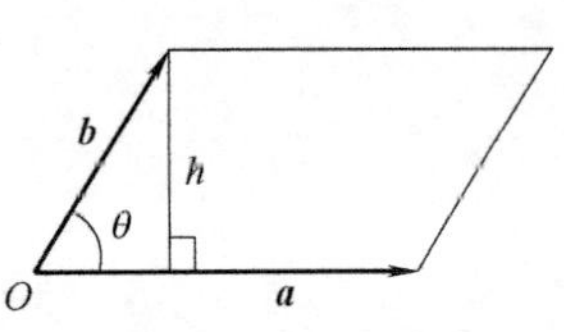

图 8.1.22

设两个向量 $\boldsymbol{a}$，$\boldsymbol{b}$，如图 8.1.22 所示，以它们为邻边作一个平行四边形，根据向量积的定义，有 $|\boldsymbol{a}\times\boldsymbol{b}|=|\boldsymbol{a}||\boldsymbol{b}|\sin\theta=|\boldsymbol{a}|h$，因此 $\boldsymbol{a}$，$\boldsymbol{b}$ 的向量积的模等于以 $\boldsymbol{a}$，$\boldsymbol{b}$ 为邻边的平行四边形的面积，或者等于以 $\boldsymbol{a}$，$\boldsymbol{b}$ 为邻边的三角形面积的两倍.

由向量积的定义，我们还可以得到，如果 $\boldsymbol{a}$，$\boldsymbol{b}$ 都是非零向量，则 $\boldsymbol{a}/\!/\boldsymbol{b}\Leftrightarrow\boldsymbol{a}\times\boldsymbol{b}=\boldsymbol{0}$. 向量积有下列运算规律：①反交换律 $\boldsymbol{a}\times\boldsymbol{b}=-\boldsymbol{b}\times\boldsymbol{a}$；②结合律 $\lambda(\boldsymbol{a}\times\boldsymbol{b})=(\lambda\boldsymbol{a})\times\boldsymbol{b}=\boldsymbol{a}\times(\lambda\boldsymbol{b})$；③分配律 $(\boldsymbol{a}+\boldsymbol{b})\times\boldsymbol{c}=\boldsymbol{a}\times\boldsymbol{c}+\boldsymbol{b}\times\boldsymbol{c}$，$\boldsymbol{c}\times(\boldsymbol{a}+\boldsymbol{b})=\boldsymbol{c}\times\boldsymbol{a}+\boldsymbol{c}\times\boldsymbol{b}$，$\boldsymbol{c}\times(\boldsymbol{a}+\boldsymbol{b})=\boldsymbol{c}\times\boldsymbol{a}+\boldsymbol{c}\times\boldsymbol{b}$.

设向量 $\boldsymbol{a}=x_1\boldsymbol{i}+y_1\boldsymbol{j}+z_1\boldsymbol{k}$，$\boldsymbol{b}=x_2\boldsymbol{i}+y_2\boldsymbol{j}+z_2\boldsymbol{k}$，由向量积的运算规律，有

$$\begin{aligned}\boldsymbol{a}\times\boldsymbol{b}&=(x_1\boldsymbol{i}+y_1\boldsymbol{j}+z_1\boldsymbol{k})\times(x_2\boldsymbol{i}+y_2\boldsymbol{j}+z_2\boldsymbol{k})\\&=x_1x_2(\boldsymbol{i}\times\boldsymbol{i})+x_1y_2(\boldsymbol{i}\times\boldsymbol{j})+x_1z_2(\boldsymbol{i}\times\boldsymbol{k})+y_1x_2(\boldsymbol{j}\times\boldsymbol{i})+y_1y_2(\boldsymbol{j}\times\boldsymbol{j})+\\&\quad y_1z_2(\boldsymbol{j}\times\boldsymbol{k})+z_1x_2(\boldsymbol{k}\times\boldsymbol{i})+z_1y_2(\boldsymbol{k}\times\boldsymbol{j})+z_1z_2(\boldsymbol{k}\times\boldsymbol{k}),\end{aligned}$$

根据向量积的定义有

$$\boldsymbol{i}\times\boldsymbol{i}=\boldsymbol{j}\times\boldsymbol{j}=\boldsymbol{k}\times\boldsymbol{k}=\boldsymbol{0},\ \boldsymbol{i}\times\boldsymbol{j}=\boldsymbol{k},\ \boldsymbol{j}\times\boldsymbol{k}=\boldsymbol{i},\ \boldsymbol{k}\times\boldsymbol{i}=\boldsymbol{j},$$

因此得到 $\boldsymbol{a}\times\boldsymbol{b}=(y_1z_2-y_2z_1)\boldsymbol{i}+(z_1x_2-z_2x_1)\boldsymbol{j}+(x_1y_2-x_2y_1)\boldsymbol{k}$，此式称为向量积的坐标表达式.

引入行列式，可以简化关于向量积坐标表达式的形式，下面简单介绍关于行列式、矩阵、线性方程组相关的基本内容，这里不给出证明 .（读者可参阅线性代数教程）

二阶行列式　4 个实数 $a_{ij}(i,j=1,2)$ 排列成 $\begin{vmatrix}a_{11}&a_{12}\\a_{21}&a_{22}\end{vmatrix}$ 的形式，称为二阶行列式，结果是一个实数，其值为 $\begin{vmatrix}a_{11}&a_{12}\\a_{21}&a_{22}\end{vmatrix}=a_{11}a_{22}-a_{12}a_{21}$，可看作左上角到右下角对角线(称为**主对角线**)元素的乘积与右上角到左下角对角线(称为**副对角线**)元素的乘积之差.

三阶行列式　9 个实数 $a_{ij}(i,j=1,2,3)$ 排列成 $\begin{vmatrix}a_{11}&a_{12}&a_{13}\\a_{21}&a_{22}&a_{23}\\a_{31}&a_{32}&a_{33}\end{vmatrix}$ 的形式，称为三阶行列式，结果是一个实数，其值为

$$\begin{vmatrix}a_{11}&a_{12}&a_{13}\\a_{21}&a_{22}&a_{23}\\a_{31}&a_{32}&a_{33}\end{vmatrix}=a_{11}a_{22}a_{33}+a_{12}a_{23}a_{31}+a_{13}a_{21}a_{32}-a_{11}a_{23}a_{32}-a_{12}a_{21}a_{33}-a_{13}a_{22}a_{31}.$$

三阶行列式为六项的代数和，每一项均为行列式中不同行、不同列的三个元素的乘积，其中主对角线上以及与主对角线平行的线(见图 8. 1. 23 实线)上元素的乘积取正号，副对角线上以及与副对角线平行的线(见图 8. 1. 23 虚线)上元素的乘积取负号.

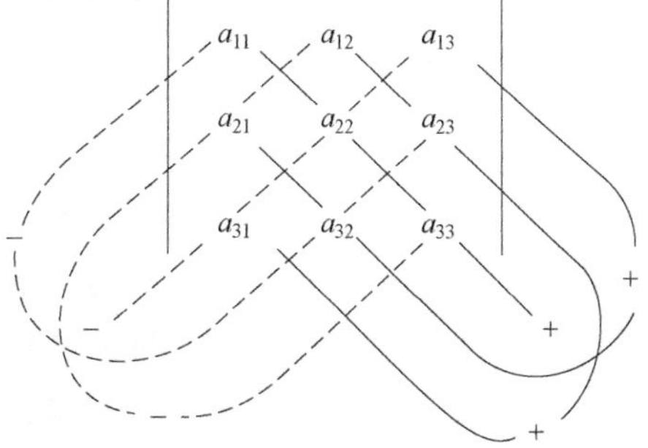

图　8. 1. 23

矩阵　$m\times n$ 个数 $a_{ij}(i=1,2,\cdots,m;\ j=1,2,\cdots,n)$

排成 m 行 n 列的数表 $\boldsymbol{A}=\begin{pmatrix} a_{11} & a_{12} & \cdots & a_{1n} \\ a_{21} & a_{22} & \cdots & a_{2n} \\ \vdots & \vdots & & \vdots \\ a_{m1} & a_{m2} & \cdots & a_{mn} \end{pmatrix}$，称为 $m\times n$ 矩阵，可简记为 $\boldsymbol{A}=(a_{ij})_{m\times n}$ 或 $\boldsymbol{A}=(a_{ij})$. 其元素组成的行列式记作 $|\boldsymbol{A}|$ 或 $\det\boldsymbol{A}$，注意矩阵是一个数表，而行列式是一个数.

类似于几何空间中向量共线和共面的概念，下面给出 n 维向量线性相关的概念.

向量的线性相关性 对于 m 个 n 维向量 $\boldsymbol{a}_1,\boldsymbol{a}_2,\cdots,\boldsymbol{a}_m$，若存在 m 个不全为零的数 $k_1,k_2,\cdots,k_m$，使得 $k_1\boldsymbol{a}_1+k_2\boldsymbol{a}_2+\cdots+k_m\boldsymbol{a}_m=\boldsymbol{0}$，则称向量组 $\boldsymbol{a}_1,\boldsymbol{a}_2,\cdots,\boldsymbol{a}_m$ **线性相关**；否则，称为**线性无关**. 注意，两个向量线性相关，当且仅当二者共线；三个向量线性相关，当且仅当三者共面. 此外，对于 $m\times n$ 矩阵 $\boldsymbol{A}$，其每一行均可看作一个 n 维向量，称为 $\boldsymbol{A}$ 的行向量，$\boldsymbol{A}$ 的 m 个行向量组成 $\boldsymbol{A}$ 的行向量组；同样，$\boldsymbol{A}$ 的每一列也可以看作一个 m 维向量，称为 $\boldsymbol{A}$ 的列向量，$\boldsymbol{A}$ 的 n 个列向量组成 $\boldsymbol{A}$ 的列向量组.

下面简单介绍线性方程组解的性质与结构，为后续微分方程奠定基础.

含有 n 个未知数 $x_1,x_2,\cdots,x_n$ 的线性方程组(称为 n **阶线性方程组**)的一般形式为

$$\begin{cases} a_{11}x_1+a_{12}x_2+\cdots+a_{1n}x_n=b_1, \\ a_{21}x_1+a_{22}x_2+\cdots+a_{2n}x_n=b_2, \\ \quad\vdots \\ a_{m1}x_1+a_{m2}x_2+\cdots+a_{mn}x_n=b_m. \end{cases}$$

称 $\boldsymbol{A}=(a_{ij})_{m\times n}$ 为系数矩阵，m 维列向量 $\boldsymbol{b}=\begin{pmatrix} b_1 \\ b_2 \\ \vdots \\ b_m \end{pmatrix}$ 为常数向量，$\boldsymbol{X}=\begin{pmatrix} x_1 \\ x_2 \\ \vdots \\ x_n \end{pmatrix}$，则上述方程组可以表示为矩阵形式 $\boldsymbol{AX}=\boldsymbol{b}$，若 $\boldsymbol{b}=\boldsymbol{0}$，则方程组称为**齐次线性方程组**，否则，称为**非齐次线性方程组**.

齐次线性方程组的解的结构 对于 n 阶齐次线性方程组 $\boldsymbol{AX}=\boldsymbol{0}$，如果 $\boldsymbol{\eta}_1,\boldsymbol{\eta}_2,\cdots,\boldsymbol{\eta}_s$ 是其线性无关的解，则 $\boldsymbol{AX}=\boldsymbol{0}$ 的任意解都可表示为 $k_1\boldsymbol{\eta}_1+k_2\boldsymbol{\eta}_2+\cdots+k_s\boldsymbol{\eta}_s$，其中，$k_1,k_2,\cdots,k_s$ 是任意常数，上式也称为 $\boldsymbol{AX}=\boldsymbol{0}$ 的**通解或一般解**.

非齐次线性方程组的解的结构 对于 n 阶非齐次线性方程组 $\boldsymbol{AX}=\boldsymbol{b}$，如果 $\boldsymbol{\xi}$ 是非齐次方程组 $\boldsymbol{AX}=\boldsymbol{b}$ 的解，而 $\boldsymbol{\eta}_1,\boldsymbol{\eta}_2,\cdots,\boldsymbol{\eta}_s$ 是对

应的齐次线性方程组 $AX=0$ 的线性无关的解，则 $AX=b$ 的任意解都可表示为 $k_1\eta_1+k_2\eta_2+\cdots k_s\eta_s+\xi$，其中 $k_1,k_2,\cdots,k_s$ 是任意常数，上式也称为 $AX=b$ 的**通解或一般解**.

接下来，介绍矩阵的特征值和特征向量.

设 A 是 n 阶方阵，如果存在数 λ 和非零向量 α，使得 $A\alpha=\lambda\alpha$，则称 λ 是 A 的**特征值**，称 α 是 A 的**特征向量**；$\lambda E-A$ 称为 A 的**特征矩阵**，$|\lambda E-A|=0$ 称为 A 的**特征方程**. 注意，特征方程的根就是矩阵 A 的特征值. 在复数范围内，特征方程有 n 个根(重根按重数计算)，设为 $\lambda_1,\lambda_2,\cdots,\lambda_n$，则 $|\lambda E-A|=\lambda^n+a_1\lambda^{n-1}+\cdots+a_n=(\lambda-\lambda_1)(\lambda-\lambda_2)\cdots(\lambda-\lambda_n)$. 进一步地，若 $\lambda_1,\lambda_2,\cdots,\lambda_s$ 是 A 的全部相异特征值，则 $|\lambda E-A|=(\lambda-\lambda_1)^{n_1}(\lambda-\lambda_2)^{n_2}\cdots(\lambda-\lambda_s)^{n_s}$，其中，$n_1+n_2+\cdots+n_s=n$，称 n_i 是特征值 λ_i 的代数重数(简称重数).

利用行列式，向量积的坐标表达式可以简化为

$$\begin{aligned}a\times b&=(y_1z_2-y_2z_1)i+(z_1x_2-z_2x_1)j+(x_1y_2-x_2y_1)k\\&=\begin{vmatrix}y_1&z_1\\y_2&z_2\end{vmatrix}i+\begin{vmatrix}z_1&x_1\\z_2&x_2\end{vmatrix}j+\begin{vmatrix}x_1&y_1\\x_2&y_2\end{vmatrix}k=\begin{vmatrix}i&j&k\\x_1&y_1&z_1\\x_2&y_2&z_2\end{vmatrix}.\end{aligned}$$

例 8.1.5　已知 $\triangle ABC$ 的三个顶点为 $A(1,1,0),B(1,-1,2),C(2,3,1)$，求 $\triangle ABC$ 的面积. 并求与向量 $\overrightarrow{AB}$，$\overrightarrow{AC}$ 都垂直的单位向量.

解：

$$\overrightarrow{AB}=-2j+2k,\ \overrightarrow{AC}=i+2j+k,$$

$$\overrightarrow{AB}\times\overrightarrow{AC}=\begin{vmatrix}i&j&k\\0&-2&2\\1&2&1\end{vmatrix}=-6i+2j+2k,$$

则 $\triangle ABC$ 的面积为

$$S_{\triangle ABC}=\frac{1}{2}|\overrightarrow{AB}\times\overrightarrow{AC}|=\frac{1}{2}\sqrt{(-6)^2+2^2+2^2}=\sqrt{11}.$$

与向量 $\overrightarrow{AB}$，$\overrightarrow{AC}$ 都垂直的单位向量有两个，即为 $\pm\dfrac{\overrightarrow{AB}\times\overrightarrow{AC}}{|\overrightarrow{AB}\times\overrightarrow{AC}|}$，故所求向量为

$$\pm\frac{\overrightarrow{AB}\times\overrightarrow{AC}}{|\overrightarrow{AB}\times\overrightarrow{AC}|}=\pm\left(\frac{-3}{\sqrt{11}}i+\frac{1}{\sqrt{11}}j+\frac{1}{\sqrt{11}}k\right).$$

3. 向量的混合积

三个向量 a，b，c 的**混合积**为一实数，记作 (a,b,c)，等于 a，b 的向量积与 c 的数量积，即

$$(a,b,c)=(a\times b)\cdot c.$$

设向量 $\boldsymbol{a}=x_1\boldsymbol{i}+y_1\boldsymbol{j}+z_1\boldsymbol{k}$，$\boldsymbol{b}=x_2\boldsymbol{i}+y_2\boldsymbol{j}+z_2\boldsymbol{k}$，$\boldsymbol{c}=x_3\boldsymbol{i}+y_3\boldsymbol{j}+z_3\boldsymbol{k}$，由于 $\boldsymbol{a}\times\boldsymbol{b}=(y_1z_2-y_2z_1)\boldsymbol{i}+(z_1x_2-z_2x_1)\boldsymbol{j}+(x_1y_2-x_2y_1)\boldsymbol{k}$，故有
$(\boldsymbol{a},\boldsymbol{b},\boldsymbol{c})=(\boldsymbol{a}\times\boldsymbol{b})\cdot\boldsymbol{c}=(y_1z_2-y_2z_1)x_3+(z_1x_2-z_2x_1)y_3+(x_1y_2-x_2y_1)z_3$，此式称为混合积的坐标表达式. 此式也可以用三阶行列式表示成 $(\boldsymbol{a},\boldsymbol{b},\boldsymbol{c})=\begin{vmatrix} x_1 & y_1 & z_1\\ x_2 & y_2 & z_2\\ x_3 & y_3 & z_3\end{vmatrix}$.

下面我们来考察一下混合积的绝对值在几何上的意义.

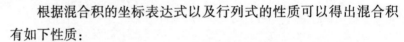

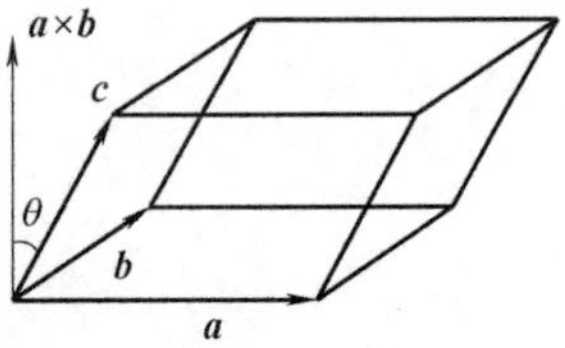

图　8.1.24

如图 8.1.24 所示，设向量 $\boldsymbol{a}$，$\boldsymbol{b}$，$\boldsymbol{c}$，以此三向量为棱作一平行六面体，则根据混合积以及数量积的定义，有 $|(\boldsymbol{a},\boldsymbol{b},\boldsymbol{c})|=|(\boldsymbol{a}\times\boldsymbol{b})\cdot\boldsymbol{c}|=|\boldsymbol{a}\times\boldsymbol{b}||\boldsymbol{c}||\cos\theta|$，因为 $|\boldsymbol{a}\times\boldsymbol{b}|$ 为平行六面体的底面积，而 $|\boldsymbol{c}||\cos\theta|$ 为平行六面体的高，故向量混合积的绝对值 $|(\boldsymbol{a},\boldsymbol{b},\boldsymbol{c})|$ 表示以向量 $\boldsymbol{a}$，$\boldsymbol{b}$，$\boldsymbol{c}$ 为邻边的平行六面体的体积，或以 $\boldsymbol{a}$，$\boldsymbol{b}$，$\boldsymbol{c}$ 为邻边的三棱锥体积的六倍. 由混合积的几何意义可以得到：三向量 $\boldsymbol{a}$，$\boldsymbol{b}$，$\boldsymbol{c}$ 共面的充分必要条件是它们的混合积为零，即 $\boldsymbol{a}$，$\boldsymbol{b}$，$\boldsymbol{c}$ 共面 $\Leftrightarrow(\boldsymbol{a},\boldsymbol{b},\boldsymbol{c})=0$.

根据混合积的坐标表达式以及行列式的性质可以得出混合积有如下性质：

（1）$(\boldsymbol{a},\boldsymbol{b},\boldsymbol{c})=(\boldsymbol{b},\boldsymbol{c},\boldsymbol{a})=(\boldsymbol{c},\boldsymbol{a},\boldsymbol{b})=-(\boldsymbol{b},\boldsymbol{a},\boldsymbol{c})=-(\boldsymbol{c},\boldsymbol{b},\boldsymbol{a})=-(\boldsymbol{a},\boldsymbol{c},\boldsymbol{b})$，即混合积中三向量的顺序进行轮换后其值保持不变，然而，交换混合积中两个相邻的向量，所得到的混合积要改变符号.

（2）$(k\boldsymbol{a},\boldsymbol{b},\boldsymbol{c})=(\boldsymbol{a},k\boldsymbol{b},\boldsymbol{c})=(\boldsymbol{a},\boldsymbol{b},k\boldsymbol{c})=k(\boldsymbol{a},\boldsymbol{b},\boldsymbol{c})$.

例 8.1.6　求四点 $P_i(x_i,y_i,z_i)$　$(i=1,2,3,4)$ 共面的充分必要条件.

解： 四点 P_1，P_2，P_3，P_4 共面等价于三个向量 $\overrightarrow{P_1P_2}$，$\overrightarrow{P_1P_3}$，$\overrightarrow{P_1P_4}$ 共面，等价于三者的混合积等于零，即

$$(\overrightarrow{P_1P_2},\overrightarrow{P_1P_3},\overrightarrow{P_1P_4})=\begin{vmatrix} x_2-x_1 & y_2-y_1 & z_2-z_1\\ x_3-x_1 & y_3-y_1 & z_3-z_1\\ x_4-x_1 & y_4-y_1 & z_4-z_1\end{vmatrix}=0.$$

习题 8.1

1. 证明以 $A(4,1,9)$，$B(10,-1,6)$，$C(2,4,3)$ 为顶点的三角形是等腰直角三角形.

2. 在 yOz 面上求与点 $A(3,1,2)$，$B(4,-2,-2)$ 和 $C(0,5,1)$ 等距离的点.

3. 求平行于向量 $\boldsymbol{a}=6\boldsymbol{i}+7\boldsymbol{j}-6\boldsymbol{k}$ 的单位向量 $\boldsymbol{a}^0$ 以及 $\boldsymbol{a}$ 的方向余弦.

4. 设向量 $\boldsymbol{a}=(1,1,-4)$，$\boldsymbol{b}=(2,-2,1)$，求：(1)$\boldsymbol{a}\cdot\boldsymbol{b}$；(2)$\boldsymbol{a}$ 与 $\boldsymbol{b}$ 的夹角；(3)$\mathrm{Prj}_{\boldsymbol{a}}\boldsymbol{b}$，$\mathrm{Prj}_{\boldsymbol{b}}\boldsymbol{a}$.

5. 设向量 $\boldsymbol{a}=a\boldsymbol{i}+5\boldsymbol{j}-\boldsymbol{k}$ 和 $\boldsymbol{b}=3\boldsymbol{i}+\boldsymbol{j}+b\boldsymbol{k}$ 共线，求 a，b.

6. 已知 $\triangle ABC$ 的三个顶点为 $A(1,1,0)$，$B(1,-1,2)$ 和 $C(2,3,1)$，求 $\triangle ABC$ 的面积.

7. 设向量 $\boldsymbol{a}$，$\boldsymbol{b}$，$\boldsymbol{c}$ 满足 $\boldsymbol{a}\times\boldsymbol{b}+\boldsymbol{b}\times\boldsymbol{c}+\boldsymbol{c}\times\boldsymbol{a}=\boldsymbol{0}$，证明：$\boldsymbol{a}$，$\boldsymbol{b}$，$\boldsymbol{c}$ 共面.

8. 设向量 $\boldsymbol{a}$ 与单位向量 $\boldsymbol{j}$ 成 60°角，与单位向量 $\boldsymbol{k}$ 成 120°角，且 $|\boldsymbol{a}|=5\sqrt{2}$，求向量 $\boldsymbol{a}$.

9. 已知向量 $\boldsymbol{a}=3\boldsymbol{i}-\boldsymbol{j}+5\boldsymbol{k}$，$\boldsymbol{b}=\boldsymbol{i}+2\boldsymbol{j}-3\boldsymbol{k}$，求向量 $\boldsymbol{p}$，使 $\boldsymbol{p}$ 与 z 轴垂直，且 $\boldsymbol{a}\cdot\boldsymbol{p}=9$，$\boldsymbol{b}\cdot\boldsymbol{p}=4$.

10. 设向量 $\boldsymbol{a}=(3,2,-1)$，$\boldsymbol{b}=(1,-1,2)$，求：(1)$\boldsymbol{a}\times\boldsymbol{b}$；(2)$2\boldsymbol{a}\times7\boldsymbol{b}$；(3)$\boldsymbol{i}\times\boldsymbol{a}$.

11. 已知向量 $\boldsymbol{a}$，$\boldsymbol{b}$，$\boldsymbol{c}$ 不共面，证明：$2\boldsymbol{a}+3\boldsymbol{b}$，$3\boldsymbol{b}-5\boldsymbol{c}$，$2\boldsymbol{a}+5\boldsymbol{c}$ 共面.

12. 求以四点 $O(0,0,0)$，$A(2,3,1)$，$B(1,2,2)$，$C(3,-1,-4)$ 为顶点的四面体的体积.

13. 证明：以平面上三点 $A(x_1,y_1)$，$B(x_2,y_2)$，$C(x_3,y_3)$ 为顶点的三角形面积等于 $\left|\dfrac{1}{2}\begin{vmatrix}x_1 & y_1 & 1\\x_2 & y_2 & 1\\x_3 & y_3 & 1\end{vmatrix}\right|$，并计算顶点为 $A(0,0)$，$B(3,1)$，$C(1,3)$ 的三角形面积.

8.2 空间中的平面和直线

本节利用向量代数的知识建立空间中平面的方程和空间直线的方程.

8.2.1 空间中的平面

1. 平面的方程

如果给定空间中一个点 $M_0(x_0,y_0,z_0)$ 和一个非零向量 $\boldsymbol{n}=(A,B,C)$，则唯一存在一个平面(记作 π)经过点 M_0 且与向量 $\boldsymbol{n}$ 垂直，我们将 $\boldsymbol{n}$ 称为平面 π 的**法向量**.

如图 8.2.1 所示，设 $M(x,y,z)$ 是空间中任意一点，则有 $\overrightarrow{M_0M}\perp\boldsymbol{n}$，从而 $\overrightarrow{M_0M}\cdot\boldsymbol{n}=0$，又因为 $\overrightarrow{M_0M}=(x-x_0,y-y_0,z-z_0)$，因此根据向量数量积的运算，有 $A(x-x_0)+B(y-y_0)+C(z-z_0)=0$，称此为平面 π 的**点法式方程**. 点法式方程去括号化简后，得到 $Ax+By+Cz+D=0$，其中，$D=-x_0-y_0-z_0$，称为平面 π 的**一般式方程**. 因此，空间平面是和三元一次方程一一对应的，由三元一次方程中 x，y，z 的系数构成的向量 (A,B,C) 即为空间平面的法向量.

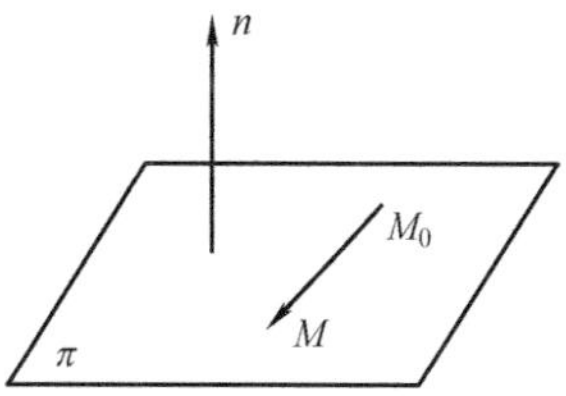

图　8.2.1

利用一般式方程 π：$Ax+By+Cz+D=0$，可以讨论一些特殊位置平面的特性：

(1) 若 $D=0$，则平面 π 经过坐标原点；

(2) 若 $A=0$，则平面 π 与 x 轴平行，同样，B，C 为零时，平面 π 分别与 y，z 轴平行；

(3) 若 $A=B=0$，则平面 π 与坐标面 xOy 平行(即与 z 轴垂直)，同样，当 $B=C=0$ 或 $A=C=0$ 时，平面 π 分别与坐标面 yOz，

zOx 平行(即分别与 x, y 轴垂直).

设空间中有不在一条直线上的三个点 $P_i(x_i,y_i,z_i)(i=1,2,3)$，则它们完全确定一张平面 π，对于空间中任一点 $M(x,y,z)$，显然其在平面 π 上的充分必要条件是 $M(x,y,z)$ 与 $P_i(x_i,y_i,z_i)(i=1,2,3)$ 这四个点共面，即四个点构成的三个向量的混合积为零，于是有

$$\begin{vmatrix} x-x_1 & y-y_1 & z-z_1 \\ x_2-x_1 & y_2-y_1 & z_2-z_1 \\ x_3-x_1 & y_3-y_1 & z_3-z_1 \end{vmatrix}=0,$$

此为平面的**三点式方程**.

若平面 π: $Ax+By+Cz+D=0$ 不经过坐标原点且与三个坐标轴都相交，则 A, B, C, D 均不为零，则平面 π 的方程可以写成 π: $\dfrac{x}{a}+\dfrac{y}{b}+\dfrac{z}{c}=1$，其中，$a=-\dfrac{A}{D}$, $b=-\dfrac{B}{D}$, $c=-\dfrac{C}{D}$ 为平面在三个坐标轴上的截距，称上式为平面的**截距式方程**.

例 8.2.1 求过点 $(1,-2,1)$，且平行于平面 $2x+3y-z+1=0$ 的平面方程.

解：由题意可知，$\boldsymbol{n}=(2,3,-1)$ 为所求平面的法向量，故利用点法式给出平面方程为

$$2(x-1)+3(y+2)-(z-1)=0,\ 即\ 2x+3y-z+5=0.$$

例 8.2.2 已知平面经过点 $M(4,-3,-2)$，且垂直于平面 $x+2y-z=0$ 和 $2x-3y+4z-5=0$，求这个平面的方程.

解：设所求平面的法向量为 $\boldsymbol{n}$，由于此平面与两个已知平面都垂直，所以 $\boldsymbol{n}$ 与两已知平面的法向量都垂直，故可取为 $\boldsymbol{n}=(1,2,-1)\times(2,-3,4)=(5,-6,-7)$，因此所求平面的方程为

$$5(x-4)-6(y+3)-7(z+2)=0,\ 即\ 5x-6y-7z-52=0.$$

例 8.2.3 求通过 y 轴且垂直于平面 $5x-4y-2z+3=0$ 的平面方程.

解：由于所求平面通过 y 轴相当于既通过原点又平行于 y 轴，因而其方程中缺少 y 项和常数项，设其方程为 $Ax+Cz=0$，由于它与已知平面垂直，所以有 $(5,-4,-2)\cdot(A,0,C)=5A-2C=0$，解得 $A=\dfrac{2}{5}C$，代入 $Ax+Cz=0$ 中得到 $\dfrac{2}{5}Cx+Cz=0$，消去 C，得到所求平面方程为 $2x+5z=0$.

2. 两平面的位置关系

对于平面 $\pi_1: A_1x+B_1y+C_1z+D_1=0$ 和 $\pi_2: A_2x+B_2y+C_2z+D_2=0$,

两者的夹角 $0\leqslant\theta\leqslant\frac{\pi}{2}$，夹角的余弦等于两平面法向量 $\boldsymbol{n}_1$ 和 $\boldsymbol{n}_2$ 夹角余弦的绝对值，即

$$\cos\theta=\left|\cos\langle\boldsymbol{n}_1,\boldsymbol{n}_2\rangle\right|=\frac{|\boldsymbol{n}_1\cdot\boldsymbol{n}_2|}{|\boldsymbol{n}_1||\boldsymbol{n}_2|}=\frac{|A_1A_2+B_1B_2+C_1C_2|}{\sqrt{A_1^2+B_1^2+C_1^2}\sqrt{A_2^2+B_2^2+C_2^2}}.$$

进一步地，可以利用两平面法向量 $\boldsymbol{n}_1$ 和 $\boldsymbol{n}_2$ 来确定平面 π_1，π_2 的位置关系，具体如下：

（1）π_1，π_2 平行（包括重合）的充要条件是 $\boldsymbol{n}_1$ 和 $\boldsymbol{n}_2$ 共线，即 $\frac{A_1}{A_2}=\frac{B_1}{B_2}=\frac{C_1}{C_2}$；特别地，$\pi_1$，$\pi_2$ **平行但不重合**的充要条件是 $\frac{A_1}{A_2}=\frac{B_1}{B_2}=\frac{C_1}{C_2}\neq\frac{D_1}{D_2}$；**重合**的充要条件是

$$\frac{A_1}{A_2}=\frac{B_1}{B_2}=\frac{C_1}{C_2}=\frac{D_1}{D_2}.$$

（2）π_1，π_2 **相交**的充要条件是 $\boldsymbol{n}_1$ 和 $\boldsymbol{n}_2$ 不共线，即 $A_1:B_1:C_1\neq A_2:B_2:C_2$.

（3）π_1，π_2 **垂直**的充要条件是 $\boldsymbol{n}_1$ 和 $\boldsymbol{n}_2$ 垂直，即 $A_1A_2+B_1B_2+C_1C_2=0$.

例 8.2.4　求平面 $x+y-2z+3=0$ 与 $x-2y+z-7=0$ 的夹角.

解：$\cos\theta=\frac{|1\times1+1\times(-2)+(-2)\times1|}{\sqrt{1^2+1^2+(-2)^2}\sqrt{1^2+(-2)^2+1^2}}=\frac{1}{2}$，又因为 $0\leqslant\theta\leqslant\frac{\pi}{2}$，故 $\theta=\frac{\pi}{3}$.

3. 平面束

设平面 $\pi_1:A_1x+B_1y+C_1z+D_1=0$ 和 $\pi_2:A_2x+B_2y+C_2z+D_2=0$ 相交于一条直线 L，过直线 L 可以作无数个平面，所有这些平面合在一起称为平面束，可以求得经过相交直线 L 的平面束的方程为 $\mu(A_1x+B_1y+C_1z+D_1)+\lambda(A_2x+B_2y+C_2z+D_2)=0$，当平面束方程所表示的平面不是 π_2 时，一定有 $\mu\neq0$，故可设 $\mu=1$，因此平面束（不包含 π_2）的方程可以写成 $A_1x+B_1y+C_1z+D_1+\lambda(A_2x+B_2y+C_2z+D_2)=0$.

8.2.2　空间中的直线

1. 直线的方程

设 $M_0(x_0,y_0,z_0)$ 是空间中的一定点，$\boldsymbol{s}=(l,m,n)$ 是一非零向量，L 为过点 M_0 且与向量 $\boldsymbol{s}$ 平行的直线，向量 $\boldsymbol{s}$ 称为直线 L 的方

向向量. 设 $M(x,y,z)$ 为直线 L 上任一点，则有 $\overrightarrow{M_0M}/\!/\boldsymbol{s}$，由两向量平行的充要条件得到 $\dfrac{x-x_0}{l}=\dfrac{y-y_0}{m}=\dfrac{z-z_0}{n}$，此式称为直线 L 的**标准方程**(或**对称式方程**，或者**点向式方程**). 若 l, m, n 中有一个为零，例如 $l=0$, m, $n\neq 0$，则直线的标准方程应理解为 $\begin{cases}x=x_0,\\ \dfrac{y-y_0}{m}=\dfrac{z-z_0}{n};\end{cases}$ 若 l, m, n 中有两个为零，例如 $l=m=0$，则直线的标准方程应理解为 $\begin{cases}x=x_0,\\ y=y_0.\end{cases}$

若令 $\dfrac{x-x_0}{l}=\dfrac{y-y_0}{m}=\dfrac{z-z_0}{n}=t$，则有 $\begin{cases}x=x_0+lt,\\ y=y_0+mt,\\ z=z_0+nt,\end{cases}$ 称此式为直线 L 的**参数方程**.

如果给定空间中的两个点 $M_1(x_1,y_1,z_1)$，$M_2(x_2,y_2,z_2)$，则过两点的直线方程可以写为 $\dfrac{x-x_1}{x_2-x_1}=\dfrac{y-y_1}{y_2-y_1}=\dfrac{z-z_1}{z_2-z_1}$，此式称为直线 L 的**两点式方程**.

一般地，任意一条空间直线都可以看作两个不平行平面的交线，因此可以将两个平面方程联立表示一条直线，即 $\begin{cases}A_1x+B_1y+C_1z+D_1=0,\\ A_2x+B_2y+C_2z+D_2=0,\end{cases}$ 其中，$A_1:B_1:C_1\neq A_2:B_2:C_2$，这称为直线 L 的**一般式方程**.

事实上，一般式方程表示的直线的方向向量与两个平面的法向量都垂直，因此直线的方向向量可以取为两个法向量的向量积.

例 8.2.5 求过点 $(-3,2,4)$ 且垂直于平面 $2x+y-z-4=0$ 的直线方程，并求出此直线与平面 $x-2y+3z=0$ 的交点.

解：平面 $2x+y-z-4=0$ 的法向量为 $\boldsymbol{n}=(2,1,-1)$，过点 $(-3,2,4)$ 且垂直于平面 $2x+y-z-4=0$ 的直线方程为 $\dfrac{x+3}{2}=\dfrac{y-2}{1}=\dfrac{z-4}{-1}$. 设直线的参数方程为 $\begin{cases}x=-3+2t,\\ y=2+t,\\ z=4-t,\end{cases}$ 代入方程 $x-2y+3z=0$，解得 $t=\dfrac{5}{3}$，则交点为 $\left(\dfrac{1}{3},\dfrac{11}{3},\dfrac{7}{3}\right)$.

例 8.2.6　求过点(1,2,1)且与直线 L_1：$\frac{x}{2}=y=-z$ 相交，并垂直于直线 L_2：$\frac{x-1}{3}=\frac{y}{2}=\frac{z+1}{1}$ 的直线方程.

解：设所求直线方程为 $\frac{x-1}{m}=\frac{y-2}{n}=\frac{z-1}{p}$，它与直线 L_2 垂直，则两直线的方向向量相互垂直，所以有 $3m+2n+p=0$，又因为所求直线与 L_1 相交，则所求直线的方向向量 (m,n,p) 与直线 L_1 的方向向量 $(2,1,-1)$ 以及所求直线过的已知点(1,2,1)和直线 L_1 过的已知点(0,0,0)构成的向量(1,2,1)共面，即 $\begin{vmatrix} m & n & p \\ 2 & 1 & -1 \\ 1 & 2 & 1 \end{vmatrix}=0$，则得到 $3m-3n+3p=0$，联立后 $\begin{cases} 3m+2n+p=0, \\ 3m-3n+3p=0, \end{cases}$ 求解得到 $m:n:p=-3:2:5$，所求直线方程为 $\frac{x-1}{-3}=\frac{y-2}{2}=\frac{z-1}{5}$.

例 8.2.7　求过直线 L_1：$\frac{x-1}{1}=\frac{y-2}{0}=\frac{z-3}{-1}$ 且平行于直线 L_2：$\frac{x+2}{2}=\frac{y-1}{1}=\frac{z}{1}$ 的平面方程.

解法 1：设所求平面方程为 $A(x-x_0)+B(y-y_0)+C(z-z_0)=0$. 因为平面过 L_1：$\frac{x-1}{1}=\frac{y-2}{0}=\frac{z-3}{-1}$，因此平面过点(1,2,3). 又平面过 L_1 且平行于 L_2，则所求平面的法向量 (A,B,C) 同时垂直于 L_1 和 L_2 的方向向量，因此满足 $\begin{cases} A-C=0, \\ 2A+B+C=0, \end{cases}$ 可得 $A:B:C=1:(-3):1$，故所求平面方程为 $(x-1)-3(y-2)+(z-3)=0$，即 $x-3y+z+2=0$.

解法 2：直线 L_1：$\frac{x-1}{1}=\frac{y-2}{0}=\frac{z-3}{-1}$ 的一般式方程可写为 $\begin{cases} y-2=0, \\ x+z-4=0, \end{cases}$ 由于所求平面通过直线 L_1，设平面束方程为 $\lambda(x+z-4)+\mu(y-2)=0$，其中 λ，μ 为任意实数，其法向量为 (λ,μ,λ)，由于该平面平行于直线 L_2，所以 $(\lambda,\mu,\lambda)\cdot(2,1,1)=3\lambda+\mu=0$，可以取 $\lambda=1$，$\mu=-3$，则所求平面方程为 $x-3y+z+2=0$.

2. 两直线的位置关系

直线和直线之间的夹角 $\theta\left(0\leqslant\theta\leqslant\frac{\pi}{2}\right)$ 可以通过两直线的方向

向量之间的夹角来确定，设两条直线 $L_1:\dfrac{x-x_1}{m_1}=\dfrac{y-y_1}{n_1}=\dfrac{z-z_1}{p_1}$ 和 $L_2:\dfrac{x-x_2}{m_2}=\dfrac{y-y_2}{n_2}=\dfrac{z-z_2}{p_2}$，夹角的余弦等于两直线方向向量 $\boldsymbol{s}_1$ 和 $\boldsymbol{s}_2$ 夹角余弦的绝对值，也就是

$$\cos\theta=|\cos\langle \boldsymbol{s}_1,\boldsymbol{s}_2\rangle|=\frac{|m_1m_2+n_1n_2+p_1p_2|}{\sqrt{m_1^2+n_1^2+p_1^2}\sqrt{m_2^2+n_2^2+p_2^2}}.$$

利用直线 L_1，L_2 的方向向量 $\boldsymbol{s}_1$ 和 $\boldsymbol{s}_2$ 可以确定两直线在空间中的位置关系，具体如下：

（1）两直线 L_1，L_2 **平行**（包括重合）的充分必要条件是 $\boldsymbol{s}_1$ 和 $\boldsymbol{s}_2$ 共线，即 $\dfrac{m_1}{m_2}=\dfrac{n_1}{n_2}=\dfrac{p_1}{p_2}$；特别地，$L_1$，$L_2$ **平行但不重合**的充要条件是 $m_1:n_1:p_1=m_2:n_2:p_2\neq(x_2-x_1):(y_2-y_1):(z_2-z_1)$；$L_1$，$L_2$ **重合**的充要条件是 $m_1:n_1:p_1=m_2:n_2:p_2=(x_2-x_1):(y_2-y_1):(z_2-z_1)$.

（2）两直线 L_1，L_2 **不平行**的充分必要条件是 $\boldsymbol{s}_1$ 和 $\boldsymbol{s}_2$ 不共线，即 $m_1:n_1:p_1\neq m_2:n_2:p_2$；注意到两条直线不平行包括相交或异面，这取决于 $\boldsymbol{s}_1$ 和 $\boldsymbol{s}_2$ 是否与向量 $(x_2-x_1,y_2-y_1,z_2-z_1)$ 共面.

L_1，L_2 **相交**的充分必要条件是 $m_1:n_1:p_1\neq m_2:n_2:p_2$，且

$$\begin{vmatrix} x_2-x_1 & y_2-y_1 & z_2-z_1 \\ m_1 & n_1 & p_1 \\ m_2 & n_2 & p_2 \end{vmatrix}=0,$$

L_1，L_2 **异面**的充分必要条件是 $\begin{vmatrix} x_2-x_1 & y_2-y_1 & z_2-z_1 \\ m_1 & n_1 & p_1 \\ m_2 & n_2 & p_2 \end{vmatrix}\neq 0.$

（3）两直线 L_1，L_2 **垂直**的充分必要条件是 $\boldsymbol{s}_1$ 和 $\boldsymbol{s}_2$ 垂直，即 $m_1m_2+n_1n_2+p_1p_2=0$.

例 8.2.8 求两直线 $\dfrac{x-1}{1}=\dfrac{y}{-4}=\dfrac{z+3}{1}$ 与 $\dfrac{x}{2}=\dfrac{y+2}{-2}=\dfrac{z-1}{-1}$ 的夹角.

解： $\boldsymbol{s}_1=(1,-4,1)$，$\boldsymbol{s}_2=(2,-2,-1)$，

$\cos\theta=\dfrac{|1\times2-4\times(-2)+1\times(-1)|}{\sqrt{1^2+(-4)^2+1^2}\sqrt{2^2+(-2)^2+(-1)^2}}=\dfrac{\sqrt{2}}{2}$，因此，夹角 $\theta=\dfrac{\pi}{4}$.

3. 直线与平面的位置关系

继续考虑直线与平面的夹角以及位置关系．对于直线

L：$\dfrac{x-x_0}{m}=\dfrac{y-y_0}{n}=\dfrac{z-z_0}{p}$和平面 π：$Ax+By+Cz+D=0$，直线 L 与平面 π 的夹角 $\theta\left(0\leqslant\theta\leqslant\dfrac{\pi}{2}\right)$ 的正弦等于 L 的方向向量 $\boldsymbol{s}$ 和 π 的法向量 $\boldsymbol{n}$ 的夹角余弦的绝对值，即

$$\sin\theta=|\cos\langle\boldsymbol{s},\boldsymbol{n}\rangle|=\frac{|mA+nB+pC|}{\sqrt{m^2+n^2+p^2}\sqrt{A^2+B^2+C^2}}.$$

利用 L 的方向向量 $\boldsymbol{s}$ 和平面 π 的法向量 $\boldsymbol{n}$ 也可以确定直线和平面的位置关系：

(1) 直线 L 和平面 π **平行**(包括直线在平面上)的充分必要条件是 $\boldsymbol{s}$ 和 $\boldsymbol{n}$ 垂直，即 $mA+nB+pC=0$；特别地，若 $Ax_0+By_0+Cz_0+D=0$，则直线 L 在平面 π 上，若 $Ax_0+By_0+Cz_0+D\neq0$，则直线 L 不在平面 π 上.

(2) 直线 L 和平面 π **不平行**的充分必要条件是 $\boldsymbol{s}$ 和 $\boldsymbol{n}$ 不垂直，即 $mA+nB+pC\neq0$.

(3) 直线 L 和平面 π **垂直**的充分必要条件是 $\boldsymbol{s}$ 和 $\boldsymbol{n}$ 平行，即 $\dfrac{m}{A}=\dfrac{n}{B}=\dfrac{p}{C}$.

例 8.2.9　求直线$\dfrac{x-2}{-1}=\dfrac{y-3}{1}=\dfrac{z-4}{-2}$与平面 $2x+y+z-6=0$ 的夹角.

解：$\boldsymbol{s}=(-1,1,-2)$，$\boldsymbol{n}=(2,1,1)$，$\sin\theta=\dfrac{|\boldsymbol{s}\cdot\boldsymbol{n}|}{|\boldsymbol{s}||\boldsymbol{n}|}=\dfrac{|(-1)\times2+1\times1-2\times1|}{\sqrt{(-1)^2+1^2+(-2)^2}\sqrt{2^2+1^2+1^2}}=\dfrac{1}{2}$，因此，直线和平面的夹角 $\theta=\dfrac{\pi}{6}$.

4. 点面距离、点线距离、异面直线之间的距离

设 $M_0(x_0,y_0,z_0)$ 为空间中一点，π：$Ax+By+Cz+D=0$ 为一平面，L_1：$\dfrac{x-x_1}{m_1}=\dfrac{y-y_1}{n_1}=\dfrac{z-z_1}{p_1}$，$L_2$：$\dfrac{x-x_2}{m_2}=\dfrac{y-y_2}{n_2}=\dfrac{z-z_2}{p_2}$为两条直线，记平面的法向量 $\boldsymbol{n}=(A,B,C)$，两条直线上的已知点 $M_i(x_i,y_i,z_i)$，方向向量 $\boldsymbol{s}_i=(m_i,n_i,p_i)$　$(i=1,2)$，则

(1) **点面距离**：点 M_0 到平面 π 的距离为$\dfrac{|Ax_0+By_0+Cz_0+D|}{|\boldsymbol{n}|}$；

(2) **点线距离**：点 M_0 到直线 L_1 的距离为$\dfrac{|\overrightarrow{M_0M_1}\times\boldsymbol{s}_1|}{|\boldsymbol{s}_1|}$；

(3) 当 L_1，L_2 异面时，即 $(\boldsymbol{s}_1,\boldsymbol{s}_2,\overrightarrow{M_1M_2})\neq 0$，则 L_1，L_2 之间的距离为 $\dfrac{|(\boldsymbol{s}_1,\boldsymbol{s}_2,\overrightarrow{M_1M_2})|}{|\boldsymbol{s}_1\times\boldsymbol{s}_2|}$.

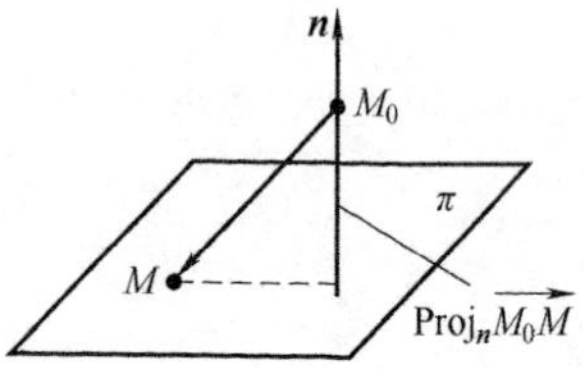

图　8.2.2

证明：(1) 如图 8.2.2 所示，在平面 π 上任取一点 $M(x,y,z)$，则向量 $\overrightarrow{M_0M}$ 在平面 π 的法向量 $\boldsymbol{n}$ 上的投影的绝对值就是点 M_0 到平面 π 的距离.

由于 $\overrightarrow{M_0M}=(x-x_0,y-y_0,z-z_0)$，$\boldsymbol{n}=(A,B,C)$，故

$$
\begin{aligned}
d&=|\mathrm{Proj}_n\,\overrightarrow{M_0M}|=\frac{|\overrightarrow{M_0M}\cdot\boldsymbol{n}|}{|\boldsymbol{n}|}\\
&=\frac{|A(x-x_0)+B(y-y_0)+C(z-z_0)|}{\sqrt{A^2+B^2+C^2}}\\
&=\frac{|Ax_0+By_0+Cz_0-(Ax+By+Cz)|}{\sqrt{A^2+B^2+C^2}}.
\end{aligned}
$$

由于点 $M(x,y,z)$ 在平面 π 上，故有 $Ax+By+Cz+D=0$，即 $Ax+By+Cz=-D$，代入上式，得 $d=\dfrac{|Ax_0+By_0+Cz_0+D|}{\sqrt{A^2+B^2+C^2}}$.

(2) 对于直线 L_1 上的点 $M_1(x_1,y_1,z_1)$，设 N 为直线 L_1 上的另一点，使得 $\overrightarrow{M_1N}=\boldsymbol{s}_1$.

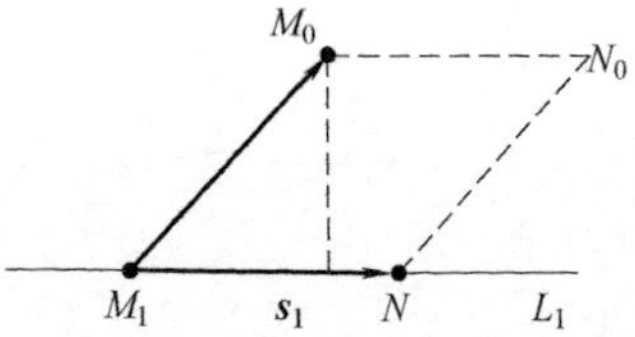

图　8.2.3

如图 8.2.3 所示，以向量 $\overrightarrow{M_1M_0}$ 和 $\overrightarrow{M_1N}$ 为邻边的平行四边形的面积为 $|\overrightarrow{M_1M_0}\times\boldsymbol{s}_1|$. 点 M_0 到直线 L_1 的距离可以看作该平行四边形底边 M_1N 上的高，它等于面积除以底边长，因此距离为 $\dfrac{|\overrightarrow{M_1M_0}\times\boldsymbol{s}_1|}{|\boldsymbol{s}_1|}$.

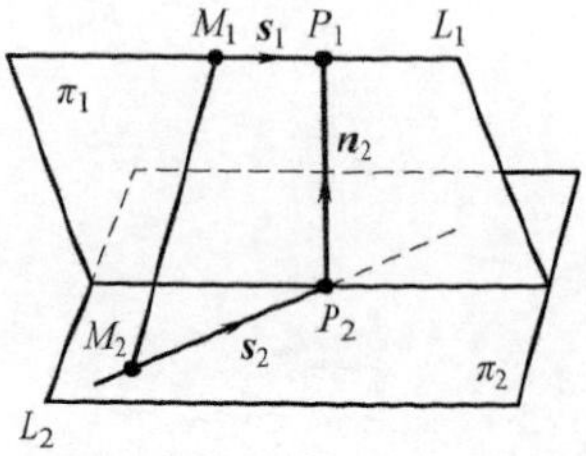

图　8.2.4

(3) 若 L_1，L_2 异面，如图 8.2.4 所示，过 L_2 存在唯一的平面 π_2 与 L_1 平行，过 L_1 也存在唯一的平面 π_1 与 π_2 垂直. 设 P_2 为 L_2 与平面 π_1 的交点，过 P_2 且与 π_2 垂直的直线位于平面 π_1 内，其与 L_1 的交点为 P_1. 这样，P_2P_1 就是两异面直线 L_1，L_2 的公垂线段，其长度是 L_1，L_2 之间的距离.

两条直线 L_1，L_2 上的点分别为 $M_1(x_1,y_1,z_1)$，$M_2(x_2,y_2,z_2)$，P_2P_1 的长度等于向量 $\overrightarrow{M_1M_2}$ 在 π_2 的法向量 $\boldsymbol{n}_2$ 上的投影的绝对值. 由于 $\boldsymbol{n}_2$ 同时垂直于 L_1，L_2，可取 $\boldsymbol{n}_2=\boldsymbol{s}_1\times\boldsymbol{s}_2$，因此 L_1，L_2 之间的距离为 $|\mathrm{Proj}_{n_2}\overrightarrow{M_1M_2}|=\dfrac{|\boldsymbol{n}_2\cdot \overrightarrow{M_1M_2}|}{|\boldsymbol{n}_2|}=\dfrac{|(\boldsymbol{s}_1\times\boldsymbol{s}_2)\cdot\overrightarrow{M_1M_2}|}{|\boldsymbol{s}_1\times\boldsymbol{s}_2|}=$

$\dfrac{|(\boldsymbol{s}_1,\boldsymbol{s}_2,\overrightarrow{M_1M_2})|}{|\boldsymbol{s}_1\times\boldsymbol{s}_2|}$.

例 8.2.10　求两平行平面 $\pi_1: 3x+2y-z+6=0$ 和 $\pi_2: 3x+2y-z-7=0$ 之间的距离.

解：首先在平面 $\pi_1:3x+2y-z+6=0$ 上取一点 $M(0,0,6)$，则点 $M(0,0,6)$ 到平面 π_2 的距离即为平面 π_1 和 π_2 间的距离，因此有

$$d=\frac{|Ax_0+By_0+Cz_0+D|}{\sqrt{A^2+B^2+C^2}}=\frac{|3\times0+2\times0-6-7|}{\sqrt{3^2+2^2+(-1)^2}}=\frac{13}{\sqrt{14}}.$$

例 8.2.11　已知直线 $L_1:\dfrac{x-5}{1}=\dfrac{y+1}{0}=\dfrac{z-3}{2}$ 与 $L_2:\dfrac{x-8}{2}=\dfrac{y-1}{-1}=\dfrac{z-1}{1}$，说明 L_1，L_2 异面并计算 L_1，L_2 公垂线垂足的坐标.

解：由直线方程知 $\boldsymbol{s}_1=(1,0,2)$，$\boldsymbol{s}_2=(2,-1,1)$，$M_1(5,-1,3)$，$M_2(8,1,1)$，由于

$$(\boldsymbol{s}_1,\boldsymbol{s}_2,\overrightarrow{M_1M_2})=\begin{vmatrix}1&0&2\\2&-1&1\\3&2&-2\end{vmatrix}=14\neq0,$$

则 L_1，L_2 异面.

将两直线 L_1，L_2 表示为参数方程形式

$$L_1:\begin{cases}x=5+t,\\y=-1,\\z=3+2t,\end{cases}\quad L_2:\begin{cases}x=8+2s,\\y=1-s,\\z=1+s,\end{cases}$$

设 L_1，L_2 公垂线垂足的坐标分别为 $P_1(5+t,-1,3+2t)$，$P_2(8+2s,1-s,1+s)$，则有 $\overrightarrow{P_1P_2}\perp\boldsymbol{s}_1$，$\overrightarrow{P_1P_2}\perp\boldsymbol{s}_2$，即 $\begin{cases}4s-5t-1=0,\\6s-4t+2=0,\end{cases}$ 故求得 $\begin{cases}t=-1,\\s=-1,\end{cases}$ 最后得到两条直线 L_1，L_2 公垂线垂足的坐标分别为 $P_1(4,-1,1)$，$P_2(6,2,0)$.

习题 8.2

1. 求过点$(-3,2,4)$且垂直于平面 $2x+y-z-4=0$ 的直线方程，并求出此直线与平面 $x-2y+3z=0$ 的交点.

2. 求过点 $M_1(3,-5,1)$ 和 $M_2(4,1,2)$，且与平面 $x-8y+3z-1=0$ 垂直的平面方程.

3. 求与平面 $x+3y+2z=0$ 平行，且与三个坐标平面围成的四面体体积为 6 的平面方程.

4. 求通过直线 $\begin{cases}3x-2y+2=0,\\x-2y-z+6=0\end{cases}$ 且与点$(1,2,1)$的距离为 1 的平面方程.

5. 求过点(1,0,-2)且与平面 $3x+4y-z+6=0$ 平行，又与直线 $\frac{x-3}{1}=\frac{y+2}{4}=\frac{z}{1}$ 垂直的直线方程.

6. 已知直线 L_1：$\frac{x}{1}=\frac{y}{-1}=\frac{z+1}{0}$，$L_2$：$\frac{x-1}{1}=\frac{y-1}{1}=\frac{z-1}{0}$，证明：$L_1$，$L_2$ 为异面直线，并求 L_1，L_2 之间的距离及其公垂线方程.

7. 用标准方程以及参数方程表示直线 $\begin{cases}x-y+z+5=0,\\5x-8y+4z+36=0.\end{cases}$

8. 证明直线 $\begin{cases}x+2y-z=7,\\-2x+y+z=9\end{cases}$ 和直线 $\begin{cases}3x+6y-3z=8,\\2x-y-z=0\end{cases}$ 平行.

9. 确定直线 $\frac{x-2}{3}=\frac{y+2}{1}=\frac{z-3}{-4}$ 与平面 $x+y+z=3$ 之间的关系.

10. 尝试确定 λ 的值，使直线 $\frac{x-1}{1}=\frac{y+1}{2}=\frac{z-1}{\lambda}$ 与直线 $\frac{x+1}{1}=\frac{y-1}{1}=\frac{z}{1}$ 相交.

8.3 空间中的曲面与曲线

不同于前面的平面和直线，这一节我们将讨论一些常见的曲面和曲线的方程.

8.3.1 空间曲面和曲线的方程

若曲面 Σ 上点的坐标满足三元方程 $F(x,y,z)=0$，并且坐标满足该方程的点也在曲面 Σ 上，则称 $F(x,y,z)=0$ 为**曲面 Σ 的一般式方程**.

注 如果曲面上任意一点关于某坐标轴、坐标面或者原点的对称点仍在该曲面上，则称此曲面关于某坐标轴、坐标面或者原点对称．例如：若 $F(-x,y,z)=F(x,y,z)$，则曲面 $F(x,y,z)=0$ 关于 yOz 坐标面(即 $x=0$)对称；若 $F(-x,-y,z)=F(x,y,z)$，则曲面 $F(x,y,z)=0$ 关于 z 轴对称；若 $F(-x,-y,-z)=F(x,y,z)$，则曲面 $F(x,y,z)=0$ 关于坐标原点(0,0,0)对称.

空间中的曲线 Γ 可以看作两曲面的交线，于是曲线 Γ 可表示为 $\begin{cases}F(x,y,z)=0,\\G(x,y,z)=0,\end{cases}$ 称为**曲线 Γ 的一般式方程**. 此外，曲线 Γ 还可以表示为**参数方程** $\begin{cases}x=x(t),\\y=y(t),\\z=z(t),\end{cases}$ 其中 t 为参变量.

类似地球仪的表面采用纬度和经度两个参数表示一样，一般来说，曲面 Σ 可以表示成双参数方程 $\begin{cases}x=x(t,s),\\y=y(t,s),\\z=z(t,s),\end{cases}$ 其中，t，s 为参变量.

下面考虑空间中三种重要的曲面及其方程.

1. 柱面

一直线沿着一给定的曲线 C 平行移动所形成的曲面 Σ 叫作**柱面**. 其中曲线 C 叫作柱面的**准线**，直线沿 C 平行移动中的每个位置都叫作柱面的**母线**. 这里我们讨论以坐标面上的曲线为准线，母线平行于坐标轴的柱面方程.

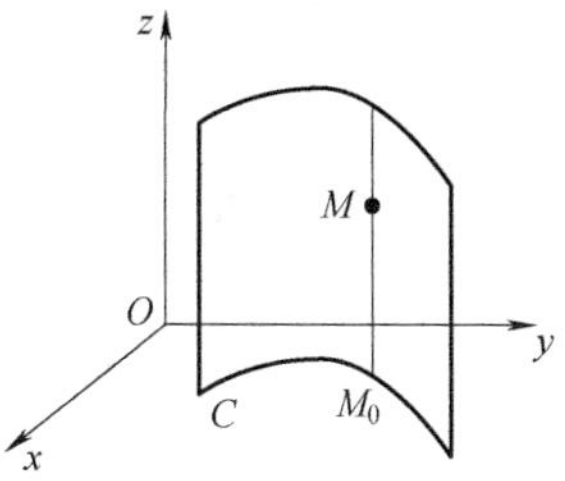

图　8.3.1

设柱面的准线为 xOy 面的曲线 C，其母线平行于 z 轴，准线 C 的方程为 C：$\begin{cases}F(x,y)=0,\\ z=0,\end{cases}$ 如图 8.3.1 所示，设 $M(x,y,z)$ 是柱面上任一点，点 $M(x,y,z)$ 与 $M_0(x,y,0)$ 的横纵坐标是相同的，因此点 $M(x,y,z)$ 的坐标满足方程 $F(x,y)=0$，这就是母线平行于 z 轴的柱面方程. 于是，当曲面方程中缺少某变量时，就表示与该变量对应坐标轴平行的柱面. 例如，$x^2+y^2=1$ 在平面中表示圆周，在空间中表示母线与 z 轴平行的圆柱面，其图形如图 8.3.2 所示.

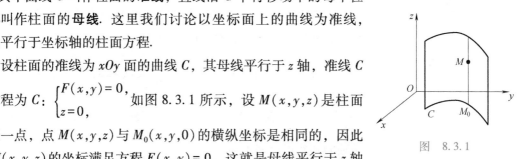

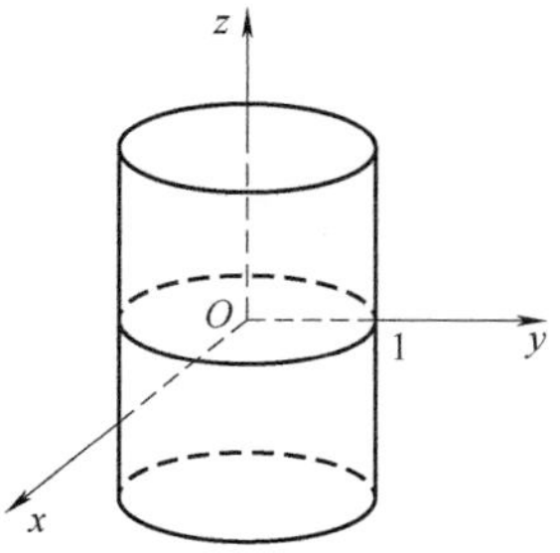

图　8.3.2

对于某空间曲线，以该曲线为准线，母线垂直于某给定平面的柱面，称为此曲线关于给定平面的**投影柱面**. 例如，曲线方程 $\begin{cases}F(x,y,z)=0,\\ G(x,y,z)=0\end{cases}$ 消去 z，就得到关于 xOy 坐标面的投影柱面.

例 8.3.1　求以曲线 $\begin{cases}\dfrac{x^2}{4}+\dfrac{y^2}{8}+\dfrac{z^2}{3}=1,\\ x+y=2\end{cases}$ 为准线，母线平行于 y 轴的柱面方程.

解：在准线方程中消去 y，得到 $\dfrac{x^2}{4}+\dfrac{(2-x)^2}{8}+\dfrac{z^2}{3}=1$，化简后知所求柱面方程为 $\dfrac{3x^2-4x+4}{8}+\dfrac{z^2}{3}=1$，这也是曲线关于 xOz 坐标面的投影柱面.

2. 锥面

空间的动直线(称为**母线**)经过定点(**顶点**)以及定曲线(**准线**)形成的曲面称为**锥面**. 当准线为圆周，并且顶点与圆心连线垂直于圆周所在的平面时，称为**直圆锥面**. 顶点与圆心连线称为直圆锥面的**轴**，母线和轴的夹角不变，称为**半顶角**(取锐角).

例 8.3.2　求以原点为顶点，z 轴为轴，半顶角为 α 的直圆锥面方程.

解：设 $P(x,y,z)$ 为直圆锥面上的一点，则 OP 与 z 轴的夹角为 α，于是 $\cos\alpha=\dfrac{z}{\sqrt{x^2+y^2+z^2}}$，可得 $\tan^2\alpha=\dfrac{\sin^2\alpha}{\cos^2\alpha}=\dfrac{x^2+y^2}{z^2}$，所求

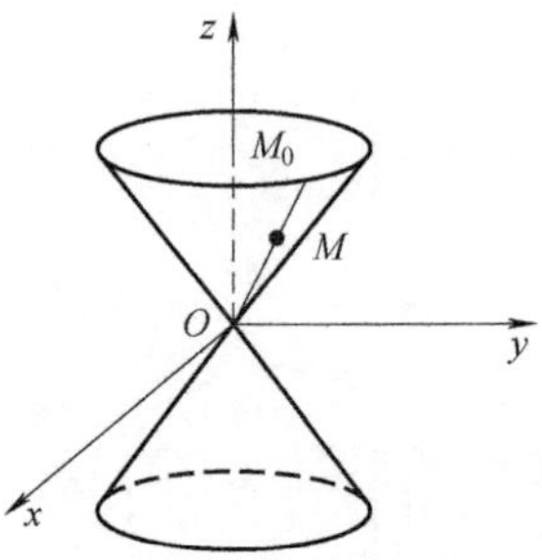

图 8.3.3

直圆锥面的方程为 $x^2+y^2=z^2\tan^2\alpha$. 由于这个方程是二次方程，因此圆锥面又叫作二次锥面(见图 8.3.3).

3. 旋转曲面

空间中的曲线绕某直线旋转形成的曲面称为**旋转曲面**，直线称为**旋转轴**，所旋转的曲面称为**母准线**.

设母曲线方程为$\begin{cases}F(x,y,z)=0,\\G(x,y,z)=0,\end{cases}$旋转轴的直线方程为$\dfrac{x-x_0}{m}=\dfrac{y-y_0}{n}=\dfrac{z-z_0}{p}$，首先注意到，圆心在旋转轴上，所在平面垂直于旋转轴的圆族可以表示为

$$\begin{cases}(x-x_0)^2+(y-y_0)^2+(z-z_0)^2=r^2,\\lx+my+nz=p,\end{cases}$$

其中，r，p 为参数，显然旋转曲面可以看作上述圆族中与母线有公共点的圆组成的. 因此，只需在方程组$\begin{cases}F(x,y,z)=0,\\G(x,y,z)=0,\\(x-x_0)^2+(y-y_0)^2+(z-z_0)^2=r^2,\\lx+my+nz=p\end{cases}$中任意取三个方程，解出 x，y，z 后再代入第四个，得到关于 r，p 的方程 $H(r,p)=0$，然后代入 $r=\pm\sqrt{(x-x_0)^2+(y-y_0)^2+(z-z_0)^2}$，$p=lx+my+nz$ 就得到了旋转曲面的方程

$$H(\pm\sqrt{(x-x_0)^2+(y-y_0)^2+(z-z_0)^2},lx+my+nz)=0.$$

利用此方法，这里我们重点讨论由某坐标面上的一条曲线绕此坐标面上的某一坐标轴旋转一周所成的旋转曲面的方程，有以下几种情形：

(1) 母曲线为$\begin{cases}F(y,z)=0,\\x=0\end{cases}$或者$\begin{cases}F(x,z)=0,\\y=0,\end{cases}$旋转轴为 z 轴，则旋转曲面方程为

$$F(\pm\sqrt{x^2+y^2},z)=0;$$

(2) 母曲线为$\begin{cases}G(x,y)=0,\\z=0\end{cases}$或者$\begin{cases}G(x,z)=0,\\y=0,\end{cases}$旋转轴为 x 轴，则旋转曲面方程为

$$G(x,\pm\sqrt{y^2+z^2})=0;$$

(3) 母曲线为$\begin{cases}H(x,y)=0,\\z=0\end{cases}$或者$\begin{cases}\boldsymbol{H}(z,y)=0,\\x=0,\end{cases}$旋转轴为 y 轴，则旋转曲面方程为

$$H(\pm\sqrt{x^2+z^2},y)=0.$$

注意　若母曲线表示为参数方程$\begin{cases}x=x(t),\\y=y(t),\\z=z(t),\end{cases}$旋转轴为坐标轴，有以下几种情形：

（1）旋转轴为 z 轴，则旋转曲面方程为

$$\begin{cases}x^2+y^2=x^2(t)+y^2(t),\\z=z(t);\end{cases}$$

（2）旋转轴为 x 轴，则旋转曲面方程为

$$\begin{cases}y^2+z^2=y^2(t)+z^2(t),\\x=x(t);\end{cases}$$

（3）旋转轴为 y 轴，则旋转曲面方程为

$$\begin{cases}x^2+z^2=x^2(t)+z^2(t),\\y=y(t).\end{cases}$$

下面给出几种常见的旋转曲面.

（1）圆绕对称轴旋转形成的曲面称为**球面**，椭圆绕长轴和短轴旋转形成的曲面分别称为**长球面**和**扁球面**. 设 yOz 平面上的椭圆方程为$\begin{cases}\dfrac{y^2}{a^2}+\dfrac{z^2}{b^2}=1,\\x=0\end{cases}$$(0<b<a)$，则其分别绕 y 轴和 z 轴旋转得到的长球面和扁球面方程为

$$\frac{y^2}{a^2}+\frac{x^2+z^2}{b^2}=1 \text{ 和 } \frac{x^2+y^2}{a^2}+\frac{z^2}{b^2}=1.$$

（2）双曲线绕虚轴旋转形成的曲面称为**旋转单叶双曲面**，绕实轴旋转形成的曲面称为**旋转双叶双曲面**. 设 yOz 平面上的双曲线方程为$\begin{cases}\dfrac{y^2}{a^2}-\dfrac{z^2}{b^2}=1,\\x=0,\end{cases}$则其分别绕 z 轴和 y 轴旋转得到的旋转单叶双曲面和旋转双叶双曲面方程为

$$\frac{x^2+y^2}{a^2}-\frac{z^2}{b^2}=1 \text{ 和 } \frac{y^2}{a^2}-\frac{x^2+z^2}{b^2}=1.$$

（3）抛物线绕对称轴旋转形成的曲面称为**旋转抛物面**，设 yOz 平面上的抛物线方程为$\begin{cases}y^2=2pz,\\x=0,\end{cases}$则其绕 z 轴旋转得到的旋转抛物面方程为 $x^2+y^2=2pz$.

例 8.3.3　求直线$\dfrac{x}{a}=\dfrac{y-b}{0}=\dfrac{z}{1}$绕 z 轴旋转的曲面方程，并根据 a，b 取值讨论其是何种曲面.

解：直线的参数方程为$\begin{cases}x=at,\\y=b,\\z=t,\end{cases}$则其绕 z 轴旋转形成的曲面方程为$\begin{cases}x^2+y^2=a^2t^2+b^2,\\z=t,\end{cases}$消去参数 t，可得到旋转曲面方程为 $x^2+y^2=a^2z^2+b^2$.

(1) 当 $a=b=0$ 时，为 z 轴；

(2) 当 $a=0$，$b\neq 0$ 时，为直圆柱面；

(3) 当 $a\neq 0$，$b=0$ 时，为顶点在原点、半顶角为 $\arctan\alpha$ 的直圆锥面(其中 $a^2=\tan^2\alpha$)；

(4) 当 $a\neq 0$，$b\neq 0$ 时，为旋转单叶双曲面.

8.3.2 二次曲面及其分类

下面给出几种常见的二次曲面的标准方程，并利用平行截割法研究曲面的形状.

1. 椭球面

由标准方程$\dfrac{x^2}{a^2}+\dfrac{y^2}{b^2}+\dfrac{z^2}{c^2}=1$所确定的曲面称为椭球面. 若 a，b，c 中有两个相等，则为旋转椭球面.

下面利用平行截割法研究其大体形状，用平行于 xOy 面的平面 $z=h(|h|\leqslant c)$ 去截椭球面，截得的曲线为$\begin{cases}\dfrac{x^2}{a^2}+\dfrac{y^2}{b^2}=1-\dfrac{h^2}{c^2},\\z=h,\end{cases}$我们将此曲线称为水平截痕. 如果 $|h|\leqslant c$，水平截痕为一个椭圆柱面与一个平面的交线，因而是一个椭圆，当 $|h|$ 由 0 变为 c 时，椭圆则由大变小，直至缩成一点 $(0,0,c)$ 或 $(0,0,-c)$. 用平行于其他的坐标面去截椭球面所得到的截痕与水平截痕类似，综合起来就可以大体画出椭球面的图形，如图 8.3.4 所示.

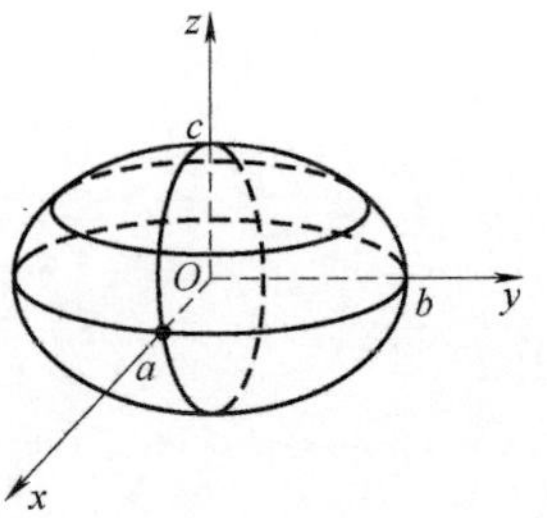

图 8.3.4

2. 单叶双曲面

由标准方程$\dfrac{x^2}{a^2}+\dfrac{y^2}{b^2}-\dfrac{z^2}{c^2}=1$所确定的曲面称为单叶双曲面.

下面利用平行截割法研究其大体形状，用平面 $z=h$ 去截曲面得到的水平截痕为$\begin{cases}\dfrac{x^2}{a^2}+\dfrac{y^2}{b^2}=1+\dfrac{h^2}{c^2},\\z=h,\end{cases}$该曲线是一个椭圆柱面与一个平面的交线，因而是一个椭圆. 用平面 $y=h$ 去截曲面得到

的侧视截痕为$\begin{cases}\dfrac{x^2}{a^2}-\dfrac{z^2}{c^2}=1-\dfrac{h^2}{b^2},\\ y=h,\end{cases}$当$|h|\neq b$时，该曲线是一个母线平行于$y$轴的双曲柱面和一个平面的交线，因此是双曲线，并且当$|h|<b$时，双曲线的实轴平行于x轴，虚轴平行于z轴；当$|h|>b$时，双曲线的实轴平行于z轴，虚轴平行于x轴；当$|h|=b$时，由于$\dfrac{x^2}{a^2}-\dfrac{z^2}{c^2}=1-\dfrac{h^2}{b^2}=0$是两个平行于$y$轴的平面，因此侧视截痕为两条相交的直线．用平面$x=h$去截曲面是类似的，综合起来就可以大体画出单叶双曲面的图形，如图 8.3.5 所示.

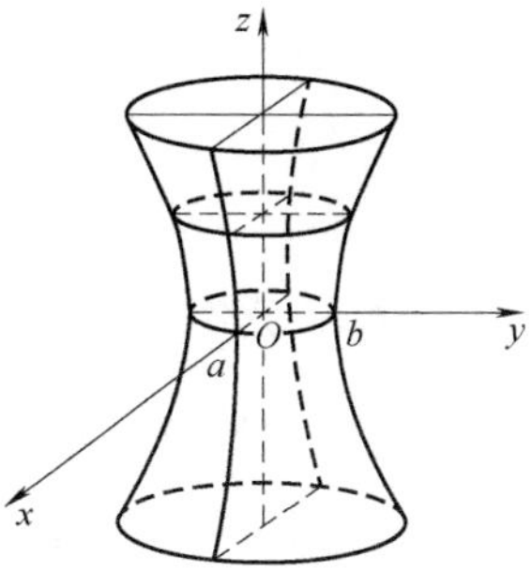

图　8.3.5

3. 双叶双曲面

由标准方程$\dfrac{x^2}{a^2}+\dfrac{y^2}{b^2}-\dfrac{z^2}{c^2}=-1$所确定的曲面称为双叶双曲面.

下面利用平行截割法研究其大体形状，用平面$z=h(|h|\geqslant c)$去截曲面得到的水平截痕当$|h|>c$时为椭圆，当$|h|=c$时为一点. 用平面$x=h$和$y=h$去截曲面都是实轴平行于z轴的双曲线，综合起来就可以大体画出双叶双曲面的图形，如图 8.3.6 所示.

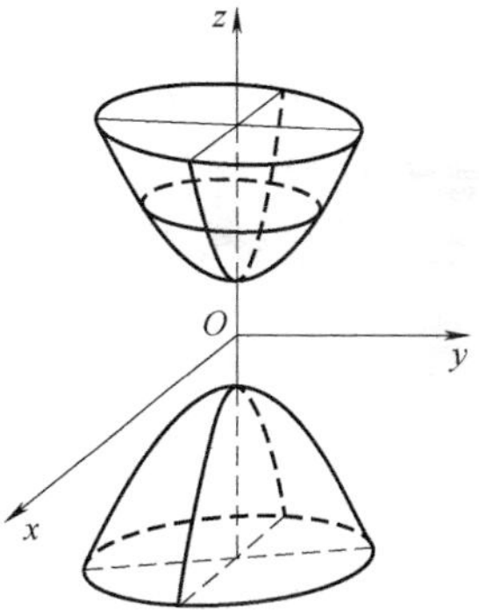

图　8.3.6

4. 椭圆抛物面

由标准方程$\dfrac{x^2}{a^2}+\dfrac{y^2}{b^2}=z$所确定的曲面称为椭圆抛物面.

下面利用平行截割法研究其大体形状，用平面$z=h(h\geqslant 0)$去截曲面得到的水平截痕当$h>0$时为椭圆，当$h=0$时为原点. 用平面$y=h$和$x=h$去截曲面都是开口向上的抛物线，综合起来就可以大体画出椭圆抛物面的图形，如图 8.3.7 所示.

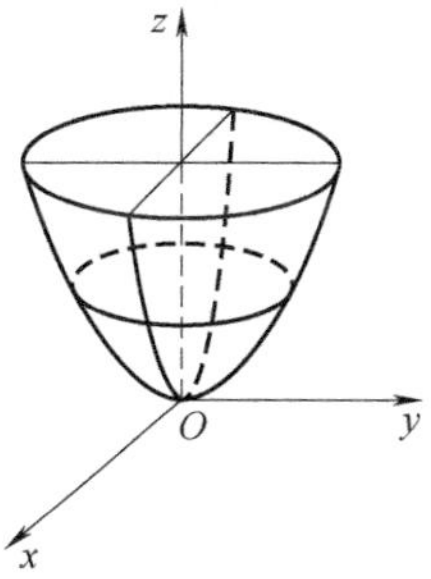

图　8.3.7

5. 双曲抛物面

由标准方程$\dfrac{x^2}{a^2}-\dfrac{y^2}{b^2}=-z$所确定的曲面称为双曲抛物面.

下面利用平行截割法研究其大体形状，用平面$z=h$去截曲面得到的水平截痕当$h\neq 0$时为双曲线，且当$h>0$时，此双曲线的实轴平行于y轴，虚轴平行于x轴；当$h<0$时，此双曲线的实轴平行于x轴，虚轴平行于y轴；当$h=0$时，水平截痕是两条相交于原点的直线．用平面$y=h$和$x=h$去截曲面分别是开口向下的抛物线和开口向上的抛物线，综合起来就可以大体画出双曲抛物面的图形，如图 8.3.8 所示. 由于这个曲面的形状像一个马鞍，所以它又称为马鞍面.

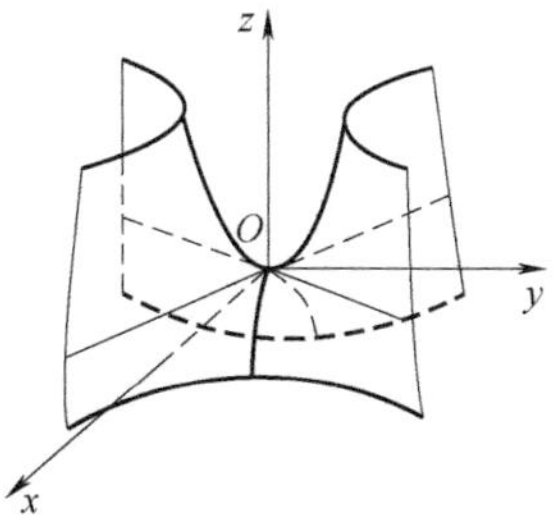

图　8.3.8

习题 8.3

1. 设柱面的准线为$\begin{cases}(x-1)^2+(y+3)^2+(z-2)^2=25,\\ x+y-z+2=0,\end{cases}$且母线平行于 x 轴，求柱面方程.

2. 求曲线$\begin{cases}z=x^2+2y^2,\\ z=2-x^2\end{cases}$关于 xOy 面的投影柱面和在 xOy 面上的投影曲线方程.

3. 求曲线$\begin{cases}\dfrac{y^2}{9-\lambda}+\dfrac{z^2}{4-\lambda}=1,\\ x=0\end{cases}$$(\lambda\neq 4,9)$绕 z 轴旋转得到的旋转曲面方程，并问 λ 分别取何值时，该曲面为旋转椭球面和旋转单叶双曲面？

4. 已知直线 $l:\dfrac{x}{m}=\dfrac{y}{n}=\dfrac{z}{p}$,

(1) 求以 l 为轴，半径为 R 的圆柱面的方程；

(2) 求以 l 为轴，顶点在原点，半顶角为 α 的圆锥面的方程.

5. 指出下列曲面是什么形状，并画出草图：

(1) $x^2+4y^2=1$； (2) $\begin{cases}x^2=4y,\\ z=1;\end{cases}$

(3) $\dfrac{x^2}{2}+\dfrac{z^2}{4}=y^2$； (4) $y=\sqrt{x^2+z^2}$；

(5) $x^2+y^2+4z^2=2x+2y-8z$； (6) $z=2-x^2-y^2$.

6. 画出下列各组曲面所围成的立体的图形：

(1) $x=0$，$y=0$，$z=0$，$x^2+y^2=1$，$y^2+z^2=1$ 在卦限 I 中；

(2) $z=x^2+y^2$，$z=1-x^2-y^2$.

7. 求曲线$\begin{cases}z=2-x^2-y^2,\\ z=(x-1)^2+(y-1)^2\end{cases}$在 xOy 面上的投影曲线的方程，以及投影曲线绕 y 轴旋转一周所成旋转曲面的方程.

8. 求通过曲线$\begin{cases}2x^2+y^2+z^2=16,\\ x^2-y^2+z^2=0,\end{cases}$且母线平行于 x 轴和 y 轴的柱面方程.

中国创造：脑图谱

第 9 章 多元函数的极限和连续性

现实生活中，人们常常遇到一些复杂问题，比如我们生活的空间，需要用多个自变量和多个因变量的变化关系来刻画，反映到数学上就是多元函数(或者向量值函数).

本章开始我们的研究对象变成了多元函数或者向量值函数.多元函数微积分学是建立在一元函数微积分学的基础之上并进行了推广，在讨论中将充分利用一元函数已有的结果来研究多元函数，其分析内容脉络仍然为极限理论、连续性、可微性、可积性等，这些性质与一元函数的对应性质既有相似之处，又有本质的差别，请读者在学习中注意相互对照，掌握多元函数和一元函数在分析性质上的形同实异之处．然而，从二元函数到三元函数或更多元函数，本质上没有什么不同，因此，本章及后续章节主要讨论二元和三元函数，更多元的函数情况，读者可以自己进行推广.

9.1 n 维欧氏空间中的点集与多元函数

讨论一元函数的极限和连续时，曾用到邻域、区间等概念，它们是实数集 $\mathbf{R}$ 的两类特殊子集．为了将一元函数的理论和方法推广到多元函数的情形，本节先引入 n 维 Euclid(欧几里得)空间(简称欧氏空间)以及 $\mathbf{R}^2$ 中的一些基本概念，将有关概念从 $\mathbf{R}$ 推广到 $\mathbf{R}^2$ 中，进而推广到一般的 $\mathbf{R}^n$ 中. 本节建立有限维的欧氏空间中的各类点集，这将为研究多元函数微分学奠定基础.

9.1.1 n 维欧氏空间

1. n 维欧氏空间的建立

众所周知，极限理论是整个数学分析的基础. 在将一元函数的极限推广到多元函数的极限之前，先回顾一下一元函数的情形.

“$\lim\limits_{x\to x_0} f(x)=A \Leftrightarrow \forall\varepsilon>0,\ \forall x(0<|x-x_0|<\delta):|f(x)-A|<\varepsilon$”，意思是，在自变量 x 趋于点 x_0 的过程中，只要 x 充分靠近 x_0，但是

$x\neq x_0$ 时，函数值 $f(x)$ 就任意接近 A. 这个定义中，"自变量的接近"刻画为"x 在 x_0 的 δ 去心邻域中"或者"$0<|x-x_0|<\delta$"；"因变量的接近"刻画为"$|f(x)-A|<\varepsilon$". 显然，这两个"接近"都是通过一维数轴上两点之间的距离刻画的，因此，要想导出多元函数的极限，首先应该在多维空间(欧氏空间)中建立"距离"和"邻域"的概念．定义出类似"绝对值"那样的度量标准．这样就可以构筑多元函数的极限、连续、可微、可积等一系列分析理论.

设 A，B 是两个集合，我们定义两个集合的 Descartes(笛卡儿)"**乘积集**"为

$$A\times B=\{(a,b)\mid a\in A,b\in B\}.$$

一般说来，$A\times B$ 和 $B\times A$ 是不相等的，我们将 $A\times A$ 简记为 A^2，例如，$\mathbf{R}^2=\mathbf{R}\times\mathbf{R}=\{(x,y)\mid x,\ y\in\mathbf{R}\}$ 就是平面上点的全体；$\mathbf{R}^2$ 中的子集 $[0,1]^2$ 就是平面坐标系中以 $(0,0)$，$(1,0)$，$(0,1)$，$(1,1)$ 四个点为顶点的正方形的四边上和内部的点的全体.

集合的"积集"的概念可以很自然的方式推广到有限个集合组成的积集上，这里通常考虑的集合为实数集合．记 $\mathbf{R}$ 为全体实数，定义 n 个 $\mathbf{R}$ 的 Descartes 乘积集为

$$\mathbf{R}^n=\underbrace{\mathbf{R}\times\mathbf{R}\times\cdots\times\mathbf{R}}_{n\text{个}}=\{(x_1,x_2,\cdots,x_n)\mid x_i\in\mathbf{R},i=1,2,\cdots,n\}.$$

$\mathbf{R}^n$ 中的元素 $\boldsymbol{x}=(x_1,x_2,\cdots,x_n)$ 称为向量或者点(因为点 F 可以看作向量 $\overrightarrow{OF}$，反之亦然)，实数 x_i 称为向量 $\boldsymbol{x}$ 的第 i 个分量．特别地，$\mathbf{R}^n$ 中的零元素记为 $\mathbf{0}=(0,0,\cdots,0)$，称为 $\mathbf{R}^n$ 中的零向量.

我们可以在 $\mathbf{R}^n$ 中定义向量的加法和数乘运算，设 $\boldsymbol{x}=(x_1,x_2,\cdots,x_n)$，$\boldsymbol{y}=(y_1,y_2,\cdots,y_n)$ 为 $\mathbf{R}^n$ 中任意两个向量元素，λ 为任意实数，$\mathbf{R}^n$ 中的加法和数乘运算分别定义为 $\boldsymbol{x}+\boldsymbol{y}=(x_1+y_1,x_2+y_2,\cdots,x_n+y_n)$，$\lambda\boldsymbol{x}=(\lambda x_1,\lambda x_2,\cdots,\lambda x_n)$. 带有加法和数乘运算的集合 $\mathbf{R}^n$，称为 n **维向量空间**，也称**线性空间**. 线性空间中，向量之间的基本运算为线性运算，例如具体模型：平面 $\mathbf{R}^2$、几何空间 $\mathbf{R}^3$，但其度量性质(如长度、夹角)等在一般线性空间中没有涉及，在解析几何中，向量的长度、夹角等度量性质都可以通过内积反映出来，我们再在 n 维向量空间 $\mathbf{R}^n$ 上引入内积(数量积)运算，也就是说，对任意的 $\boldsymbol{x}=(x_1,x_2,\cdots,x_n)$，$\boldsymbol{y}=(y_1,y_2,\cdots,y_n)$，定义内积运算如下：

$$\langle\boldsymbol{x},\boldsymbol{y}\rangle=x_1y_1+x_2y_2+\cdots+x_ny_n=\sum_{k=1}^{n}x_ky_k.$$

注意　内积结果是一个数.

内积运算满足性质：设 $\boldsymbol{x},\boldsymbol{y},\boldsymbol{z}\in\mathbf{R}^n,\lambda,\ \mu\in\mathbf{R}$,

(1) $\langle \boldsymbol{x},\boldsymbol{x}\rangle \geqslant 0$，当且仅当 $\boldsymbol{x}=\boldsymbol{0}$ 时 $\langle \boldsymbol{x},\boldsymbol{x}\rangle=0$（正定性）；

(2) $\langle \boldsymbol{x},\boldsymbol{y}\rangle=\langle \boldsymbol{y},\boldsymbol{x}\rangle$（对称性）；

(3) $\langle \lambda\boldsymbol{x}+\mu\boldsymbol{y},\boldsymbol{z}\rangle=\lambda\langle \boldsymbol{x},\boldsymbol{z}\rangle+\mu\langle \boldsymbol{y},\boldsymbol{z}\rangle$（线性性质）；

(4) $\langle \boldsymbol{x},\boldsymbol{y}\rangle^2 \leqslant \langle \boldsymbol{x},\boldsymbol{x}\rangle\langle \boldsymbol{y},\boldsymbol{y}\rangle$（Cauchy-Schwarz 不等式）.

下面以性质(4)为例证明一下，其他留给读者自己证明，这里不再赘述.

实际上，对于任意 $\lambda\in\mathbf{R}$，根据正定性、对称性和线性性质，我们可以得到

$$\langle \lambda\boldsymbol{x}+\boldsymbol{y},\lambda\boldsymbol{x}+\boldsymbol{y}\rangle=\lambda^2\langle \boldsymbol{x},\boldsymbol{x}\rangle+2\lambda\langle \boldsymbol{x},\boldsymbol{y}\rangle+\langle \boldsymbol{y},\boldsymbol{y}\rangle\geqslant 0.$$

上式说明关于 λ 的二次函数与 x 轴的交点至多有一个，因此它的判别式大于或等于零，即 $4\langle \boldsymbol{x},\boldsymbol{y}\rangle^2-4\langle \boldsymbol{x},\boldsymbol{x}\rangle\langle \boldsymbol{y},\boldsymbol{y}\rangle\leqslant 0$，移项整理后就得到了 Cauchy-Schwarz 不等式.

定义了内积的线性空间称为 n 维 **Euclid（欧几里得）空间**，也称**欧氏空间**.

注意　(1) 欧氏空间是实数集 $\mathbf{R}$ 上的线性空间；

(2) 除了向量的线性运算之外，还定义了内积运算.

特别地，$\mathbf{R}$，$\mathbf{R}^2$，$\mathbf{R}^3$ 依次是实数的全体，二元有序实数对 (x,y) 的全体，三元有序实数组 (x,y,z) 的全体，分别与实数轴，xOy 面，空间坐标系 $Oxyz$ 上的点建立了一一对应的关系.

我们知道，数轴 $\mathbf{R}$ 上点 x_2 到点 x_1 的距离为 $|x_2-x_1|=\sqrt{(x_2-x_1)^2}$；在平面 $\mathbf{R}^2$ 中，点 $\boldsymbol{x}=(x_1,x_2)$，$\boldsymbol{y}=(y_1,y_2)$ 间的距离为 $\sqrt{(x_1-y_1)^2+(x_2-y_2)^2}$；在三维空间 $\mathbf{R}^3$ 中，点 $\boldsymbol{x}=(x_1,x_2,x_3)$，$\boldsymbol{y}=(y_1,y_2,y_3)$ 间的距离为 $\sqrt{(x_1-y_1)^2+(x_2-y_2)^2+(x_3-y_3)^2}$. 因此，我们受到启发，按照这样的方式推广欧氏空间中两点的距离，则有欧氏空间 $\mathbf{R}^n$ 中任意两点 $\boldsymbol{x}=(x_1,x_2,\cdots,x_n)$ 和 $\boldsymbol{y}=(y_1,y_2,\cdots,y_n)$ 的距离定义为

$$\|\boldsymbol{x}-\boldsymbol{y}\|=\sqrt{(x_1-y_1)^2+(x_2-y_2)^2+\cdots+(x_n-y_n)^2},$$

并称向量到零点的距离 $\|\boldsymbol{x}\|=\sqrt{\langle \boldsymbol{x},\boldsymbol{x}\rangle}=\sqrt{\sum\limits_{k=1}^{n}x_k^2}$ 为点 $\boldsymbol{x}$ 的 Euclid 范数（简称范数）.

显然欧氏距离满足以下性质：

(1) $\|\boldsymbol{x}-\boldsymbol{y}\|\geqslant 0$，当且仅当 $\boldsymbol{x}=\boldsymbol{y}$ 时，有 $\|\boldsymbol{x}-\boldsymbol{y}\|=0$　（正定性）；

(2) $\|\boldsymbol{x}-\boldsymbol{y}\|=\|\boldsymbol{y}-\boldsymbol{x}\|$　（对称性）；

(3) $\|\boldsymbol{x}-\boldsymbol{z}\|\leqslant\|\boldsymbol{x}-\boldsymbol{y}\|+\|\boldsymbol{y}-\boldsymbol{z}\|$　（三角不等式）.

证明过程从略，读者可自行验证.

由空间 $\mathbf{R}^n$ 距离的概念，引出空间 $\mathbf{R}^n$ 中有界点集的概念如下：

设 $E\subseteq\mathbf{R}^n$，如果存在 $r>0$，使得 $\forall\boldsymbol{x}\in E$，$\|\boldsymbol{x}\|\leqslant r$，则称 E 是一个**有界集**.

对 $\forall m\in\mathbf{Z}_+$，存在 $\boldsymbol{x}_m\in S$，使得 $\|\boldsymbol{x}_m\|>m$，则称点集 S 是**无界集**.

2. 欧氏空间点列的极限

在欧氏空间 $\mathbf{R}^n$ 中定义了上述距离之后，就可以在多维空间里引入邻域和点列极限的概念了.

设 $\boldsymbol{x}_i\in\mathbf{R}^n(i=1,2,\cdots)$，称 $\{\boldsymbol{x}_i\}$ 为 $\mathbf{R}^n$ 中的一个**点列**.

邻域：设 $\boldsymbol{a}=(a_1,a_2,\cdots,a_n)\in\mathbf{R}^n$，$\delta>0$，则点集

$$U(\boldsymbol{a},\delta)=\{\boldsymbol{x}\in\mathbf{R}^n\mid\|\boldsymbol{x}-\boldsymbol{a}\|<\delta\}$$
$$=\{\boldsymbol{x}\in\mathbf{R}^n\mid\sqrt{(x_1-a_1)^2+(x_2-a_2)^2+\cdots+(x_n-a_n)^2}<\delta\}$$

称为点 $\boldsymbol{a}$ 的 δ **邻域**. $\boldsymbol{a}$ 称为邻域的中心，δ 叫作邻域的半径. 记作 $U(\boldsymbol{a},\delta)$ 或者 $U_\delta(\boldsymbol{a})$，如果在 $U(\boldsymbol{a},\delta)$ 中去掉点 $\boldsymbol{a}$，则称为去心 δ 邻域，记作 $\mathring{U}(\boldsymbol{a},\delta)$.

当为 $\mathbf{R}$(即 $n=1$)时，邻域 $U(\boldsymbol{a},\delta)$ 表示数轴上以 $\boldsymbol{a}$ 为中心，δ 为半径的开区间；当为 $\mathbf{R}^2$(即 $n=2$)时，邻域 $U(\boldsymbol{a},\delta)$ 表示平面上以 $\boldsymbol{a}$ 为中心，δ 为半径的开圆(不包含边界)；当为三维空间 $\mathbf{R}^3$(即 $n=3$)时，邻域 $U(\boldsymbol{a},\delta)$ 表示空间上以 $\boldsymbol{a}$ 为中心，δ 为半径的开球(不包含边界).

点列极限(ε-N 定义)：设 $\{\boldsymbol{x}_k\}$ 是 $\mathbf{R}^n$ 中的一个点列，若存在定点 $\boldsymbol{a}\in\mathbf{R}^n$，对于任意给定的 $\varepsilon>0$，存在正整数 $N\in\mathbf{Z}_+$，使得当 $k>N$ 时，有 $\|\boldsymbol{x}_k-\boldsymbol{a}\|<\varepsilon$，则称点列 $\{\boldsymbol{x}_k\}$ 收敛于 $\boldsymbol{a}$，记为 $\lim\limits_{k\to\infty}\boldsymbol{x}_k=\boldsymbol{a}$，或者 $\boldsymbol{x}_k\to\boldsymbol{a}(k\to\infty)$，而称 $\boldsymbol{a}$ 为点列 $\{\boldsymbol{x}_k\}$ 的极限. 否则称点列 $\{\boldsymbol{x}_k\}$ 发散.

定理 9.1.1 设 $\{\boldsymbol{x}_k\}$ 是 $\mathbf{R}^n$ 中的一个点列，并设 $\boldsymbol{x}_k=(x_1^k,x_2^k,\cdots,x_n^k)(k=1,2,\cdots)$，$\boldsymbol{a}=(a_1,a_2,\cdots,a_n)$，如果对 $i=1,2,\cdots,n$，$\lim\limits_{k\to\infty}\boldsymbol{x}_k=\boldsymbol{a}$ 的充分必要条件是 $\lim\limits_{k\to\infty}x_i^k=a_i$.

此定理说明：点列收敛的充分必要条件是点列 $\{\boldsymbol{x}_k=(x_1^k,x_2^k,\cdots,x_n^k)(k=1,2,\cdots)\}$ **按分量坐标收敛于** $\boldsymbol{a}=(a_1,a_2,\cdots,a_n)$，换句话说，$\mathbf{R}^n$ 中一个点列的收敛问题可以转化成实数列的收敛来解决，从而利用对点列分量的讨论，将一维收敛实数列的一些性质推广到多维中.

证明：设 $\boldsymbol{x}_k=(x_1^k,x_2^k,\cdots,x_n^k)(k=1,2,\cdots)$，$\boldsymbol{a}=(a_1,a_2,\cdots,a_n)$，利用不等式 $|x_j^k-a_j|\leqslant\|\boldsymbol{x}_k-\boldsymbol{a}\|=\sqrt{\sum\limits_{i=1}^n(x_i^k-a_i)^2}\leqslant\sum\limits_{i=1}^n|x_i^k-a_i|$，

$j=1,2,\cdots,n$，可以得到结论.

例 9.1.1　已知 $\mathbf{R}^3$ 中点列 $\left\{\boldsymbol{x}_k=\left(\left(1+\frac{1}{k}\right)^k,\frac{\sin k}{k},k(\mathrm{e}^{\frac{1}{k}}-1)\right)\right\}$，求 $\lim\limits_{k\to\infty}\boldsymbol{x}_k$.

解：因为 $\lim\limits_{k\to\infty}\left(1+\frac{1}{k}\right)^k=\mathrm{e}$，$\lim\limits_{k\to\infty}\frac{\sin k}{k}=0$，$\lim\limits_{k\to\infty}k(\mathrm{e}^{\frac{1}{k}}-1)=1$，由定理 9.1.1，有 $\lim\limits_{k\to\infty}\boldsymbol{x}_k=(\mathrm{e},0,1)$.

Cauchy 点列(基本点列)：设 $\{\boldsymbol{x}_k\}$ 是 $\mathbf{R}^n$ 中的一个点列，如果对任意给定的 $\varepsilon>0$，存在 $N\in\mathbf{Z}_+$，当 k，$l>N$ 时，有 $\|\boldsymbol{x}_k-\boldsymbol{x}_l\|<\varepsilon$，则称 $\{\boldsymbol{x}_k\}$ 是一个 **Cauchy 点列(基本点列)**.

等价定义：设 $\{\boldsymbol{x}_k\}$ 是 $\mathbf{R}^n$ 中的一个点列，如果对任意给定的 $\varepsilon>0$，存在 $N\in\mathbf{Z}_+$，当 $\forall k>N$ 以及 $\forall p\in\mathbf{Z}_+$，有 $\|\boldsymbol{x}_{k+p}-\boldsymbol{x}_k\|<\varepsilon$，则称 $\{\boldsymbol{x}_k\}$ 是一个 **Cauchy 点列(基本点列)**.

对一维实数集 $\mathbf{R}$ 而言，基本列和收敛数列是一回事. 在多维空间 $\mathbf{R}^n$ 中同样成立.

在一维实数集 $\mathbf{R}$ 中，我们讨论了收敛数列的一些性质，如极限的唯一性、有界性、保序性、夹逼性以及四则运算法则等. 由于多维欧氏空间 $\mathbf{R}^n$ 中两个向量点之间不存在大小关系，因此保序性、夹逼性、确界以及与商运算有关的性质等在推广到多维空间的时候不再有意义了.(注意：保序性和夹逼性在多元函数的极限性质里仍然成立，因为映射到 $\mathbf{R}$，即函数值是实数，可以比较大小.)此外，可以证明极限的唯一性、有界性和极限的线性运算法则在多维欧氏空间 $\mathbf{R}^n$ 中依然成立.

3. $\mathbf{R}^n$ 中的开集、闭集、紧集与区域

回顾实数集上连续函数的情况，一些重要结果如闭区间套定理和连续函数的若干性质，在有界闭区间上是成立的，但是在开区间上未必成立，因此，开区间和闭区间对连续函数有至关重要的影响，接下来，我们需要把实数集上闭区间和开区间的概念推广到多维欧氏空间中. 下面首先介绍多维欧氏空间中点集的分类，进一步引出 n 维空间中开集和闭集的概念. 从而引出紧集和区域的定义. 我们会看到，对多元函数在“有界闭集”或“有界闭区域”上有类似的性质.

设点集 $A\subseteq\mathbf{R}^n$，A 在 $\mathbf{R}^n$ 上的补集记为 $A^C=\mathbf{R}^n\backslash A$. 对于任意一点 $\boldsymbol{x}\in\mathbf{R}^n$，根据其邻域和点集 A 的关系来看，我们有下面三种点的分类：

(1) 若存在 $\boldsymbol{x}$ 的一个邻域完全落在点集 A 中(即存在 $\delta>0$，使

得点 $\boldsymbol{x}$ 的邻域满足 $U(\boldsymbol{x},\delta)\subseteq A$)(注意：$\boldsymbol{x}\in A$)，则称点 $\boldsymbol{x}$ 是集合 A 的**内点**. 所有内点的全体叫作点集 A 的**内部**，记为 A°.

(2) 对任意一点 $\boldsymbol{x}\notin A$，如果存在 $\boldsymbol{x}$ 的一个邻域完全不落在点集 A 中(即存在 $\delta>0$，使得点 $\boldsymbol{x}$ 的邻域满足 $U(\boldsymbol{x},\delta)\cap A=\varnothing$)，则称 $\boldsymbol{x}$ 为点集 A 的**外点**.

或者定义为：设点集 $A\subseteq\mathbf{R}^n$，$(A^C)^{\circ}$中的点称为 A 的**外点**. 外点的全体称为 A 的**外部**.

(3) 对 $\boldsymbol{x}\in\mathbf{R}^n$，如果 $\boldsymbol{x}$ 的任意邻域(即 $\forall\delta>0$，$U(\boldsymbol{x},\delta)$)既包含 A 中的点，又包含不属于 A 的点，那么称 $\boldsymbol{x}$ 为点集 A 的**边界点**(边界点既不是内点也不是外点). 所有边界点的全体称为 A 的**边界**，记为 ∂A.

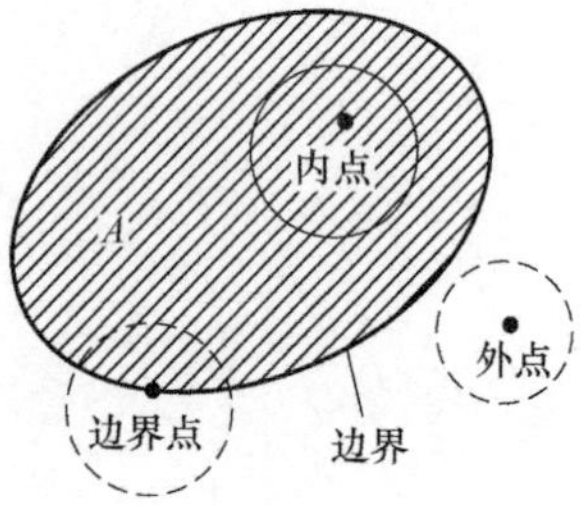

图　9.1.1

从上面知道，对于点集 $A\subseteq\mathbf{R}^n$，则点 $\boldsymbol{x}\in\mathbf{R}^n$ 是且只能是内点、边界点和外点中的一个(见图 9.1.1)

例 9.1.2　如果 $A=\mathbf{R}^n$，那么 $A^{\circ}=A$，$(A^C)^{\circ}=\partial A=\varnothing$.

例 9.1.3　设 $A=\{\boldsymbol{a}\}$ 是独立点集，这时 $A^{\circ}=\varnothing$，$(A^C)^{\circ}=A^C$，$\partial A=A$.

总之，对一切集合 $A\subseteq\mathbf{R}^n$，A°，$(A^C)^{\circ}$，∂A 互不相交，并且 $A^{\circ}\cup(A^C)^{\circ}\cup\partial A=\mathbf{R}^n$.

孤立点：如果存在 $\boldsymbol{x}$ 的一个邻域 $U(\boldsymbol{x},\delta)$，在这个邻域中只有点 $\boldsymbol{x}$ 属于 A(即 $\boldsymbol{x}\in A$ 且 $\exists\delta>0$，使得 $U(\boldsymbol{x},\delta)\cap A=\{\boldsymbol{x}\}$)，则称 $\boldsymbol{x}$ 是集合 A 的**孤立点**.

例如：所有整数构成的集合，在集合里面，每个点都是孤立点.

聚点：设集合 $A\subseteq\mathbf{R}^n$，若点 $\boldsymbol{x}$ 的任意一个邻域 $U(\boldsymbol{x},\delta)$ 中都含有集合 A 中的无限个点(或者等价地描述为都至少含有 A 中一个非 $\boldsymbol{x}$ 的点)，则称 $\boldsymbol{x}$ 是 A 的**聚点或极限点**. 全体聚点的集合记为 A'，并称为 A 的**导集**. 把 $\overline{A}=A\cup A'$叫作 A 的**闭包**.

下面给出内点、外点、聚点、边界点、孤立点之间的区别与联系.

设一点集为 E，**从点与集合 E 的所属关系来区分**：

(1) 内点必属于集合 E.

例如，设点集 $E=\{(x,y)\mid 1\leqslant x^2+y^2<4\}$，若点 $P_0(x_0,y_0)\in\mathbf{R}^2$，且 $1<x_0^2+y_0^2<4$，则点 P_0 一定是内点，并且点 $P_0\in E$.

(2) 边界点可以属于 E，也可以不属于 E.

例如，设点集 $E=\{(x,y)\mid 1\leqslant x^2+y^2<4\}$，若点 $P_0(x_0,y_0)\in\mathbf{R}^2$，且 $x_0^2+y_0^2=1$，则点 P_0 一定是边界点，并且点 $P_0\in E$；而如果点 P_0

满足 $x_0^2+y_0^2=4$，则点 P_0 一定是边界点，但是点 $P_0\notin E$.

(3) 聚点可能属于集合 E，也可能不属于集合 E.

例如，设点集 $E=\{(x,y)\mid 1\leqslant x^2+y^2<4\}$，若点 $P_0(x_0,y_0)\in\mathbf{R}^2$，且 $1<x_0^2+y_0^2<4$，则点 P_0 一定是聚点，并且点 $P_0\in E$；而如果点 P_0 满足 $x_0^2+y_0^2=4$，则点 P_0 一定是聚点，但是，点 $P_0\notin E$.

(4) 孤立点属于集合 E.

例如，设点集 $E=\{(x,y)\mid x^2+y^2=0$ 或者 $x^2+y^2\geqslant 1\}$，若点 $P_0(x_0,y_0)\in\mathbf{R}^2$，则点$(0,0)$是 E 的孤立点，并且属于 E.

(5) 外点必不属于 E(或者一定属于 E^C).

从点之间的关系来区分：

(6) 内点必是聚点，聚点不一定是内点(可能是边界点).

例如，设点集 $E=\{(x,y)\mid 1\leqslant x^2+y^2<4\}$，若点 $P_0(x_0,y_0)\in\mathbf{R}^2$，且 $1<x_0^2+y_0^2<4$，则点 P_0 一定是内点，并且也是聚点；而如果点 P_0 满足 $x_0^2+y_0^2=4$，则点 P_0 一定是聚点，但不是内点.

(7) 边界点不一定是聚点，聚点可以是内点，也可以是边界点，但一定不是外点.

例 9.1.4 设点集 $E=\{(x,y)\mid 1\leqslant x^2+y^2<4\}$，若点 $P_0(x_0,y_0)\in\mathbf{R}^2$，且 $x_0^2+y_0^2=1$ 或者 $x_0^2+y_0^2=4$，则点 P_0 是边界点也是聚点.

例 9.1.5 设点集 $E=\{(x,y)\mid x^2+y^2=0$ 或者 $x^2+y^2\geqslant 1\}$，若点 $P_0(x_0,y_0)\in\mathbf{R}^2$，则点$(0,0)$是边界点，但不是聚点.

例 9.1.6 设点集 $E=\{(x,y)\mid 1\leqslant x^2+y^2<4\}$，若点 $P_0(x_0,y_0)\in\mathbf{R}^2$，且 $x_0^2+y_0^2=1$ 或者 $x_0^2+y_0^2=4$，则点 P_0 是聚点也是边界点；若 $1<x_0^2+y_0^2<4$，则点 P_0 是聚点，但不是边界点.

非孤立的边界点必是聚点.

(8) 孤立的边界点不是内点也不是聚点.（见例 9.1.5，点$(0,0)$是孤立点也是边界点，但不是内点也不是聚点.）

(9) 孤立点必是边界点(见例 9.1.5，$(0,0)$就是孤立点也是边界点)，但一定不是内点、聚点和外点；边界点不一定是孤立点(见例 9.1.6).

(10) 既非聚点又非孤立点，则必为外点.

定理 9.1.2 $\boldsymbol{x}$ 是集合 E 的聚点的充分必要条件是：存在集合 E 中点列$\{\boldsymbol{x}_k\}$且 $\boldsymbol{x}_k\neq\boldsymbol{x}$，$k=1,2,\cdots$，使得

$$\lim_{k\to\infty}\boldsymbol{x}_k=\boldsymbol{x}\text{(注意：}\{\boldsymbol{x}_k\}\text{不是常数点列).}$$

证明：“$\Rightarrow$”设 $\boldsymbol{x}$ 是集合 E 的聚点，由定义，对 $\delta=1$，存在

$\boldsymbol{x}_1\in U(\boldsymbol{x},1)\cap E$，且 $\boldsymbol{x}_1\neq\boldsymbol{x}$；对 $\delta=\frac{1}{2}$，存在 $\boldsymbol{x}_2\in U\left(\boldsymbol{x},\ \frac{1}{2}\right)\cap E$，且 $\boldsymbol{x}_2\neq\boldsymbol{x}$；依次取下去，对 $\delta=\frac{1}{k}$，存在 $\boldsymbol{x}_k\in U\left(\boldsymbol{x},\frac{1}{k}\right)\cap E$，且 $\boldsymbol{x}_k\neq\boldsymbol{x}(k=1,2,\cdots)$，则得到 E 中的点列 $\{\boldsymbol{x}_k\}$，满足 $0<\|\boldsymbol{x}_k-\boldsymbol{x}\|<\frac{1}{k}$，$k=1,2,\cdots$，由点列的夹逼性，则 $\lim\limits_{k\to\infty}\boldsymbol{x}_k=\boldsymbol{x}$.

"$\Leftarrow$"由于 $\lim\limits_{k\to\infty}\boldsymbol{x}_k=\boldsymbol{x}$，根据点列的极限定义，对 $\forall\varepsilon>0$，存在正整数 $N\in\mathbf{Z}_+$，使得当 $k>N$ 时，有 $0<\|\boldsymbol{x}_k-\boldsymbol{x}\|<\varepsilon$，则 $\boldsymbol{x}_k\in U(\boldsymbol{x},\varepsilon)\cap E$，即 $U(\boldsymbol{x},\varepsilon)$ 中含有 E 中无限多个点，根据聚点的定义，因此 $\boldsymbol{x}$ 是 E 的聚点.

下面我们给出多维空间中"开"和"闭"的概念.

开集、闭集：设 $E\subseteq\mathbf{R}^n$，如果 E 中每一点都是内点，则称集合 E 是**开集**. 换句话说，开集就是 E 的全部内点构成的集合，记作 E°，也称为 E 的内部. 由定义显然有：开集一定是 E 的子集.

若集合 E 中包含了它的所有的聚点，即全体聚点的集合 $E'\subseteq E$，则称 E 为**闭集**. 注意：作为闭集，若它有聚点，则必须在集合中，如果集合本身没有聚点，则自然符合闭集的定义. 例如：单点集是闭集，它没有聚点，或者说单点集的补集是开集.

记 $E\cup E'=\overline{E}$，称为 E 的闭包（即闭包就是闭集加孤立点）.

例 9.1.7 证明邻域 $U(\boldsymbol{a},\delta)$ 是开集.

证明：任取 $\boldsymbol{c}\in U(\boldsymbol{a},\delta)$，我们来说明 $\boldsymbol{c}$ 是邻域 $U(\boldsymbol{a},\delta)$ 的内点，令 $d=\delta-\|\boldsymbol{c}-\boldsymbol{a}\|(d>0)$，做一个邻域 $U(\boldsymbol{c},d)$，接下来就是证明 $U(\boldsymbol{c},d)\subseteq U(\boldsymbol{a},\delta)$. 再根据子集的概念，来证明任取 $\boldsymbol{x}\in U(\boldsymbol{c},d)$，则 $\boldsymbol{x}\in U(\boldsymbol{a},\delta)$.

事实上，任取 $\boldsymbol{x}\in U(\boldsymbol{c},d)$，则 $\|\boldsymbol{x}-\boldsymbol{c}\|<d$，由三角不等式，得到 $\|\boldsymbol{x}-\boldsymbol{a}\|\leqslant\|\boldsymbol{x}-\boldsymbol{c}\|+\|\boldsymbol{c}-\boldsymbol{a}\|<d+\|\boldsymbol{c}-\boldsymbol{a}\|=\delta$，因此 $\boldsymbol{x}\in U(\boldsymbol{a},\delta)$，这就证明了 $U(\boldsymbol{c},d)\subseteq U(\boldsymbol{a},\delta)$，所以 $\boldsymbol{c}$ 是邻域 $U(\boldsymbol{a},\delta)$ 的内点，再加上点 $\boldsymbol{c}$ 是任意取的，$U(\boldsymbol{a},\delta)$ 全部由内点组成，因此邻域 $U(\boldsymbol{a},\delta)$ 是开集.

特别地，数轴上的任何开区间都是 $\mathbf{R}$ 中的开集；集合 $\{\boldsymbol{x}=(x,y)\in\mathbf{R}^2\mid a<x<b,\ a<y<b\}$ 是开集，称为二维开矩形；$\{\boldsymbol{x}=(x,y,z)\in\mathbf{R}^3\mid(x-a)^2+(y-b)^2+(z-c)^2<r^2\}$ 是开集，称为三维开球.

$\{\boldsymbol{x}=(x,y)\in\mathbf{R}^2\mid a\leqslant x\leqslant b,\ a\leqslant y\leqslant b\}$ 和 $\{\boldsymbol{x}=(x,y,z)\in\mathbf{R}^3\mid(x-a)^2+(y-b)^2+(z-c)^2\leqslant r^2\}$ 都是闭集，分别称为二维闭矩形和三维闭球.

必须注意：这里的开和闭不是对立的概念，事实上，存在着既不是开集又不是闭集的集合. 例如，空心的闭圆盘$\{(x,y)\mid 0<x^2+y^2\leqslant 1\}$；也存在着既是开集又是闭集的集合，例如，空集$\varnothing$和$\mathbf{R}^n$本身既是开集又是闭集. 可以证明，$\mathbf{R}^n$中除去这两个集合外就没有既开又闭的集合了.

关于闭集和开集有如下结论：

（1）$\mathbf{R}^n$上的点集E为闭集的充分必要条件是：$E^C=\mathbf{R}^n\setminus E$是开集.

证明："$\Rightarrow$"设E是闭集，即$E'\subseteq E$. 对$\forall \boldsymbol{x}\in E^C$，我们来说明$\boldsymbol{x}$是$E^C$的内点，存在$r>0$，接下来证明$U(\boldsymbol{x},r)\subseteq E^C$.

事实上，$\forall \boldsymbol{x}\in E^C$，则$\boldsymbol{x}$不是$E$的聚点，存在$r>0$，使得$U(\boldsymbol{x},r)\cap E=\varnothing$，即$U(\boldsymbol{x},r)\subseteq E^C$，那么$\boldsymbol{x}$是$E^C$的内点，再加上点$\boldsymbol{x}$是任意取的，则$E^C=\mathbf{R}^n\setminus E$是开集.

"$\Leftarrow$"已知$E^C=\mathbf{R}^n\setminus E$是开集，根据开集的定义，即$\forall \boldsymbol{x}\in E^C$，存在$r>0$，使得$U(\boldsymbol{x},r)\subseteq E^C$，则点$\boldsymbol{x}$不是$E$的聚点，即$\boldsymbol{x}\notin E'$，说明补集$E^C$中所有的点都不是聚点，因此有$E'\subseteq E$，根据闭集的定义有：$E$为闭集.

（2）设$\{E_\alpha\}_{\alpha\in A}$是$\mathbf{R}^n$的一个开子集族，其中指标$\alpha$来自一个指标集$A$，则任意一组开集$\{E_\alpha\}_{\alpha\in A}$的并集$\bigcup\limits_{\alpha\in A}E_\alpha$仍是开集；
设$\{F_\alpha\}_{\alpha\in A}$是$\mathbf{R}^n$的一个闭子集族，其中指标$\alpha$来自一个指标集$A$，则任意多个闭集$\{F_\alpha\}_{\alpha\in A}$的交集$\bigcap\limits_{\alpha\in A}F_\alpha$仍是闭集；

有限个开集的交集仍然是开集；

有限个闭集的并集仍然是闭集.

结论：开集关于有限交运算、任意并运算封闭；而闭集关于有限并、任意交运算封闭.

请读者举反例说明任意个开集的交集不一定是开集；任意个闭集的并集不一定仍是闭集.

由于数学分析中主要涉及的是区域、闭区域等概念，而对开集和闭集一般不做讨论，因此这里的证明略去，留给读者自证.（提示：上述结论的证明需要用到对偶律、内点和开集的概念.）

在一维情形下讨论函数的微分和积分时，一元函数都是定义在一个区间上的，而区间具有"连成一片的"的连通性，许多定理和命题只有在连通的点集上才成立，因此对$\mathbf{R}^n$的情形，我们同样要研究"连成一片"的连通的点集，为后续的定理和命题奠定基础.

连通：设$E\subseteq\mathbf{R}^n$，如果对任意的两点$\boldsymbol{p}$，$\boldsymbol{q}\in E$，都有一条"连续曲线"$\Gamma\subseteq E$将$\boldsymbol{p}$和$\boldsymbol{q}$连接起来，则称点集E是**道路连通**的，也称为**弧连通**的，简称**连通**的. 所谓$\mathbf{R}^n$中的连续曲线Γ，是指可以

表示为参数方程 $x_i=\varphi_i(t)\quad(i=1,2,\cdots,n)$，$a\leqslant t\leqslant b$，即

$$\begin{cases}x_1=\varphi_1(t),\\x_2=\varphi_2(t),\\\quad\vdots\\x_n=\varphi_n(t),\end{cases}\quad a\leqslant t\leqslant b,$$

其中 $x_i=\varphi_i(t)\quad(i=1,2,\cdots,n)$，是区间$[a,b]$上的连续函数，当参数 t 在区间$[a,b]$上变动时，$\mathbf{R}^n$ 中的动点 $\boldsymbol{x}(t)=(\varphi_1(t),\varphi_2(t),\cdots,\varphi_n(t))$ 在 $\mathbf{R}^n$ 中就描绘出了一条连续曲线，曲线的起点为 $\boldsymbol{x}(a)=(\varphi_1(a),\varphi_2(a),\cdots,\varphi_n(a))$，而终点为 $\boldsymbol{x}(b)=(\varphi_1(b),\varphi_2(b),\cdots,\varphi_n(b))$.

例如：在实数直线上只有区间才是连通的，而有理数的点集是不连通的；单位正方形和单位球都是连通的.

开区域：在 $\mathbf{R}^n$ 中连通的非空开集称为**开区域**.

闭区域：设 $G\subseteq\mathbf{R}^n$ 是一个区域，将 G 和它的全体边界点的集合的并 $G\cup\partial G$ 称为**闭区域**，并记为 $\overline{G}$.

开区域、闭区域、开区域连同其一部分边界点所成的集合，统称为**区域**. 若区域 A 上任意两点的连线都包含于 A，则称为凸区域(见图 9.1.2).

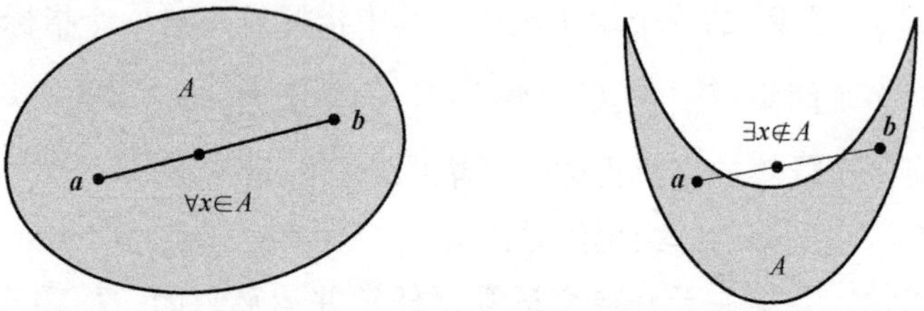

凸区域　　　　非凸区域

图 9.1.2

例如，$\mathbf{R}$ 中的区域只有开区间：(a,b)，$(-\infty,+\infty)$，$(a,+\infty)$，$(-\infty,b)$；$\mathbf{R}^2$ 中的区域：平面中不包含边界曲线的内部(可以有孔洞，如环)；$\mathbf{R}^3$ 中的区域例如有：球体的内部、环状体的内部等.

$A=\{(x,y)\mid 0<x<1,0<y<1\}$ 是个开区域，其闭区域 $\overline{A}=\{(x,y)\mid 0\leqslant x\leqslant 1,0\leqslant y\leqslant 1\}$.

在 $\mathbf{R}$ 中开区间(a,b)的闭区域是闭区间$[a,b]$，但是$(a,+\infty)$的闭区域是$[a,+\infty)$，不是闭区间. 因此，$\mathbf{R}^n$ 中的区域的概念是 $\mathbf{R}$ 中开区间概念的推广，而闭区域不完全是闭区间概念的推广. 那么什么情形下，闭区域才是闭区间概念的推广呢？下面我们回顾一下有界集合的概念：设 $E\subseteq\mathbf{R}^n$，若存在 $r>0$，使得 $\forall\boldsymbol{x}\in E$，$\|\boldsymbol{x}\|\leqslant r$，则称 E 是有界集合.

有了有界集合的定义之后，则 $\mathbf{R}^n$ 中的有界闭区域是 $\mathbf{R}$ 中闭区间概念的推广．在后续的内容中，我们就可以将 $\mathbf{R}$ 中闭区间上的连续函数的性质相应地推广到 $\mathbf{R}^n$ 中的有界闭区域上去.

注　闭集不一定是闭区域，但闭区域一定是闭集.

下面介绍一个曲线曲面积分中以及拓扑中经常用到的 Jordan(若尔当)曲线和 Jordan 区域的概念.

设 Γ: $\begin{cases} x=x(t), \\ y=y(t), \end{cases}$ $\alpha\leqslant t\leqslant\beta$ 是平面 $\mathbf{R}^2$ 上的一条曲线，如果 Γ 满足：①起点和终点相同，即 $x(\alpha)=x(\beta)$，$y(\alpha)=y(\beta)$；②除端点外，曲线不自交，即 $\forall t_1$，$t_2\in[\alpha,\beta]$，若 $t_1\neq t_2$，则 $(x(t_1),y(t_1))\neq(x(t_2),y(t_2))$，则称 Γ 是 **Jordan 曲线**. 意思就是说 Jordan 曲线是首尾相接但其他处并不自交的曲线，如圆周、椭圆周等都是 Jordan 曲线，但是双纽线、三叶线都不是 Jordan 曲线.

Jordan 给出了一个定理：每一条 Jordan 曲线都将整个平面分成两个区域，它们彼此不相交，且均以该 Jordan 曲线为边界．其中两个区域中一个是有界区域，另一个是无界区域，分别称作 Γ 的内部和外部.

若一个区域 Γ 的边界 $\partial\Gamma$ 是一条 Jordan 曲线，则 Γ 为 **Jordan 区域**. 一条曲线若不自交，则称为**简单曲线**. Jordan 曲线也称为**简单闭曲线**.

9.1.2　欧氏空间上的基本等价定理

在一维情况下，反映实数集完备性的几个等价定理，构成了一元函数极限理论的基础. 如：Dedkind 切割定理、确界存在定理、单调有界数列收敛定理、闭区间套定理、Bolzano-Weierstrass 定理、Cauchy 收敛原理. 同样，将实数理论中的一些结果推广到多维欧氏空间中，就构成了欧氏空间上的基本定理，为后面多元函数的极限奠定理论基础. 需要指出的是，并不是所有的结论都可以推广到多维空间，例如“确界存在定理”和“单调有界数列收敛定理”由于涉及点之间的大小关系而在多维空间中不再有意义．除此之外，其余的结论在多维空间中依然成立，即：Cantor 闭区域套定理、Bolzano-Weierstrass 定理、Cauchy 收敛原理和 Heine-Borel 定理构成了欧氏空间上的基本定理，并且它们之间是相互等价的. 总之，“Dedkind 切割定理”“确界存在定理”和“单调有界数列收敛定理”是针对 $\mathbf{R}$ 的，而“闭区域套定理”“Bolzano-Weierstrass 定理”“Cauchy 收敛原理”和“Heine-Borel 定理”是针对 $\mathbf{R}^n(n=2,3,\cdots)$ 的.

下面以二维情况为例，将实数理论中的一些重要结果推广到多维欧氏空间中.

记$[a,b]\times[c,d]=\{(x,y):a\leqslant x\leqslant b,\ c\leqslant y\leqslant d\}$. 设$[a_n,b_n]\times[c_n,d_n]$，$n=1,2,\cdots$是$\mathbf{R}^2$上的一列闭矩形，如果它满足：

(1) $[a_{n+1},b_{n+1}]\subseteq[a_n,b_n]$，$[c_{n+1},d_{n+1}]\subseteq[c_n,d_n]$；

(2) $b_n-a_n\to0$，$d_n-c_n\to0$，$n\to\infty$（或者$\sqrt{(b_n-a_n)^2+(d_n-c_n)^2}\to0$），

则称$[a_n,b_n]\times[c_n,d_n]$为一个闭矩形套.

有了闭矩形套定义之后，下面给出定理.

定理 9.1.3（闭矩形套定理） 设$[a_n,b_n]\times[c_n,d_n]$是任意一个闭矩形套，则存在唯一的点$(\xi,\eta)\in\bigcap\limits_{n=1}^{\infty}\{[a_n,b_n]\times[c_n,d_n]\}$或者$(\xi,\eta)\in[a_n,b_n]\times[c_n,d_n]$，$n=1,2,\cdots$，且$\lim\limits_{n\to\infty}a_n=\lim\limits_{n\to\infty}b_n=\xi$，$\lim\limits_{n\to\infty}c_n=\lim\limits_{n\to\infty}d_n=\eta$.

分析：只需要对$[a_n,b_n]$和$[c_n,d_n]$分别运用直线上的闭区间套定理，采用降维就可以证明.

证明：由于$\{[a_n,b_n]\}$和$\{[c_n,d_n]\}$都是闭区间套，利用$\mathbf{R}$中闭区间套定理，存在ξ，η，使得$\xi\in[a_n,b_n]$，$\eta\in[c_n,d_n]$，$n=1,2,\cdots$，即$(\xi,\eta)\in[a_n,b_n]\times[c_n,d_n]$，$n=1,2,\cdots$，且有$\lim\limits_{n\to\infty}a_n=\lim\limits_{n\to\infty}b_n=\xi$，$\lim\limits_{n\to\infty}c_n=\lim\limits_{n\to\infty}d_n=\eta$.

定理中的“闭”（闭集）和“套”（依次包含）是本质的，而集合是否矩形则无关紧要．读者还可以推广到更一般的闭区域套定理.

定理 9.1.4（Cantor 闭区域套定理） 设$\{S_k\}$是$\mathbf{R}^n$上的一串非空闭集，满足$S_1\supseteq S_2\supseteq\cdots\supseteq S_k\supseteq S_{k+1}\supseteq\cdots$，以及$\lim\limits_{k\to\infty}\operatorname{diam}S_k=0$，则存在唯一点属于$\bigcap\limits_{k=1}^{\infty}S_k$. 这里$\operatorname{diam}S=\sup\{\|\boldsymbol{x}-\boldsymbol{y}\|:\boldsymbol{x},\boldsymbol{y}\in S\}$称为$S$的直径. 例如，矩形的直径就是对角线.

有界点列：设$\{(x_n,y_n)\}$是$\mathbf{R}^2$中的点列，若存在实数$M>0$，使得$\sqrt{x_n^2+y_n^2}\leqslant M$，$n=1,2,\cdots$，则称$\{(x_n,y_n)\}$是**有界点列**. 显然，若点列$\{(x_n,y_n)\}$有界，则其分量数列$\{x_n\}$和$\{y_n\}$有界.

定理 9.1.5（Bolzano-Weierstrass 定理） $\mathbf{R}^2$上的有界点列$\{(x_n,y_n)\}$中必有收敛子列.

证明：采用降维证明，设$\{(x_n,y_n)\}$是$\mathbf{R}^2$中的任意一有界点列，则$\{x_n\}$和$\{y_n\}$也分别是有界数列. 先对$\{(x_n,y_n)\}$的第一个分量数列$\{x_n\}$用一维 Bolzano-Weierstrass 定理，得到其收敛子列$\{x_{n_k}\}$，记为$a=\lim\limits_{k\to\infty}x_{n_k}$；再对分量数列$\{y_{n_k}\}$用一维 Bolzano-Weierstrass 定理，得到收敛子列$\{y_{n_{k_j}}\}$，记为$b=\lim\limits_{j\to\infty}y_{n_{k_j}}$，同时$a=\lim\limits_{j\to\infty}x_{n_{k_j}}$，则点列$\{(x_{n_{k_j}},y_{n_{k_j}})\}$就是点列$\{(x_n,y_n)\}$的收敛子列，且$\lim\limits_{j\to\infty}(x_{n_{k_j}},y_{n_{k_j}})=(a,b)$.

推广：$\mathbf{R}^n$上的有界点列$\{\boldsymbol{x}_n\}$中必有收敛子列.

从定理 9.1.5 中可以得到一个推论，即**聚点原理**.

推论（聚点原理）　$\mathbf{R}^2$上的有界无限点集E至少有一个聚点.

证明：因为E中有无穷多个点，因此E中包含一个点列$\{(x_n,y_n)\}$，其中任意两点都不同. 因为E有界，显然点列$\{(x_n,y_n)\}$有界，根据 Bolzano-Weierstrass 定理，它有收敛子列$\{(x_{n_k},y_{n_k})\}$，设$\lim\limits_{k\to\infty}(x_{n_k},y_{n_k})=(a,b)$，则收敛子列的极限点就是聚点. 即$(a,b)$是$E$的一个聚点.

注意　聚点原理中点集E是无限的，否则不成立. 例如：单点集是有界有限点集，但无聚点.

定理 9.1.6（Cauthy 收敛原理）　$\mathbf{R}^n$中的点列$\{\boldsymbol{x}_k\}$收敛的充分必要条件是：$\{\boldsymbol{x}_k\}$是基本点列.

证明："⇒"必要性：设$\lim\limits_{k\to\infty}\boldsymbol{x}_k=\boldsymbol{a}$，由点列极限定义，$\forall\varepsilon>0$，$\exists K$，当$k>K$时，$\|\boldsymbol{x}-\boldsymbol{a}\|<\dfrac{\varepsilon}{2}$成立. 于是当$k$，$l>K$时，由三角不等式得到$\|\boldsymbol{x}_l-\boldsymbol{x}_k\|\leqslant\|\boldsymbol{x}_l-\boldsymbol{a}\|+\|\boldsymbol{x}_k-\boldsymbol{a}\|<\dfrac{\varepsilon}{2}+\dfrac{\varepsilon}{2}=\varepsilon$，即$\{\boldsymbol{x}_k\}$为基本点列.

"⇐"充分性：若$\{\boldsymbol{x}_k\}$为基本点列，记$\boldsymbol{x}_k=(x_1^k,x_2^k,\cdots,x_n^k)$ $(k=1,2,\cdots)$，因为对任意的k,l，$|x_i^l-x_i^k|\leqslant\|\boldsymbol{x}_l-\boldsymbol{x}_k\|$ $(i=1,2,\cdots,n)$，可知对每一个固定的$i=1,2,\cdots,n$，分量数列$\{x_i^k\}$是$\mathbf{R}$中的基本数列，利用$\mathbf{R}$中的 Cauchy 收敛原理，$\{x_i^k\}$收敛. 记$a_i^0=\lim\limits_{k\to\infty}x_i^k$ $(i=1,2,\cdots,n)$，从而$\lim\limits_{k\to\infty}\boldsymbol{x}_k=\boldsymbol{a}=(a_1^0,a_2^0,\cdots,a_n^0)$.

此外还有一个定理，涉及**紧集**的概念.

开覆盖：设$E\subseteq\mathbf{R}^n$，如果$\mathbf{R}^n$中一组开集$\{U_\alpha\}$满足：$\bigcup\limits_\alpha U_\alpha\supseteq E$，那么称$\{U_\alpha\}$为$E$的一组**开覆盖**.

如果E的任意一组开覆盖$\{U_\alpha\}$中总存在一组有限子覆盖，即存在$\{U_\alpha\}$中有限个开集$\{U_{\alpha_i}\}_{i=1}^{n}$，满足$\bigcup\limits_{i=1}^{n} U_{\alpha_i} \supseteq E$，则称$E$为**紧集**.（注意：存在有限子覆盖的开覆盖是**任意的**.）

例 9.1.8 $E=\left\{\dfrac{1}{n}\right\}$，$n=1,2,\cdots$不是紧集.

分析：只需要找到一组开覆盖，没有有限子覆盖，就不是紧集.

取一组开集$\left\{U\left(\dfrac{1}{n},\dfrac{1}{(n+1)^2}\right)\right\}$，是由以$\dfrac{1}{n}$为中心，$\dfrac{1}{(n+1)^2}$为半径的邻域构成的，由于每个开集只盖住了一点，需要覆盖住全部$\left\{\dfrac{1}{n}\right\}$，$n=1,2,\cdots$，需要无穷多个开集，没有有限子覆盖，因此不是紧集.

例 9.1.9 $E=\{0\}\cup\left\{\dfrac{1}{n}\right\}$，$n=1,2,\cdots$是紧集.

因为要开覆盖的话，无论多小，首先要盖住0，则同时把点0的邻域也盖住了. 换句话说，把点0盖住的同时，也把n充分大的无穷多个$\dfrac{1}{n}$也盖住了，只剩下了$\dfrac{1}{n}$的有限个，所以存在有限子覆盖，是紧集.

定理 9.1.7(Heine-Borel 定理) $\mathbf{R}^n$上的点集E是紧集的充要条件是：E是有界闭集.

证明：以$n=2$为例来证明.

"⇒"必要性：设E是紧集.

(1) 先证E有界.

$\forall \boldsymbol{x}\in E$，考虑$\boldsymbol{x}$的以1为半径的邻域$U(\boldsymbol{x},1)=\{\boldsymbol{y}\in\mathbf{R}^n: \|\boldsymbol{y}-\boldsymbol{x}\|<1\}$，它是$\mathbf{R}^n$中的开集. $\{U(\boldsymbol{x},1):\boldsymbol{x}\in E\}$是$E$的一组开覆盖，因为$E$是紧集，所以存在$E$的有限子覆盖，即存在$\boldsymbol{x}_1,\boldsymbol{x}_2,\cdots,\boldsymbol{x}_k\in E$，使得$\bigcup\limits_{i=1}^{k} U(\boldsymbol{x}_i,1)\supseteq E$，因为每个邻域都有界，因此$\bigcup\limits_{i=1}^{k} U(\boldsymbol{x}_i,1)$有界，从而$E$有界.

(2) 再证E是闭集(即所有的聚点都属于E).

用反证法，假设E不是闭集，存在E的一个聚点$\boldsymbol{a}\notin E$，构造开集$U_n=\left\{\boldsymbol{x}:\|\boldsymbol{x}-\boldsymbol{a}\|>\dfrac{1}{n}\right\}$，则$\bigcup\limits_{n=1}^{\infty} U_n=\mathbf{R}^n\setminus\{\boldsymbol{a}\}\supseteq E$，则$\{U_n\}$是$E$的一个开覆盖. 由于$\boldsymbol{a}$是$E$的聚点，由聚点的定义，存在由$E$上

无穷多个点组成的点列 $\{x_k\}$（$x_k \neq a$），满足 $\lim\limits_{k\to\infty} x_k = a$（即 $\|x_k - a\| < \varepsilon = \dfrac{1}{k}$ 中有无穷多个点），于是对任意一个固定的 m，U_m 中至多含有 $\{x_k\}$ 中有限个点，则有限个 U_n 无法包含点列 $\{x_k\}$ 的所有，因此在 $\{U_n\}$ 中不存在 E 的有限子覆盖，这就与 E 是紧集产生了矛盾. 所以 E 是闭集.

"$\Leftarrow$"充分性：设 E 是有界闭集．只证 $n=2$ 的情形.

用反证法，假设 E 不是紧集，存在 E 的一个开覆盖 $\{U_\alpha\}$，它没有 E 的有限子覆盖，即 E 不能被 $\{U_\alpha\}$ 中的有限个开集所覆盖. 由于 E 是有界点集，那么存在一个正方形 $I_1 = [a_1, b_1] \times [c_1, d_1]$，使得 E 包含在 I_1 中，即 $E \subseteq I_1$，将 I_1 分成 4 个全等的闭正方形

$$I_{11} = \left[a_1, \frac{a_1+b_1}{2}\right] \times \left[c_1, \frac{c_1+d_1}{2}\right],$$

$$I_{12} = \left[a_1, \frac{a_1+b_1}{2}\right] \times \left[\frac{c_1+d_1}{2}, d_1\right],$$

$$I_{13} = \left[\frac{a_1+b_1}{2}, b_1\right] \times \left[c_1, \frac{c_1+d_1}{2}\right],$$

$$I_{14} = \left[\frac{a_1+b_1}{2}, b_1\right] \times \left[\frac{c_1+d_1}{2}, d_1\right],$$

那么至少有一个 $I_{1k}(1 \leqslant k \leqslant 4)$，使得 $I_{1k} \cap E$ 不能被 $\{U_\alpha\}$ 中的有限个开集所覆盖，记为 I_2；同样再将 I_2 等分成 4 个全等的闭正方形 I_{21}，I_{22}，I_{23}，I_{24}，也至少有一个 $I_{2k}(1 \leqslant k \leqslant 4)$，使得 $I_{2k} \cap E$ 不能被 $\{U_\alpha\}$ 中的有限个开集所覆盖，取其记为 I_3. 如此下去，得到一列闭正方形 $\{I_k\}$ 和一列非空闭集 $\{J_k\}$，其中 $J_k = I_k \cap E$，$k = 1, 2, \cdots$，满足：① $I_1 \supseteq I_2 \supseteq I_3 \supseteq \cdots$；② $J_k \supseteq J_{k+1}$；③ $\lim\limits_{k\to\infty} \operatorname{diam} J_k = 0$；④闭集 $J_k = I_k \cap E, k = 1, 2, \cdots$，不能被 $\{U_\alpha\}$ 中的有限个开集所覆盖，利用 Cantor 闭区域套定理，存在唯一的元素 $a \in \bigcap\limits_{k=1}^{\infty} (I_k \cap E)$，显然 $a \in E$，因为 $\{U_\alpha\}$ 是 E 的一个开覆盖，则 $\{U_\alpha\}$ 覆盖了 a，因此存在某个 $U_* \in \{U_\alpha\}$，使得 $a \in U_*$，而 U_* 是开集，根据开集的定义，存在 $\varepsilon_0 > 0$，使得 $U(a, \varepsilon_0) \subseteq U_*$，又有 $\lim\limits_{k\to\infty} \operatorname{diam} J_k = 0$，存在 K，当 $k > K$ 时，$\operatorname{diam} J_k < \varepsilon_0$，则对 $x \in J_k$，$\|x - a\| \leqslant \operatorname{diam} J_k < \varepsilon_0$，则 $x \in U(a, \varepsilon_0)$，从而当 $k > K$ 时，$J_k \subseteq U(a, \varepsilon_0) \subseteq U_*$，即一个开集 U_* 就把 J_k 覆盖住了，与④矛盾，假设不成立，因此 E 是紧集.

定理 9.1.8　设 E 是 $\mathbf{R}^n$ 上的点集，那么以下三个命题等价：

（1）E 是有界闭集；

（2）E 是紧集；

（3）E 的任一无限子集在 E 中必有聚点.

证明：(1)和(2)的等价性就是定理 9.1.7.

(1) ⇒(3)：设 E 是有界闭集，由推论“$\mathbf{R}^n$ 上的有界无限点集 E 至少有一个聚点”，得到 E 的无限子集必有聚点，而 E 又是闭集，因此这个聚点必属于 E.

(3) ⇒(1)：先证 E 是闭集：若 E 的任一无限子集在 E 中必有聚点，由聚点的性质，则显然 E 的任一收敛点列 $\{\boldsymbol{x}_k\}$ 的极限点(也是聚点)必属于 E，因此 E 含有它的全部聚点，即 E 是闭集. 再证 E 有界：假设 E 无界，那么在 E 中存在点列 $\{\boldsymbol{x}_k\}$，满足 $\|\boldsymbol{x}_k\|>k$，$k=1,2,\cdots$. 虽然点列 $\{\boldsymbol{x}_k\}$ 是无限集，但 $\lim\limits_{k\to\infty}\boldsymbol{x}_k=\infty$，于是 $\{\boldsymbol{x}_k\}$ 在 E 中没有聚点，这与 E 是闭集矛盾，从而表明 E 是有界的.

9.1.3 多元函数

多元函数：设集合 $D\subseteq\mathbf{R}^n$，如果对 D 中每一点 $(x_1,x_2,\cdots,x_n)$，按照一定的对应法则 f，都有唯一确定的实数 u 与之对应，则称 f 是一个定义在 D 上的 n **元函数**，D 称为 f 的**定义域**，与点 $(x_1,x_2,\cdots,x_n)$ 对应的实数 u 被叫作 f 的值，记为 $f(x_1,x_2,\cdots,x_n)$，$f(D)=\{f(x_1,x_2,\cdots,x_n)\mid(x_1,x_2,\cdots,x_n)\in D\}$ 称为 f 的**值域**，$(x_1,x_2,\cdots,x_n)$ 叫作**自变量**，u 称为**因变量**.

事实上，多元函数就是 $D\subseteq\mathbf{R}^n$ 到 $\mathbf{R}$ 的映射，即 $f:D\subseteq\mathbf{R}^n\to\mathbf{R}$.

例如：$u=\ln(y-x^2)+\mathrm{e}^x\sin y$ 是一个二元函数，它的定义域为 $D=\{(x,y)\mid y>x^2\}$. 定义域的图像是一开口向上的抛物线上方部分平面区域，不包含曲线 $y=x^2$，是无界开区域.

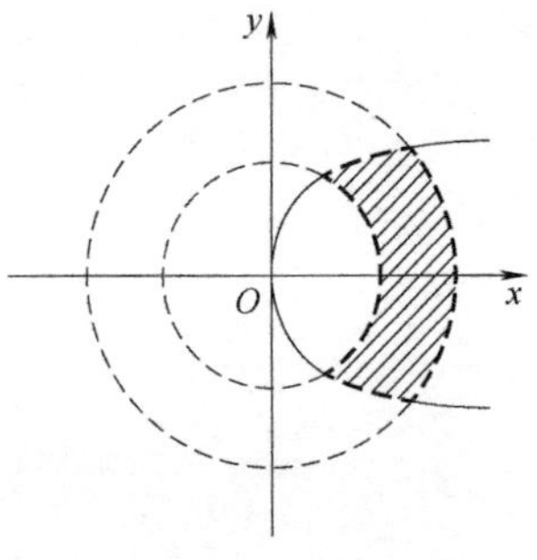

图 9.1.3

二元函数 $z=\dfrac{\arcsin(3-x^2-y^2)}{\sqrt{x-y^2}}$ 的定义域为 $D=\{(x,y)\mid 2\leqslant x^2+y^2\leqslant 4,x>y^2\}$，定义域的图像如图 9.1.3 所示.

二元函数 $z=\ln(x^2+y^2-2x)+\ln(4-x^2-y^2)$ 的定义域为 $D=\{(x,y)\mid 2x<x^2+y^2<4\}$，定义域的图像如图 9.1.4 所示.

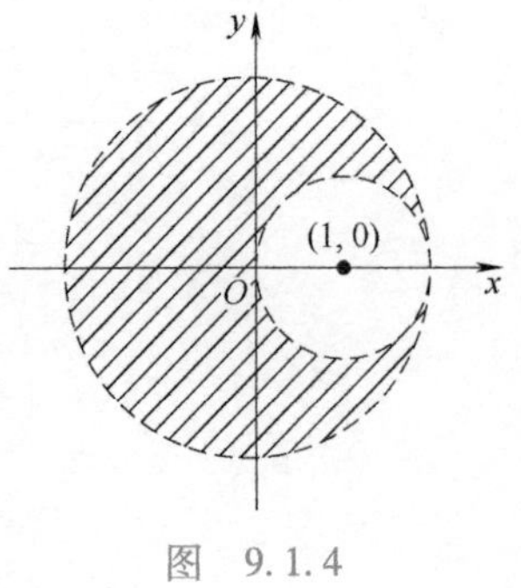

图 9.1.4

需要指出的是：在空间直角坐标系中，二元函数的图像是三维空间的一个曲面，此曲面在相应面上的投影区域就是这个函数的定义域.

对于三元函数的图像，需要借助四维空间描绘，只能想象而不能画出了.

有界函数：设 $f(x_1,x_2,\cdots,x_n)$ 是 $D\subseteq\mathbf{R}^n$ 上的 n 元函数，若存在 $M>0$，使得 $|f(x_1,x_2,\cdots,x_n)|\leqslant M$，$\forall(x_1,x_2,\cdots,x_n)\in D$，则称 f 是 D 上的有界函数. 例如图 9.1.3 所示的函数是无界函数，而图 9.1.4 所示的函数是有界函数.

前面已经介绍了 $\mathbf{R}^n$ 中点列的 Cauchy 收敛原理，同样可以推广到二元函数的 Cauchy 收敛原理，则有：

$\lim\limits_{(x,y)\to(x_0,y_0)} f(x,y)$存在的充分必要条件是：$\forall\varepsilon>0$，$\exists\delta>0$，当 $0<\sqrt{(x_i-x_0)^2+(y_i-y_0)^2}<\delta$，$i=1,2$，使得$|f(x_1,y_1)-f(x_2,y_2)|<\varepsilon$.

证明：“$\Rightarrow$”：设 $\lim\limits_{(x,y)\to(x_0,y_0)} f(x,y)=l$，由二元函数极限定义，$\forall\varepsilon>0$，$\exists\delta>0$，当 $0<\sqrt{(x-x_0)^2+(y-y_0)^2}<\delta$，使得 $|f(x,y)-l|<\frac{\varepsilon}{2}$. 于是当两点$(x_1,y_1)$，$(x_2,y_2)$满足 $0<\sqrt{(x_i-x_0)^2+(y_i-y_0)^2}<\delta$，$i=1,2$ 时，$|f(x_1,y_1)-f(x_2,y_2)|\leqslant|f(x_1,y_1)-l|+|f(x_2,y_2)-l|<\frac{\varepsilon}{2}+\frac{\varepsilon}{2}=\varepsilon$.

“$\Leftarrow$”：记 $\boldsymbol{a}=(x_0,y_0)$，设$\{\boldsymbol{x}_k\}$是任意一个满足$\lim\limits_{k\to\infty}\boldsymbol{x}_k=\boldsymbol{a}$，$\boldsymbol{x}_k\neq\boldsymbol{a}$ $(k=1,2,\cdots)$的点列，下面证明函数值数列$\{f(\boldsymbol{x}_k)\}$是基本点列，则二元函数极限存在.

事实上，由条件 $\forall\varepsilon>0$，$\exists\delta>0$，当 $0<\sqrt{(x_i-x_0)^2+(y_i-y_0)^2}<\delta$，$i=1,2$，使得$|f(x_1,y_1)-f(x_2,y_2)|<\varepsilon$. 对这里的 $\delta>0$，存在 K，当 $k>K$ 时，点列$\{\boldsymbol{x}_k\}$满足 $0<\|\boldsymbol{x}_k-\boldsymbol{a}\|<\delta$，于是，当 $k>K$，$l>K$ 时，两个点列对应的函数值数列满足：$|f(\boldsymbol{x}_k)-f(\boldsymbol{x}_l)|<\varepsilon$，则函数值数列$\{f(\boldsymbol{x}_k)\}$是 $\mathbf{R}$ 中的基本列，它收敛，再根据“对任意满足$\lim\limits_{k\to\infty}\boldsymbol{x}_k=\boldsymbol{a}$，$\boldsymbol{x}_k\neq\boldsymbol{a}$ $(k=1,2,\cdots)$的 $\mathbf{R}^2$ 上的点列$\{\boldsymbol{x}_k\}$，都有$\{f(\boldsymbol{x}_k)\}$收敛，则 $\lim\limits_{(x,y)\to(x_0,y_0)} f(x,y)$存在”得证.

9.1.4　向量值函数

多元函数的进一步推广便是向量值函数.

向量值函数：设 $D\subseteq\mathbf{R}^n$，把 D 到 $\mathbf{R}^m$ 的一个映射 $f:(x_1,x_2,\cdots,x_n)\mapsto(u_1,u_2,\cdots,u_m)$叫作 n 元 m 维向量值函数，一般记作

$$\begin{cases}u_1=f_1(x_1,x_2,\cdots,x_n),\\u_2=f_2(x_1,x_2,\cdots,x_n),\\\quad\vdots\\u_m=f_m(x_1,x_2,\cdots,x_n),\end{cases}\quad (x_1,x_2,\cdots,x_n)\in D.$$

也就是说，对于每一个点$(x_1,x_2,\cdots,x_n)\in D\subseteq\mathbf{R}^n$，都有一个唯一确定的点$(u_1,u_2,\cdots,u_m)\in\mathbf{R}^m$ 与之对应. 一般地，向量值函数可以表示成 $\boldsymbol{u}=f(\boldsymbol{x})$，其中 $\boldsymbol{x}=(x_1,x_2,\cdots,x_n)$，$\boldsymbol{u}=(u_1,u_2,\cdots,u_n)$，而对应法则 $f:(x_1,x_2,\cdots,x_n)\mapsto(u_1,u_2,\cdots,u_m)$.

例如，平面曲线的参数方程$\begin{cases}x=x(t),\\y=y(t),\end{cases}$ $\alpha<t<\beta$，以及 $\mathbf{R}^3$ 中的空

间曲面的参数方程$\begin{cases}x=x(u,v),\\ y=y(u,v),\\ z=z(u,v),\end{cases}$ $(u,v)\in D\subseteq\mathbf{R}^2$ 都是向量值函数.

注意 多元函数和向量值函数的概念是不同的：多元函数是映射f：$D\subseteq\mathbf{R}^n\to\mathbf{R}$，而向量值函数是映射$f$:$D\subseteq\mathbf{R}^n\to\mathbf{R}^m$，两者区别在于取值不同，多元函数取值为$\mathbf{R}$(即多对一)，而向量值函数取值为$\mathbf{R}^m$，实际上，$n$元$m$维向量值函数是由$m$个$n$元函数构成的，把这$m$个函数放在一起构成一个向量.

人物注记

Jordan(若尔当，1838—1922)，法国数学家，他证明了一个十分基本的事实：一条简单闭曲线将平面分成两个区域，这条定理在分析学和拓扑学中是必不可少的. 在代数中相似变换下矩阵的标准形就是以 Jordan 命名的. 此外，他在有限群方面也有重要贡献．著名的数学家 Klein(克莱因，1849—1925)及 Lie(李，1842—1899)都是他的学生.

习题 9.1

1. 求下列函数的定义域，并画出定义域的图形：

(1) $z=\sqrt{y^2-4x+8}$；

(2) $u=\arcsin(x^2+y^2)+\sqrt{xy}$.

2. 设平面点列$\{P_n\}$收敛，证明：$\{P_n\}$有界.

3. 指出下列平面点集哪些是开集、闭集、有界集、区域和有界闭区域，并分别指出它们的聚点和边界点：

(1) $E=\{(x,y)\mid y<x^2\}$；

(2) $E=\{(x,y)\mid 1<x<2,0\leqslant y\leqslant 1\}$；

(3) $E=\{(x,y)\mid 0<x<1,-\infty<y<+\infty\}$；

(4) $E=\left\{(x,y)\mid y\neq\sin\dfrac{1}{x},x\neq 0\right\}$；

(5) $E=\{(x,y)\mid x,y\in\mathbf{Z}\}$；

(6) $E=\{(x,y)\mid 0\leqslant y\leqslant 2,2y\leqslant x\leqslant 2y+2\}$；

(7) $E=\{(x,y)\mid xy=0\}$；

(8) $E=\left\{(x,y)\mid y=\sin\dfrac{1}{x},x>0\right\}$.

4. 设$E\subseteq\mathbf{R}^n$是一个开集，证明E的导集$E'=\overline{E}$，其中$\overline{E}=E\cup\partial E$.

5. 设E是平面点集，证明：P_0是E的聚点的充分必要条件是E中存在点列$\{P_n\}$，满足$P_n\neq P_0(n=1,2,\cdots)$且$\lim\limits_{n\to\infty}P_n=P_0$.

6. 证明：(1) 若E_1，E_2为闭集，则$E_1\cup E_2$与$E_1\cap E_2$都是闭集；

(2) 若E是闭集，F是开集，则$E\backslash F$为闭集，$F\backslash E$是开集.

7. 设$z=f(x,y)$在区域E中有定义，又设(ξ,η)是E的一个边界点，试给出$\lim\limits_{(x,y)\to(\xi,\eta)}f(x,y)=l$的 Cauchy 收敛原理.

8. 用闭矩形套定理证明 Bolzano-Weierstrass 定理.

9. 设$\hbar=\{R_\alpha\mid\alpha\in A\}$是平面中一族开矩形组成的集合，其中$R_\alpha=\{(x,y)\mid a_\alpha<x<b_\alpha,c_\alpha<y<d_\alpha\}$，又设$\overline{E}$是一有界闭区域. 若$\hbar=\{R_\alpha\mid\alpha\in A\}$能覆盖$\overline{E}$，即$\overline{E}\subseteq\bigcup\limits_{\alpha\in A}R_\alpha$，则一定可以选取有限个$\hbar=\{R_\alpha\mid\alpha\in A\}$中的元素$R_{\alpha_1},R_{\alpha_2},\cdots,R_{\alpha_n}$，使得$\overline{E}\subseteq\bigcup\limits_{k=1}^{n}R_{\alpha_k}$.(提示：用反证法及矩形套定理.)

9.2 多元函数的极限

由于在积分学中，三元函数的图像需要借助四维空间描绘，只能想象不能画出，因此本节不打算从一般的 n 元函数的极限开始，而是以二元函数为例讨论多元函数的极限，其定义和定理可以类似地推广到一般多元函数的情况.

9.2.1 二元函数的极限

1. 二元函数极限的定义

二重极限：设 $z=f(x,y)$ 在 $\boldsymbol{p}_0=(x_0,y_0)$ 的去心邻域 $\mathring{U}(\boldsymbol{p}_0)$ 内有定义，如果存在常数 l，对于任意的 $\varepsilon>0$，都存在 $\delta>0$，使得当 $0<\|\boldsymbol{p}-\boldsymbol{p}_0\|<\delta$ 时，$|f(\boldsymbol{p})-l|<\varepsilon$，则称当 $\boldsymbol{p}$ 以任意方式趋于 $\boldsymbol{p}_0$ 时（但是 $\boldsymbol{p}\neq\boldsymbol{p}_0$），$f(\boldsymbol{p})$ 以 l 为极限，记作 $\lim\limits_{\boldsymbol{p}\to\boldsymbol{p}_0}f(\boldsymbol{p})=l$，或者 $\lim\limits_{(x,y)\to(x_0,y_0)}f(x,y)=l$ 或者 $\lim\limits_{\substack{x\to x_0\\y\to y_0}}f(x,y)=l$. 此定义的极限也称为 $f(x,y)$ 在点 (x_0,y_0) 处的**二重极限**.

注意　(1) f 可以在点 $\boldsymbol{p}_0=(x_0,y_0)$ 处没有定义，并且即使 f 在点 (x_0,y_0) 处有定义，在考虑极限时也不会被考虑.

(2) 在考虑极限存在的时候，要求当 $(x,y)\to(x_0,y_0)$ 的接近方式是任意的，极限值是唯一的，这就为我们判断函数极限的不存在提供了便利，因为如果自变量 (x,y) 沿着不同的两条路径趋于某一定点 (x_0,y_0) 时，函数的极限不同或者不存在，那么函数在该点的极限一定不存在.

(3) 二元函数的极限和一元函数的极限区别在于对“自变量的接近”的描述：一元函数是绝对值 $0<|x-x_0|<\delta$，二元函数是欧氏距离 $0<\|\boldsymbol{p}-\boldsymbol{p}_0\|<\delta$.

(4) 定义采用点的坐标分析表述为 $\forall\varepsilon>0$，$\exists\delta>0$，当 $0<\sqrt{(x-x_0)^2+(y-y_0)^2}<\delta$ 时，有 $|f(x,y)-l|<\varepsilon$.

(5) 上面定义中，“$0<\sqrt{(x-x_0)^2+(y-y_0)^2}<\delta$”可以等价为“$|x-x_0|<\delta$，$|y-y_0|<\delta$，且 $(x,y)\neq(x_0,y_0)$”，因为方邻域与邻域可以互相包含（见图 9.2.1）. 提醒读者：能否写成 $0<|x-x_0|<\delta$，$0<|y-y_0|<\delta$？答案是不可以，因为这样，除了把点 (x_0,y_0) 抠掉外，还抠掉了两条线 $x=x_0$，$y=y_0$.

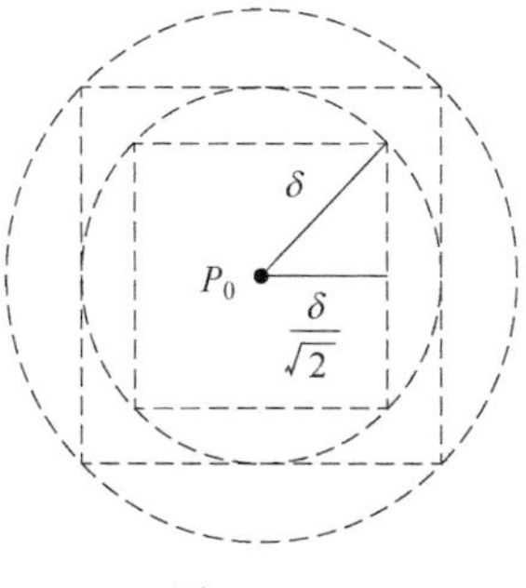

图 9.2.1

证明：“$|x-x_0|<\delta$，$|y-y_0|<\delta$，且 $(x,y)\neq(x_0,y_0)$”，说明点 (x,y) 在一个以 (x_0,y_0) 为中心，以 2δ 为边长的正方形（除去

点(x_0,y_0))中变动；而“$0<\sqrt{(x-x_0)^2+(y-y_0)^2}<\delta$”，说明点$(x,y)$在一个以$(x_0,y_0)$为中心，以$\delta$为半径的正方形的内切圆中(除$(x_0,y_0)$外)变动．显然，前者区域比后者区域大，若前者结论成立的话，后者必然成立．

反之，若$0<\sqrt{(x-x_0)^2+(y-y_0)^2}<\delta$成立，我们找到$|x-x_0|<\dfrac{\delta}{\sqrt{2}}$，$|y-y_0|<\dfrac{\delta}{\sqrt{2}}$，且$(x,y)\neq(x_0,y_0)$，即：以$(x_0,y_0)$为中心，边长为$\sqrt{2}\delta$的圆的内接正方形．同样，前者区域比后者区域大，若前者成立的话，后者必然成立．

注意　证明过程中，我们发现，两个等价条件中的“δ”是不同的．

例 9.2.1　设$f(x,y)=\dfrac{x\sin y}{\sqrt{x^2+y^2}}$，证明：$\lim\limits_{(x,y)\to(0,0)}f(x,y)=0$.

证明：易见函数f在点$(0,0)$无定义，但这无碍于考虑极限$\lim\limits_{(x,y)\to(0,0)}f(x,y)$.

$\forall(x,y)\neq(0,0)$，因为$|\sin y|\leqslant|y|$，故有

$$\left|\frac{x\sin y}{\sqrt{x^2+y^2}}-0\right|\leqslant\frac{|x||y|}{\sqrt{x^2+y^2}}\leqslant\frac{1}{2}\,\frac{x^2+y^2}{\sqrt{x^2+y^2}}=\frac{1}{2}\sqrt{x^2+y^2}<\varepsilon,$$

于是，对$\forall\varepsilon>0$，取$\delta=2\varepsilon$，当$0<\sqrt{x^2+y^2}<\delta$时，$\left|\dfrac{x\sin y}{\sqrt{x^2+y^2}}-0\right|\leqslant\dfrac{1}{2}\sqrt{x^2+y^2}<\varepsilon$，即得到$\lim\limits_{(x,y)\to(0,0)}f(x,y)=0$.

例 9.2.2　设$f(x,y)=\dfrac{1-\cos(x+y-3)}{|x-1|+|y-2|}$，证明：$\lim\limits_{(x,y)\to(1,2)}f(x,y)=0$.

证明：由三角恒等式$1-\cos\theta=2\sin^2\dfrac{\theta}{2}$，以及$2\sin^2\dfrac{\theta}{2}\leqslant\dfrac{\theta^2}{2}$，可得

$$1-\cos(x+y-3)\leqslant\frac{1}{2}(x+y-3)^2.$$

对$\forall(x,y)\neq(1,2)$，有

$$\left|\frac{1-\cos(x+y-3)}{|x-1|+|y-2|}-0\right|\leqslant\frac{\frac{1}{2}(x+y-3)^2}{|x-1|+|y-2|}$$

$$\leqslant\frac{\frac{1}{2}(|x-1|+|y-2|)^2}{|x-1|+|y-2|}$$

$$=\frac{1}{2}(|x-1|+|y-2|)<\varepsilon,$$

$\forall\varepsilon>0$，取 $\delta=\varepsilon$，当 $|x-1|<\delta$，$|y-2|<\delta$，且 $(x,y)\neq(1,2)$ 时，

$$\left|\frac{1-\cos(x+y-3)}{|x-1|+|y-2|}-0\right|\leqslant\frac{1}{2}(|x-1|+|y-2|)<\varepsilon.$$

那么 $\lim\limits_{(x,y)\to(1,2)}f(x,y)=0.$

在讨论一元函数极限时，只要在一个点的左右极限存在且相等就足以保证极限的存在．但是，对多元函数的极限，由于点的趋近有诸如按直线、按曲线等各种不同的途径，因此，情况异常复杂，所幸的是，函数极限可以转化为数列极限来研究，因为有：

定理 9.2.1　设 $D\subseteq\mathbf{R}^2$，$f:D\to\mathbf{R}$，二元函数极限 $\lim\limits_{x\to x_0}f(\boldsymbol{x})=l$ 的充分必要条件是：对任何 D 上的点列 $\{\boldsymbol{x}_n\}$，满足 $\lim\limits_{n\to\infty}\boldsymbol{x}_n=\boldsymbol{x}_0$，并且 $\boldsymbol{x}_n\neq\boldsymbol{x}_0(n=1,2,\cdots)$，都有数列极限 $\lim\limits_{n\to\infty}f(\boldsymbol{x}_n)=l.$

证明留给读者自己完成(提示：采用反证法证明充分性).

例 9.2.3　讨论二元函数 $f(x,y)=\dfrac{xy}{x^2+y^2}\quad((x,y)\neq(0,0))$ 在原点 $(0,0)$ 处极限的存在性.

解：显然，二元函数 $|f(x,y)|=\dfrac{1}{2}\dfrac{2|xy|}{x^2+y^2}\leqslant\dfrac{1}{2}$，这说明函数 f 在定义域上是有界的，但在原点 $(0,0)$ 处极限不存在.

事实上，在定义域中取两个点列 $\boldsymbol{x}_n=\left(\dfrac{1}{n},0\right)$，$\boldsymbol{y}_n=\left(\dfrac{1}{n},\dfrac{1}{n}\right)(n=1,2,\cdots)$，显然满足 $\lim\limits_{n\to\infty}\boldsymbol{x}_n=\lim\limits_{n\to\infty}\boldsymbol{y}_n=(0,0)$，且 $\boldsymbol{x}_n\neq\mathbf{0}$，$\boldsymbol{y}_n\neq\mathbf{0}\ (n=1,2,\cdots)$，但是 $\lim\limits_{n\to\infty}f(\boldsymbol{x}_n)=0$，$\lim\limits_{n\to\infty}f(\boldsymbol{y}_n)=\dfrac{1}{2}$，因此函数在点 $\mathbf{0}$ 处极限不存在.

同样，定义要求自变量以任何方式趋近，函数值都趋于同一极限，这为我们判断函数极限的不存在提供了便利，因为如果自变量 (x,y) 沿着不同的两条路径趋于某一定点 (x_0,y_0) 时，函数的极限不同或者不存在，那么函数在该点的极限一定不存在.

例 9.2.4　设 $f(x,y)=\dfrac{x^2y^4}{(x^2+y^4)^2}$，讨论 $\lim\limits_{(x,y)\to(0,0)}f(x,y)$.

解：显然，当点 (x,y) 沿着 x 轴和 y 轴趋于 $(0,0)$ 时，则有

$$\lim_{\substack{x=0\\y\to0}}f(x,y)=\lim_{\substack{y=0\\x\to0}}f(x,y)=0.$$

当点(x,y)沿着直线$y=kx$趋于$(0,0)$时，这里k为任意规定的实数，则有

$$\lim_{\substack{y=kx\\x\to0}}f(x,y)=\lim_{x\to0}f(x,kx)=\lim_{x\to0}\frac{x^2(kx)^4}{[x^2+(kx)^4]^2}=\lim_{x\to0}\frac{k^4x^2}{(1+k^4x^2)^2}=0.$$

这说明点沿着任意直线趋于原点时，函数的极限都存在且相等，但即使如此，也无法保证函数在原点处的极限存在. 事实上，当点沿着抛物线趋于原点时，有

$$\lim_{\substack{y=\sqrt{x}\\x\to0}}f(x,y)=\lim_{x\to0}f(x,\sqrt{x})=\lim_{x\to0}\frac{x^2x^2}{(x^2+x^2)^2}=\frac{1}{4}.$$

因此，二元函数的极限$\lim\limits_{(x,y)\to(0,0)}f(x,y)$不存在.

2. 二元函数极限的基本性质

一元函数极限的性质(唯一性、局部有界性、局部保序性、局部夹逼性)、极限的四则运算法则以及 Cauchy 收敛原理，对二元函数依然成立，下面我们只列出这些定理，证明完全与一元函数类似，只需要将一元函数证明中的$0<|x-x_0|<\delta$换成$0<\|\boldsymbol{p}-\boldsymbol{p}_0\|<\delta$就够了，请读者自己加以证明，这里不再赘述.

定理 9.2.2(四则运算) 设函数$f(x,y)$和$g(x,y)$在点(x_0,y_0)的一个去心邻域内有定义. 若$\lim\limits_{(x,y)\to(x_0,y_0)}f(x,y)=l_1$，$\lim\limits_{(x,y)\to(x_0,y_0)}g(x,y)=l_2$，则

(1) $\lim\limits_{(x,y)\to(x_0,y_0)}(f(x,y)\pm g(x,y))=l_1\pm l_2$;

(2) $\lim\limits_{(x,y)\to(x_0,y_0)}(f(x,y)g(x,y))=l_1l_2$;

(3) 当$l_2\neq0$时，$\lim\limits_{(x,y)\to(x_0,y_0)}\dfrac{f(x,y)}{g(x,y)}=\dfrac{l_1}{l_2}$.

定理 9.2.3(保序性) 若在点(x_0,y_0)的一个去心邻域内，函数$f(x,y)$及$g(x,y)$有定义，且$f(x,y)\geqslant g(x,y)$，并且当$(x,y)\to(x_0,y_0)$时，$f(x,y)$及$g(x,y)$分别以l_1，l_2为极限，则$l_1\geqslant l_2$，即

$$\lim_{(x,y)\to(x_0,y_0)}f(x,y)\geqslant\lim_{(x,y)\to(x_0,y_0)}g(x,y).$$

定理 9.2.4(夹逼性) 设函数$f(x,y)$，$g(x,y)$以及$h(x,y)$在一点(x_0,y_0)的一个去心邻域内有定义，且成立下列不等式$f(x,y)\leqslant$

$h(x,y)\leqslant g(x,y)$. 若当$(x,y)\to(x_0,y_0)$时，$f(x,y)$和$g(x,y)$都有极限，并且极限值都是l，则$h(x,y)$也有极限，且$\lim\limits_{(x,y)\to(x_0,y_0)} h(x,y)=l$.

定理 9.2.5　设$w=f(u,v)$在(u_0,v_0)的一个去心邻域内有定义，且$\lim\limits_{\substack{u\to u_0\\v\to v_0}} f(u,v)=l$. 又设$u=u(x,y)$与$v=v(x,y)$在$(x_0,y_0)$的一个去心邻域内有定义，且$\lim\limits_{(x,y)\to(x_0,y_0)} u(x,y)=u_0$，$\lim\limits_{(x,y)\to(x_0,y_0)} v(x,y)=v_0$. 此外，当$(x,y)$在该去心邻域内变动时，$(u(x,y),v(x,y))\neq(u_0,v_0)$. 则$\lim\limits_{(x,y)\to(x_0,y_0)} f(u(x,y),v(x,y))=l$.

3. 累次极限

对上述二重极限$\lim\limits_{(x,y)\to(x_0,y_0)} f(x,y)$能否在一定条件下分解成两个独立的极限$\lim\limits_{x\to x_0} f(x,y)$和$\lim\limits_{y\to y_0} f(x,y)$，再利用一元函数的极限理论和方法逐个处理呢？这里两个相对独立的极限称为累次极限，下面给出定义.

累次极限：设$f(x,y)$在区域D内有定义，若对任一固定的$y\neq y_0$，$\lim\limits_{x\to x_0} f(x,y)$存在，记为$L(y)=\lim\limits_{x\to x_0} f(x,y)$，再考虑$y\to y_0$时，$L(y)$的极限$\lim\limits_{y\to y_0} L(y)=\lim\limits_{y\to y_0}\lim\limits_{x\to x_0} f(x,y)$存在，则称为$f(x,y)$先对$x$后对$y$的**累次极限**，或者**二次极限**.

同理可以定义先对y后对x的累次极限$\lim\limits_{x\to x_0}\lim\limits_{y\to y_0} f(x,y)$.

二次极限和二重极限之间没有必然蕴含关系，也就是说，二次极限存在不能推出二重极限存在，反之亦然．此外，一个二次极限存在不能保证另一个二次极限存在，即使两个二次极限都存在，也不一定相等，也就是说，两个二次极限不一定可以交换次序.

例 9.2.5　（二重极限不存在，两个二次极限存在但不相等）

$$f(x,y)=\frac{|x|}{\sqrt{x^2+y^2}}.$$

二重极限：$\lim\limits_{\substack{y=kx\\x\to 0}} f(x,y)=\lim\limits_{x\to 0} f(x,kx)=\lim\limits_{x\to 0}\dfrac{|x|}{\sqrt{x^2+(kx)^2}}=\dfrac{1}{\sqrt{1+k^2}}$，说明二重极限不存在.

二次极限：$\lim\limits_{x\to0}\lim\limits_{y\to0}f(x,y)=\lim\limits_{x\to0}\dfrac{|x|}{\sqrt{x^2}}=\lim\limits_{x\to0}\dfrac{|x|}{|x|}=1$，$\lim\limits_{y\to0}\lim\limits_{x\to0}f(x,y)=\lim\limits_{y\to0}0=0.$

例 9.2.6 （二重极限存在，两个二次极限中有一个不存在）

$$f(x,y)=\begin{cases}(x+y)\sin\dfrac{1}{x}, & x\neq0,\\ 0, & x=0.\end{cases}$$

解：二重极限：

$$\forall(x,y)\neq(0,0),\ |f(x,y)-0|\leqslant|x+y|\leqslant|x|+|y|,$$

$\forall\varepsilon>0$，$\exists\delta=\dfrac{\varepsilon}{2}$，当 $|x|<\delta$，$|y|<\delta$，且 $(x,y)\neq(0,0)$ 时，$|f(x,y)-0|\leqslant|x|+|y|<\dfrac{\varepsilon}{2}+\dfrac{\varepsilon}{2}=\varepsilon$，则二重极限等于0.

二次极限：

$\forall x\neq0$（x 暂时固定），有 $\lim\limits_{y\to0}f(x,y)=x\sin\dfrac{1}{x}$，$\lim\limits_{x\to0}\lim\limits_{y\to0}f(x,y)=\lim\limits_{x\to0}x\sin\dfrac{1}{x}=0$，

$\forall y\neq0$（y 暂时固定），有 $\lim\limits_{x\to0}f(x,y)=\lim\limits_{x\to0}\left(x\sin\dfrac{1}{x}+y\sin\dfrac{1}{x}\right)$ 不存在 $\left(\text{因为}\lim\limits_{x\to0}y\sin\dfrac{1}{x}\text{不存在}\right)$，从而 $\lim\limits_{y\to0}\lim\limits_{x\to0}f(x,y)$ 不存在.

例 9.2.7 （二重极限不存在，两个二次极限都存在且相等）

$$f(x,y)=\frac{|xy|^{\frac{1}{2}}}{\sqrt{x^2+y^2}}.$$

解：二重极限：$\lim\limits_{\substack{x\to0\\y=kx}}f(x,y)=\lim\limits_{x\to0}f(x,kx)=\lim\limits_{x\to0}\dfrac{|xkx|^{\frac{1}{2}}}{\sqrt{x^2+(kx)^2}}=\dfrac{|k|^{\frac{1}{2}}}{\sqrt{1+k^2}}$，说明二重极限不存在.

二次极限：$\lim\limits_{x\to0}\lim\limits_{y\to0}f(x,y)=\lim\limits_{x\to0}0=0$，$\lim\limits_{y\to0}\lim\limits_{x\to0}f(x,y)=\lim\limits_{y\to0}0=0.$

从前面的例子我们看到：二重极限存在时，两个二次极限未必存在，但是若二次极限的前半部分极限存在时，二次极限也存在并且等于二重极限，则有如下的定理：

定理 9.2.6 对于二元函数 $f(x,y)$，如果满足：

（1）在点 (x_0,y_0) 存在二重极限 $\lim\limits_{(x,y)\to(x_0,y_0)}f(x,y)=l$；

(2) 当 $x\neq x_0$(x 固定)时，存在极限 $\lim\limits_{y\to y_0}f(x,y)=\varphi(x)$，

那么 $f(x,y)$ 在点 (x_0,y_0) 的先对 y 后对 x 的二次极限存在，并且等于二重极限．即

$$\lim_{x\to x_0}\lim_{y\to y_0}f(x,y)=\lim_{x\to x_0}\varphi(x)=\lim_{(x,y)\to(x_0,y_0)}f(x,y)=l.$$

证明：只需要证明 $\lim\limits_{x\to x_0}\varphi(x)=l$ 即可.

由(1)，$\forall\varepsilon>0$，$\exists\delta>0$，$\forall(x,y)$：$0<\sqrt{(x-x_0)^2+(y-y_0)^2}<\delta$ 时，有 $|f(x,y)-l|<\dfrac{\varepsilon}{2}$，

由(2)，当 $x\neq x_0$，即 $0<|x-x_0|<\dfrac{\sqrt{2}}{2}\delta$ 时，存在 $\delta(x)>0$，只要 $0<|y-y_0|<\delta(x)$，就有 $|f(x,y)-\varphi(x)|<\dfrac{\varepsilon}{2}$. 取 $y^*=y_0+\dfrac{1}{2}\min\left\{\dfrac{\sqrt{2}}{2}\delta,\delta(x)\right\}$，则 $0<\sqrt{(x-x_0)^2+(y^*-y_0)^2}<\delta$，这就说明在点 (x,y^*) 处，两个不等式 $|f(x,y^*)-l|<\dfrac{\varepsilon}{2}$ 和 $|f(x,y^*)-\varphi(x)|<\dfrac{\varepsilon}{2}$ 同时都成立，于是有

$$|\varphi(x)-l|\leqslant|f(x,y^*)-l|+|f(x,y^*-\varphi(x)|<\frac{\varepsilon}{2}+\frac{\varepsilon}{2}=\varepsilon.$$

因此，对 $\forall\varepsilon>0$，$\exists\delta>0$，当 $0<|x-x_0|<\dfrac{\sqrt{2}}{2}\delta$ 时，有 $|\varphi(x)-l|<\varepsilon$，这就说明 $\lim\limits_{x\to x_0}\varphi(x)=l$，即得 $\lim\limits_{x\to x_0}\lim\limits_{y\to y_0}f(x,y)=l$.

另证：由(1)，$\forall\varepsilon>0$，$\exists\delta>0$，$\forall(x,y)$:$0<\sqrt{(x-x_0)^2+(y-y_0)^2}<\delta$ 时，有 $|f(x,y)-l|<\dfrac{\varepsilon}{2}$，由(2)，当 $x\neq x_0$ 时，令 $y\to y_0$，此时 $0<|x-x_0|<\delta$，就有 $|\varphi(x)-l|\leqslant\dfrac{\varepsilon}{2}<\varepsilon$. 因此，$\lim\limits_{x\to x_0}\varphi(x)=l$，从而，有

$$\lim_{x\to x_0}\lim_{y\to y_0}f(x,y)=\lim_{x\to x_0}\varphi(x)=\lim_{(x,y)\to(x_0,y_0)}f(x,y)=l.$$

上面证明了极限 $\lim\limits_{y\to y_0}f(x,y)=\varphi(x)$ 存在的情况，同样可证：在二重极限存在的前提下，如果当 $y\neq y_0$，$x\to x_0$ 时存在极限 $\lim\limits_{x\to x_0}f(x,y)=\psi(y)$，那么 $\lim\limits_{y\to y_0}\lim\limits_{x\to x_0}f(x,y)=\lim\limits_{y\to y_0}\psi(y)=\lim\limits_{(x,y)\to(x_0,y_0)}f(x,y)=l$.

所以，如果函数 $f(x,y)$ 在 (x_0,y_0) 的二重极限和两个二次极限都存在，则三个极限一定相等，即 $\lim\limits_{y\to y_0}\lim\limits_{x\to x_0}f(x,y)=\lim\limits_{x\to x_0}\lim\limits_{y\to y_0}f(x,y)=\lim\limits_{(x,y)\to(x_0,y_0)}f(x,y)$. 这说明，此时的极限运算可以交换次序.

9.2.2 向量值函数的极限

给定向量值函数 $\boldsymbol{u}=f(\boldsymbol{x})$，其分量表示为

$$f:\begin{cases} u_1=f_1(x_1,x_2,\cdots,x_n),\\ u_2=f_2(x_1,x_2,\cdots,x_n),\\ \quad\vdots \\ u_m=f_m(x_1,x_2,\cdots,x_n),\end{cases}$$

假定它在 $\boldsymbol{x}_0=(x_1^0,x_2^0,\cdots,x_n^0)$ 的一个去心邻域内有定义，若存在一个向量 $\boldsymbol{l}=(l_1,l_2,\cdots,l_m)$，对于 $\forall\varepsilon>0$，$\exists\delta>0$，使得当 $0<\|\boldsymbol{x}-\boldsymbol{x}_0\|<\delta$ 时，有 $\|f(\boldsymbol{x})-\boldsymbol{l}\|<\varepsilon$（或者写成 $|f_j(\boldsymbol{x})-l_j|<\varepsilon\quad(j=1,2,\cdots,m)$，则称向量值函数 $f(\boldsymbol{x})$ 以 $\boldsymbol{l}$ 为极限，记作 $\lim\limits_{\boldsymbol{x}\to\boldsymbol{x}_0}f(\boldsymbol{x})=\boldsymbol{l}$，显然，$\lim\limits_{\boldsymbol{x}\to\boldsymbol{x}_0}f(\boldsymbol{x})=\boldsymbol{l}$ 的充分必要条件为 $\lim\limits_{\boldsymbol{x}\to\boldsymbol{x}_0}f_j(\boldsymbol{x})=l_j$，$j=1,2,\cdots,m$.

向量值函数的极限与二元函数的极限区别在于：①前者极限值是向量，后者极限值是实数；②前者是 $\|f(\boldsymbol{x})-\boldsymbol{l}\|<\varepsilon$，后者是 $|f(x,y)-l|<\varepsilon$. 性质方面都是一样的.

习题 9.2

1. 叙述下列极限定义：

(1) $\lim\limits_{\substack{x\to x_0\\ y\to y_0}}f(x,y)=\infty$；　　(2) $\lim\limits_{\substack{x\to+\infty\\ y\to-\infty}}f(x,y)=A$.

2. 用"ε-δ"语言证明下列极限：

(1) $\lim\limits_{\substack{x\to3\\ y\to0}}(x^2+\sin y)=9$；

(2) $\lim\limits_{\substack{x\to0\\ y\to1}}\dfrac{x^2\sin x+(y-1)^3\cos x}{x^2+(y-1)^2}=0$.

3. 求下列极限：

(1) $\lim\limits_{\substack{x\to2\\ y\to3}}\ln\sqrt{x^2+y^2}$；

(2) $\lim\limits_{\substack{x\to0\\ y\to0}}\dfrac{1-\cos\sqrt{x^2+y^2}}{x^2+y^2}$；

(3) $\lim\limits_{\substack{x\to\infty\\ y\to\infty}}\left(1+\dfrac{1}{x^2+y^2}\right)^{2(x^2+y^2)}$；

(4) $\lim\limits_{\substack{x\to0\\ y\to0}}\dfrac{x^2+y^2}{\sqrt{1+x^2+y^2}-1}$；

(5) $\lim\limits_{\substack{x\to0\\ y\to0}}x^2y^2\ln(x^2+y^2)$；

(6) $\lim\limits_{\substack{x\to0\\ y\to0}}\dfrac{x^2y^{\frac{3}{2}}}{x^4+y^2}$；

(7) $\lim\limits_{\substack{x\to+\infty\\ y\to+\infty}}(x^2+y^2)\mathrm{e}^{-(x+y)}$；

(8) $\lim\limits_{\substack{x\to0\\ y\to0}}(x+y)\sin\dfrac{1}{x^2+y^2}$.

4. 讨论下列函数在点 $(0,0)$ 的二重极限和累次极限：

(1) $f(x,y)=\dfrac{y^3+\sin x^2}{x^2+y^2}$；

(2) $f(x,y)=\begin{cases}(1+x)^{\frac{y}{x}}, & x\neq0,\\ 1, & x=0;\end{cases}$

(3) $f(x,y)=(x+y)\sin\dfrac{1}{x}\sin\dfrac{1}{y}$；

(4) $f(x,y)=\dfrac{x^2y^2}{x^3+y^3}$；

(5) $f(x,y)=\dfrac{\mathrm{e}^x-\mathrm{e}^y}{\sin xy}$；

(6) $f(x,y)=\dfrac{y^2}{x^2+y^2}$.

5. 判断下列极限是否存在. 若存在，求出极限，若不存在，请说明理由：

(1) $\lim\limits_{\substack{x\to0\\y\to0}}\dfrac{x^4-y^2}{x^4+y^2}$；　(2) $\lim\limits_{\substack{x\to0\\y\to0}}\dfrac{\ln(1+xy)}{x+y}$；

(3) $\lim\limits_{\substack{x\to0\\y\to0}}\dfrac{x^3+y^3}{x^2+y}$；　(4) $\lim\limits_{\substack{x\to0\\y\to0}}\dfrac{(y^2-x)^2}{x^2+y^4}$；

(5) $\lim\limits_{\substack{x\to0\\y\to0}}(1+xy)^{\frac{1}{x+y}}$.

6. 试举例说明，当 $x\to+\infty$，$y\to+\infty$ 时，

(1) 两个累次极限存在而二重极限不存在；

(2) 二重极限与一个累次极限存在，另一个累次极限不存在.

9.3 多元函数的连续性

9.3.1 多元函数连续性的定义

这里只给出二元连续函数的定义，其他多元函数的连续性定义完全类似.

二元函数连续：设 $z=f(x,y)$ 在点 (x_0,y_0) 的一个邻域内有定义，若 $(x,y)\to(x_0,y_0)$ 时，$z=f(x,y)$ 有极限且等于 $f(x_0,y_0)$，即 $\lim\limits_{\substack{x\to x_0\\y\to y_0}}f(x,y)=f(x_0,y_0)$，则称 $z=f(x,y)$ 在点 (x_0,y_0) **连续**. 若 $z=f(x,y)$ 在一个点集区域 $D\subseteq\mathbf{R}^2$ 内有定义，且在 D 内每一点都连续，则称 $z=f(x,y)$ 在 D **内连续**.

"ε-δ"定义：$\forall\varepsilon>0$，$\exists\delta>0$，当 $\sqrt{(x-x_0)^2+(y-y_0)^2}<\delta$ 时，有 $|f(x,y)-f(x_0,y_0)|<\varepsilon$，则称 $z=f(x,y)$ 在点 (x_0,y_0) **连续**. 这里圆形域条件 $\sqrt{(x-x_0)^2+(y-y_0)^2}<\delta$ 可换成方形域条件 $|x-x_0|<\delta$，$|y-y_0|<\delta$.

有时候还要讨论闭区域上的连续函数.

闭区域上函数的连续性：设 G 是 $\mathbf{R}^2$ 中的一个区域，它的闭区域记作 $\overline{G}$. 又设 $z=f(x,y)$ 在 $\overline{G}$ 上有定义，称 $z=f(x,y)$ 在 $\overline{G}$ 上**是连续的**，如果满足两个条件：① $z=f(x,y)$ 在 G 中连续；② 对任意边界点 $(\xi,\eta)\in\partial G$，函数 $z=f(x,y)$ 在 (ξ,η) 附近有下列性质：对于任意给定的 $\varepsilon>0$，存在一个 $\delta>0$，当 $(x,y)\in U_\delta\cap\overline{G}$，有 $|f(x,y)-f(\xi,\eta)|<\varepsilon$，其中，$U_\delta=\{(x,y)\mid\sqrt{(x-\xi)^2+(y-\eta)^2}<\delta\}$. 这里 $U_\delta\cap\overline{G}$ 的几何意义如图 9.3.1 所示.

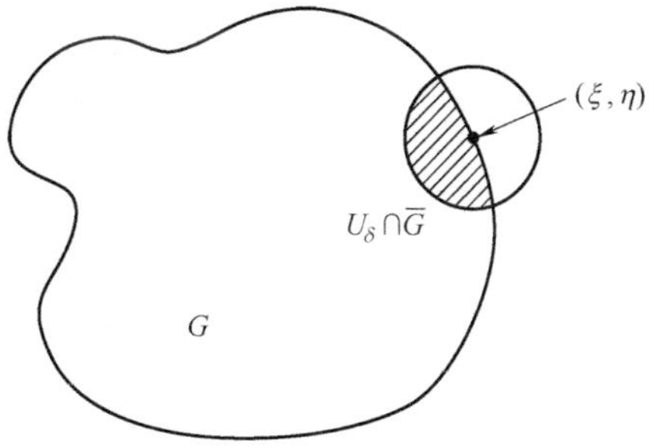

图 9.3.1

由上述定义可知：若 (x_0,y_0) 是 D 的孤立点，则 (x_0,y_0) 必定是连续点；若 (x_0,y_0) 是 D 的聚点，则 $z=f(x,y)$ 在点 (x_0,y_0) 连续等价于 $\lim\limits_{(x,y)\to(x_0,y_0)}f(x,y)=f(x_0,y_0)$. 若 (x_0,y_0) 是 D 的聚点，但条

件②不成立，则称(x_0,y_0)是间断点.

9.3.2 连续函数的性质

对于一元函数，四则运算和复合运算都保持函数的连续性，在多元函数中依然成立.

定理 9.3.1 对于二元函数$f(x,y)$和$g(x,y)$在一点(x_0,y_0)连续，则函数$u=f(x,y)\pm g(x,y)$以及$u=f(x,y)g(x,y)$在点(x_0,y_0)也连续. 此外，若$g(x_0,y_0)\neq 0$，则函数$u=\dfrac{f(x,y)}{g(x,y)}$在点(x_0,y_0)连续.

定理 9.3.2 若$f(u,v)$在点(u_0,v_0)连续，而$u=u(x,y)$和$v=v(x,y)$在点(x_0,y_0)连续，且$u(x_0,y_0)=u_0$，$v(x_0,y_0)=v_0$，则复合函数$f(u(x,y),\ v(x,y))$在点(x_0,y_0)连续.

注 ①连续函数的复合函数仍然是连续函数，但多元函数的复合会有多种形式，这里不再赘述. ②连续函数的概念以及四则运算可以推广到向量值函数上．即：向量值函数连续的充分必要条件是其每个分量函数都连续.

9.3.3 初等函数的连续性

若一个函数$f(x,y)$是由有限个一元初等函数经过有限次加减乘除以及初等函数的复合运算得到的，则称之为二元初等函数. 例如，$z=e^x\sin(x^2+y^2)+x^my^n$是二元初等函数. 由一元初等函数的连续性，可以得到：**二元初等函数在其定义域内是连续函数**. 因此，求二元初等函数的极限问题就十分简单：**只要二元函数$z=f(x,y)$是初等函数，且(x_0,y_0)是该二元函数定义域中的内点，那么$\lim\limits_{\substack{x\to x_0\\y\to y_0}}f(x,y)=f(x_0,y_0)$.**

例 9.3.1 求极限$\lim\limits_{\substack{x\to 0\\y\to 1}}\dfrac{e^y+\sin x}{\ln(2y+x^2)}$.

解：由于函数是二元初等函数，且在点$(0,1)$的值为$\dfrac{e}{\ln 2}$，利用二元函数的连续性得到

$$\lim_{\substack{x\to 0\\y\to 1}}\frac{e^y+\sin x}{\ln(2y+x^2)}=\frac{e}{\ln 2}.$$

例 9.3.2　求极限$\lim\limits_{\substack{x\to\infty\\ y\to 2}}\left(1+\dfrac{y}{x}\right)^{x+y}$.

解：令$r=\dfrac{x}{y}$，当$x\to\infty$，$y\to 2$时，$r\to\infty$，这时，有

$$\lim_{\substack{x\to\infty\\ y\to 2}}\left(1+\frac{y}{x}\right)^{x+y}=\lim_{\substack{r\to\infty\\ y\to 2}}\left(1+\frac{1}{r}\right)^{y(r+1)}=\lim_{\substack{r\to\infty\\ y\to 2}}\mathrm{e}^{y(r+1)\ln\left(1+\frac{1}{r}\right)}=\mathrm{e}^2.$$

9.3.4　有界闭区域上的多元连续函数的性质

闭区间上的连续函数具有有界性，最值性质，介值性和一致连续性等整体性质，但对开区间这些性质未必存在. 本部分将闭区间上连续函数的性质推广到多元连续函数，只是闭区间要用有界闭区域代替.

定理 9.3.3（有界性与最值定理）　设函数$z=f(x,y)$在有界闭区域$D\subseteq\mathbf{R}^2$上连续，则$z=f(x,y)$在D上有界，且能取得最大值和最小值.

证明：先证明$z=f(x,y)$在D上有界. 采用反证法，假定函数f为无界函数，则对每个正整数n，必存在一点$(x_n,y_n)\in D$，使$|f(x_n,y_n)|>n,n=1,2,\cdots$. 由于$D$为有界闭区域，而且$(x_n,y_n)\in D$，因此$\{(x_n,y_n)\}$为一有界点列，且总能使$\{(x_n,y_n)\}$中有无穷多个不同的点. 于是，$\{(x_n,y_n)\}$必存在收敛子列$\{(x_{n_k},y_{n_k})\}$. 假定它收敛于$(a,b)$，且因为$D$为有界闭区域，从而$(a,b)\in D$，由于$z=f(x,y)$在有界闭区域$D\subseteq\mathbf{R}^2$上连续，当然也在点$(a,b)$连续，因此有$\lim\limits_{k\to\infty}f(x_{n_k},y_{n_k})=f(a,b)$，但是，已知$|f(x_n,y_n)|>n_k\to+\infty$ $(k\to\infty)$. 产生了矛盾，所以$z=f(x,y)$是D上的有界函数.

接下来证明$z=f(x,y)$在D上能取到最大、最小值，为此设$m=\inf f(D)$，$M=\sup f(D)$.

可以证明必有一点$Q\in D$，使$f(Q)=M$(同理可证存在$Q'\in D$，使$f(Q')=m$). 如若不然，对任意$(x,y)\in D$，都有$M-f(x,y)>0$. 考察D上的连续正值函数$F(x,y)=\dfrac{1}{M-f(x,y)}$，由前面的证明知道，$F(x,y)$在$D$上有界. 又因为$F(x,y)$不能在$D$上达到上确界$M$，所以存在收敛点列$(x_n,y_n)\in D$，使得$\lim\limits_{n\to\infty}f(x_n,y_n)=M$，于是有$\lim\limits_{n\to\infty}F(x_n,y_n)=\lim\limits_{n\to\infty}\dfrac{1}{M-f(x_n,y_n)}=+\infty$，这导致与$F$在$D$上有界的结论相矛盾. 从而证得$f$在$D$上能取得最大值.

定理 9.3.4(介值性定理) 设函数 $z=f(x,y)$ 在区域 $D\subseteq\mathbf{R}^2$ 上连续，若 $P_1(a,b)$ 和 $P_2(c,d)$ 为 D 中任意两点，且 $f(P_1)<f(P_2)$，则对任何满足不等式 $f(P_1)<\eta<f(P_2)$ 的实数 η，必存在一点 $(x_0,y_0)\in D$，使得 $f(x_0,y_0)=\eta$ 成立.

证明：做辅助函数 $F(x,y)=f(x,y)-\eta$，$(x,y)\in D$. 显然 F 仍然在 D 上连续，且由 $f(P_1)<\eta<f(P_2)$ 知道，$F(P_1)<0$，$F(P_2)>0$. 这里不妨假设 P_1，P_2 是 D 的内点，下面来证明必存在一点 $(x_0,y_0)\in D$，使得 $F(x_0,y_0)=0$.

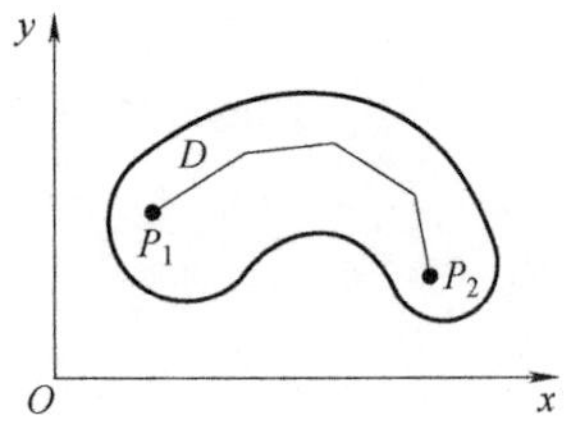

图 9.3.2

由于 D 为区域，我们可以用 D 中的有限折线连接 P_1，P_2 两点(见图 9.3.2). 若有某一个连接点所对应的函数值为 0，则定理得证. 否则从一端开始逐个检查直线段，必定存在某直线段，F 在它的两端的函数值异号，不失一般性，设连接 $P_1(x_1,y_1)$，$P_2(x_2,y_2)$ 的直线段含于 D，其方程为 $\begin{cases}x=x_1+t(x_2-x_1),\\ y=y_1+t(y_2-y_1),\end{cases}$ $0\leqslant t\leqslant 1$，在此直线段上，F 表示为关于 t 的复合函数 $G(t)=F(x_1+t(x_2-x_1),y_1+t(y_2-y_1))$，$0\leqslant t\leqslant 1$. 它是 $[0,1]$ 上的一元连续函数，且 $F(P_1)=G(0)<0<G(1)=F(P_2)$. 由一元函数根的存在定理，在 $(0,1)$ 内存在一点 t_0，使得 $G(t_0)=0$，记 $x_0=x_1+t_0(x_2-x_1)$，$y_0=y_1+t_0(y_2-y_1)$，则有 $P_0(x_0,y_0)\in D$，使得 $F(P_0)=G(t_0)=0$，即 $f(P_0)=f(x_0,y_0)=\eta$.

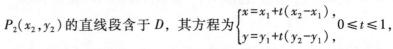

定理 9.3.5(Cantor 定理或者一致连续定理) 若函数 $z=f(x,y)$ 在有界闭区域 $D\subseteq\mathbf{R}^2$ 上连续，则 $z=f(x,y)$ 在 D 上一致连续，即对任何 $\varepsilon>0$，总存在只依赖于 ε 的正数 δ，使得对一切点 P，Q，只要 $\rho(P,Q)<\delta$，就有 $|f(P)-f(Q)|<\varepsilon$.

证明：我们采用聚点原理来证明.

假设 $z=f(x,y)$ 在 D 上连续但不一致连续，则存在某 $\varepsilon_0>0$，对于任意小的 $\delta>0$，例如 $\delta=\dfrac{1}{n}$，$n=1,2,\cdots$，总有相应的 P_n，$Q_n\in D$，虽然 $\rho(P_n,Q_n)<\dfrac{1}{n}$，但是 $|f(P_n)-f(Q_n)|\geqslant\varepsilon_0$. 由于 D 为有界闭区域，因此存在收敛子列 $\{P_{n_k}\}\subseteq\{P_n\}$，并设 $\lim\limits_{k\to\infty}P_{n_k}=P_0\in D$，为方便起见，再在 $\{Q_n\}$ 中取出与 P_{n_k} 下标相同的子列 $\{Q_{n_k}\}$，则因为 $0\leqslant\rho(P_{n_k},Q_{n_k})<\dfrac{1}{n_k}\to 0$，$k\to\infty$，而有 $\lim\limits_{k\to\infty}Q_{n_k}=\lim\limits_{k\to\infty}P_{n_k}=P_0$，最

后，由 f 在点 P_0 连续，得到 $\lim\limits_{k\to\infty}|f(P_{n_k})-f(Q_{n_k})|=|f(P_0)-f(P_0)|=0$. 这与 $|f(P_{n_k})-f(Q_{n_k})|\geqslant\varepsilon_0>0$ 相矛盾，所以 f 在 D 上一致连续.

注　上述性质中除了介值性以外，条件中的有界闭区域均可换成有界闭集(紧集)，但介值性定理中所考察的点集 D 只能假设是一区域，这是为了保证它具有连通性，而一般的开集或者闭集不一定具有这一特性．这些性质在后续内容中很重要，如求函数在闭区间上的最值，给定方程判断根及其根的范围，判断被积函数在闭区间一致连续时的可积性等．

多元的陶瓷

习题 9.3

1. 讨论下列函数的连续范围：

(1) $f(x,y)=\begin{cases}\dfrac{\sin(xy)}{y}, & y\neq 0,\\ 0, & y=0;\end{cases}$

(2) $f(x,y)=\begin{cases}y^2\ln(x^2+y^2), & x^2+y^2\neq 0,\\ 0, & x^2+y^2=0.\end{cases}$

2. 设 $f(x,y)=\begin{cases}\dfrac{x}{(x^2+y^2)^p}, & x^2+y^2\neq 0,\\ 0, & x^2+y^2=0\end{cases}$ $(p>0)$，讨论它在点 $(0,0)$ 处的连续性.

3. 证明：$f(x,y)=\begin{cases}\dfrac{x^2y^2}{x^2+y^2}, & x^2+y^2\neq 0,\\ 0, & x^2+y^2=0\end{cases}$ 在 $\mathbf{R}^2$ 上不一致连续.

4. 利用初等函数的连续性求下列极限：

(1) $\lim\limits_{\substack{x\to 0\\ y\to 1}}\dfrac{\sqrt{x^2+y^2}\sin\left(xy+\dfrac{\pi}{2}\right)}{x^2+y^2+1}$；

(2) $\lim\limits_{\substack{x\to\infty\\ y\to 1}}\left(1+\dfrac{1}{x+y}\right)^{xy}$.

5. 利用“ε-δ”语言，叙述函数 $z=f(x,y)$ 在点 (x_0,y_0) 不连续的充要条件.

6. 设 $z=f(x,y)$ 在点 (x_0,y_0) 连续，证明：

(1) 任意一点列 $\{(x_n,y_n)\}$，只要 $\lim\limits_{n\to\infty}x_n=x_0$，$\lim\limits_{n\to\infty}y_n=y_0$，就有 $\lim\limits_{n\to\infty}f(x_n,y_n)=f(x_0,y_0)$；

(2) 对任意一个在点 (x_0,y_0) 的邻域中的点列 $\{(x_n,y_n)\}$，$(x_n,y_n)\to(x_0,y_0)\ (n\to\infty)$，都有 $\lim\limits_{n\to\infty}f(x_n,y_n)=f(x_0,y_0)$，则 $z=f(x,y)$ 在一点 (x_0,y_0) 连续.

7. 设 $z=f(x,y)$ 在 (x_0,y_0) 的一个邻域 U 内有定义，且在 (x_0,y_0) 处连续，证明：

(1) 若 $f(x_0,y_0)>0$，则存在一个 $\delta_0>0$，当 $\sqrt{(x-x_0)^2+(y-y_0)^2}<\delta_0$，使得 $f(x,y)\geqslant\dfrac{1}{2}f(x_0,y_0)>0$.

(2) 存在一个 $\delta_1>0$，当 $\sqrt{(x-x_0)^2+(y-y_0)^2}<\delta_1$ 时，有 $|f(x,y)|\leqslant|f(x_0,y_0)|+1$，这表明 $z=f(x,y)$ 在 (x_0,y_0) 的一个 δ_1 邻域内有界.

(3) 对于任意给定的 $\varepsilon>0$，存在一个 $\delta>0$，使得对于 (x_0,y_0) 的 δ 邻域 $U_\delta(x_0,y_0)$ 中的任意两点 (x_1,y_1) 和 (x_2,y_2)，都有 $|f(x_1,y_1)-f(x_2,y_2)|<\varepsilon$.

8. 设 $z=f(x,y)$ 在 $\mathbf{R}^2$ 中连续，且 $\lim\limits_{x^2+y^2\to+\infty}f(x,y)=+\infty$，证明：$z=f(x,y)$ 在 $\mathbf{R}^2$ 中有最小值.

9. 设 $\overline{G}$ 为 $\mathbf{R}^2$ 中的有界闭区域，又设 (x_0,y_0) 为 $\overline{G}$ 的一个外点，证明：在 $\overline{G}$ 中一定有一点 (ξ,η)，使得 (ξ,η) 到 (x_0,y_0) 的距离达到最小，即 $\sqrt{(\xi-x_0)^2+(\eta-y_0)^2}\leqslant\sqrt{(x-x_0)^2+(y-y_0)^2}$，$\forall(x,y)\in\overline{G}$. 请问：这样的 (ξ,η) 一定是 G 的边界点吗？为什么？

10. 设 $z=f(x,y)$ 在区域 G 中连续，且 $(x_j,y_j)\in G$，$j=1,2,\cdots,n$. 证明：在 G 中一定存在一个点 (ξ,η)，使得 $f(\xi,\eta)=\dfrac{1}{n}(f(x_1,y_1)+f(x_2,y_2)+\cdots+f(x_n,y_n))$.

第 10 章 多元函数微分学

本章研究多元函数的微分学. 主要讨论二元函数，一般的 n 元函数有类似的结论. 首先介绍多元函数的偏导数与全微分、高阶偏导数、复合函数微分法，然后介绍多元函数微分学的一些应用，包括多元函数的泰勒公式、隐函数存在定理、极值问题等.

10.1 偏导数与全微分

本节以定义在平面区域 D 上的二元函数 $z=f(x,y)$，$(x,y)\in D$ 为例，介绍多元实函数的偏导数与全微分的概念与求法.

10.1.1 偏导数

定义 10.1.1 设函数 $z=f(x,y)$ 在点 (x_0,y_0) 的某一邻域内有定义，当固定变量 $y=y_0$，考虑关于变量 x 的函数 $z=f(x,y_0)$. 如果此时关于变量 x 在点 $x=x_0$ 处可导，即极限

$$\lim_{x\to x_0}\frac{f(x,y_0)-f(x_0,y_0)}{x-x_0}$$

存在，则称函数 $f(x,y)$ 在点 (x_0,y_0) 处关于变量 x 可偏导，此极限称为函数 $f(x,y)$ 在点 (x_0,y_0) 处关于变量 x 的偏导数，记为

$$\left.\frac{\partial z}{\partial x}\right|_{(x_0,y_0)},\ \left.\frac{\partial f}{\partial x}\right|_{(x_0,y_0)},\ z'_x(x_0,y_0),\ f'_x(x_0,y_0).$$

同理，固定变量 $x=x_0$，关于变量 y 的函数 $z=f(x_0,y)$ 在点 $y=y_0$ 处对变量 y 可导，即极限

$$\lim_{y\to y_0}\frac{f(x_0,y)-f(x_0,y_0)}{y-y_0}$$

存在，则称函数 $f(x,y)$ 在点 (x_0,y_0) 处关于变量 y 可偏导，此极限称为函数 $f(x,y)$ 在点 (x_0,y_0) 处关于变量 y 的偏导数，记为

$$\left.\frac{\partial z}{\partial y}\right|_{(x_0,y_0)},\ \left.\frac{\partial f}{\partial y}\right|_{(x_0,y_0)},\ z'_y(x_0,y_0),\ f'_y(x_0,y_0).$$

进一步，如果定义在区域 D 上的二元函数 $z=f(x,y)$ 对区域 D 内任意一点 $(x,y)\in D$ 关于变量 x 可偏导，则导数值对应一个区域 D 上的二元函数，称它为函数 $z=f(x,y)$ 关于自变量 x 的偏导函数，记作

$$\frac{\partial z}{\partial x},\ \frac{\partial f}{\partial x},\ z'_x,\ f'_x.$$

类似地，区域 D 上的函数 $z=f(x,y)$ 关于自变量 y 的偏导函数，记作

$$\frac{\partial z}{\partial y},\ \frac{\partial f}{\partial y},z'_y,f'_y.$$

例 10.1.1　求函数 $z=e^{xy}$ 在点 $(0,1)$ 处的偏导数.

解：对变量 x 求偏导数时，变量 $y=1$，此时 $z'(x,1)=e^x$，

$$z'_x(0,1)=e^x\Big|_{(0,1)}=1.$$

对变量 y 求偏导数时，变量 $x=0$，此时 $z(0,y)=1$，

$$z'_y(0,1)=0.$$

例 10.1.2　求函数 $z=x\sin y+y\cos x$ 的偏导函数.

解：对变量 x 求偏导函数时，把变量 y 当常数，

$$z'_x=\sin y-y\sin x.$$

类似地，对变量 y 求偏导函数为

$$z'_y=x\cos y+\cos x.$$

例 10.1.3　讨论函数 $z(x,y)=\begin{cases}\dfrac{xy}{x^2+y^2}, & x^2+y^2\neq 0,\\ 0, & x^2+y^2=0\end{cases}$ 在点 $(0,0)$ 处是否可求偏导.

解：对变量 x 求偏导数时，变量 $y=0$，此时 $z(x,0)=0$，故

$$z'_x(0,0)=0.$$

对变量 y 求偏导数时，变量 $x=0$，此时 $z(0,y)=0$，故

$$z'_y(0,0)=0.$$

所以，函数在点 $(0,0)$ 处可偏导，且偏导数值 $z'_x(0,0)=z'_y(0,0)=0$.

10.1.2　偏导数的几何意义

假设区域 D 内的二元函数 $z=f(x,y)$ 表示一曲面，如果固定变量 $y=y_0$，此时一元函数 $z=f(x,y_0)$ 表示曲面内的一条曲线，如

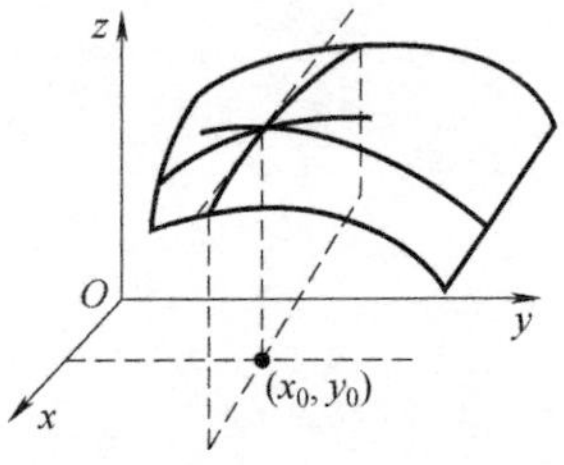

图 10.1.1

图 10.1.1 所示. 由一元函数导数的几何意义知道，可导表示这条曲线在该点处有切线，且斜率有限. 所以偏导数存在的前提是：曲线 $z=f(x,y_0)$ 和 $z=f(x_0,y)$ 有切线，且切线斜率有限.

多元函数偏导数的几何意义也告诉我们，函数在点 (x_0,y_0) 处可偏导，说明曲面在该点处的两条特殊曲线有切线，当然这两条特殊曲线在该点处连续. 但对点 (x_0,y_0) 附近邻域其他的情况没有任何要求，故不能保证函数 $z=f(x,y)$ 在点 (x_0,y_0) 处连续. 所以，可偏导函数未必连续. 比如上面的例 10.1.3，函数在点 $(0,0)$ 处有偏导数，但我们知道函数在该点处不连续，因

$$\lim_{x=y\to 0} f(x,y)=\lim_{x=y\to 0}\frac{xy}{x^2+y^2}=\lim_{x\to 0}\frac{x^2}{2x^2}=\frac{1}{2}\neq f(0,0).$$

同时，连续函数也未必可导，比如连续函数 $z=\sqrt{x^2+y^2}$ 在点 $(0,0)$ 不可导，两个偏导数都不存在；连续函数 $z=\sqrt{x^2+y^4}$ 在点 $(0,0)$ 对变量 x 的导数不存在，但对变量 y 可导.

10.1.3 全微分

我们下面把一元函数 $y=f(x)$ 在点 $x=x_0$ 处的微分的概念推广到二元函数.

定义 10.1.2 设二元函数 $z=f(x,y)$ 在点 (x_0,y_0) 的某邻域有定义，考虑该邻域内的点 (x,y)，记自变量 x 的增量 $\Delta x=x-x_0$，自变量 y 的增量 $\Delta y=y-y_0$，因变量 z 的增量

$$\Delta z=f(x_0+\Delta x,y_0+\Delta y)-f(x_0,y_0).$$

如果存在常数 A、B，使得 $\Delta z=A\Delta x+B\Delta y+o(\rho)\quad(\rho\to 0)$，即

$$\lim_{\rho\to 0}\frac{\Delta z-A\Delta x-B\Delta y}{\rho}=0,$$

这里 $\rho=\sqrt{(\Delta x)^2+(\Delta y)^2}$，$A$，$B$ 为只依赖于点 (x_0,y_0)，不依赖于 Δx，Δy 的常数，称函数 $z=f(x,y)$ 在点 (x_0,y_0) 处可微；式中增量的线性主要部分 $A\Delta x+B\Delta y$ 称为函数 $z=f(x,y)$ 在点 (x_0,y_0) 处的全微分，记为 $\mathrm{d}z$，即

$$\mathrm{d}z=A\Delta x+B\Delta y.$$

定理 10.1.1（可微的必要条件） 设函数 $z=f(x,y)$ 在点 (x_0,y_0) 处可微，则 $z=f(x,y)$ 在点 (x_0,y_0) 处连续.

证明： 因函数 $z=f(x,y)$ 在点 (x_0,y_0) 处可微，即

$$\Delta z=f(x_0+\Delta x,y_0+\Delta y)-f(x_0,y_0)=A\Delta x+B\Delta y+o(\rho)\quad(\rho\to0).$$

等价于

$$\lim_{\rho\to0}\frac{\Delta z-A\Delta x-B\Delta y}{\rho}=0.$$

可得

$$\lim_{\rho\to0}(\Delta z-A\Delta x-B\Delta y)=\lim_{\rho\to0}\frac{\Delta z-A\Delta x-B\Delta y}{\rho}\cdot\rho=0.$$

再由

$$\lim_{\rho\to0}(A\Delta x+B\Delta y)=0,$$

得到

$$\lim_{\rho\to0}(f(x_0+\Delta x,y_0+\Delta y)-f(x_0,y_0))=\lim_{\rho\to0}\Delta z=0,$$

即：$z=f(x,y)$在点(x_0,y_0)处连续.

定理 10.1.2（可微的必要条件）　设函数 $z=f(x,y)$ 在点(x_0,y_0)处可微，则 $z=f(x,y)$ 在点(x_0,y_0)处可偏导，且

$$\Delta z=f'_x(x_0,y_0)\Delta x+f'_y(x_0,y_0)\Delta y+o(\rho)\quad(\rho\to0).$$

证明：因函数 $z=f(x,y)$ 在点(x_0,y_0)处可微，即存在常数 A，B，使得

$$\Delta z=f(x_0+\Delta x,y_0+\Delta y)-f(x_0,y_0)=A\Delta x+B\Delta y+o(\rho)\quad(\rho\to0),$$

则

$$f'_x(x_0,y_0)=\lim_{\Delta x\to0}\frac{f(x_0+\Delta x,y_0)-f(x_0,y_0)}{\Delta x}=\lim_{\Delta x\to0}\frac{A\Delta x+o(|\Delta x|)}{\Delta x}=A,$$

$$f'_y(x_0,y_0)=\lim_{\Delta y\to0}\frac{f(x_0,y_0+\Delta y)-f(x_0,y_0)}{\Delta y}=\lim_{\Delta y\to0}\frac{B\Delta y+o(|\Delta y|)}{\Delta y}=B.$$

故有 $z=f(x,y)$ 在点(x_0,y_0)处可偏导，且

$$\Delta z=f'_x(x_0,y_0)\Delta x+f'_y(x_0,y_0)\Delta y+o(\rho)\quad(\rho\to0).$$

定理 10.1.3（可微的充分条件）　设函数 $z=f(x,y)$ 在点(x_0,y_0)及其附近可偏导，且至少有一个偏导函数在点(x_0,y_0)处连续. 则 $z=f(x,y)$ 在点(x_0,y_0)处可微.

证明：不妨假设对变量 x 的偏导函数 $f'_x(x,y)$ 在点(x_0,y_0)处连续. 当自变量增量 Δx，Δy 较小时，点(x_0,y_0)处函数 $z=f(x,y)$ 的增量可表示为

$$\begin{aligned}\Delta z&=f(x_0+\Delta x,y_0+\Delta y)-f(x_0,y_0)\\&=f(x_0+\Delta x,y_0+\Delta y)-f(x_0,y_0+\Delta y)+f(x_0,y_0+\Delta y)-f(x_0,y_0).\end{aligned}$$

由函数 $z=f(x,y)$ 在点(x_0,y_0)及$(x_0+\Delta x,\ y_0)$可偏导，则有

$$f(x_0+\Delta x,y_0+\Delta y)-f(x_0,y_0+\Delta y)$$
$$=f'_x(x_0,y_0+\Delta y)\Delta x+o(\Delta x)\quad(\Delta x\to 0),$$
$$f(x_0,y_0+\Delta y)-f(x_0,y_0)=f'_y(x_0,y_0)\Delta y+o(\Delta y)\quad(\Delta y\to 0).$$

得

$$\Delta z=f'_x(x_0,y_0+\Delta y)\Delta x+f'_y(x_0,y_0)\Delta y+o(\Delta x)+o(\Delta y).$$

偏导函数连续，即

$$f'_x(x_0,y_0+\Delta y)=f(x_0,y_0)+o(1)\quad(\Delta y\to 0).$$

得

$$\begin{aligned}\Delta z&=f'_x(x_0,y_0)\Delta x+f'_y(x_0,y_0)\Delta y+o(\Delta x)+o(\Delta y)\\&=f'_x(x_0,y_0)\Delta x+f'_y(x_0,y_0)\Delta y+o(\rho).\end{aligned}$$

即函数 $z=f(x,y)$ 在点 (x_0,y_0) 处可微.

类似于一元函数，规定自变量的增量 Δx，Δy 等于自变量的微分 dx，dy，即

$$dx=\Delta x,\ dy=\Delta y.$$

所以，函数 $z=f(x,y)$ 在点 (x_0,y_0) 处的全微分经常写作

$$dz=f'_x(x_0,y_0)dx+f'_y(x_0,y_0)dy.$$

对于一般 n 元函数 $u=f(x_1,x_2,\cdots,x_n)$ 的情况，有类似的偏导数和全微分的定义．函数对第 i 个自变量 x_i 的偏导数：

$$\begin{aligned}\frac{\partial u}{\partial x_i}&=\lim_{\Delta x_i\to 0}\frac{f(x_1,x_2,\cdots,x_i+\Delta x_i,\cdots,x_n)-f(x_1,x_2,\cdots,x_i,\cdots,x_n)}{\Delta x_i}\\&=f'_{x_i}(x_1,x_2,\cdots,x_i,\cdots,x_n).\end{aligned}$$

记因变量增量

$$\Delta u=f(x_1+\Delta x_1,x_2+\Delta x_2,\cdots,x_n+\Delta x_n)-f(x_1,x_2,\cdots,x_n),$$

如果存在常数 $A_1,A_2,\cdots,A_n$，使得

$$\Delta u=\sum_{i=1}^{n}A_i\Delta x_i+o(\rho)\quad(\rho\to 0),$$

这里 $\rho=\sqrt{(\Delta x_1)^2+(\Delta x_2)^2+\cdots+(\Delta x_n)^2}$，我们称函数 $u=f(x_1,x_2,\cdots,x_n)$ 在点 $(x_1,x_2,\cdots,x_n)$ 处可微，称全微分为

$$du=A_1\Delta x_1+A_2\Delta x_2+\cdots+A_n\Delta x_n.$$

10.1.4 全微分的几何意义

我们知道，一元函数 $y=f(x)$ 在点 $x=x_0$ 处可微等价于可导，且微分 $dy=f'(x_0)dx$ 表示曲线在点 (x_0,y_0) 处的切线方程

$$y-y_0=f'(x_0)(x-x_0).$$

多元函数 $z=f(x,y)$ 在点 (x_0,y_0) 处可微，则必可偏导，且其全微分

$$dz=f'_x(x_0,y_0)dx+f'_y(x_0,y_0)dy,$$

这个全微分可以看作过点 (x_0,y_0,z_0) 的一个平面，方程为

$$z-z_0=f'_x(x_0,y_0)(x-x_0)+f'_y(x_0,y_0)(y-y_0).$$

由可微性，

$$\Delta z-f'_x(x_0,y_0)\Delta x-f'_y(x_0,y_0)\Delta y=o(\rho)\quad(\rho\to0),$$

可知上述平面为曲面 $z=f(x,y)$ 在点 (x_0,y_0,z_0) 处的切平面. 同时可知，切平面的法向量

$$\boldsymbol{n}=(-f'_x(x_0,y_0),-f'_y(x_0,y_0),1).$$

10.1.5 方向导数

方向导数的问题我们以三元函数 $u=f(x,y,z)$ 为例，研究三维空间中的函数沿方向向量 $\boldsymbol{l}$ 的变化率问题. 对空间一点 (x_0,y_0,z_0) 沿方向 $\boldsymbol{l}$ 上的增量 $(\Delta x,\Delta y,\Delta z)$ 对应的函数值的增量

$$\Delta u=f(x_0+\Delta x,y_0+\Delta y,z_0+\Delta z)-f(x_0,y_0,z_0)$$

与自变量增量长度 $\rho=\sqrt{(\Delta x)^2+(\Delta y)^2+(\Delta z)^2}$ 之比的极限

$$\lim_{\rho\to0}\frac{f(x_0+\Delta x,y_0+\Delta y,z_0+\Delta z)-f(x_0,y_0,z_0)}{\rho}.$$

记向量 $\boldsymbol{l}$ 的方向余弦为 $\boldsymbol{l}^0=(\cos\alpha,\cos\beta,\cos\gamma)$，则增量满足

$$\Delta x=\rho\cos\alpha,\ \Delta y=\rho\cos\beta,\ \Delta z=\rho\cos\gamma.$$

定义 10.1.3　设三元函数 $u=f(x,y,z)$ 在点 (x_0,y_0,z_0) 及其附近有定义，给定方向 $\boldsymbol{l}$，以点 (x_0,y_0,z_0) 为起点，沿方向 $\boldsymbol{l}$ 的射线上任取一点 $(x_0+\Delta x,y_0+\Delta y,z_0+\Delta z)$，记自变量增量长度为

$$\rho=\sqrt{(\Delta x)^2+(\Delta y)^2+(\Delta z)^2}.$$

对应的函数值的增量记为

$$\Delta u=f(x_0+\Delta x,y_0+\Delta y,z_0+\Delta z)-f(x_0,y_0,z_0)$$

如果函数值增量与自变量增量长度之比的极限

$$\lim_{\rho\to0}\frac{f(x_0+\Delta x,y_0+\Delta y,z_0+\Delta z)-f(x_0,y_0,z_0)}{\rho}$$

存在，则称函数 $u=f(x,y,z)$ 在点 (x_0,y_0,z_0) 沿方向 $\boldsymbol{l}$ 可导，并称该极限为函数 $u=f(x,y,z)$ 在点 (x_0,y_0,z_0) 沿方向 $\boldsymbol{l}$ 的方向导数，记为

$$\left.\frac{\partial u}{\partial \boldsymbol{l}}\right|_{(x_0,y_0,z_0)}\quad\text{或}\quad\left.\frac{\partial f}{\partial \boldsymbol{l}}\right|_{(x_0,y_0,z_0)}.$$

定理 10.1.4　设三元函数 $u=f(x,y,z)$ 在点 (x_0,y_0,z_0) 处可微，则函数 $u=f(x,y,z)$ 在该点处沿任意方向 $\boldsymbol{l}$ 可导，记方向 $\boldsymbol{l}$ 的方向余弦 $\boldsymbol{l}^0=(\cos\alpha,\cos\beta,\cos\gamma)$，则方向导数为

$$\left.\frac{\partial f}{\partial \boldsymbol{l}}\right|_{(x_0,y_0,z_0)}=f'_x(x_0,y_0,z_0)\cos\alpha+f'_y(x_0,y_0,z_0)\cos\beta+f'_z(x_0,y_0,z_0)\cos\gamma.$$

证明：考虑在方向 $\boldsymbol{l}$ 上的增量 Δx，Δy，Δz，记 $\rho=\sqrt{(\Delta x)^2+(\Delta y)^2+(\Delta z)^2}$，则

$$\Delta x=\rho\cos\alpha,\ \Delta y=\rho\cos\beta,\ \Delta z=\rho\cos\gamma.$$

由可微性，因变量增量

$$\begin{aligned}\Delta f&=f(x_0+\Delta x,y_0+\Delta y,z_0+\Delta z)-f(x_0,y_0,z_0)\\&=f'_x(x_0,y_0,z_0)\Delta x+f'_y(x_0,y_0,z_0)\Delta y+f'_z(x_0,y_0,z_0)\Delta z+o(\rho).\end{aligned}$$

则方向导数

$$\begin{aligned}&\left.\frac{\partial u}{\partial \boldsymbol{l}}\right|_{(x_0,y_0,z_0)}\\&=\lim_{\rho\to0}\frac{f(x_0+\Delta x,y_0+\Delta y,z_0+\Delta z)-f(x_0,y_0,z_0)}{\rho}\\&=\lim_{\rho\to0}\frac{f'_x(x_0,y_0,z_0)\Delta x+f'_y(x_0,y_0,z_0)\Delta y+f'_z(x_0,y_0,z_0)\Delta z+o(\rho)}{\rho}\\&=\lim_{\rho\to0}\frac{f'_x(x_0,y_0,z_0)\rho\cos\alpha+f'_y(x_0,y_0,z_0)\rho\cos\beta+f'_z(x_0,y_0,z_0)\rho\cos\gamma}{\rho}\\&=f'_x(x_0,y_0,z_0)\cos\alpha+f'_y(x_0,y_0,z_0)\cos\beta+f'_z(x_0,y_0,z_0)\cos\gamma.\end{aligned}$$

方向导数可以看作

$$\left.\frac{\partial f}{\partial \boldsymbol{l}}\right|_{(x_0,y_0,z_0)}=(f'_x(x_0,y_0,z_0),f'_y(x_0,y_0,z_0),f'_z(x_0,y_0,z_0))\cdot(\cos\alpha,\cos\beta,\cos\gamma).$$

注意到，有一个方向 $\boldsymbol{l}$，使得方向导数达到最大值，这个方向 $\boldsymbol{l}$ 是与向量

$$(f'_x(x_0,y_0,z_0),f'_y(x_0,y_0,z_0),f'_z(x_0,y_0,z_0))$$

的方向一致的，此时的方向导数为

$$\sqrt{f'^2_x(x_0,y_0,z_0)+f'^2_y(x_0,y_0,z_0)+f'^2_z(x_0,y_0,z_0)}.$$

我们把向量

$$(f'_x(x_0,y_0,z_0),f'_y(x_0,y_0,z_0),f'_z(x_0,y_0,z_0))$$

称为函数 $u=f(x,y,z)$ 在点 (x_0,y_0,z_0) 处的梯度，记为

$$\nabla f(x_0,y_0,z_0)=(f'_x(x_0,y_0,z_0),f'_y(x_0,y_0,z_0),f'_z(x_0,y_0,z_0)).$$

梯度是方向导数达到最大的一个向量，大小等于方向导数的最大值. 所以沿方向 $\boldsymbol{l}$ 的方向导数为

$$\frac{\partial f}{\partial \boldsymbol{l}}=\nabla f\cdot\boldsymbol{l}^0.$$

习题 10.1

1. 求下列函数的偏导数：

(1) $z=x^2\sin xy$;

(2) $z=\ln(x^2+y^2)$;

(3) $z=\tan(xe^y)$;

(4) $z=\ln(x+\sqrt{x^2+y^2})$;

(5) $u=x^{\sin y}+z^{\cos x}$;

(6) $u=\sqrt{x^2+y^2+z^2}$;

(7) $u=\ln(\sqrt{x^2+y^2+z^2})$;

(8) $u=\dfrac{x}{\sqrt{x^2+y^2+z^2}}$.

2. 讨论下面函数在原点(0,0)处的可导性：

(1) $z=\begin{cases} x\sin\dfrac{1}{x^2+y^2}, & x^2+y^2\neq 0, \\ 0, & x=y=0; \end{cases}$

(2) $z=\begin{cases} \dfrac{xy}{x^2+y^2}, & x^2+y^2\neq 0, \\ 0, & x=y=0; \end{cases}$

(3) $z=\begin{cases} x^2+y^2, & xy\neq 0, \\ 1, & xy=0; \end{cases}$

(4) $z=\begin{cases} \dfrac{x}{\sqrt{x^2+y^2}}, & x^2+y^2\neq 0, \\ 0, & x=y=0. \end{cases}$

3. 求下列函数的全微分：

(1) $z=x^2+y^2-xy$;　(2) $z=\ln(x^2+y^2)$;

(3) $z=\sqrt{y}\sin x^2y$;　(4) $z=\arctan\dfrac{y}{x}$;

(5) $u=\dfrac{1}{\sqrt{x^2+y^2+z^2}}$;　(6) $u=\sqrt{x^2+y^2+z^2}$;

(7) $u=\ln(x^2+y^2+z^2)$;　(8) $u=\dfrac{x}{\sqrt{x^2+y^2+z^2}}$.

4. 求下列函数在指定点与方向上的方向导数：

(1) $z=x^2y$，在点(1,1)处沿向量(1,1)的方向导数；

(2) $z=\ln(x^2+y^2)$，在点(1,0)处沿向量$(1,\sqrt{3})$的方向导数；

(3) $u=\sqrt{x^2+y^2+z^2}$，在点(0,0,0)处沿向量(1,1,1)的方向导数；

(4) $u=\ln(x^2+y^2+z^2)$，在点(0,0,1)处沿向量(0,0,1)的方向导数.

10.2 高阶偏导数与复合函数微分法

本节介绍对多元函数的偏导函数再次求导而得的高阶偏导数和高阶微分、复合函数的偏导数、全微分形式不变性等.

10.2.1 高阶偏导数

设 $z=f(x,y)$ 在区域 D 内的偏导函数

$$\frac{\partial z}{\partial x}=f'_x(x,y),\quad \frac{\partial z}{\partial y}=f'_y(x,y)$$

作为函数可继续求偏导数，我们称它们为函数 $z=f(x,y)$ 的二阶偏导函数. 具体包含以下四个二阶偏导数：

$$\frac{\partial}{\partial x}\left(\frac{\partial z}{\partial x}\right)=\frac{\partial^2 z}{\partial x^2}=z''_{xx}=f''_{xx}(x,y),\quad \frac{\partial}{\partial y}\left(\frac{\partial z}{\partial x}\right)=\frac{\partial^2 z}{\partial x\partial y}=z''_{xy}=f''_{xy}(x,y),$$

$$\frac{\partial}{\partial x}\left(\frac{\partial z}{\partial y}\right)=\frac{\partial^2 z}{\partial y\partial x}=z''_{yx}=f''_{yx}(x,y),\quad \frac{\partial}{\partial y}\left(\frac{\partial z}{\partial y}\right)=\frac{\partial^2 z}{\partial y^2}=z''_{yy}=f''_{yy}(x,y).$$

其中，$f''_{xx}(x,y)$，$f''_{yy}(x,y)$ 称为纯偏导数，$f''_{xy}(x,y)$，$f''_{yx}(x,y)$ 称为混合偏导数. 接下去，如果还可以继续求偏导，可以进一步得到三阶、四阶、…直至 n 阶偏导数. 通常我们把二阶以及二阶以上的偏导数称为高阶偏导数.

例 10.2.1 设函数 $z=x^2y^3+x^3y-xy-x$，求 z''_{xx}，z''_{xy}，z''_{yx}，z''_{yy}.

解： $z'_x=2xy^3+3x^2y-y-1$，$z'_y=3x^2y^2+x^3-x$.

$$z''_{xx}=2y^3+6xy,\quad z''_{xy}=6xy^2+3x^2-1,$$

$$z''_{yx}=6xy^2+3x^2-1,\quad z''_{yy}=6x^2y.$$

注意到，本例中两个混合偏导数 z''_{xy}，z''_{yx} 相等. 如果对所有函数都是这样的话，就说明求混合偏导可以交换顺序. 事实上，这两个混合偏导数是可以不相等的.

例 10.2.2 设函数

$$z=\begin{cases} xy\dfrac{x^2-y^2}{x^2+y^2}, & x^2+y^2\neq 0,\\ 0, & x=y=0.\end{cases}$$

求 $z''_{xy}(0,0)$，$z''_{yx}(0,0)$.

解： $z(0,y)=z(x,0)=0$，$z'_x(0,0)=z'_y(0,0)=0$，给定点 $(0,y)$，$(x,0)$，

$$z'_x(0,y)=\lim_{x\to 0}\frac{z(x,y)-z(0,y)}{x-0}=\lim_{x\to 0}\frac{xy\dfrac{x^2-y^2}{x^2+y^2}}{x}=-y,$$

$$z'_y(x,0)=\lim_{y\to 0}\frac{z(x,y)-z(x,0)}{y-0}=\lim_{y\to 0}\frac{xy\dfrac{x^2-y^2}{x^2+y^2}}{y}=x.$$

所以，

$$z''_{xy}(0,0)=\lim_{y\to 0}\frac{z'_x(0,y)-z'_x(0,0)}{y-0}=-1,$$

$$z''_{yx}(0,0)=\lim_{x\to 0}\frac{z'_y(x,0)-z'_y(0,0)}{x-0}=1.$$

显然，$z''_{xy}(0,0)\neq z''_{yx}(0,0)$.

这个例子说明混合偏导数有可能不相等. 但是在满足一定条件下，依然有下面定理(证明从略).

定理 10.2.1 设函数 $z=f(x,y)$ 在点 (x_0,y_0) 及其附近有二阶混合偏导数 $f''_{xy}(x,y)$、$f''_{xy}(x,y)$，如果二阶混合偏导数在点 (x_0,y_0) 处连续，则 $f''_{xy}(x_0,y_0)=f''_{yx}(x_0,y_0)$.

10.2.2 高阶微分

设 $z=f(x,y)$ 为可微函数，则其一阶全微分为

$$dz=f'_x(x,y)\,dx+f'_y(x,y)\,dy.$$

注意到这里的自变量是 x，y，而自变量微分 dx，dy 不是自变量的函数，再次求微分时，当作常数来运算，可定义二阶微分：

$$\begin{aligned} d^2z &= d(dz) = d(f'_x(x,y)dx+f'_y(x,y)dy) \\ &= f''_{xx}(x,y)dx^2+f''_{xy}(x,y)dydx+f''_{yx}(x,y)dxdy+f''_{yy}(x,y)dy^2, \end{aligned}$$

这里 $dx^2=(dx)^2$，$dxdy$ 表示两个自变量的微分之积. 当函数 $z=f(x,y)$ 具有二阶连续偏导数时，$f''_{xy}(x,y)=f''_{yx}(x,y)$，故函数 $z=f(x,y)$ 的二阶微分

$$d^2z=f''_{xx}(x,y)dx^2+2f''_{xy}(x,y)dxdy+f''_{yy}(x,y)dy^2.$$

形式上，如果把一阶微分运算记为

$$dz=\left(dx\frac{\partial}{\partial x}+dy\frac{\partial}{\partial y}\right)f(x,y),$$

其中 $dx\frac{\partial}{\partial x}+dy\frac{\partial}{\partial y}$ 称为微分算子，则二阶微分可以记为

$$d^2z=\left(dx\frac{\partial}{\partial x}+dy\frac{\partial}{\partial y}\right)^2f(x,y).$$

进一步，如果二阶微分可微，即二阶偏导函数 $f''_{xx}(x,y)$，$f''_{xy}(x,y)$，$f''_{yy}(x,y)$ 可微(连续偏导数)，则可定义三阶微分

$$\begin{aligned} d^3z &= \left(dx\frac{\partial}{\partial x}+dy\frac{\partial}{\partial y}\right)^3f(x,y) \\ &= f'''_{xxx}(x,y)dx^3+3f'''_{xxy}(x,y)dx^2dy+3f'''_{xyy}(x,y)dxdy^2+f'''_{yyy}dy^3. \end{aligned}$$

一般地，我们可以定义函数 $z=f(x,y)$ 的 $n(n\geqslant 2)$ 阶微分，称二阶及二阶以上的微分为高阶微分.

10.2.3　复合函数的求导法则

我们可以把一元复合函数求导的链式法则推广到多元复合函数的求导法则.

定理 10.2.2　设二元函数 $z=f(u,v)$ 在点 (u,v) 可微，而 $u=u(x)$，$v=v(x)$ 对变量 x 可导，则复合函数 $z=f(u(x),v(x))$ 在 x 处也可导，且

$$\frac{dz}{dx}=\frac{\partial f}{\partial u}\cdot\frac{du}{dx}+\frac{\partial f}{\partial v}\cdot\frac{dv}{dx}.$$

证明：由自变量 x 的变化，所对应的因变量 z 的增量 Δz 与自变量增量 Δx 之比的极限为

$$\begin{aligned} \lim_{\Delta x\to 0}\frac{\Delta z}{\Delta x} &= \lim_{\Delta x\to 0}\frac{f(u(x+\Delta x),v(x+\Delta x))-f(u(x),v(x))}{\Delta x} \\ &= \lim_{\Delta x\to 0}\frac{f'_u(u,v)\Delta u+f'_v(u,v)\Delta v+o(\sqrt{(\Delta u)^2+(\Delta v)^2})}{\Delta x} \end{aligned}$$

$$=f'_u(u,v)u'(x)+f'_v(u,v)v'(x).$$

推论 设二元函数 $z=f(u,v)$ 在点 (u,v) 可微，而 $u=u(x,y)$，$v=v(x,y)$ 对变量 x，y 可偏导，则复合函数 $z=f(u(x,y),v(x,y))$ 在 (x,y) 处也可导，且

$$\frac{\partial z}{\partial x}=\frac{\partial f}{\partial u}\cdot\frac{\partial u}{\partial x}+\frac{\partial f}{\partial v}\cdot\frac{\mathrm{d}v}{\mathrm{d}x},$$

$$\frac{\partial z}{\partial y}=\frac{\partial f}{\partial u}\cdot\frac{\partial u}{\partial y}+\frac{\partial f}{\partial v}\cdot\frac{\mathrm{d}v}{\mathrm{d}y}.$$

习惯上，对函数 $z=f(u,v)$ 用 f'_1，f'_2 代替 f'_u，f'_v，分别表示对函数关系 f 的第一个变量和第二个变量求偏导，用 f''_{11}，f''_{12}，f''_{21}，f''_{22} 代替 f''_{uu}，f''_{uv}，f''_{vu}，f''_{vv}.

例 10.2.3 设函数 $z=f(u,v)$ 在点 (u,v) 可微，而 $u=x+2y$，$v=x-2y$. 求 $\frac{\partial z}{\partial x}$，$\frac{\partial z}{\partial y}$.

解：
$$\frac{\partial z}{\partial x}=f'_u\cdot\frac{\partial u}{\partial x}+f'_v\cdot\frac{\partial v}{\partial x}=f'_u+f'_v,$$

$$\frac{\partial z}{\partial y}=f'_u\cdot\frac{\partial u}{\partial y}+f'_v\cdot\frac{\partial v}{\partial y}=2f'_u-2f'_v.$$

例 10.2.4 设函数 $u=f(x,xy,xyz)$ 是可微函数. 求 $\frac{\partial u}{\partial x}$，$\frac{\partial u}{\partial y}$，$\frac{\partial u}{\partial z}$.

解：
$$\frac{\partial u}{\partial x}=f'_1\cdot\frac{\partial x}{\partial x}+f'_2\cdot\frac{\partial(xy)}{\partial x}+f'_3\cdot\frac{\partial(xyz)}{\partial x}=f'_1+yf'_2+yzf'_3,$$

$$\frac{\partial u}{\partial y}=f'_2\cdot\frac{\partial(xy)}{\partial y}+f'_3\cdot\frac{\partial(xyz)}{\partial y}=xf'_2+xzf'_3.$$

$$\frac{\partial u}{\partial z}=f'_3\cdot\frac{\partial(xyz)}{\partial z}=xyf'_3.$$

这里注意区分 $\frac{\partial u}{\partial x}$，$\frac{\partial f}{\partial x}$，$f'_1$ 的不同，这种情况一般用 f'_1 表示对第一个变量求偏导数，而不用符号 $\frac{\partial f}{\partial x}$ 表示；符号 $\frac{\partial u}{\partial x}$ 表示因变量 u 对自变量 x 的偏导数.

例 10.2.5 设函数 $u=f(x,y,z)$ 与 $z=g(x,y)$ 均有二阶连续偏导数. 求 $\frac{\partial^2 u}{\partial x^2}$，$\frac{\partial^2 u}{\partial x\partial y}$，$\frac{\partial^2 u}{\partial y^2}$.

解：
$$\frac{\partial u}{\partial x}=f'_1+f'_3g'_1,\quad \frac{\partial u}{\partial y}=f'_2+f'_3g'_2.$$

$$\frac{\partial^2 u}{\partial x^2}=\frac{\partial}{\partial x}(f_1'+f_3'g_1')=f_{11}''+f_{13}''g_1'+f_{31}''g_1'+f_{33}''g_1'^2+f_3'g_{11}''$$

$$=f_{11}''+2f_{13}''g_1'+f_{33}''g_1'^2+f_3'g_{11}'',$$

$$\frac{\partial^2 u}{\partial x\,\partial y}=\frac{\partial}{\partial y}(f_1'+f_3'g_1')=f_{12}''+f_{13}''g_2'+f_{32}''g_1'+f_{33}''g_1'g_2'+f_3'g_{12}'',$$

$$\frac{\partial^2 u}{\partial y^2}=\frac{\partial}{\partial y}(f_2'+f_3'g_2')=f_{22}''+f_{23}''g_2'+f_{32}''g_2'+f_{33}''g_2''^2+f_3'g_{22}''$$

$$=f_{22}''+2f_{23}''g_2'+f_{33}''g_2''^2+f_3g_{22}''.$$

10.2.4 一阶微分形式不变性

设 $z=f(u,v)$ 为可微函数，则其全微分

$$\mathrm{d}z=f_u'(u,v)\,\mathrm{d}u+f_v'(u,v)\,\mathrm{d}v.$$

再有函数 $u=u(x,y)$，$v=v(x,y)$ 也为可微函数，则其全微分为

$$\mathrm{d}u=u_x'\mathrm{d}x+u_y\mathrm{d}y,\quad \mathrm{d}v=v_x'\mathrm{d}x+v_y'\mathrm{d}y.$$

如果把 u，v 当作中间变量，x，y 当作自变量，代入得

$$\begin{aligned}\mathrm{d}z&=f_u'(u_x'\mathrm{d}x+u_y'\mathrm{d}y)+f_v'(v_x'\mathrm{d}x+v_y'\mathrm{d}y)\\&=(f_u'u_x'+f_v'v_x')\mathrm{d}x+(f_u'u_y'+f_v'v_y')\mathrm{d}y.\end{aligned}$$

注意到

$$\frac{\partial z}{\partial x}=\frac{\partial f}{\partial u}\cdot\frac{\partial u}{\partial x}+\frac{\partial f}{\partial v}\cdot\frac{\mathrm{d}v}{\mathrm{d}x},$$

$$\frac{\partial z}{\partial y}=\frac{\partial f}{\partial u}\cdot\frac{\partial u}{\partial y}+\frac{\partial f}{\partial v}\cdot\frac{\mathrm{d}v}{\mathrm{d}y}.$$

得等式

$$\mathrm{d}z=\frac{\partial z}{\partial x}\mathrm{d}x+\frac{\partial z}{\partial y}\mathrm{d}y.$$

即，不管变量 u，v 是中间变量，还是 x，y 是自变量，因变量 z 的全微分始终有形式

$$\mathrm{d}z=\frac{\partial z}{\partial u}\mathrm{d}u+\frac{\partial z}{\partial v}\mathrm{d}v,$$

$$\mathrm{d}z=\frac{\partial z}{\partial x}\mathrm{d}x+\frac{\partial z}{\partial y}\mathrm{d}y.$$

这个性质称为一阶微分形式不变性.

例 10.2.6 设函数 $f(x,y)$ 有一阶连续偏导数，$u=f\left(\frac{x}{y},\frac{y}{z}\right)$. 求 $\frac{\partial u}{\partial x}$，$\frac{\partial u}{\partial y}$，$\frac{\partial u}{\partial z}$.

解：

$$\mathrm{d}u=f_1'\mathrm{d}\left(\frac{x}{y}\right)+f_2'\mathrm{d}\left(\frac{y}{z}\right)$$

$$=f_1'\cdot\frac{y\mathrm{d}x-x\mathrm{d}y}{y^2}+f_3'\cdot\frac{z\mathrm{d}y-y\mathrm{d}z}{z^2}$$

$$=\frac{f_1'}{y}\mathrm{d}x-\left(\frac{xf_1'}{y^2}-\frac{f_2'}{z}\right)\mathrm{d}y-\frac{yf_3'}{z^2}\mathrm{d}z,$$

所以，有

$$\frac{\partial u}{\partial x}=\frac{f_1'}{y},\ \frac{\partial u}{\partial y}=-\left(\frac{xf_1'}{y^2}-\frac{f_2'}{z}\right),\ \frac{\partial u}{\partial z}=-\frac{yf_3'}{z^2}.$$

习题 10.2

1. 设 $z=\ln(x^2+y^2)$. 求 $\frac{\partial^2 z}{\partial x^2}$, $\frac{\partial^2 z}{\partial x\partial y}$, $\frac{\partial^2 z}{\partial y^2}$.

2. 设 $z=\arctan\frac{y}{x}$. 求 $\frac{\partial^2 z}{\partial x^2}$, $\frac{\partial^2 z}{\partial x\partial y}$, $\frac{\partial^2 z}{\partial y^2}$.

3. 设 $r=\sqrt{x^2+y^2+z^2}$. 求 $\frac{\partial^2 r}{\partial x^2}$, $\frac{\partial^2 r}{\partial y^2}$, $\frac{\partial^2 r}{\partial z^2}$.

4. 设 $z=u^2+v^2\sin u$, $u=x+xy$, $v=x-xy$. 求 $\frac{\partial z}{\partial x}$, $\frac{\partial z}{\partial y}$.

5. 设 $u=\mathrm{e}^x\sin y+\mathrm{e}^{-x}\cos y$, $x=r\cos\theta$, $y=r\sin\theta$. 求 $\frac{\partial u}{\partial r}$, $\frac{\partial u}{\partial \theta}$.

6. 设 $u=\mathrm{e}^x\ln y+\ln x\cos z$, $x=2t$, $y=t^2$, $z=\mathrm{e}^t$. 求 $\frac{\mathrm{d}u}{\mathrm{d}t}$.

7. 设 $u=\arctan\left(\frac{y}{x}\right)+\ln(x^2+y^2+z^2)$, $y=x\ln x$, $z=\mathrm{e}^x\ln x$. 求 $\frac{\mathrm{d}u}{\mathrm{d}x}$.

8. 设 $u=\mathrm{e}^x f\left(\frac{x}{y},xyz\right)$. 求 $\frac{\partial u}{\partial x}$, $\frac{\partial u}{\partial y}$, $\frac{\partial u}{\partial z}$.

9. 设 $u=f(x^2+y^2+z^2,xy+yz+xz,xyz)$. 求 $\frac{\partial^2 u}{\partial x^2}$, $\frac{\partial^2 u}{\partial x\partial y}$, $\frac{\partial^2 u}{\partial z^2}$.

10.3 多元函数的 Taylor 公式

在一元函数微分学中，微分中值定理与 Taylor(泰勒)公式是非常重要的工具，对多元函数也有相应的微分中值定理与 Taylor 公式. 本节主要讨论二元函数的情形，多元函数的情形可以类似给出.

10.3.1 多元函数的微分中值定理

首先给出二元函数的 Lagrange 微分中值定理.

定理 10.3.1(微分中值定理)　设 $f(x,y)$ 在区域 $D\subseteq\mathbf{R}^2$ 内可微. 假定 $P_0(x_0,y_0)$ 及 $P_1(x_0+\Delta x,y_0+\Delta y)$ 是 D 中两点，且连线 $\overline{P_0P_1}\subseteq D$，则存在 $0<\theta<1$，使得

$$f(x_0+\Delta x,y_0+\Delta y)-f(x_0,y_0)$$
$$=f_x'(x_0+\theta\Delta x,y_0+\theta\Delta y)\Delta x+f_y'(x_0+\theta\Delta x,y_0+\theta\Delta y)\Delta y.$$

证明：令 $\phi(t)=f(x_0+t\Delta x,y_0+t\Delta y)-f(x_0,y_0)$，则

$$\phi(1)=f(x_0+\Delta x,y_0+\Delta y)-f(x_0,y_0),\quad \phi(0)=0.$$

由于函数 $f(x,y)$ 可微，所以函数 $\phi(t)$ 可导，考虑微分中值定理，存在 $0<\theta<1$，使得

$$\phi(1)-\phi(0)=\phi'(\theta).$$

而由复合函数求导，得

$$\phi'(\theta)=f'_x(x_0+\theta\Delta x,y_0+\theta\Delta y)\Delta x+f'_y(x_0+\theta\Delta x,y_0+\theta\Delta y)\Delta y.$$

由此得到所证结论.

注　对 $0<\theta<1$，$(x_0+\theta\Delta x,\ y_0+\theta\Delta y)$ 为连线 $\overline{P_0P_1}$ 上的某个点.

由上述推论，我们容易推出下述结论.

推论 10.3.1　设 $f(x,y)$ 在区域 $D\subseteq\mathbf{R}^2$ 上可微，且 $\dfrac{\partial f}{\partial x}\equiv0$，$\dfrac{\partial f}{\partial y}\equiv0$，则 $f(x,y)$ 在 D 内为常值函数.

10.3.2　多元函数的 Taylor 公式

首先回顾函数 $f(x,y)$ 在点 (x_0,y_0) 处 k 阶微分的概念：

$$\begin{aligned}\mathrm{d}^kf(x_0,y_0)&=\left(\frac{\partial}{\partial x}\Delta x+\frac{\partial}{\partial y}\Delta y\right)^kf(x_0,y_0)\\&=\sum_{j=0}^{k}\mathrm{C}_k^j\,\frac{\partial^kf}{\partial x^{k-j}\,\partial y^j}(x_0,y_0)\Delta x^{k-j}\Delta y^j.\end{aligned}$$

借助这样的记号，二元函数的 Taylor 公式有以下简单的形式.

定理 10.3.2(Taylor 公式)　设函数 $f(x,y)$ 在平面区域 D 上有 $n+1$ 阶连续偏导数. 设 $P_0(x_0,y_0)\in D$ 是给定一点，而 $P_1(x_0+\Delta x,y_0+\Delta y)\in D$ 是另外一点，且连线 $\overline{P_0P_1}\subseteq D$，则存在 $\theta\in(0,1)$，使得

$$\begin{aligned}&f(x_0+\Delta x,y_0+\Delta y)\\&=f(x_0,y_0)+\frac{1}{1!}\mathrm{d}f(x_0,y_0)+\frac{1}{2!}\mathrm{d}^2f(x_0,y_0)+\cdots+\\&\quad\frac{1}{n!}\mathrm{d}^nf(x_0,y_0)+\frac{1}{(n+1)!}\mathrm{d}^{n+1}f(x_0+\theta\Delta x,y_0+\theta\Delta y).\end{aligned}$$

证明：构造一元函数 $\varphi(t)=f(x_0+t\Delta x,y_0+t\Delta y)$. 由复合函数求导公式知，$\varphi(t)$ 具有 $n+1$ 阶连续导数. 因此，由一元函数的 Taylor 公式有

$$\varphi(t)=\varphi(0)+\varphi'(0)t+\frac{\varphi''(0)}{2!}t^2+\cdots+\frac{\varphi^{(n)}(0)}{n!}t^n+\frac{\varphi^{(n+1)}(\theta t)}{(n+1)!}t^{n+1},$$

其中 $0<\theta<1$. 代入 $t=1$，得

$$f(x_0+\Delta x,y_0+\Delta y)=\varphi(1)=\varphi(0)+\varphi'(0)+\frac{\varphi''(0)}{2!}+\cdots+\frac{\varphi^{(n)}(0)}{n!}+\frac{\varphi^{(n+1)}(\theta)}{(n+1)!}.$$

注意到

$$\varphi(0)=f(x_0,y_0),$$

对于 $k=1,2,\cdots,n+1$,

$$\begin{aligned}\varphi^{(k)}(t)&=\sum_{j=0}^{k}C_k^j\frac{\partial^k f}{\partial x^{k-j}\partial y^j}(x_0+t\Delta x,y_0+t\Delta y)\Delta x^{k-j}\Delta y^j\\&=d^kf(x_0+t\Delta x,y_0+t\Delta y).\end{aligned}$$

所以 $\varphi^{(k)}(0)=d^kf(x_0,y_0)$，而 $\varphi^{(n+1)}(\theta)=d^kf(x_0+\theta\Delta x,y_0+\theta\Delta y)$. 由此得到所证的 Taylor 公式.

注　定理 10.3.2 中的余项

$$R_{n+1}=\frac{1}{(n+1)!}d^{n+1}f(x_0+\theta\Delta x,y_0+\theta\Delta y),\quad 0<\theta<1,$$

称为 Lagrange 余项.

下面给出带 Peano 余项的 Taylor 公式.

推论 10.3.2　设函数 $f(x,y)$ 在平面区域 D 上有 n 阶连续偏导数，则对区域 D 中任意一点 (x_0,y_0)，成立下列展开式：

$$\begin{aligned}&f(x_0+\Delta x,y_0+\Delta y)\\&=f(x_0,y_0)+\frac{1}{1!}df(x_0,y_0)+\frac{1}{2!}d^2f(x_0,y_0)+\cdots+\\&\quad\frac{1}{n!}d^nf(x_0,y_0)+o(\rho^n)\quad(\rho\to0).\end{aligned}$$

证明：由定理 10.3.2，我们有

$$\begin{aligned}&f(x_0+\Delta x,y_0+\Delta y)\\&=f(x_0,y_0)+\frac{1}{1!}df(x_0,y_0)+\frac{1}{2!}d^2f(x_0,y_0)+\cdots+\\&\quad\frac{1}{(n-1)!}d^{n-1}f(x_0,y_0)+\frac{1}{n!}d^nf(x_0+\theta\Delta x,y_0+\theta\Delta y).\end{aligned}$$

由此只需要证明

$$d^nf(x_0+\theta\Delta x,y_0+\theta\Delta y)-d^nf(x_0,y_0)=o(\rho^n),\quad\rho\to0.$$

注意到

$$\begin{aligned}&d^nf(x_0+\theta\Delta x,y_0+\theta\Delta y)-d^nf(x_0,y_0)\\&=\sum_{j=0}^{n}C_n^j\Big[\frac{\partial^n f}{\partial x^{n-j}\partial y^j}(x_0+\theta\Delta x,y_0+\theta\Delta y)-\end{aligned}$$

$$\left.\frac{\partial^n f}{\partial x^{n-j}\partial y^j}(x_0,y_0)\right]\Delta x^{n-j}\Delta y^j.$$

由于$f(x,y)$具有 n 阶连续偏导数，因此上式为 $o(\rho^n)$，$\rho\to 0$.

注　如果(x_0,y_0)为$f(x,y)$的驻点，即一阶偏导等于 0，则有

$$f(x_0+\Delta x,y_0+\Delta y)-f(x_0,y_0)$$

$$=\frac{1}{2!}\left[\frac{\partial^2 f}{\partial x^2}(x_0,y_0)(\Delta x)^2+2\frac{\partial^2 f}{\partial x\partial y}(x_0,y_0)\Delta x\Delta y+\right.$$

$$\left.\frac{\partial^2 f}{\partial y^2}(x_0,y_0)(\Delta y)^2\right]+o(\rho^2)\quad(\rho\to 0).$$

这一公式将在下节极值问题的讨论中起关键的作用.

例 10.3.1　设$f(x,y)=x^y(x>0,y>0)$，求$f(x,y)$在$(2,1)$处的二阶 Taylor 多项式.

解：$f(x,y)$在$(2,1)$处的二阶 Taylor 多项式为

$$f(2,1)+\frac{1}{1!}\mathrm{d}f(2,1)+\frac{1}{2!}\mathrm{d}^2f(2,1).$$

其中$f(2,1)=2^1=2$，由于$\frac{\partial f}{\partial x}=yx^{y-1}$，$\frac{\partial f}{\partial y}=x^y\ln x$，所以

$$\mathrm{d}f(2,1)=\frac{\partial f}{\partial x}(2,1)\Delta x+\frac{\partial f}{\partial y}(2,1)\Delta y=\Delta x+2\ln 2\Delta y.$$

二阶偏导数为

$$\frac{\partial^2 f}{\partial x^2}=y(y-1)x^{y-2},\quad\frac{\partial^2 f}{\partial x\partial y}=yx^{y-1}\ln x+x^{y-1},\quad\frac{\partial^2 f}{\partial y^2}=x^y\ln^2 x,$$

由此

$$\mathrm{d}^2f(x_0,y_0)=\frac{\partial^2 f}{\partial x^2}(2,1)(\Delta x)^2+2\frac{\partial^2 f}{\partial x\partial y}(2,1)\Delta x\Delta y+\frac{\partial^2 f}{\partial y^2}(2,1)(\Delta y)^2$$

$$=2(\ln 2+1)\Delta x\Delta y+2\ln^2 2(\Delta y)^2.$$

所以$f(x,y)$在$(2,1)$的二阶 Taylor 多项式为

$$2+\Delta x+2\ln 2\Delta y+(\ln 2+1)\Delta x\Delta y+\ln^2 2(\Delta y)^2.$$

例 10.3.2　求函数$f(x,y)=\ln(1+x+y)$在$(0,0)$处带 Peano 余项的二阶 Taylor 公式.

解法 1：$f'_x(0,0)=f'_y(0,0)=\left.\frac{1}{1+x+y}\right|_{(0,0)}=1,$

$$f''_{xx}(0,0)=f''_{xy}(0,0)=f''_{yy}(0,0)=-\left.\frac{1}{(1+x+y)^2}\right|_{(0,0)}=-1,$$

代入 Taylor 公式，得

$$\ln(1+x+y)=f(0,0)+f'_x(0,0)x+f'_y(0,0)y+\frac{1}{2!}(f''_{xx}(0,0)x^2+$$

$$2f''_{xy}(0,0)xy+f''_{yy}(0,0)y^2)+o(\rho^2)$$
$$=x+y-\frac{1}{2}(x+y)^2+o(\rho^2),\quad \rho\to 0,$$

其中 $\rho=\sqrt{x^2+y^2}$.

解法 2：类似一元函数的情形，二元函数的 Taylor 展式也有唯一性，由此也可以通过其他的途径得到所求的 Taylor 展式．利用一元函数的 Taylor 展开，得

$$\ln(1+u)=u-\frac{1}{2}u^2+o(u^2),\quad u\to 0.$$

代入 $u=x+y$，得

$$\ln(1+x+y)=x+y-\frac{1}{2}(x+y)^2+o((x+y)^2).$$

由于

$$\frac{o(x+y)^2}{\rho^2}=\frac{o(x+y)^2}{(x+y)^2}\cdot\left(\frac{x}{\rho}+\frac{y}{\rho}\right)^2\to 0,$$

由此得

$$\ln(1+x+y)=x+y-\frac{1}{2}(x+y)^2+o(\rho^2),\quad \rho\to 0,$$

其中 $\rho=\sqrt{x^2+y^2}$.

习题 10.3

1. 证明 Taylor 展式具有唯一性：即若

$$\sum_{k=0}^{n}\sum_{i+j=k}a_{ij}x^iy^j=o(\rho^n)\quad(\rho\to 0),$$

则 $a_{ij}=0$，其中 $\rho=\sqrt{x^2+y^2}$.

2. 写出函数 $z=ax^2+2bxy+cy^2$ 在点 $(1,1)$ 的二阶 Taylor 多项式.

3. 将下列函数在点 $(0,0)$ 展开成带 Peano 余项的 Taylor 公式：

(1) $f(x,y)=\ln(1+x+y)$（n 阶）；

(2) $f(x,y)=\cos x\sin y$（三阶）；

(3) $f(x,y)=e^{-x}\cos(x+y)$（三阶）；

(4) $f(x,y)=\dfrac{1+x+y+2xy}{1+x^2+y^2}$（四阶）.

4. 求出三元函数 $u=\cos(x+y+z)$ 在点 $(0,0,0)$ 的二阶 Taylor 多项式，并利用 Taylor 公式证明：

$$\cos(x+y+z)-\cos x\cos y\cos z=-(xy+yz+zx)+o(\rho^2)\quad(\rho\to 0),$$

其中 $\rho=\sqrt{x^2+y^2+z^2}$.

5. 设 $z=f(x,y)$ 在单位圆 $D=\{(x,y):x^2+y^2<1\}$ 内有连续一阶偏导数 f_x 及 f_y，且满足

$$xf'_x(x,y)+yf'_y(x,y)\equiv 0,\quad (x,y)\in D.$$

证明 $f(x,y)$ 是一常值函数.

10.4 隐函数存在定理

隐函数存在定理是分析学中非常重要的一个定理，本节中我们讨论隐函数存在定理在几种不同情形下的表达形式.

10.4.1 隐函数的概念

考虑方程 $F(x,y)=0$，我们关心是否存在函数 $y=y(x)$ 满足这个方程. 对一个简单的方程，例如 $x+y=0$，容易看出存在函数 $y=-x$，$x\in(-\infty,+\infty)$ 满足这个方程. 函数 $y=-x$ 称为由 $x+y=0$ 确定的一个隐函数.

对于更多的方程，一般来说，在 x 的整体取值范围内，并不一定存在函数 $y=y(x)$ 满足方程 $F(x,y)=0$. 例如圆周方程 $x^2+y^2-1=0$，在 x 的整体取值范围 $[-1,1]$ 内，不存在函数 $y=y(x)$ 满足圆周方程.

如果我们不考虑 x 整体取值范围的解，而考虑局部解，则这样的解经常是存在的. 例如在单位圆周 $x^2+y^2-1=0$ 上任取一点 (x_0,y_0)，只要 $y_0\neq 0$，我们总是可以找到点 (x_0,y_0) 的一个小邻域，在此邻域内，对每一个 x，圆周方程唯一地确定一个 y. 即在这样一个小的邻域上，存在函数 $y=y(x)$ 满足圆周方程. 另一方面，对于点 $(1,0)$ 或 $(-1,0)$，则不论邻域取多么小，总存在 x，在该邻域内对应多个 y，从而不存在函数 $y=y(x)$ 满足圆周方程.

对方程 $F(x,y)=0$ 及满足方程的一个点 (x_0,y_0)，如果存在 (x_0,y_0) 的一个邻域，在此邻域内函数 $y=y(x)$ 满足

$$y(x_0)=y_0,\quad F(x,y(x))=0,$$

则称 $y=y(x)$ 是方程 $F(x,y)=0$ 在 (x_0,y_0) 附近所确定的隐函数. 这里我们讨论隐函数总是关心方程在一个点附近的局部解. 如果取 y 为自变量，我们也可以考虑形如 $x=x(y)$ 的隐函数.

类似地，我们可以考虑一般的方程 $F(x_1,x_2,\cdots,x_n,y)=0$ 的形如 $y=y(x_1,x_2,\cdots,x_n)$ 的隐函数，或者更一般的方程组

$$\begin{cases}F_1(x_1,\cdots,x_k,u_1,\cdots,u_m)=0,\\F_2(x_1,\cdots,x_k,u_1,\cdots,u_m)=0,\\\quad\vdots\\F_m(x_1,\cdots,x_k,u_1,\cdots,u_m)=0,\end{cases}$$

形如

$$\begin{cases}u_1=u_1(x_1,\cdots,x_k),\\u_2=u_2(x_1,\cdots,x_k),\\\quad\vdots\\u_m=u_m(x_1,\cdots,x_k)\end{cases}$$

的隐函数.

10.4.2 隐函数存在定理

首先给出由二元方程 $F(x,y)=0$ 所确定的隐函数存在的充分条件.

定理 10.4.1(隐函数存在定理) 设二元函数 $F(x,y)$ 在 (x_0,y_0) 的某个邻域内满足以下条件:

(1) $F(x_0,y_0)=0$;

(2) $F'_x(x,y)$, $F'_y(x,y)$ 连续, 且 $F'_y(x_0,y_0)\neq 0$,

则在 x_0 的某个邻域 $(x_0-\delta,x_0+\delta)$ 内存在唯一的一个连续函数 $y=f(x)$, 使得 $y_0=f(x_0)$, 且

$$F(x,f(x))=0,\quad \forall x\in(x_0-\delta,x_0+\delta).$$

此外在 $(x_0-\delta,x_0+\delta)$ 内 $y=f(x)$ 可导, 满足

$$f'(x)=-\frac{F'_x(x,y)}{F'_y(x,y)}.$$

证明: 不妨设 $F'_y(x_0,y_0)>0$. 由 $F'_y(x,y)$ 的连续性知存在 $\delta_1>0$, $\delta_2>0$, 使得对 $(x,y)\in(x_0-\delta_1,x_0+\delta_1)\times(y_0-\delta_2,y_0+\delta_2)$ 有

$$F'_y(x,y)>0.$$

特别地, 由 $F'_y(x_0,y)>0$, 知 $F(x_0,y)$ 在 $(y_0-\delta_2,y_0+\delta_2)$ 内是 y 的严格递增函数. 注意到 $F(x_0,y_0)=0$, 所以 $F(x_0,y_0-\delta_2)<0$, $F(x_0,y_0+\delta_2)>0$. 再由 $F(x,y)$ 的连续性($F(x,y)$ 有一阶连续偏导, 于是可微, 从而连续), 存在 $\delta>0$, 使得 $\delta<\delta_1$, 且当 $x\in(x_0-\delta,x_0+\delta)$ 时, 有

$$F(x,y_0-\delta_2)<0,\quad F(x,y_0+\delta_2)>0.$$

对任意给定的 $x\in(x_0-\delta,x_0+\delta)$, 由 $F'_y(x,y)>0$ 知, 当 $y\in(y_0-\delta_2,y_0+\delta_2)$ 时, $F(x,y)$ 连续地从负数 $F(x,y_0-\delta_2)$ 严格递增到正数 $F(x,y_0+\delta_2)$. 因此存在唯一的 $y\in(y_0-\delta_2,y_0+\delta_2)$, 使得

$$F(x,y)=0.$$

即在 $(x_0-\delta,x_0+\delta)$ 内, 存在唯一的一个函数 $y=f(x)$, 使得 $y_0=f(x_0)$, 且 $F(x,f(x))=0$, $\forall x\in(x_0-\delta,x_0+\delta)$.

下面证明 $y=f(x)$ 在 $(x_0-\delta,x_0+\delta)$ 连续. 任意取定 $\bar{x}\in(x_0-\delta,x_0+\delta)$, 记 $\bar{y}=f(\bar{x})$. 由 F 关于第二个变量的严格单调性, 对于充分小的 $\varepsilon>0$, 有

$$F(\bar{x},\bar{y}-\varepsilon)<0,\quad F(\bar{x},\bar{y}+\varepsilon)>0.$$

由 $F(x,y)$ 的连续性, 存在 $0<\delta'<\delta$, 使得当 $x\in(\bar{x}-\delta',\bar{x}+\delta')$ 时, 有

$$F(x,\bar{y}-\varepsilon)<0,\quad F(x,\bar{y}+\varepsilon)>0,$$

利用 F 关于第二个变量的严格单调性，必有 $f(x)\in(\bar{y}-\varepsilon,\bar{y}+\varepsilon)$，即当 $|x-\bar{x}|<\delta'$ 时，有

$$|f(x)-f(\bar{x})|<\varepsilon.$$

这说明 $f(x)$ 在 $(x_0-\delta,x_0+\delta)$ 上连续.

最后，证明 $y=f(x)$ 在 $(x_0-\delta,x_0+\delta)$ 内可导. 任取 $\bar{x}\in(x_0-\delta,x_0+\delta)$，取 Δx 充分小使得 $\bar{x}+\Delta x\in(x_0-\delta,x_0+\delta)$. 记

$$\bar{y}=f(\bar{x}),\quad \Delta y=f(\bar{x}+\Delta x)-f(\bar{x}).$$

因此，由多元函数微分中值定理，$\exists\, 0<\theta<1$，使得下式成立：

$$\begin{aligned}0&=F(\bar{x}+\Delta x,\bar{y}+\Delta y)-F(\bar{x},\bar{y})\\&=F'_x(\bar{x}+\theta\Delta x,\bar{y}+\theta\Delta y)\Delta x+F'_y(\bar{x}+\theta\Delta x,\bar{y}+\theta\Delta y)\Delta y,\end{aligned}$$

再由 $F'_y(x,y)\neq 0$，得

$$\frac{\Delta y}{\Delta x}=-\frac{F'_x(\bar{x}+\theta\Delta x,\bar{y}+\theta\Delta y)}{F'_y(\bar{x}+\theta\Delta x,\bar{y}+\theta\Delta y)},$$

令 $\Delta x\to 0$，由 $F'_x(x,y)$ 及 $F'_y(x,y)$ 的连续性，得

$$f'(\bar{x})=-\frac{F'_x(\bar{x},\bar{y})}{F'_y(\bar{x},\bar{y})}.$$

定理证毕.

下面给出一般方程及方程组的隐函数存在定理，证明从略.

定理 10.4.2　设函数 $F(x,y,z)$ 在点 (x_0,y_0,z_0) 的某个邻域内有连续偏导数，且

$$F(x_0,y_0,z_0)=0,\qquad F'_z(x_0,y_0,z_0)\neq 0,$$

则在 (x_0,y_0) 的某个邻域内存在唯一的连续函数 $z=z(x,y)$，满足 $z_0=z(x_0,y_0)$，$F(x,y,z(x,y))\equiv 0$，且函数 $z(x,y)$ 可微，其偏导数为

$$\frac{\partial z}{\partial x}=-\frac{F'_x}{F'_z},\qquad \frac{\partial z}{\partial y}=-\frac{F'_y}{F'_z}.$$

下面考察方程组

$$\begin{cases}F(x,u,v)=0,\\G(x,u,v)=0\end{cases}$$

的隐函数存在问题.

定理 10.4.3　设函数 $F(x,u,v)$，$G(x,u,v)$ 在 (x_0,u_0,v_0) 的某个邻域内有连续的一阶偏导数，且 $F(x_0,u_0,v_0)=0$，$G(x_0,u_0,v_0)=0$. 又设 Jacobi(雅可比)行列式

$$J=\frac{\partial(F,G)}{\partial(u,v)}$$

在(x_0,u_0,v_0)处不等于0，则在x_0的一个邻域$(x_0-\delta,x_0+\delta)$内存在唯一的一对连续函数

$$\begin{cases}u=u(x),\\ v=v(x),\end{cases}$$

使得$u_0=u(x_0)$，$v_0=v(x_0)$，且

$$\begin{cases}F(x,u(x),v(x))\equiv 0,\\ G(x,u(x),v(x))\equiv 0.\end{cases}$$

此外，$u(x)$，$v(x)$可微，其导数由下列方程组给出：

$$\begin{cases}F'_x+F'_u\dfrac{\mathrm{d}u}{\mathrm{d}x}+F'_v\dfrac{\mathrm{d}v}{\mathrm{d}x}=0,\\[2ex] G'_x+G'_u\dfrac{\mathrm{d}u}{\mathrm{d}x}+G'_v\dfrac{\mathrm{d}v}{\mathrm{d}x}=0.\end{cases}$$

对于更一般的方程组，有相应的隐函数存在定理.

定理 10.4.4 设有m个$m+k$元函数形成的方程组

$$\begin{cases}F_1(x_1,\cdots,x_k,u_1,\cdots,u_m)=0,\\ F_2(x_1,\cdots,x_k,u_1,\cdots,u_m)=0,\\ \qquad\vdots\\ F_m(x_1,\cdots,x_k,u_1,\cdots,u_m)=0,\end{cases}$$

若点$P_0(x_1^0,\cdots,x_k^0,u_1^0,\cdots,u_m^0)$满足上述方程组，并且在$P_0$邻域内$F_1,\cdots,F_m$有连续的一阶偏导数，且 Jacobi 行列式

$$J(P_0)=\left.\frac{\partial(F_1,\cdots,F_m)}{\partial(u_1,\cdots,u_m)}\right|_{P_0}\neq 0,$$

则在$(x_1^0,\cdots,x_k^0)$的某个邻域U中，存在一组函数

$$u_1=u_1(x_1,\cdots,x_k),\cdots,u_m=u_m(x_1,\cdots,x_k)$$

满足上述方程组，且

$$u_j^0=u_j(x_1^0,\cdots,x_k^0),\quad j=1,\cdots,m.$$

此外，它们在U中可微，且

$$\begin{cases}\dfrac{\partial F_1}{\partial x_j}+\displaystyle\sum_{l=1}^{m}\dfrac{\partial F_1}{\partial u_l}\dfrac{\partial u_l}{\partial x_j}=0,\\ \qquad\vdots\\ \dfrac{\partial F_m}{\partial x_j}+\displaystyle\sum_{l=1}^{m}\dfrac{\partial F_m}{\partial u_l}\dfrac{\partial u_l}{\partial x_j}=0,\end{cases}\qquad j=1,\cdots,m.$$

例 10.4.1 $x=x(y,z)$，$y=y(x,z)$，$z=z(x,y)$都是由$F(x,y,z)=0$确定的隐函数，并且它们具有连续偏导数. 证明：

$$\frac{\partial x}{\partial y}\frac{\partial y}{\partial z}\frac{\partial z}{\partial x}=-1.$$

证明：因为

$$\frac{\partial x}{\partial y}=-\frac{F'_y(x,y,z)}{F'_x(x,y,z)},\frac{\partial y}{\partial z}=-\frac{F'_z(x,y,z)}{F'_y(x,y,z)},\frac{\partial z}{\partial x}=-\frac{F'_x(x,y,z)}{F'_z(x,y,z)},$$

所以

$$\frac{\partial x}{\partial y}\frac{\partial y}{\partial z}\frac{\partial z}{\partial x}=-1.$$

注　在一元微积分中，当 y 是 x 的函数时，$\frac{\mathrm{d}y}{\mathrm{d}x}$可以看成是 $\mathrm{d}y$ 与 $\mathrm{d}x$ 的商．上例说明，在多元微积分中，当 $z=f(x,y)$ 可求偏导时，$\frac{\partial z}{\partial x}$是一整体记号，不能视为$\partial z$ 与∂x 的商.

例 10.4.2　证明方程 $x^2+y^2=1$ 在点$(0,1)$的某邻域内能唯一确定一个隐函数 $y=f(x)$，并求函数 $y=f(x)$ 在 $x=0$ 的一阶和二阶导数.

证明：令 $F(x,y)=x^2+y^2-1$，注意到 $F(0,1)=0$，且 $F_y(0,1)\neq0$，所以在$(0,1)$的一个邻域内存在唯一的隐函数 $y=y(x)$.

$x^2+y^2-1=0$ 两边对 x 求导，得

$$2x+2y\cdot\frac{\mathrm{d}y}{\mathrm{d}x}=0,$$

解得

$$\frac{\mathrm{d}y}{\mathrm{d}x}=-\frac{x}{y},$$

所以 $y'(0)=0$. 在一阶导函数的基础上再对 x 求导，得

$$\frac{\mathrm{d}^2y}{\mathrm{d}x^2}=-\frac{y-xy'}{y^2}=-\frac{y-x\left(-\frac{x}{y}\right)}{y^2}=-\frac{1}{y^3},$$

所以 $y''(0)=-1$.

例 10.4.3　已知 $\ln\sqrt{x^2+y^2}=\arctan\frac{y}{x}$，求$\frac{\mathrm{d}y}{\mathrm{d}x}$.

解：隐函数的形式为 $y=y(x)$，式子两边对 x 求导，得

$$\frac{1}{\sqrt{x^2+y^2}}\frac{2x+2y\cdot\frac{\mathrm{d}y}{\mathrm{d}x}}{2\sqrt{x^2+y^2}}=\frac{1}{1+\left(\frac{y}{x}\right)^2}\frac{\frac{\mathrm{d}y}{\mathrm{d}x}x-y}{x^2},$$

解得

$$\frac{\mathrm{d}y}{\mathrm{d}x}=\frac{x+y}{x-y}.$$

例 10.4.4 设 $x^2+y^2+z^2-4z=0$，求 $\dfrac{\partial^2 z}{\partial x^2}$.

解：隐函数的形式为 $z=z(x,y)$. 式子两边对 x 求偏导，得

$$2x+2z\frac{\partial z}{\partial x}-4\frac{\partial z}{\partial x}=0,$$

解得

$$\frac{\partial z}{\partial x}=\frac{x}{2-z},$$

在一阶偏导函数的基础上再对 x 求偏导，得

$$\frac{\partial^2 z}{\partial x^2}=\frac{(2-z)+x\dfrac{\partial z}{\partial x}}{(2-z)^2}=\frac{(2-z)+x\cdot\dfrac{x}{2-z}}{(2-z)^2}=\frac{(2-z)^2+x^2}{(2-z)^3}.$$

例 10.4.5 设方程组 $\begin{cases}xu-yv=0,\\ yu+xv=1\end{cases}$ 确定的隐函数为 $\begin{cases}u=u(x,y),\\ v=v(x,y),\end{cases}$ 求 $\dfrac{\partial u}{\partial x}$，$\dfrac{\partial v}{\partial x}$.

解：方程的两边对 x 求偏导得

$$\begin{cases}x\dfrac{\partial u}{\partial x}-y\dfrac{\partial v}{\partial x}=-u,\\[2mm] y\dfrac{\partial u}{\partial x}+x\dfrac{\partial v}{\partial x}=-v,\end{cases}$$

解线性方程组，得

$$\frac{\partial u}{\partial x}=-\frac{xu+yv}{x^2+y^2},\quad \frac{\partial v}{\partial x}=\frac{yu-xv}{x^2+y^2}.$$

10.4.3 逆映射存在定理

由隐函数存在定理，可以得到逆映射存在定理. 下面只给出简单情形的一个表达形式，更一般的情形请读者自己给出.

定理 10.4.5（逆映射存在定理） 设 $x=x(u,v)$ 及 $y=y(u,v)$ 在 (u_0,v_0) 附近有一阶连续偏导数，且

$$\left.\frac{\partial(x,y)}{\partial(u,v)}\right|_{(u_0,v_0)}\neq 0,$$

则在 (u_0,v_0) 的某个邻域 U 内，映射 $\begin{cases}x=x(u,v),\\ y=y(u,v)\end{cases}$ 有逆映射 $\begin{cases}u=u(x,y),\\ v=v(x,y),\end{cases}$ 并且它们有连续的一阶偏导数.

证明：设 $F(x,y,u,v)=x(u,v)-x$，$G(x,y,u,v)=y(u,v)-y$. 逆映射的存在性等价于方程组

$$\begin{cases}F(x,y,u,v)=0,\\G(x,y,u,v)=0\end{cases}$$

的隐函数的存在性. 由于

$$\left.\frac{\partial(F,G)}{\partial(u,v)}\right|_{(u_0,v_0)}=\left.\frac{\partial(x,y)}{\partial(u,v)}\right|_{(u_0,v_0)}\neq 0,$$

由定理 10.4.4，在 (u_0,v_0) 的某个邻域 U 内，隐函数 $\begin{cases}u=u(x,y),\\v=v(x,y)\end{cases}$ 存在，并且它们有连续的一阶偏导数.

注　逆映射与原映射的 Jacobi 行列式有下列关系式：

$$\left.\frac{\partial(u,v)}{\partial(x,y)}\right|_{(x,y)}=\left.\left[\frac{\partial(x,y)}{\partial(u,v)}\right]^{-1}\right|_{(u,v)}.$$

习题 10.4

1. 求下列方程确定的隐函数的偏导数：

(1) $x\cos y+y\cos z+z\cos z=1$，求 $\frac{\partial z}{\partial x}$，$\frac{\partial z}{\partial y}$；

(2) $yz-\ln z=x+y$，求 $\frac{\partial z}{\partial x}$，$\frac{\partial z}{\partial y}$；

(3) $x^3+y^3-3xy=0$，求 $\frac{dy}{dx}$，$\frac{d^2y}{dx^2}$；

(4) $x+e^{yz}+z^2=0$，求 $\frac{\partial^2 z}{\partial x^2}$，$\frac{\partial^2 z}{\partial y^2}$，$\frac{\partial^2 z}{\partial x\partial y}$.

2. 设 $u=u(x,y)$ 由 $u=f(x,y,z,t)$，$g(y,z,t)=0$，$h(z,t)=0$ 所确定，求 $\frac{\partial u}{\partial x}$ 及 $\frac{\partial u}{\partial y}$.

3. 设 $z=z(x,y)$ 是下列方程确定的隐函数：

$$x+2y+z-\sqrt{xyz}=0,$$

求全微分 dz.

4. 设 $\begin{cases}x=r\cos\theta,\\y=r\sin\theta,\end{cases}$ 求 Jacobi 行列式 $\frac{\partial(r,\theta)}{\partial(x,y)}$.

5. 设 $x=f(u,v)$，$y=g(u,v)$，$z=h(u,v)$ 及 $F(x,y,z)=0$. 证明

$$\frac{\partial(y,z)}{\partial(u,v)}dx+\frac{\partial(z,x)}{\partial(u,v)}dy+\frac{\partial(x,y)}{\partial(u,v)}dz=0.$$

6. 设 $z=z(x,y)$ 是由方程组

$$\begin{cases}x=u+v,\\y=u^2+v^2,\\z=u^3+v^3\end{cases}$$

所确定的隐函数，试求当 $x=0$，$y=\frac{1}{2}$，$u=\frac{1}{2}$，$v=-\frac{1}{2}$ 时 $\frac{\partial z}{\partial x}$ 及 $\frac{\partial z}{\partial y}$ 的值.

7. 设 $z=z(x,y)$ 是由方程 $F(x,y,z)=0$ 所确定的隐函数，证明：

$$dz=-\frac{F'_x}{F'_z}dx-\frac{F'_y}{F'_z}dy.$$

8. 证明 $x+x^2+y^2+(x^2+y^2)z^2+\sin z=0$ 在 $(0,0,0)$ 的邻域内唯一确定隐函数 $z=f(x,y)$，并求 $f(x,y)$ 在 $(0,0)$ 处的所有四阶偏导数.

10.5 多元函数的极值问题

在一元函数中，我们利用导数讨论了函数的极值. 在本节中，我们讨论多元函数的极值问题，包括普通极值问题和条件极值问题.

10.5.1 普通极值问题

首先给出二元函数极值的定义.

定义 10.5.1 设函数 $z=f(x,y)$ 在区域 D 内有定义，$(x_0,y_0)\in D$. 若存在 (x_0,y_0) 的邻域 U，使得当 $(x,y)\in U$ 时，有

$$f(x,y)\leqslant f(x_0,y_0),$$

则称 $f(x,y)$ 在 (x_0,y_0) 取到极大值，(x_0,y_0) 称为 $f(x,y)$ 的极大值点. 类似地，可以定义极小值点和极小值. 极大值点和极小值点统称为极值点，极大值和极小值统称为极值.

如果将二元函数 $z=f(x,y)$，$(x,y)\in D$ 看成是定义在区域 D 上的一个曲面，则它的极值点是曲面在局部上的最高点或最低点. 显然，对于曲面上的任何一条过 $(x_0,y_0,f(x_0,y_0))$ 的曲线 Γ，该点也是 Γ 在局部上的最高点或最低点. 当 Γ 在该点具有切线时，它的切线应该是平行于 xOy 平面. 特别地，当 $z=f(x,y)$ 在 (x_0,y_0) 可偏导时，有

$$\frac{\partial f(x_0,y_0)}{\partial x}=\frac{\partial f(x_0,y_0)}{\partial y}=0.$$

这给出了一个点是极值点的必要条件，可以看作是一元函数的 Fermat 引理在二元函数的推广.

定理 10.5.1 设函数 $z=f(x,y)$ 在区域 D 内有定义，$(x_0,y_0)\in D$. 若 $f(x,y)$ 在 (x_0,y_0) 取到极值，并且 $f(x,y)$ 在该点可求偏导，则有

$$\frac{\partial f(x_0,y_0)}{\partial x}=0,\quad \frac{\partial f(x_0,y_0)}{\partial y}=0.$$

证明： 一元函数 $g(x)=f(x,y_0)$ 在点 x_0 取得极值. 由一元函数的 Fermat 引理，知

$$f'_x(x_0,y_0)=g'(x_0)=0,$$

类似地，可证 $f'_y(x_0,y_0)=0$.

定义 10.5.2 如果函数 $f(x,y)$ 在 (x_0,y_0) 满足

$$f'_x(x_0,y_0)=0,\quad f'_y(x_0,y_0)=0,$$

则称 (x_0,y_0) 为 $f(x,y)$ 的驻点、稳定点或临界点.

对于可微函数，极值点一定是驻点，但反之不一定成立. 例如，点 $(0,0)$ 是 $z=x^2-y^2$（马鞍面）的驻点，但不是极值点.

那么什么时候驻点是极值点呢？类似于一元函数的情形，我们可以通过 二阶偏导数来判别驻点是否为极值点.

定理 10.5.2　设函数 $f(x,y)$ 在区域 D 有二阶连续偏导数，(x_0,y_0) 为 $f(x,y)$ 的驻点. 令

$$f''_{xx}(x_0,y_0)=A,\quad f''_{xy}(x_0,y_0)=B,\quad f''_{yy}(x_0,y_0)=C,$$

则

（1）当 $AC-B^2>0$ 时，(x_0,y_0) 是 $f(x,y)$ 的极值点. 当 $A>0$ 时是极小值点，当 $A<0$ 时是极大值点；

（2）当 $AC-B^2<0$ 时，(x_0,y_0) 不是 $f(x,y)$ 的极值点；

（3）当 $AC-B^2=0$ 时，(x_0,y_0) 可能是 $f(x,y)$ 的极值点，也可能不是 $f(x,y)$ 的极值点.

证明：首先证明情形(3). 这只要考虑两个特殊的例子：$3xy^2$ 和 $(x+y)^2$，$(0,0)$ 分别是两个函数的驻点，都满足 $AC-B^2=0$，$(0,0)$ 不是 $3xy^2$ 的极值点，而 $(0,0)$ 是 $(x+y)^2$ 的极值点.

下面证明情形(1)和(2). 首先由二元函数的 Taylor 公式，

$$\begin{aligned}&f(x_0+\Delta x,y_0+\Delta y)\\&=f(x_0,y_0)+\frac{1}{2!}[A(\Delta x)^2+2B\Delta x\Delta y+C(\Delta y)^2]+o(\rho^2)\quad(\rho\to 0).\end{aligned}$$

注意到二次型 $A(\Delta x)^2+2B\Delta x\Delta y+C(\Delta y)^2$ 满足：

（Ⅰ）当 $AC-B^2>0$，$A>0$ 时，二次型正定，即当 Δx，Δy 不同时为 0 时，恒有

$$A(\Delta x)^2+2B\Delta x\Delta y+C(\Delta y)^2>0.$$

（Ⅱ）当 $AC-B^2>0$，$A<0$ 时，二次型负定，即当 Δx，Δy 不同时为 0 时，恒有

$$A(\Delta x)^2+2B\Delta x\Delta y+C(\Delta y)^2<0.$$

（Ⅲ）当 $AC-B^2<0$ 时，二次型不定，即不论 Δx，Δy 取得多么小，总有 Δx，Δy 使得二次型为正，也总有 Δx，Δy 使得二次型为负.

先来考虑(Ⅰ). 令 $\Delta x=\rho\cos\theta$，$\Delta y=\rho\sin\theta$，则

$$A(\Delta x)^2+2B\Delta x\Delta y+C(\Delta y)^2=\rho^2(A\cos^2\theta+2B\cos\theta\sin\theta+C\sin^2\theta).$$

记 $F(\theta)=A\cos^2\theta+2B\cos\theta\sin\theta+C\sin^2\theta$，则在(Ⅰ)的情形下 $F(\theta)>0$. 而 $F(\theta)$ 为 $[0,2\pi]$ 上的连续函数，从而有最小值，设为 m，即 $F(\theta)\geqslant m>0$. 于是

$$f(x_0+\Delta x,y_0+\Delta y)-f(x_0,y_0)=\frac{1}{2!}\rho^2F(\theta)+o(\rho^2)\geqslant\frac{1}{2}m\rho^2+o(\rho^2),$$

则当 ρ 充分小时，有 $f(x_0+\Delta x, y_0+\Delta y)-f(x_0, y_0)>0$，即此时 (x_0, y_0) 是 $f(x,y)$ 的极小值点.

类似可证在(Ⅱ)的情形下，(x_0, y_0) 是 $f(x,y)$ 的极大值点.

最后考虑情形(Ⅲ)，即 $AC-B^2<0$. 由于

$$A(\Delta x)^2+2B\Delta x\Delta y+C(\Delta y)^2=\rho^2(A\cos^2\theta+2B\cos\theta\sin\theta+C\sin^2\theta),$$

所以存在 θ_1，使得 $F(\theta_1)>0$；同时存在 θ_2，使得 $F(\theta_2)<0$. 由此当 ρ 充分小，沿 θ_1 方向，有

$$f(x_0+\Delta x, y_0+\Delta y)-f(x_0, y_0)>0;$$

而沿 θ_2 方向，有

$$f(x_0+\Delta x, y_0+\Delta y)-f(x_0, y_0)<0.$$

从而 (x_0, y_0) 不是 $f(x,y)$ 的极值点.

注 由二阶偏导构成的对称矩阵

$$\boldsymbol{H}_f(x_0, y_0)=\begin{pmatrix} \dfrac{\partial^2 f}{\partial x^2} & \dfrac{\partial^2 f}{\partial x\partial y} \\ \dfrac{\partial^2 f}{\partial x\partial y} & \dfrac{\partial^2 f}{\partial y^2} \end{pmatrix}_{(x_0,y_0)}$$

称为函数 $f(x,y)$ 在 (x_0, y_0) 处的 Hesse(黑塞)矩阵.

由定理 10.5.2，若 $\boldsymbol{H}_f(x_0, y_0)$ 正定，则 $f(x,y)$ 在 (x_0, y_0) 取极小值；若 $\boldsymbol{H}_f(x_0, y_0)$ 负定，则 $f(x,y)$ 在 (x_0, y_0) 取极大值；若 $\boldsymbol{H}_f(x_0, y_0)$ 不定，则 $f(x,y)$ 在 (x_0, y_0) 不取极值. 这样的判别条件实际上可以推广到一般的多元函数.

例 10.5.1 求函数 $z=x^3+y^3-3xy$ 的极值.

解：由

$$\frac{\partial z}{\partial x}=3x^2-3y, \quad \frac{\partial z}{\partial y}=3y^2-3x,$$

令 $\dfrac{\partial z}{\partial x}=0$，$\dfrac{\partial z}{\partial y}=0$，解得驻点 $(0,0)$，$(1,1)$.

在点 $(0,0)$ 处，

$$A=0,\ B=-3,\ C=0,$$

由此 $AC-B^2=-9<0$，故 $(0,0)$ 不是极值点.

在点 $(1,1)$ 处，

$$A=6,\ B=-3,\ C=6,$$

由此 $AC-B^2>0$，又 $A>0$，故 $(1,1)$ 是极小值点.

例 10.5.2 求函数 $z=x^2y(4-x-y)$ 在直线 $x+y=6$，x 轴和 y 轴所围成的闭区域 D 上的最大值与最小值.

解：函数在闭区域上的最值点可能出现在区域的内部，也可能出现在区域的边界上. 因此分内部和边界两种情况进行讨论.

如果最值点出现在区域的内部，它一定是驻点. 因此首先在内部求驻点. 由

$$\begin{cases} f'_x(x,y)=0, \\ f'_y(x,y)=0, \end{cases}$$

解得驻点为$(2,1)$，计算取值为$f(2,1)=4$.

下面考虑边界上的情况. 在两直角边上$f(x,y)=0$. 在斜边上，

$$f(x,y)=x^2(6-x)(-2).$$

由$f'_x=0$，得$x=4$，对应$y=2$，计算函数值为$f(4,2)=-64$. 比较内部和边界上可能的最值点处的取值，可知：4 为最大值，-64 为最小值.

例 10.5.3　（最小二乘法）设(x_k,y_k)，$k=1,2,\cdots,n$ 为平面上的 n 个点，假设 $x_k(k=1,2,\cdots,n)$不取同一个值. 证明：存在唯一的一条直线 $y=ax+b$，使得 $\sum\limits_{k=1}^{n}(ax_k+b-y_k)^2$ 达到最小.

解：令$f(a,b)=\sum\limits_{k=1}^{n}(ax_k+b-y_k)^2$，问题转化为求$f(a,b)$的最小值点. 最小值点为极小值点，从而为驻点，所以先求$f(a,b)$的驻点，令

$$\begin{cases} \dfrac{\partial f}{\partial a}=2\sum\limits_{k=1}^{n}x_k(ax_k+b-y_k)=0, \\ \dfrac{\partial f}{\partial b}=2\sum\limits_{k=1}^{n}(ax_k+b-y_k)=0, \end{cases}$$

得

$$\begin{cases} a\sum\limits_{k=1}^{n}x_k^2+b\sum\limits_{k=1}^{n}x_k=\sum\limits_{k=1}^{n}x_ky_k, \\ a\sum\limits_{k=1}^{n}x_k+nb=\sum\limits_{k=1}^{n}y_k. \end{cases}$$

由 Cauchy-Schwarz 不等式以及已知条件 $x_k(k=1,2,\cdots,n)$不取同一个值，得

$$\left(\sum_{k=1}^{n}x_k\right)^2<n\sum_{k=1}^{n}x_k^2.$$

所以上述线性方程组的系数矩阵非退化，从而方程组具有唯一解，即$f(a,b)$只有唯一驻点. 由于最小值点存在，而驻点唯一，因此该驻点必为最小值点. 即存在唯一的一条直线 $y=ax+b$，使得 $\sum\limits_{k=1}^{n}(ax_k+b-y_k)^2$ 达到最小.

10.5.2 条件极值问题

相比普通极值问题只有目标函数，条件极值问题不仅有目标函数，还有约束条件. 例如下面这个问题：求在条件 $x+y=1$ 下，函数 $z=x^2+y^2$ 的极值点.

为了求解上述问题，由约束条件 $x+y=1$，解出 $y=1-x$，代入目标函数 $z=x^2+y^2$，于是转化为了求一元函数

$$z=x^2+(1-x)^2$$

的极值问题. 容易解出一元函数的极值点为 $x=\frac{1}{2}$，相应地上述问题的极值点为 $(x,y)=\left(\frac{1}{2},\frac{1}{2}\right)$. 同时我们也看到，函数 $z=x^2+y^2$ 在条件 $x+y=1$ 下的极值点与函数 $z=x^2+y^2$ 本身的极值点并没有什么关系.

条件极值问题考虑的是目标函数在约束条件下的极值问题. 我们将条件极值问题写成如下形式：

$$\begin{cases}z=f(x,y),\\ \varphi(x,y)=0,\end{cases}$$

其中 $f(x,y)$ 称为目标函数，$\varphi(x,y)=0$ 称为约束条件.

怎么样求解一个条件极值问题呢？如果能够从约束条件 $\varphi(x,y)=0$ 中解出隐函数 $y=y(x)$，将它代入目标函数，则条件极值问题可以转化为普通极值问题. 但很多时候，从约束条件 $\varphi(x,y)=0$ 中并不能够解出隐函数 $y=y(x)$，这时我们需要寻找新的方法. 下面给出求解条件极值问题的方法——Lagrange 乘子法，也称为 λ 乘子法.

定理 10.5.3(Lagrange 乘子法) 设函数 $f(x,y)$，$\varphi(x,y)$ 有连续偏导数，且 $\varphi_x'(x_0,y_0)$，$\varphi_y'(x_0,y_0)$ 不同时为零. 如果 (x_0,y_0) 是条件极值问题

$$\begin{cases}z=f(x,y),\\ \varphi(x,y)=0\end{cases}$$

的极值点，则存在 λ，使得 (x_0,y_0,λ) 是函数

$$F(x,y,\lambda)=f(x,y)-\lambda\varphi(x,y)$$

的驻点.

证明：不妨设 $\varphi_y'(x_0,y_0)\neq 0$. 则由隐函数存在定理，在 (x_0,y_0) 的一个邻域内，$\varphi(x,y)=0$ 确定隐函数 $y=y(x)$，并且

$$\frac{\mathrm{d}y}{\mathrm{d}x}=-\frac{\varphi_x'(x_0,y_0)}{\varphi_y'(x_0,y_0)}.$$

由于(x_0,y_0)是$f(x,y)$的条件极值点，因此x_0是$z=f(x,y(x))$的极值点. 由 Fermat 引理，

$$\left.\frac{\mathrm{d}z}{\mathrm{d}x}\right|_{x=x_0}=f_x'(x_0,y_0)+f_y'(x_0,y_0)\left.\frac{\mathrm{d}y}{\mathrm{d}x}\right|_{x=x_0}=0.$$

于是，

$$\left.\frac{\mathrm{d}y}{\mathrm{d}x}\right|_{x=x_0}=-\frac{f_x'(x_0,y_0)}{f_y'(x_0,y_0)}.$$

对比上面两式，得到

$$\frac{f_x'(x_0,y_0)}{\varphi_x'(x_0,y_0)}=\frac{f_y'(x_0,y_0)}{\varphi_y'(x_0,y_0)}.$$

令

$$\lambda=\frac{f_x'(x_0,y_0)}{\varphi_x'(x_0,y_0)}=\frac{f_y'(x_0,y_0)}{\varphi_y'(x_0,y_0)},$$

则

$$f_x'(x_0,y_0)-\lambda\varphi_x'(x_0,y_0)=0,$$
$$f_y'(x_0,y_0)-\lambda\varphi_y'(x_0,y_0)=0.$$

所以 $F(x,y,\lambda)=f(x,y)-\lambda\varphi(x,y)$满足

$$\begin{cases}F_x'(x_0,y_0)=0,\\F_y'(x_0,y_0)=0,\\F_\lambda'(x_0,y_0)=-\varphi(x_0,y_0)=0.\end{cases}$$

即存在 λ，使得(x_0,y_0,λ)是函数 $F(x,y,\lambda)=f(x,y)-\lambda\varphi(x,y)$的驻点.

Lagrange 乘子法将条件极值问题的极值点转化为了求辅助函数

$$F(x,y,\lambda)=f(x,y)-\lambda\varphi(x,y)$$

的驻点. 辅助函数的驻点是否一定为条件极值问题的极值点，上述定理并没有给出回答. 在很多实际问题中，我们关心条件极值问题的最值点，那么 Lagrange 乘子法已经足够了，因为我们只要求出辅助函数的驻点，然后比较函数值即可.

Lagrange 乘子法可以推广到更一般的情形.

定理 10.5.4 设$f(x_1, x_2, \cdots, x_n)$，$\varphi_k(x_1, x_2, \cdots, x_n)$，$k=1,2,\cdots, m$ 在区域 $D\subseteq\mathbf{R}^n(m<n)$有连续偏导数. 设$(x_1^0,x_2^0,\cdots,x_n^0)\in D$ 为函数$f(x_1,x_2,\cdots,x_n)$在约束条件

$$\begin{cases}\varphi_1(x_1,x_2,\cdots,x_n)=0,\\ \varphi_2(x_1,x_2,\cdots,x_n)=0,\\ \vdots \\ \varphi_m(x_1,x_2,\cdots,x_n)=0\end{cases}$$

下的极值点. 假设上述约束条件存在隐函数，则存在常数 $\lambda_1,\cdots,\lambda_m\in\mathbf{R}$，使得 $(x_1^0,\cdots,x_n^0,\lambda_1,\cdots,\lambda_m)$ 是函数

$$F(x_1,\cdots,x_n,\lambda_1,\cdots,\lambda_m)=f(x_1,\cdots,x_n)+\sum_{j=1}^{m}\lambda_j\varphi_j(x_1,\cdots,x_n)$$

的驻点.

例 10.5.4 求点 $\left(1,1,\frac{1}{2}\right)$ 到曲面 $z=x^2+y^2$ 的最短距离.

解： 点 $\left(1,1,\frac{1}{2}\right)$ 到曲面上任一点 (x,y,z) 的距离

$$d=\sqrt{(x-1)^2+(y-1)^2+\left(z-\frac{1}{2}\right)^2}.$$

取目标函数为

$$f(x,y,z)=(x-1)^2+(y-1)^2+\left(z-\frac{1}{2}\right)^2,$$

约束条件为

$$z=x^2+y^2.$$

令

$$F(x,y,z)=f(x,y,z)-\lambda(z-x^2-y^2),$$

解得唯一驻点 $\left(\sqrt[3]{\frac{1}{4}},\sqrt[3]{\frac{1}{4}},\frac{\sqrt[3]{4}}{2}\right)$. 上述问题存在最小值点，而最小值点为条件极值问题的极值点，由 Lagrange 乘子法，又进一步是辅助函数的驻点. 由于驻点唯一，因此该驻点必为所求的最小值点. 从而点 $\left(1,1,\frac{1}{2}\right)$ 到曲面 $z=x^2+y^2$ 的最短距离为 $d=\sqrt{\frac{9}{4}-\frac{3}{2}\sqrt[3]{2}}$.

例 10.5.5 求函数 $f(x,y)=x^2+4y^2+9$ 在闭圆盘 $D:x^2+y^2\leqslant 4$ 上的最大值、最小值.

解： 在闭圆盘内部：令

$$\begin{cases}f_x=2x=0,\\ f_y=8y=0,\end{cases}$$

解得驻点$(0,0)$.

在闭圆盘边界上：边界上的最值点必为条件极值问题

$$\begin{cases} z=x^2+4y^2+9, \\ x^2+y^2=4 \end{cases}$$

的极值点. 令

$$F(x,y,\lambda)=(x^2+4y^2+9)+\lambda(x^2+y^2-4),$$

解：

$$\begin{cases} F'_x=2x+2\lambda x=0, \\ F'_y=8y+2\lambda y=0, \\ F'_\lambda=x^2+y^2-4=0, \end{cases}$$

得驻点$(x,y)=(0,\pm 2)$，$(\pm 2,0)$. 比较函数值

$$f(0,0)=9, f(0,\pm 2)=25, f(\pm 2,0)=13,$$

得最大值为 25，最小值为 9.

例 10.5.6　设 n 个正数之和为 c，求它们乘积的最大值，并证明对任何正数 $a_1,a_2,\cdots,a_n$，有

$$\sqrt[n]{a_1a_2\cdots a_n}\leqslant\frac{a_1+a_2+\cdots+a_n}{n}.$$

解：设$f(x_1,x_2,\cdots,x_n)=\prod_{i=1}^{n}x_i$.依题意，即要求$f(x_1,x_2,\cdots,x_n)$在约束条件$\sum_{i=1}^{n}x_i=c$且$x_i>0(1\leqslant i\leqslant n)$下的最大值.

作辅助函数

$$F(x_1,x_2,\cdots,x_n,\lambda)=\prod_{i=1}^{n}x_i+\lambda\left(\sum_{i=1}^{n}x_i-c\right).$$

求 F 的 n 个偏导数及$\frac{\partial F}{\partial\lambda}$，得方程组

$$\begin{cases} x_2x_3\cdots x_n+\lambda=0, \\ x_1x_3\cdots x_n+\lambda=0, \\ \quad\vdots \\ x_1x_2\cdots x_{n-1}+\lambda=0, \\ \sum_{i=1}^{n}x_i=c, \end{cases}$$

解出$x_1=x_2=\cdots=x_n=\frac{c}{n}$. 容易看出$f(x_1,x_2,\cdots,x_n)$存在最大值点，而最大值点为条件极值问题的极值点，由 Lagrange 乘子法，又进一步是辅助函数的驻点. 由于驻点唯一，因此该驻点必为所求的最大值点. 从而$f(x_1,x_2,\cdots,x_n)$在$\left(\frac{c}{n},\frac{c}{n},\cdots,\frac{c}{n}\right)$取得最大值

$\frac{c^n}{n^n}$. 因此，

$$\sqrt[n]{a_1a_2\cdots a_n}\leqslant\frac{a_1+a_2+\cdots+a_n}{n}.$$

习题 10.5

1. 求下列函数的极值点：

(1) $f(x,y)=x^3+y^3-3x-12y+1$;

(2) $f(x,y)=xy\ln(x^2+y^2)$;

(3) $f(x,y)=x^4+2y^4-2x^2-12y^2+6$;

(4) $f(x,y)=6x^2-2x^3+3y^2+6xy+1$.

2. 求单位圆内接三角形及长方形的最大面积.

3. 求椭球面$\frac{x^2}{3^2}+\frac{y^2}{4^2}+\frac{z^2}{6^2}=1$内各面均平行于坐标平面的内接长方体的最大体积.

4. 求曲面$2x^2+3y^2+2z^2-12xy+4xz-35=0$上最高点的高度与最低点的高度.

5. 设$f(x,y)=(1+e^y)\cos x-ye^y$. 证明：$f(x,y)$有无穷多个极大值点.

6. 设$P_1(0,0)$，$P_2(0,1)$，$P_3(1,0)$为xOy面上的三点. 又假定$P(x,y)$为平面上任意一点. 令$\mathrm{d}(x,y)$为P到P_1，P_2，P_3距离的平方和. 求$\mathrm{d}(x,y)$的最小值.

7. 求$f(x,y,z)=4x^2+y^2+5z^2$在平面$2x+3y+4z=12$内的最小值点.

8. 求原点到曲线$\begin{cases}xyz=1,\\ y=2x\end{cases}$的最短距离.

9. 求曲线$\begin{cases}x-y+4z=1,\\ 2x^2+4y^2=3\end{cases}$上的最高点的高度与最低点的高度.

10. 设$y=f(x)$在$[0,1]$上可积. 求$f(a,b,c)=\int_0^1(f(x)-ax^2-bx-c)^2\mathrm{d}x$的最小值点.

11. 设D为平面上的有界闭区域，$u(x,y)$在D上连续且存在偏导数. 证明：若

$$\frac{\partial u}{\partial x}+\frac{\partial u}{\partial y}=u,\quad u\Big|_{\partial D}=0,$$

则u在D上恒为零.

12. 设$u(x,y)$为区域D上的调和函数，即满足

$$\frac{\partial^2 u}{\partial x^2}+\frac{\partial^2 u}{\partial y^2}=0.$$

证明：若$u(x,y)$不是常值函数，则$u(x,y)$在D内部没有极值点.

10.6 几何应用

这一节讨论多元函数微分学在几何上的一些应用，包括空间曲线的切线与切向量、曲面的切平面与法向量.

10.6.1 空间曲线的切线与切向量

三维空间$\mathbf{R}^3$中的一条曲线Γ是区间I到$\mathbf{R}^3$的一个连续映射的像，这里I可以是开区间，也可以是闭区间. 所谓I到$\mathbf{R}^3$的连续映射是指：

$$\gamma:\quad I\to\mathbf{R}^3,$$
$$t\mapsto(x(t),y(t),z(t)),$$

其中$x(t)$，$y(t)$，$z(t)$是I上的连续函数. 下面总假定$x'(t)$，

$y'(t)$，$z'(t)$连续且不同时为 0，此时我们称 Γ 是光滑曲线. 设 $I=[0,1]$，若 $\forall t_1$，$t_2\in[0,1]$，$\gamma(t_1)\neq\gamma(t_2)$，则称 γ 是一条简单弧. 若 $\forall t_1$，$t_2\in[0,1)$，有 $\gamma(t_1)\neq\gamma(t_2)$，但 $\gamma(0)=\gamma(1)$，则称 Γ 是一条简单闭曲线.

设光滑曲线 Γ 由参数方程

$$\begin{cases}x=x(t),\\ y=y(t), \quad t\in(\alpha,\beta)\\ z=z(t),\end{cases}$$

给出. 设 $t_0\in(\alpha,\beta)$，下面求曲线 Γ 在点 $M_0(x(t_0),y(t_0),z(t_0))$ 的切线方程. 由切线的定义，它是曲线 Γ 上过 $M_t(x(t),y(t),z(t))$与 M_0 的割线当 $t\to t_0$ 时的极限位置. 过 M_0 与 M_t 的割线方程为

$$\frac{x-x(t_0)}{x(t)-x(t_0)}=\frac{y-y(t_0)}{y(t)-y(t_0)}=\frac{z-z(t_0)}{z(t)-z(t_0)}.$$

在上式分母中同除以 $t-t_0$，并令 $t\to t_0$ 即得所求切线方程

$$\frac{x-x(t_0)}{x'(t_0)}=\frac{y-y(t_0)}{y'(t_0)}=\frac{z-z(t_0)}{z'(t_0)}.$$

从切线方程可以看出，$(x'(t_0),y'(t_0),z'(t_0))$给出了曲线 Γ 在 $t=t_0$ 处的一个切向量. 若曲线表示为向量函数 $\boldsymbol{r}(t)=(x(t),y(t),z(t))$，则切线可表示为 $\boldsymbol{r}(t)=\boldsymbol{r}(t_0)+\boldsymbol{r}'(t_0)(t-t_0)$.

类似于平面曲线弧长的定义，我们可以通过折线长度的极限定义空间曲线的弧长. 同时得到弧微分为 $\mathrm{d}l=\sqrt{(x'(t))^2+(y'(t)+(z'(t))^2}\,\mathrm{d}t$，曲线的弧长为

$$L=\int_\alpha^\beta\sqrt{(x'(t))^2+(y'(t))^2+(z'(t))^2}\,\mathrm{d}t.$$

考虑方程组

$$\begin{cases}F_1(x,y,z)=0,\\ F_2(x,y,z)=0,\end{cases}$$

其中 $F_1(x,y,z)$与 $F_2(x,y,z)$是可微函数. 当矩阵

$$\begin{pmatrix}\dfrac{\partial F_1}{\partial x} & \dfrac{\partial F_1}{\partial y} & \dfrac{\partial F_1}{\partial z}\\ \dfrac{\partial F_2}{\partial x} & \dfrac{\partial F_2}{\partial y} & \dfrac{\partial F_2}{\partial z}\end{pmatrix}$$

在满足方程组的某个点(x_0,y_0,z_0)处秩为 2 时，由隐函数存在定理，在(x_0,y_0,z_0)的附近，有两个变量可确定为另一个变量的函数，从而该方程组能确定一条过(x_0,y_0,z_0)的曲线 Γ. 设曲线 Γ 的参数方程为$(x(t),y(t),z(t))$，参数 t_0 对应点(x_0,y_0,z_0). 对方

程组

$$\begin{cases}F_1(x(t),y(t),z(t))=0,\\F_2(x(t),y(t),z(t))=0\end{cases}$$

在 t_0 处求导，得

$$\frac{\partial F_1}{\partial x}x'(t_0)+\frac{\partial F_1}{\partial y}y'(t_0)+\frac{\partial F_1}{\partial z}z'(t_0)=0,$$

$$\frac{\partial F_2}{\partial x}x'(t_0)+\frac{\partial F_2}{\partial y}y'(t_0)+\frac{\partial F_2}{\partial z}z'(t_0)=0.$$

因此，曲线在 t_0 处的切向量 $(x'(t_0),y'(t_0),z'(t_0))$ 平行于向量

$$\left(\frac{\partial F_1}{\partial x},\frac{\partial F_1}{\partial y},\frac{\partial F_1}{\partial z}\right)\times\left(\frac{\partial F_2}{\partial x},\frac{\partial F_2}{\partial y},\frac{\partial F_2}{\partial z}\right).$$

记

$$A=\frac{\partial(F_1,F_2)}{\partial(y,z)}\bigg|_{(x_0,y_0,z_0)},\quad B=\frac{\partial(F_1,F_2)}{\partial(z,x)}\bigg|_{(x_0,y_0,z_0)},\quad C=\frac{\partial(F_1,F_2)}{\partial(x,y)}\bigg|_{(x_0,y_0,z_0)},$$

则该曲线在 (x_0,y_0,z_0) 处的切线方程为

$$\frac{x-x_0}{A}=\frac{y-y_0}{B}=\frac{z-z_0}{C}.$$

例 10.6.1 求曲线 $\begin{cases}x=\int_0^t e^u\cos u\,du,\\y=2\sin t+\cos t,\\z=1+e^{3t}\end{cases}$ 在 $t=0$ 处的切线.

解： 当 $t=0$ 时，$x=0$，$y=1$，$z=2$. 参数方程求导，得

$$\begin{cases}x'=e^t\cos t,\\y'=2\cos t-\sin t,\\z'=3e^{3t},\end{cases}$$

所以在 $t=0$ 处的切向量为

$$\begin{cases}x'(0)=1,\\y'(0)=2,\\z'(0)=3,\end{cases}$$

由此切线方程为

$$\frac{x-0}{1}=\frac{y-1}{2}=\frac{z-2}{3}.$$

10.6.2 曲面的切平面与法向量

设曲面由参数方程

$$\begin{cases}x=x(u,v),\\y=y(u,v),\quad(u,v)\in D\\z=z(u,v),\end{cases}$$

给出，其中 D 是 $\mathbf{R}^2$ 中的区域，而上述三个分量函数均具有连续偏导数. 设参数 (u_0,v_0) 对应曲面上的点 (x_0,y_0,z_0). 下面求曲面在 (x_0,y_0,z_0) 处的切平面及法向量.

在曲面上取经过点 (x_0,y_0,z_0) 的两条特殊的曲线：

$$\begin{cases} x=x(u,v_0), \\ y=y(u,v_0), \\ z=z(u,v_0), \end{cases} \quad \begin{cases} x=x(u_0,v), \\ y=y(u_0,v), \\ z=z(u_0,v). \end{cases}$$

它们在 (x_0,y_0,z_0) 处的切向量分别为

$$\boldsymbol{r}_u=(x'_u,y'_u,z'_u)\Big|_{(u_0,v_0)},$$

$$\boldsymbol{r}_v=(x'_v,y'_v,z'_v)\Big|_{(u_0,v_0)}.$$

若这两个向量不平行时，定义曲面在 (x_0,y_0,z_0) 处的法向量为

$$\boldsymbol{n}=\boldsymbol{r}_u\times\boldsymbol{r}_v.$$

由向量积的计算公式，得

$$\boldsymbol{n}=\begin{vmatrix} \boldsymbol{i} & \boldsymbol{j} & \boldsymbol{k} \\ x'_u & y'_u & z'_u \\ x'_v & y'_v & z'_v \end{vmatrix}_{(u_0,v_0)}.$$

记

$$A=\frac{\partial(y,z)}{\partial(u,v)}\Big|_{(u_0,v_0)},\ B=\frac{\partial(z,x)}{\partial(u,v)}\Big|_{(u_0,v_0)},\ C=\frac{\partial(x,y)}{\partial(u,v)}\Big|_{(u_0,v_0)}.$$

曲面在 (x_0,y_0,z_0) 处的切平面定义为过 (x_0,y_0,z_0) 且与法向量垂直的平面，从而切平面方程为

$$A(x-x_0)+B(y-y_0)+C(z-z_0)=0.$$

命题　曲面上任意一条过点 $\boldsymbol{r}(u_0,v_0)$ 的光滑曲线，在该点的切线必落在切平面上.

证明：曲面上任意一条过点 $\boldsymbol{r}(u_0,v_0)$ 的光滑曲线可设为 $\boldsymbol{r}(u(t),v(t))$，设 t_0 对应 (u_0,v_0). 曲线在 (u_0,v_0) 处的切向量为

$$\boldsymbol{r}'(t_0)=\boldsymbol{r}_u(u_0,v_0)u'(t_0)+\boldsymbol{r}_v(u_0,v_0)v'(t_0).$$

即曲线在 (u_0,v_0) 处的切向量为两个特殊切向量 $\boldsymbol{r}_u(u_0,v_0)$ 和 $\boldsymbol{r}_v(u_0,v_0)$ 的线性组合. 由此得证.

下面考虑曲面 S 由方程

$$F(x,y,z)=0$$

给出的情形，其中 $F(x,y,z)$ 为区域 $\Omega\subseteq\mathbf{R}^3$ 上具有一阶连续偏导的函数.

在曲面上任取一条过 (x_0,y_0,z_0) 的光滑曲线 $(x(t),y(t),z(t))$，$t\in(\alpha,\beta)$，则有

$$F(x(t),y(t),z(t))\equiv 0,\quad \forall t\in(\alpha,\beta),$$

设点(x_0,y_0,z_0)对应参数t_0，上述方程在t_0处求导得

$$F'_x(x_0,y_0,z_0)x'(t_0)+F'_y(x_0,y_0,z_0)y'(t_0)+F'_z(x_0,y_0,z_0)z'(t_0)=0.$$

注意到$(x'(t_0),y'(t_0),z'(t_0))$是该曲线在$(x_0,y_0,z_0)$处的切向量，因此曲面上过$(x_0,y_0,z_0)$的任一光滑曲线的切向量总是与向量$(F'_x,F'_y,F'_z)\big|_{(x_0,y_0,z_0)}$垂直. 由此可知

$$(F'_x,F'_y,F'_z)\big|_{(x_0,y_0,z_0)}$$

为曲面$F(x,y,z)=0$在(x_0,y_0,z_0)处的一个法向量，从而曲面$F(x,y,z)=0$在(x_0,y_0,z_0)处的切平面方程为

$$F'_x(x_0,y_0,z_0)(x-x_0)+F'_y(x_0,y_0,z_0)(y-y_0)+F'_z(x_0,y_0,z_0)(z-z_0)=0.$$

当曲面方程由二元函数$z=f(x,y)$给出时，令$F(x,y,z)=f(x,y)-z$，利用上述公式可得，曲面在(x_0,y_0)处的法向量为

$$\boldsymbol{n}=\{f'_x(x_0,y_0),f'_y(x_0,y_0),-1\}.$$

例 10.6.2 求旋转抛物面$z=x^2+y^2-1$在点$(2,1,4)$处的切平面及法线方程.

解：记$f(x,y)=x^2+y^2-1$，则旋转抛物面在点$(2,1,4)$处的法向量为

$$\boldsymbol{n}\big|_{(2,1,4)}=\{f_x,f_y,-1\}\big|_{(2,1,4)}=\{4,2,-1\},$$

由此切平面方程为

$$4(x-2)+2(y-1)-(z-4)=0,$$

整理得
$$4x+2y-z-6=0.$$

法线方程为

$$\frac{x-2}{4}=\frac{y-1}{2}=\frac{z-4}{-1}.$$

人民的数学家——华罗庚

习题 10.6

1. 求曲线$\begin{cases}3x^2y+y^2z+2=0,\\2xz-x^2y-3=0\end{cases}$在$(1,-1,1)$处的切线方程.

2. 求曲面的切平面与法线方程：

(1) $x^2+y^2-z^2-4=0$，在$(2,1,1)$处；

(2) $z=e^x\cos y$，在$(0,\pi,-1)$处.

3. 设曲面由方程

$$e^z-2z+x^2y^2=10$$

所确立，求该曲面在点$(3,1,0)$的法向量及切平面方程.

4. 在曲线

$$\begin{cases}x=t,\\y=t^2,\\z=t^3\end{cases}$$

上求一点，使得在该点曲线的切线平行于平面

$$x+2y+z=0.$$

5. 证明：曲面

$$\sqrt{x}+\sqrt{y}+\sqrt{z}=\sqrt{a}\quad(a>0)$$

在其上的任意一点的切平面在三个坐标轴上的截距和等于a.

6. 在曲面 $z=x^2-2xy-y^2-8x+4y$ 上找出所有的点 (x,y,z)，使得在这些点处曲面的切平面是水平的.

7. 证明圆柱螺旋线 $\begin{cases} x=a\cos t, \\ y=a\sin t, \\ z=bt \end{cases}$ 上每点处的切线与 z 轴的夹角为常数.

8. 求曲面 $z=xe^{\frac{x}{y}}$ 上每一点处的切平面方程，并证明任何两个点处的切平面均相交.

9. 证明曲面 $F(x-az,y-bz)=0$ $(a,b\in\mathbf{R})$ 上任一点处的法线与一条固定直线垂直.

10. 证明曲面 $xyz=a$ 上任一点的切平面与三个坐标平面所围的体积为常数.

11. 证明曲面 $x^2+4y+z^2=0$ 与 $x^2+y^2+z^2-6z+7=0$ 在 $(0,-1,2)$ 处相切.

第 11 章 重积分

本章开始研究多元函数的积分学，也就是在多元空间内对研究对象进行类似定积分(Riemann 积分)的分割、近似、求和、取极限的处理，求出相应的量. 当然，这里也会牵涉到极限的存在性问题，也就是可积性问题. 本章研究的重积分，包括二重积分和三重积分，也就是对二维的平面区域和三维立体空间区域进行研究处理.

11.1 二重积分的概念和性质

11.1.1 可求面积的平面集合 D

设 D 为平面内的一个有界集合，即存在常数 a，b，c，d，使得 $D\subseteq[a,b]\times[c,d]$. 分别对坐标 x 和 y 插入分点做出分割

$$T: a=x_0<x_1<\cdots<x_n=b;\ c=y_0<y_1<\cdots<y_m=d,$$

可得小矩形 $[x_{i-1},x_i]\times[y_{j-1},y_j]=\sigma_{ij}$，$i=1,2,\cdots,n$；$j=1,2,\cdots,m$，记其面积为

$$\Delta\sigma_{ij}=(x_i-x_{i-1})\cdot(y_j-y_{j-1})=\Delta x_i\Delta y_j.$$

记 $\lambda_T=\max\limits_{i,j}\{x_i-x_{i-1},y_j-y_{j-1}\}$，讨论那些与集合 D 的边界点 ∂D 相交非空的小矩形，记其面积和

$$\sum_{\sigma_{ij}\cap\partial D\neq\varnothing}\Delta\sigma_{ij}.$$

可见随着分割的加细，λ_T 越来越小，该面积和越来越小，必有非负极限

$$\lim_{\lambda_T\to0}\sum_{\sigma_{ij}\cap\partial D\neq\varnothing}\Delta\sigma_{ij}\geqslant 0.$$

如果该极限为 0，则称集合 D 为可求面积的. 此时也称集合 D 的边界 ∂D 是零面积的. 反之，如果该极限大于 0，则称集合 D 为不可求面积的.

定理 11.1.1 设集合 D_1，D_2 为两个可求面积的平面集合，则 $D_1\cup D_2$ 为可求面积的.

定理 11.1.2 设集合 D 是一平面区域，且边界为可求长曲线，则 D 是可求面积的.

反之，边界为不可求长曲线的区域也可能是可求面积的(边界零面积的).

例如图 11.1.1，集合

$$D=\left\{(x,y) \mid 0<x<1,-2\leqslant y\leqslant \sin\frac{1}{x}\right\}$$

的边界曲线 ∂D 是不可求长的，但是 D 可求面积，或者说边界 ∂D 是零面积的.

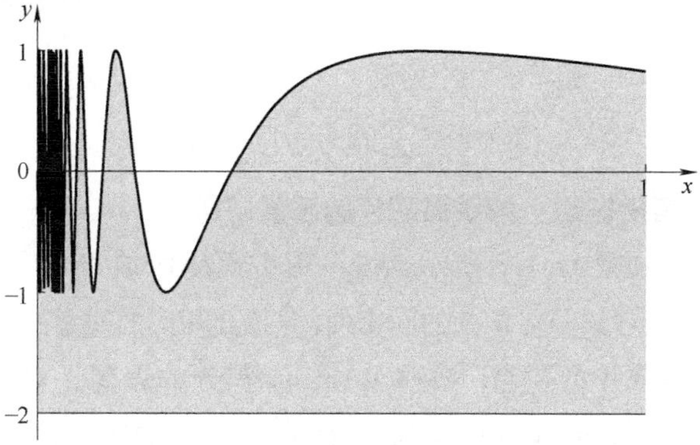

图 11.1.1

11.1.2 平面上可求面积区域上的二重积分

本章以后讨论的平面闭区域都是可求面积的平面闭区域.

1. 平面闭区域上的曲顶柱体的体积问题

如图 11.1.2 所示，设 D 为平面闭区域，D 上的有界函数 $z=f(x,y)$，且满足 $f(x,y)\geqslant 0$. 如果研究区域 D 上介于函数 $z=f(x,y)$ 与 $z=0$ 部分的体积，即集合

$$\Omega=\{(x,y,z) \mid 0<z<f(x,y),(x,y)\in D\}$$

的体积问题，我们称之为求曲顶柱体的体积问题. 仿照曲边梯形的面积问题，我们可以用 Riemann 积分思想来解决，也就是通过分割、近似、求和、取极限的过程来解决这类问题. 我们首先对闭区域 D 用面积为 0 的曲线进行分割，得到若干个可求面积的小闭区域 $D_i, i=1,2,\cdots,n$ 的分割 T，各个小闭区域的面积记为 $\Delta\sigma_i$. 记分割 T 的最大直径

$$\lambda_T=\max_i\{|PQ|,\forall P,Q\in D_i\}.$$

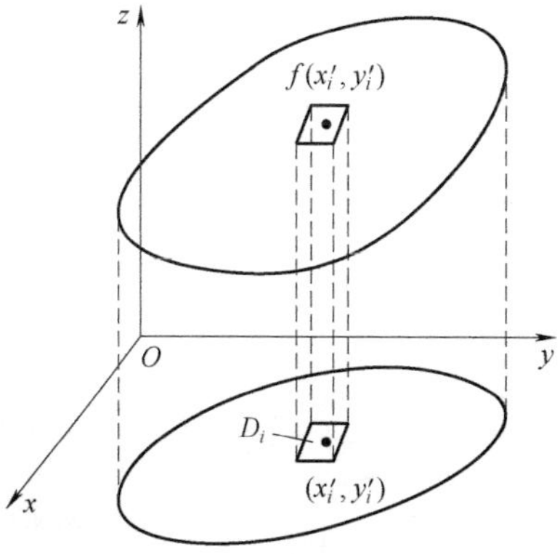

图 11.1.2

此时求整个曲顶柱体体积的问题，转化为求有限个小曲顶柱体体积之和的问题. 对小曲顶柱体的体积 ΔV_i 用小

区域内的任一点$(x_i',y_i')\in D_i$处的函数值$f(x_i',y_i')$与对应小区域面积的乘积$f(x_i',y_i')\Delta\sigma_i$代替(见图 11.1.2)，即

$$\Delta V_i\approx f(x_i',y_i')\Delta\sigma_i.$$

并用求和后的体积代替曲顶柱体的体积

$$\sum_{i=1}^{n} f(x_i',y_i')\Delta\sigma_i.$$

无论分割怎么加细，点$(x_i',y_i')\in D_i$怎么选取，只要分割的最大直径$\lambda_T\to 0$，极限

$$\lim_{\lambda_T\to 0}\sum_{i=1}^{n} f(x_i',y_i')\Delta\sigma_i$$

总存在，我们称该极限即为区域D上函数$f(x,y)$对应的曲顶柱体的体积

$$V=\lim_{\lambda_T\to 0}\sum_{i=1}^{n} f(x_i',y_i')\Delta\sigma_i.$$

2. 平面闭区域上的平面薄片的质量问题

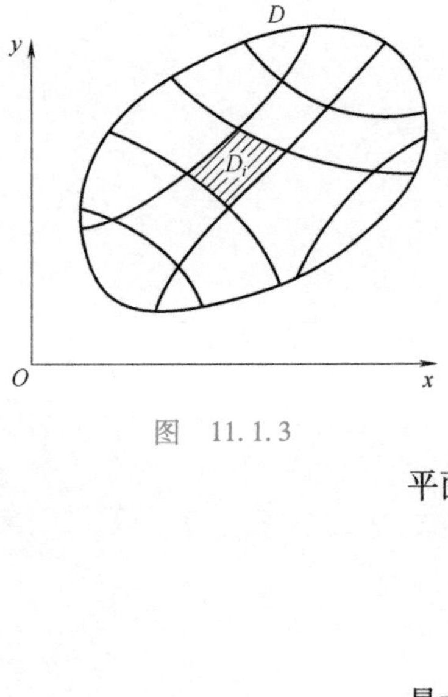

图 11.1.3

如图 11.1.3 所示，设占用平面闭区域D的平面薄片，对应点$(x,y)\in D$处的面密度(单位面积上的质量)为$\rho(x,y)$，求该薄片的质量. 按照 Riemann 积分的思想，对闭区域D用零面积曲线进行分割，得到若干个可求面积的小闭区域$D_i,i=1,2,\cdots,n$的分割T，各个小闭区域的面积记为$\Delta\sigma_i$. 对小曲面上的任意一点$(x_i',y_i')\in D_i$的密度代替平均密度，求出小曲面块的近似质量$\rho(x_i',y_i')\Delta\sigma_i$代替，即

$$\mathrm{d}m_i\approx\rho(x_i',y_i')\Delta\sigma_i.$$

平面薄片的质量用小曲面块近似值的和近似代替

$$\sum_{i=1}^{n}\rho(x_i',y_i')\Delta\sigma_i.$$

如果分割越来越细，无论点$(x_i',y_i')\in D_i$怎么选取，当分割的最大直径$\lambda_T\to 0$，都有极限

$$\lim_{\lambda_T\to 0}\sum_{i=1}^{n}\rho(x_i',y_i')\Delta\sigma_i$$

存在，我们把该极限看作平面薄片的质量

$$m=\lim_{\lambda_T\to 0}\sum_{i=1}^{n}\rho(x_i',y_i')\Delta\sigma_i.$$

3. 二重积分的概念

作为 Riemann 积分在平面区域的推广，对平面区域进行分割、近似、求和、取极限的过程，在各行各业都有重要用途. 接下来我们给出二重积分的概念.

定义 11.1.1　设$f(x,y)$为平面闭区域 D 上的有界函数. 将闭区域 D 用零面积曲线进行分割，得到若干个小闭区域 $D_i, i=1,2,\cdots,n$ 的分割 T，用 $\Delta\sigma_i$ 表示小闭区域的面积. 对小闭区域内任取一点$(x_i',y_i')\in D_i$，对应函数值$f(x_i',y_i')$与小闭区域面积的积$f(x_i',y_i')\Delta\sigma_i$，作和

$$\sum_{i=1}^{n} f(x_i',y_i')\Delta\sigma_i.$$

如果分割的最大直径 $\lambda_T\to 0$ 时，极限

$$\lim_{\lambda_T\to 0}\sum_{i=1}^{n} f(x_i',y_i')\Delta\sigma_i$$

总存在，则称函数$f(x,y)$在闭区域 D 上可积，此极限为函数$f(x,y)$在闭区域 D 上的二重积分，记作

$$\iint_D f(x,y)\,\mathrm{d}\sigma=\lim_{\lambda_T\to 0}\sum_{i=1}^{n} f(x_i',y_i')\,\mathrm{d}\sigma_i.$$

其中，$f(x,y)$称为被积函数，D 称为积分区域，$f(x,y)\,\mathrm{d}\sigma$ 称为被积表达式，$\mathrm{d}\sigma$ 称为面积元素，x，y 为积分变量. 我们依然把和式

$$\sum_{i=1}^{n} f(x_i',y_i')\,\mathrm{d}\sigma_i$$

称为 Riemann 和.

这里要注意的是，在二重积分的定义中，对闭区域 D 的分割是任意的，小闭区域的取点也是任意的. 在平面直角坐标系中，可求面积的闭区域 D 上的面积元素可以用小矩形分割进行表示，即

$$\mathrm{d}\sigma=\mathrm{d}x\mathrm{d}y.$$

因此二重积分往往也记作

$$\iint_D f(x,y)\,\mathrm{d}\sigma=\iint_D f(x,y)\,\mathrm{d}x\mathrm{d}y.$$

可求面积的平面闭区域上的二重积分的可积性问题，可类似于定积分可积性，对 Riemann 和用上下确界来讨论，即达布大和与达布小和的方法来讨论. 显然有，可求面积的闭区域 D 上的连续函数是可积的. 若无特殊说明，本章讨论的二重积分积分区域都是可求面积的，被积函数都是可积的.

4. 二重积分的性质

作为 Riemann 积分，二重积分也具有类似于定积分的线性性质，区间可加性质和比较性质.

性质 1 （线性性质）闭区域 D 上的函数 $f(x,y)$，$g(x,y)$，对任意常数 a，b，有

$$\iint_D [af(x,y)+bg(x,y)]\mathrm{d}\sigma = a\iint_D f(x,y)\mathrm{d}\sigma + b\iint_D g(x,y)\mathrm{d}\sigma.$$

性质 2 （区域可加性）设闭区域 D_1，D_2 是闭区域 D 由零面积曲线分割而成的两个部分，$f(x,y)$ 为闭区域 D 上的函数，有

$$\iint_D f(x,y)\mathrm{d}\sigma = \iint_{D_1} f(x,y)\mathrm{d}\sigma + \iint_{D_2} f(x,y)\mathrm{d}\sigma.$$

区域可加性的一个简单应用就是二重积分的对称性. 如图 11.1.4 所示，设平面区域 D 关于 x 轴对称，即区域内任意一点 $(x,y)\in D$，必有 $(x,-y)\in D$ 与其对称. 记由 x 轴分割而成的对称的两个区域为 D_1，D_2. 在对区域 D 进行分割的时候采取对称分割，即每一个 D_1 上的小区域 σ_i 对应区域 D_2 上的对称小块 $\sigma_{-i}=\{(x,-y)\mid(x,y)\in\sigma_i\}$，对应小块面积元素 $\mathrm{d}\sigma_i=\mathrm{d}\sigma_{-i}$ 相等. 对应小区域上的取点也取对称点 $(x_i,y_i)\in\sigma_i$，$(x_i,-y_i)\in\sigma_{-i}$，此时的 Riemann 和中可看作有对称的 $f(x_i,y_i)\mathrm{d}\sigma_i$ 和 $f(x_i,-y_i)\mathrm{d}\sigma_{-i}$ 两项. 如果被积函数 $f(x,y)$ 是关于变量 y 的奇函数，即满足 $f(x,-y)=-f(x,y)$，则二重积分必为零，即

$$\iint_D f(x,y)\mathrm{d}\sigma = 0;$$

如果被积函数 $f(x,y)$ 是关于变量 y 的偶函数，即 $f(x,-y)=f(x,y)$，则二重积分

$$\iint_D f(x,y)\mathrm{d}\sigma = 2\iint_{D_1} f(x,y)\mathrm{d}\sigma.$$

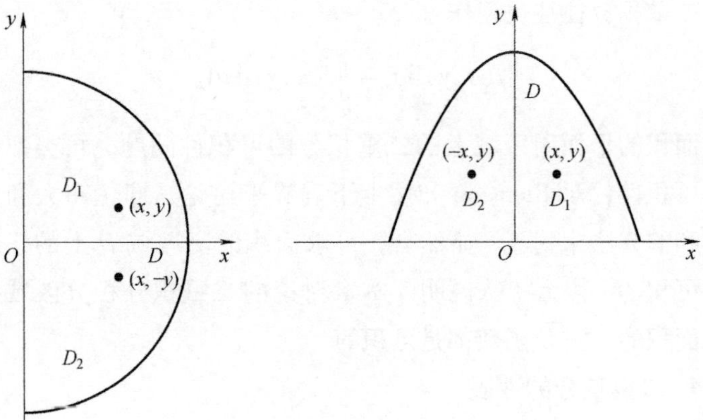

图　11.1.4

类似地，如果平面区域 D 关于 y 轴对称，记由 y 轴分割而成对称的两块区域为 D_1，D_2. 当被积函数 $f(x,y)$ 是关于变量 x 的奇函数，即 $f(-x,y)=-f(x,y)$ 时，二重积分

$$\iint_D f(x,y)\,\mathrm{d}\sigma = 0;$$

当被积函数 $f(x,y)$ 是关于变量 x 的偶函数，即 $f(-x,y)=f(x,y)$ 时，二重积分

$$\iint_D f(x,y)\,\mathrm{d}\sigma = 2\iint_{D_1} f(x,y)\,\mathrm{d}\sigma.$$

如果平面区域 D 关于原点 O 对称，记由任一过原点的直线而分割的关于原点 O 对称的两块区域为 D_1，D_2. 当被积函数 $f(x,y)$ 满足 $f(-x,-y)=-f(x,y)$ 时，二重积分

$$\iint_D f(x,y)\,\mathrm{d}\sigma = 0;$$

当被积函数 $f(x,y)$ 满足 $f(-x,-y)=f(x,y)$ 时，二重积分

$$\iint_D f(x,y)\,\mathrm{d}\sigma = 2\iint_{D_1} f(x,y)\,\mathrm{d}\sigma.$$

如果平面区域 D 关于直线 $y=x$ 对称，记由直线 $y=x$ 分割而成对称的两块区域为 D_1，D_2. 当被积函数 $f(x,y)$ 满足 $f(x,y)=-f(y,x)$ 时，二重积分

$$\iint_D f(x,y)\,\mathrm{d}\sigma = 0;$$

当被积函数 $f(x,y)$ 满足 $f(x,y)=f(y,x)$ 时，则二重积分

$$\iint_D f(x,y)\,\mathrm{d}\sigma = 2\iint_{D_1} f(x,y)\,\mathrm{d}\sigma.$$

性质 3 闭区域 D 上对常数 1 的二重积分为闭区域 D 的面积 $A(D)$，即

$$\iint_D 1\,\mathrm{d}\sigma = \iint_D \mathrm{d}\sigma = A(D).$$

性质 4 （比较定理）设闭区域 D 上的函数 $f(x,y)$，$g(x,y)$ 满足 $f(x,y)\leqslant g(x,y)$，则

$$\iint_D f(x,y)\,\mathrm{d}\sigma \leqslant \iint_D g(x,y)\,\mathrm{d}\sigma.$$

性质 5 （绝对值不等式）设 $f(x,y)$ 为闭区域 D 上的函数，则

$$\left|\iint_D f(x,y)\,\mathrm{d}\sigma\right| \leqslant \iint_D |f(x,y)|\,\mathrm{d}\sigma.$$

性质 6 （估值定理）设 M，m 为闭区域 D 上的函数 $f(x,y)$ 的最大、最小值，则

$$mA(D)\leqslant\iint\limits_D f(x,y)\,\mathrm{d}\sigma\leqslant MA(D).$$

性质 7 （中值定理）设函数 $f(x,y)$ 在闭区域 D 上连续. 则存在 $(\xi,\eta)\in D$，使得

$$\iint\limits_D f(x,y)\,\mathrm{d}\sigma=f(\xi,\eta)A(D).$$

习题 11.1

1. 证明平面内的可求长闭曲线是零面积的.

2. 利用二重积分的几何意义计算区域 $D=\{(x,y)\mid x^2+y^2\leqslant 1\}$ 上的二重积分

$$\iint\limits_D 2\mathrm{d}\sigma,\ \iint\limits_D\sqrt{1-x^2-y^2}\,\mathrm{d}\sigma,\ \iint\limits_D\sqrt{x^2+y^2}\,\mathrm{d}\sigma.$$

3. 证明二重积分的线性性质.

4. 利用对称性计算区域 $D=\{(x,y)\mid |x|+|y|\leqslant 1\}$ 上的二重积分

$$\iint\limits_D(2+x+y)\,\mathrm{d}\sigma,\ \iint\limits_D(1+x\sqrt{1-x^2-y^2})\,\mathrm{d}\sigma,$$

$$\iint\limits_D(2-\sin(x\sqrt{x^2+y^2}))\,\mathrm{d}\sigma.$$

5. 证明二重积分的比较定理和绝对值不等式.

6. 比较区域 $D=\left\{(x,y)\mid \dfrac{x^2}{2}+\dfrac{y^2}{3}\leqslant 1\right\}$ 上二重积分的大小：

$$\iint\limits_D(3+|x+y|)\,\mathrm{d}\sigma,\ \iint\limits_D(x^2+y^2)\,\mathrm{d}\sigma.$$

7. 证明二重积分的中值定理.

11.2 二重积分的计算

由二重积分的定义知道，二重积分的值与计算二重积分时的分割方法和代表点的选取无关. 因此在计算平面闭区域 D 上的函数 $f(x,y)$ 的二重积分

$$\iint\limits_D f(x,y)\,\mathrm{d}\sigma$$

时，可以根据需要选择合适的分割方法、合适的代表点以方便计算二重积分. 作为一个 Riemann 和的极限，我们尝试化成二次极限，二重积分化成两个定积分的运算.

11.2.1 平面直角坐标系下二重积分的计算

设平面直角坐标系下闭区域 D（见图 11.2.1）可表示为

$$D=\{(x,y)\mid a\leqslant x\leqslant b,y_1(x)\leqslant y\leqslant y_2(x)\}.$$

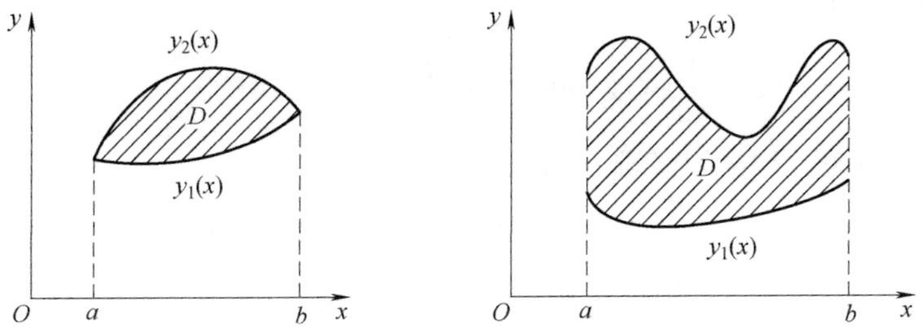

图 11.2.1

此时我们把这类区域称为 X-型. 即区域 D 通过向 x 轴投影，得到投影区域$[a,b]$后，相应于 $x\in[a,b]$ 区域 D 有一个连续的下边界 $y_1(x)$ 和一个连续的上边界 $y_2(x)$. 此时考虑先对变量 x 在区间$[a,b]$内的分割：

$$x_0=a<x_1<x_2<\cdots<x_n=b.$$

给定小分割区间$[x_{i-1},x_i]$及区间内取定一点 $\xi_i\in[x_{i-1},x_i]$. 然后对小柱状区域(见图 11.2.2)

$$D_i=\{(x,y)\mid x_{i-1}\leqslant x\leqslant x_i,y_1(x)\leqslant y\leqslant y_2(x)\}$$

再按照变量 y 做分割，得到小矩形 $D_{ij}=\{(x,y)\mid x_{i-1}\leqslant x\leqslant x_i,y_{j-1}\leqslant y\leqslant y_j\}\subseteq D_i$，记对应小块 D_{ij}的面积 $\mathrm{d}\sigma_{ij}=\mathrm{d}x_i\mathrm{d}y_j$，以及小矩形块中的代表点选取$(\xi_i,\eta_j)\in D_{ij}$. 其中

$$\mathrm{d}x_i=x_i-x_{i-1},\ \mathrm{d}y_j=y_j-y_{j-1}.$$

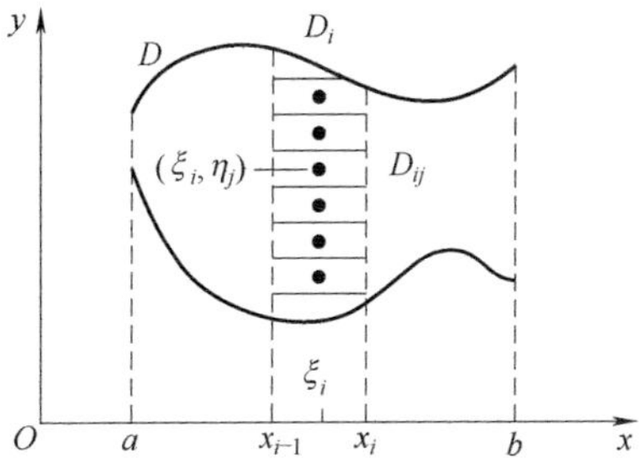

图 11.2.2

此时，可以先对 D_i 内的小块作和

$$\sum_j f(\xi_i,\eta_j)\mathrm{d}\sigma_{ij}=\sum_j f(\xi_i,\eta_j)\mathrm{d}x_i\mathrm{d}y_j=\Big(\sum_j f(\xi_i,\eta_j)\mathrm{d}y_j\Big)\mathrm{d}x_i,$$

然后再对 i 求和，即为闭区域 D 上函数$f(x,y)$的 Riemann 和

$$\sum_i\Big(\sum_j f(\xi_i,\eta_j)\mathrm{d}y_j\Big)\mathrm{d}x_i.$$

注意到，由可积性，当分割的最大直径 $\lambda_T\to 0$ 时，极限

$$\lim_{\lambda_T\to 0}\sum_i\Big(\sum_j f(\xi_i,\eta_j)\mathrm{d}y_j\Big)\mathrm{d}x_i$$

存在，而给定点 $\xi_i\in[x_{i-1},x_i]$，存在极限

$$\lim_{\lambda_T\to 0}\sum_j f(\xi_i,\eta_j)\mathrm{d}y_j=\int_{y_1(x)}^{y_2(x)}f(\xi_i,y)\mathrm{d}y=F(\xi_i),$$

所以

$$\begin{aligned}\lim_{\lambda_T\to 0}\sum_i\Big(\sum_j f(\xi_i,\eta_j)\mathrm{d}y_j\Big)\mathrm{d}x_i&=\lim_{\lambda_T\to 0}\sum_i F(\xi_i)\mathrm{d}x_i=\int_a^b F(x)\mathrm{d}x\\&=\int_a^b\Big(\int_{y_1(x)}^{y_2(x)}f(x,y)\mathrm{d}y\Big)\mathrm{d}x.\end{aligned}$$

故二重积分可化为先后运算的两个定积分

$$\iint_D f(x,y)\mathrm{d}\sigma=\int_a^b\Big(\int_{y_1(x)}^{y_2(x)}f(x,y)\mathrm{d}y\Big)\mathrm{d}x.$$

习惯记为

$$\iint\limits_D f(x,y)\,\mathrm{d}\sigma = \int_a^b \mathrm{d}x \int_{y_1(x)}^{y_2(x)} f(x,y)\,\mathrm{d}y.$$

同理，如果闭区域 D(见图 11.2.3)可表示为

$$D=\{(x,y)\mid c\leqslant y\leqslant d,\ x_1(y)\leqslant x\leqslant x_2(y)\}.$$

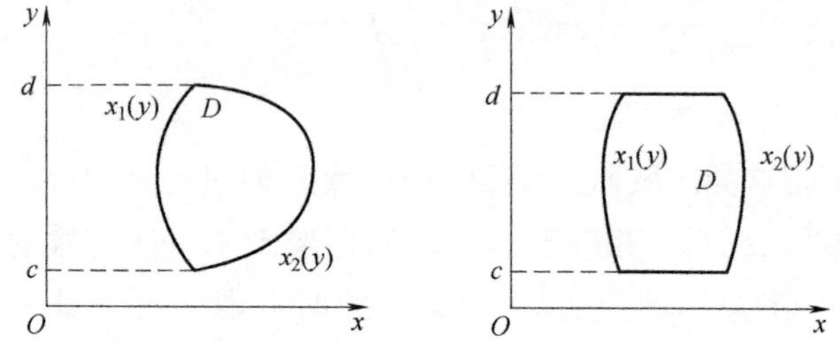

图 11.2.3

我们称闭区域 D 是 Y-型区域，此时二重积分可化为

$$\iint\limits_D f(x,y)\,\mathrm{d}\sigma = \int_c^d \mathrm{d}y \int_{x_1(y)}^{x_2(y)} f(x,y)\,\mathrm{d}x.$$

例 11.2.1 设区域 D 是圆 $x^2+y^2\leqslant 1$ 在第一象限的部分，计算二重积分

$$\iint\limits_D xy\,\mathrm{d}\sigma.$$

解：平面闭区域 D 可以写为

$$D=\{(x,y)\mid 0\leqslant x\leqslant 1,\ 0\leqslant y\leqslant \sqrt{1-x^2}\},$$

二重积分可化为

$$\iint\limits_D xy\,\mathrm{d}\sigma = \int_0^1 \mathrm{d}x \int_0^{\sqrt{1-x^2}} xy\,\mathrm{d}y = \int_0^1 \frac{x}{2}y^2\Big|_0^{\sqrt{1-x^2}}\mathrm{d}x$$

$$= \frac{1}{2}\int_0^1 x(1-x^2)\,\mathrm{d}x = \frac{1}{8}.$$

例 11.2.2 设区域 D 是由曲线 $xy=1$，$xy=2$ 及直线 $x=1$，$x=2$ 所围成的(见图 11.2.4)，计算二重积分

$$\iint\limits_D \mathrm{e}^{xy}\,\mathrm{d}\sigma.$$

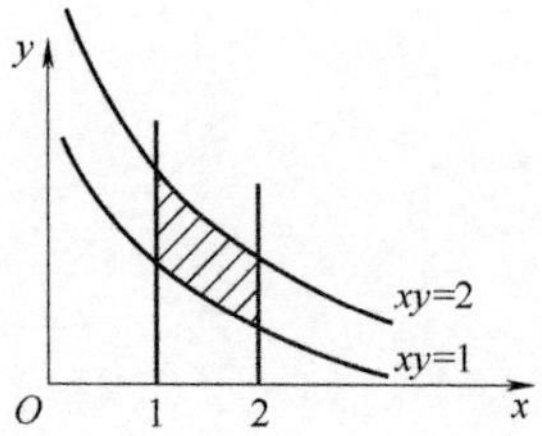

图 11.2.4

解：平面闭区域 D 可以写为

$$D=\left\{(x,y)\mid 1\leqslant x\leqslant 2,\frac{1}{x}\leqslant y\leqslant \frac{2}{x}\right\},$$

二重积分可化为

$$\iint\limits_D xy\,\mathrm{d}\sigma = \int_1^2 \mathrm{d}x \int_{\frac{1}{x}}^{\frac{2}{x}} \mathrm{e}^{xy}\,\mathrm{d}y = \int_1^2 \frac{1}{x}\mathrm{e}^{xy}\Big|_{\frac{1}{x}}^{\frac{2}{x}}\mathrm{d}x$$

$$= \int_1^2 \frac{1}{x}(\mathrm{e}^2-\mathrm{e})\,\mathrm{d}x = (\mathrm{e}^2-\mathrm{e})\ln 2.$$

11.2.2 二重积分的积分换序

如果一个闭区域 D 既可以表示成 X-型：

$$D=\{(x,y)\mid a\leqslant x\leqslant b,y_1(x)\leqslant y\leqslant y_2(x)\},$$

又可以表示成 Y-型：

$$D=\{(x,y)\mid c\leqslant y\leqslant d,x_1(y)\leqslant x\leqslant x_2(y)\}.$$

此时二重积分可分别化成

$$\iint\limits_D f(x,y)\mathrm{d}\sigma=\int_a^b\mathrm{d}x\int_{y_1(x)}^{y_2(x)}f(x,y)\mathrm{d}y=\int_c^d\mathrm{d}y\int_{x_1(y)}^{x_2(y)}f(x,y)\mathrm{d}x.$$

可以发现两个二次积分均表示同一个二重积分，故相等.

不难看出，二次积分计算过程中是有顺序的，需要先计算内层定积分(或变限定积分)，然后才能计算外层定积分. 如果发现内层定积分很难计算或无法计算时，可以考虑改变积分顺序.

例 11.2.3　计算二次积分

$$\int_0^1\mathrm{d}x\int_x^1\mathrm{e}^{y^2}\mathrm{d}y.$$

解：注意到，积分

$$\int\mathrm{e}^{y^2}\mathrm{d}y$$

没有原函数，二次积分中第一个定积分无法计算，故考虑积分换序，二重积分的积分区域(见图 11.2.5)

$$D=\{(x,y)\mid 0\leqslant x\leqslant 1,x\leqslant y\leqslant 1\}.$$

也可写为

$$D=\{(x,y)\mid 0\leqslant y\leqslant 1,0\leqslant x\leqslant y\}.$$

二重积分可化为

$$\int_0^1\mathrm{d}x\int_x^1\mathrm{e}^{y^2}\mathrm{d}y=\int_0^1\mathrm{d}y\int_0^y\mathrm{e}^{y^2}\mathrm{d}x$$
$$=\int_0^1\mathrm{e}^{y^2}\mathrm{d}y\int_0^y\mathrm{d}x=\int_0^1y\mathrm{e}^{y^2}\mathrm{d}y=\frac{1}{2}(\mathrm{e}-1).$$

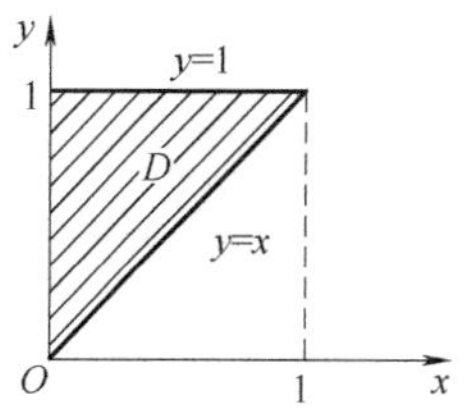

图　11.2.5

例 11.2.4　求两个底半径为 a 且相互垂直的圆柱(见图 11.2.6)所围立体的体积.

解：设两圆柱的方程分别为

$$x^2+y^2=a^2,x^2+z^2=a^2.$$

由对称性，可以只考虑第一卦限内部分的体积 V_1 的 8 倍. 该部分区域可以看作平面区域 $D_1=\{(x,y)\mid x^2+y^2\leqslant a^2,x\geqslant 0,y\geqslant 0\}$ 上以 $z=\sqrt{a^2-x^2}$ 为顶的曲顶柱体的体积，即所围立体的体积可用二重积

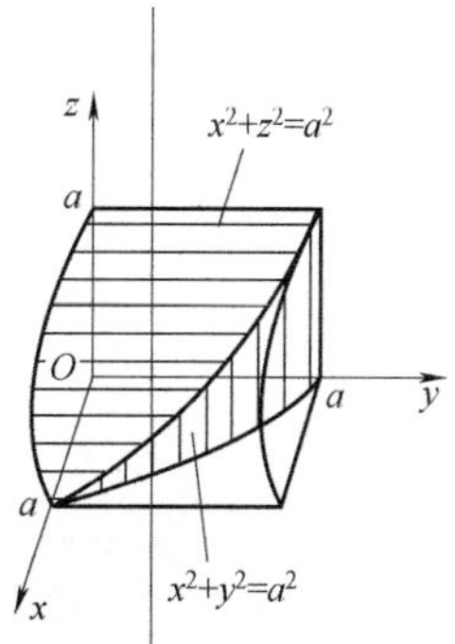

图　11.2.6

分表示为

$$V=8\iint\limits_{D_1}\sqrt{a^2-x^2}\,dxdy,$$

其中，区域 D 可写为

$$D=\{(x,y)\mid 0\leqslant x\leqslant a,0\leqslant y\leqslant\sqrt{a^2-x^2}\}.$$

故有

$$V=8\int_0^a dx\int_0^{\sqrt{a^2-x^2}}\sqrt{a^2-x^2}\,dy=8\int_0^a\sqrt{a^2-x^2}\,dx\int_0^{\sqrt{a^2-x^2}}dy$$
$$=8\int_0^a(a^2-x^2)\,dx=\frac{16}{3}a^3.$$

11.2.3 极坐标系下二重积分的计算

极坐标作为一个常用工具，给我们展示了大量优美曲线. 很多曲线利用极坐标很容易刻画，而用直角坐标刻画就相对复杂. 设平面闭区域 D(见图 11.2.7)在极坐标系下有

$$D=\{(\rho,\theta)\mid\alpha\leqslant\theta\leqslant\beta,\rho_1(\theta)\leqslant\rho\leqslant\rho_2(\theta)\},$$

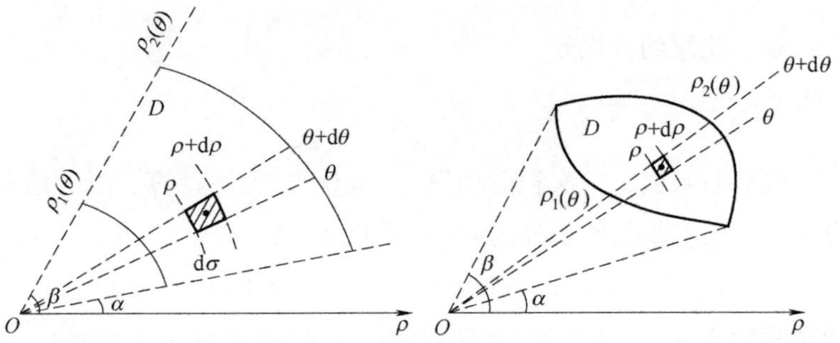

图 11.2.7

即：区域 D 的极角范围 $\alpha\leqslant\theta\leqslant\beta$，且沿给定极角 θ 的射线由 $\rho_1(\theta)$ 穿入，由 $\rho_2(\theta)$ 穿出区域 D. 在求平面闭区域 D 上的函数 $f(x,y)$ 的二重积分

$$\iint\limits_D f(x,y)\,d\sigma$$

时，可以考虑用极坐标来计算. 这里我们用元素(微元)法的思想来解释.

给定极坐标系内一定点(ρ,θ)，极角元素 $d\theta$，极径元素 $d\rho$，对应的小区域是一个小扇片面积

$$\Delta\sigma=\frac{1}{2}(\rho+d\rho)^2d\theta-\frac{1}{2}\rho^2d\theta=\rho d\rho d\theta+\frac{1}{2}d\rho^2d\theta=\rho d\rho d\theta+o(d\rho d\theta),$$

可以有面积元素

$$d\sigma=\rho d\rho d\theta,$$

相应的 Riemann 和

$$\sum f(x,y)\,\mathrm{d}\sigma=\sum f(\rho\cos\theta,\rho\sin\theta)\rho\mathrm{d}\rho\mathrm{d}\theta,$$

对应的二重积分

$$\iint_D f(x,y)\,\mathrm{d}\sigma=\iint_D f(\rho\cos\theta,\rho\sin\theta)\rho\mathrm{d}\rho\mathrm{d}\theta=\int_\alpha^\beta\mathrm{d}\theta\int_{\rho_1(\theta)}^{\rho_2(\theta)}f(\rho\cos\theta,\rho\sin\theta)\rho\mathrm{d}\rho.$$

如图 11.2.8 所示，闭区域 D_1 可以表示为

$$D_1=\{(\rho,\theta)\mid 0\leqslant\theta\leqslant 2\pi,\rho_1(\theta)\leqslant\rho\leqslant\rho_2(\theta)\},$$

闭区域 D_2 可以表示为

$$D_2=\{(\rho,\theta)\mid 0\leqslant\theta\leqslant 2\pi,0\leqslant\rho\leqslant\rho(\theta)\}.$$

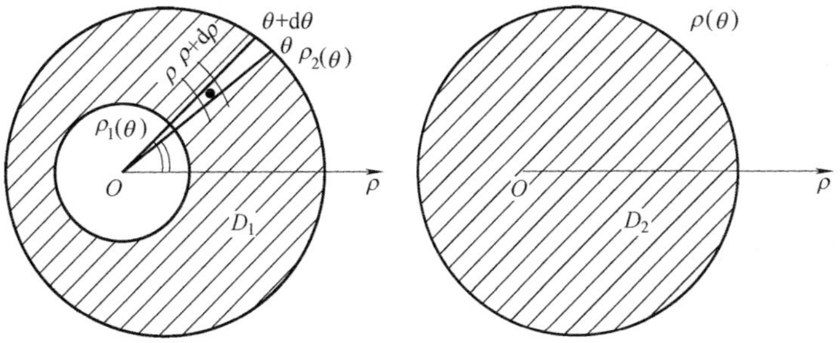

图 11.2.8

例 11.2.5 设区域 D 是圆 $x^2+y^2=R^2$ 所围的圆盘，试计算二重积分

$$I(a)=\iint_D \mathrm{e}^{-x^2-y^2}\mathrm{d}\sigma.$$

解：极坐标系下区域 D 可表示为

$$D=\{(\rho,\theta)\mid 0\leqslant\theta\leqslant 2\pi,0\leqslant\rho\leqslant R\},$$

则二重积分

$$I(R)=\iint_D \mathrm{e}^{-x^2-y^2}\mathrm{d}\sigma=\int_0^{2\pi}\mathrm{d}\theta\int_0^R \mathrm{e}^{-\rho^2}\rho\mathrm{d}\rho=\pi\int_0^R \mathrm{e}^{-\rho^2}\mathrm{d}\rho^2=\pi(1-\mathrm{e}^{-R^2}).$$

这里有一个特殊的计算，我们知道在计算 e^{-x^2} 的原函数时是没有解析表示的，但我们可以用这个二重积分的极坐标法求广义积分

$$\int_0^{+\infty}\mathrm{e}^{-x^2}\mathrm{d}x.$$

记

$$T(R)=\int_0^R \mathrm{e}^{-x^2}\mathrm{d}x,$$

注意到

$$T^2(R)=\int_0^R \mathrm{e}^{-x^2}\mathrm{d}x\int_0^R \mathrm{e}^{-y^2}\mathrm{d}y,$$

$$I(R)\leqslant 4T^2(R)\leqslant I(\sqrt{2}R),$$

而

$$\lim_{R\to+\infty} I(R)=\lim_{R\to+\infty} I(\sqrt{2}R)=\pi,$$

可得

$$\int_0^{+\infty} e^{-x^2}dx=\lim_{R\to+\infty} T(R)=\frac{\sqrt{\pi}}{2}.$$

例 11.2.6 计算由曲面 $x^2+y^2=z^2$，$x^2+y^2=2y$ 所围成的立体(见图 11.2.9)的体积.

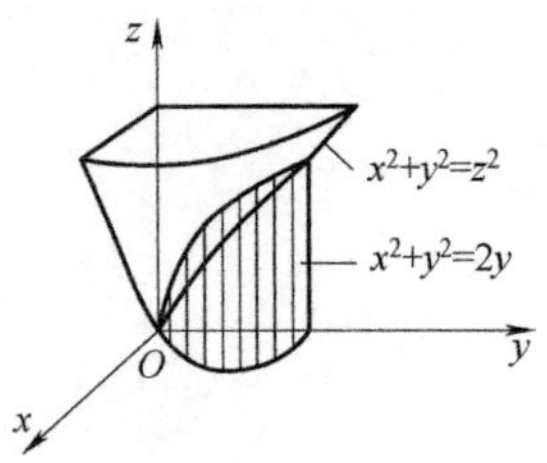

图 11.2.9

解：由对称性，立体体积 V 可以看作第一卦限的体积 V_1 的 4 倍，第一卦限的立体可以看作以上半锥面 $z=\sqrt{x^2+y^2}$ 为顶，区域 $D_1=\{(x,y)\mid x^2+y^2\leqslant 2y,x>0\}$ 为底的曲顶柱体体积. 区域 D_1 的边界曲线方程 $\rho=2\sin\theta$. 区域 D_1 可以由极坐标表示为

$$D_1=\left\{(\rho,\theta)\mid 0\leqslant\theta\leqslant\frac{\pi}{2},0\leqslant\rho\leqslant 2\sin\theta\right\},$$

故所求体积为

$$V=4\iint_D\sqrt{x^2+y^2}\,d\sigma=4\int_0^{\frac{\pi}{2}}d\theta\int_0^{2\sin\theta}\rho^2 d\rho=\frac{32}{3}\int_0^{\frac{\pi}{2}}\sin^3\theta d\theta=\frac{64}{9}.$$

习题 11.2

1. 计算下列二重积分：

(1) $\iint_D(x^2+y^2)dxdy$，其中 $D=\{(x,y)\mid 0\leqslant x\leqslant 1,0\leqslant y\leqslant 1\}$；

(2) $\iint_D\sin(x+y)dxdy$，其中 $D=\left\{(x,y)\mid 0\leqslant x\leqslant\frac{\pi}{2},0\leqslant y\leqslant\frac{\pi}{2}\right\}$；

(3) $\iint_D(2-x-y)dxdy$，其中 D 由直线 $x=1$，$y=-1$，$y=x$ 所围成；

(4) $\iint_D\frac{2-x}{1+y}dxdy$，其中 D 由直线 $x+y=1$ 与 x 轴、y 轴所围成；

(5) $\iint_D(x-y^2)dxdy$，其中 D 由直线 $x+y=2$ 与曲线 $x=y^2$ 所围成；

(6) $\iint_D\sqrt{1-x^2}dxdy$，其中 D 由直线 $y=1$ 与曲线 $y=x^2$ 所围成.

2. 计算下列二重积分：

(1) $\iint_D\sin\sqrt{x^2+y^2}dxdy$，其中 $D=\{(x,y)\mid x^2+y^2\leqslant 1\}$；

(2) $\iint_D\ln(1+x^2+y^2)dxdy$，其中 $D=\{(x,y)\mid 1\leqslant x^2+y^2\leqslant 2\}$；

(3) $\iint_D\sqrt{1-x^2-y^2}dxdy$，其中 $D=\{(x,y)\mid x^2+y^2\leqslant x\}$；

(4) $\iint_D x^2dxdy$，其中由极坐标刻画的区域 $D=\{(\rho,\theta)\mid\rho\leqslant 1+\cos\theta\}$.

3. 计算下列二次积分：

(1) $\int_0^1dx\int_x^1\sin y^2dy$；

(2) $\int_0^1dx\int_{\frac{x}{2}}^{x}e^{y^2}dy+\int_1^2dx\int_{\frac{x}{2}}^{1}e^{y^2}dy$.

4. 计算椭圆抛物面 $z=x^2+y^2$ 在平面区域 $x^2+y^2\leqslant x$ 上对应的曲顶柱体的体积.

5. 计算球体 $x^2+y^2+z^2\leqslant 1$ 介于 $|x|+|y|\leqslant 1$ 部分的体积.

6. 计算落在平面区域 $x^2+y^2\leqslant 1$ 内面密度 $\rho(x,y)=\sqrt{x^2+y^2}$ 的平面薄片的质量.

7. 设函数 $f(x,y)$ 在矩形区域 $D=\{(x,y)\mid a\leqslant x\leqslant b,c\leqslant y\leqslant d\}$ 内有连续一阶偏导，记

$$F(y)=\int_a^b f(x,y)\,\mathrm{d}x$$

证明：

$$F'(y)=\int_a^b f'_y(x,y)\,\mathrm{d}x.$$

11.3 三重积分

本节讨论空间立体上的三重积分，直观上可以看作空间有界闭区域 Ω 上的一物体有体密度(单位体积的质量)$\rho(x,y,z)$，研究其质量问题. 类似于二重积分对可求面积平面闭区域的讨论，我们这里约定空间闭区域 Ω 都是可求体积的. 此时可以用元素法讨论质量问题.

11.3.1 三重积分的概念和性质

1. 空间有界闭区域 Ω 上密度为 $\rho(x,y,z)$ 的物体质量问题

在空间区域 Ω 内任意一点 $(x,y,z)\in\Omega$ 处取一块体积元素 $\mathrm{d}v$，对应质量元素

$$\mathrm{d}m=\rho(x,y,z)\,\mathrm{d}v,$$

总质量可以用求和的形式给出

$$\sum\rho(x,y,z)\,\mathrm{d}v.$$

2. 三重积分的概念

这种通过对三维空间立体进行分割，取微元，再求和的方法，称为三重积分. 这里仍然给出作为 Riemann 积分的分割、近似、求和、取极限说法的标准定义.

定义 11.3.1 设 $f(x,y,z)$ 为空间闭平面闭区域 Ω 上的有界函数. 将闭区域 Ω 进行分割，得到若干个小闭区域 $\Omega_i,i=1,2,\cdots,n$ 的分割 T，用 Δv_i 表示小闭区域的体积. 在小闭区域内任取一点 $(x'_i,y'_i,z'_i)\in\Omega_i$，对应函数值 $f(x'_i,y'_i,z'_i)$ 与小闭区域体积的乘积 $f(x'_i,y'_i,z'_i)\Delta v_i$，对各个分割小块作和

$$\sum_{i=1}^{n} f(x'_i,y'_i,z'_i)\Delta v_i.$$

如果分割的最大直径 $\lambda_T\to 0$ 时，极限

$$\lim_{\lambda_T\to 0}\sum_{i=1}^{n} f(x'_i,y'_i,z'_i)\Delta v_i$$

总存在，与分割的分法无关，与小区域的代表点的选取无关，则称函数 $f(x,y,z)$ 在闭区域 Ω 上可积，此极限为函数 $f(x,y,z)$

在闭区域 Ω 上的三重积分，记作

$$\iiint_{\Omega} f(x,y,z)\,\mathrm{d}v = \lim_{\lambda(T)\to 0}\sum_{i=1}^{n} f(x_i',y_i',z_i')\Delta v_i.$$

其中，称 $f(x,y,z)$ 为被积函数，Ω 称为积分区域，$f(x,y,z)\,\mathrm{d}v$ 为被积表达式，$\mathrm{d}v$ 称为体积元素，x，y，z 为积分变量，$\sum_{i=1}^{n} f(x_i',y_i',z_i')\Delta v_i$ 称为 Riemann 和.

在空间直角坐标系中，体积元素 $\mathrm{d}v$ 可以用平行于坐标面的平面分割而成，此时有

$$\mathrm{d}v = \mathrm{d}x\mathrm{d}y\mathrm{d}z.$$

因此，三重积分可记作

$$\iiint_{\Omega} f(x,y,z)\,\mathrm{d}v = \iiint_{\Omega} f(x,y,z)\,\mathrm{d}x\mathrm{d}y\mathrm{d}z.$$

三重积分定义中的极限存在问题称为可积性问题. 本节不对可积性进行讨论. 本节讨论的三重积分都是可积的.

3. 三重积分的性质

作为一类 Riemann 积分，三重积分具有线性性质、区域可加性、比较性质、绝对值不等式、估值性质以及连续函数的积分中值定理.

三重积分具有类似二重积分的奇偶对称性. 例如：如果区域 Ω 关于坐标面 xOz 对称，即区域内任意一点 $(x,y,z)\in\Omega$，必有 $(x,-y,z)\in\Omega$ 与其对称. 如果被积函数 $f(x,y,z)$ 是关于变量 y 的奇函数，即 $f(x,-y,z)=-f(x,y,z)$，则三重积分

$$\iiint_{\Omega} f(x,y,z)\,\mathrm{d}v = 0.$$

如果区域 Ω 关于坐标面 yOz 对称，当被积函数 $f(x,y,z)$ 是关于变量 x 的奇函数时，三重积分为 0. 如果区域 Ω 关于 z 轴对称，即区域内任意 $(x,y,z)\in\Omega$，必有 $(-x,-y,z)\in\Omega$ 与其对称. 如果被积函数 $f(x,y,z)$ 满足 $f(-x,-y,z)=-f(x,y,z)$，则三重积分为 0. 如果区域 Ω 关于 y 轴对称，当被积函数 $f(x,y,z)$ 满足 $f(-x,y,-z)=-f(x,y,z)$ 时，三重积分为 0. 如果区域 Ω 关于原点 O 对称，当被积函数 $f(x,y,z)$ 满足 $f(-x,-y,-z)=-f(x,y,z)$ 时，三重积分为 0.

这里奇函数积分为 0 的性质可以转化为不具有奇偶性的函数. 我们说函数关于变量 x 的奇函数的三重积分为 0，可以理解为函数 $f(-x,y,z)$ 和 $f(x,y,z)$ 的积分相等. 这是因为 $f(-x,y,z)-f(x,y,z)$ 是关于 x 的奇函数.

相应地，当区域 Ω 关于平面 $y=x$ 对称且被积函数 $f(x,y,z)$ 满足

$$f(x,y,z)=-f(y,x,z)$$

时，三重积分为 0. 可以理解为当区域 Ω 关于平面 $y=x$ 对称时，$f(x,y,z)$ 和 $f(y,x,z)$ 的三重积分相等. 这个性质可以推广为三重积分的轮换对称性，即如果区域内的任意一点 $(x,y,z)\in\Omega$，必有 $(y,z,x),(z,x,y)\in\Omega$ 与其对称. 则三重积分

$$\iiint_{\Omega} f(x,y,z)\,\mathrm{d}v=\iiint_{\Omega} f(y,z,x)\,\mathrm{d}v=\iiint_{\Omega} f(z,x,y)\,\mathrm{d}v.$$

11.3.2 三重积分的计算

1. 直角坐标系下计算三重积分

设空间有界闭区域 Ω 向坐标面 xOy 投影，得到投影区域 D，区域 Ω 对应投影区域 D 有一个下边界曲面 $z=z_1(x,y)$ 和一个上边界曲面 $z=z_2(x,y)$（见图 11.3.1），此时区域可以表示为

$$\Omega=\{(x,y,z)\mid(x,y)\in D,z_1(x,y)\leqslant z\leqslant z_2(x,y)\}.$$

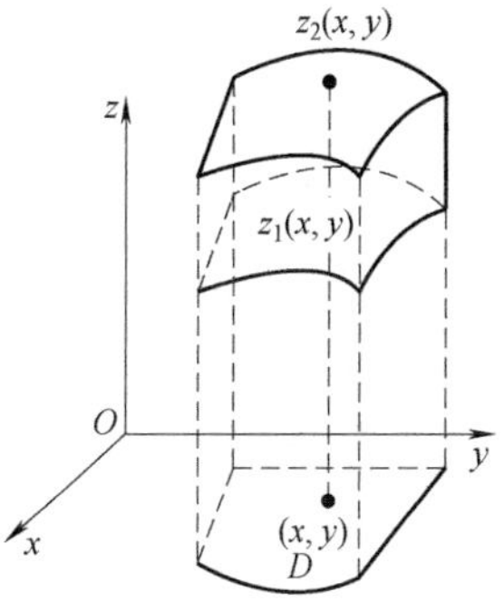

图 11.3.1

此时三重积分可以在投影区域 D 内任选一点，先对 z 在 $z_1(x,y)$ 到 $z_2(x,y)$ 之间积分，然后对区域 D 内做二重积分求和，即得整个区域 Ω 内的积分. 即三重积分分成一个定积分和一个二重积分两个步骤，这个做法叫作投影法，即

$$\iiint_{\Omega} f(x,y,z)\,\mathrm{d}v=\iint_{D}\mathrm{d}x\mathrm{d}y\int_{z_1(x,y)}^{z_2(x,y)} f(x,y,z)\,\mathrm{d}z.$$

相应地，如果空间区域向坐标轴 z 投影，得到投影范围 $[c,d]$，给定 $z\in[c,d]$，用平行于 xOy 面的平面，截区域 Ω 得到截面区域 $D_z=\{(x,y)\mid(x,y,z)\in\Omega\}$（见图 11.3.2）. 此时区域可以表示为

$$\Omega=\{(x,y,z)\mid c\leqslant z\leqslant d,(x,y)\in D_z\}.$$

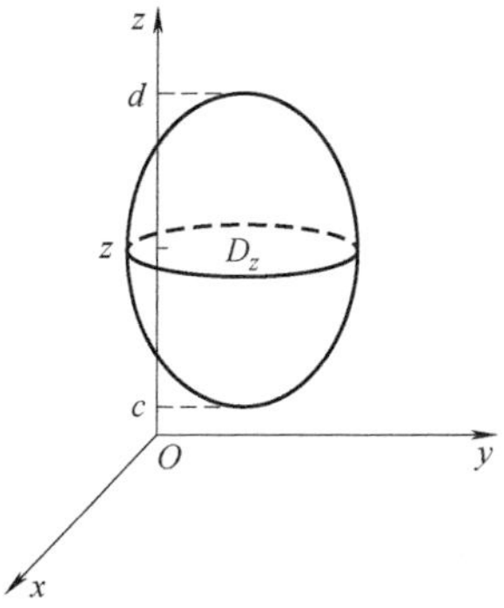

图 11.3.2

在计算三重积分时，先在投影轴范围 $[c,d]$ 内任选一点 z，在截面区域 D_z 内做二重积分，再对投影轴范围 $[c,d]$ 求积分即得整个区域 Ω 内的积分. 即此时三重积分分成先计算截面区域内的二重积分，再对投影轴的定积分，这个做法叫作截面法：

$$\iiint_{\Omega} f(x,y,z)\,\mathrm{d}v=\int_{c}^{d}\mathrm{d}z\iint_{D_z} f(x,y,z)\,\mathrm{d}x\mathrm{d}y.$$

例 11.3.1 设区域 Ω 为平面 $x+y+z=1$ 与坐标面所围立体，计算三重积分

$$\iiint_{\Omega} x\,\mathrm{d}v.$$

解法 1：（投影法）区域 Ω 在坐标面 xOy 的投影区域 $D=\{(x,y)\mid x+y\leqslant1,x\geqslant0,y\geqslant0\}$（见图 11.3.3）.

区域 Ω 相对于区域 D 的下表面是 $z=0$，上表面是 $z=1-x-y$，故

$$\iiint_{\Omega} x\mathrm{d}v = \iint_{D}\mathrm{d}x\mathrm{d}y\int_{0}^{1-x-y} x\mathrm{d}z = \iint_{D} x(1-x-y)\mathrm{d}x\mathrm{d}y$$

$$= \int_{0}^{1}\mathrm{d}x\int_{0}^{1-x} x(1-x-y)\mathrm{d}y = \frac{1}{2}\int_{0}^{1} x(1-x)^2\mathrm{d}x = \frac{1}{24}.$$

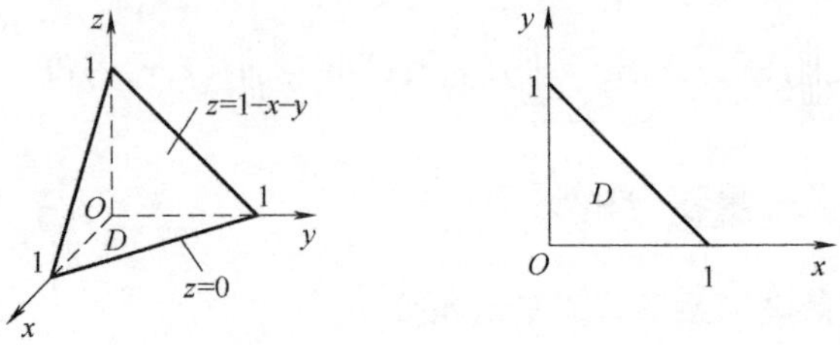

图 11.3.3

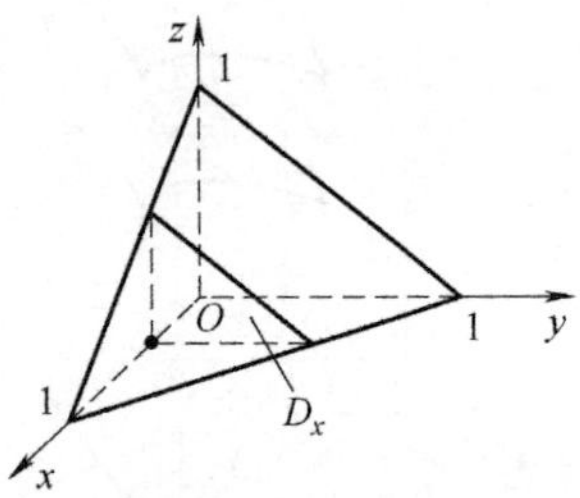

图 11.3.4

解法 2：(截面法) 区域 Ω 在坐标轴 x 上投影得到投影范围 $[0,1]$，给定 $x\in[0,1]$，对应的截面区域 $D_x=\{(y,z)\mid y+z\leqslant 1-x, y\geqslant 0, z\geqslant 0\}$ (见图 11.3.4)，故

$$\iiint_{\Omega} x\mathrm{d}v = \int_{0}^{1} x\mathrm{d}x\iint_{D_x}\mathrm{d}y\mathrm{d}z$$

$$= \frac{1}{2}\int_{0}^{1} x(1-x)^2\mathrm{d}x = \frac{1}{24}.$$

例 11.3.2 设区域 Ω 为平面 $z=1$ 与椭圆抛物面 $z=x^2+y^2$ 所围立体，计算三重积分

$$\iiint_{\Omega} z\mathrm{d}v.$$

解法 1：(投影法) 区域 Ω 在坐标面 xOy 投影得投影区域 $D=\{(x,y)\mid x^2+y^2\leqslant 1\}$ (见图 11.3.5).

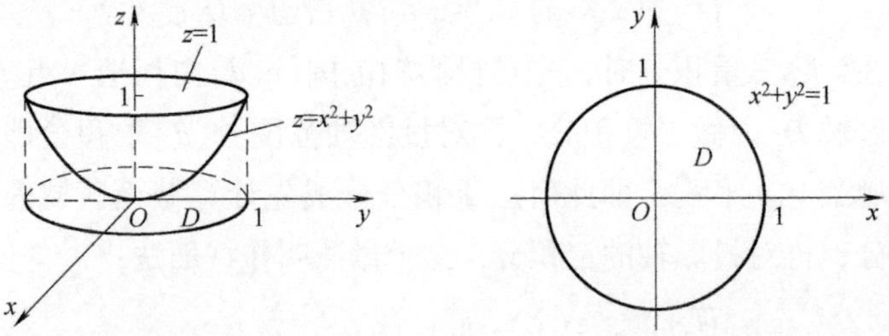

图 11.3.5

区域 Ω 相对于区域 D 的下表面是 $z=x^2+y^2$，上表面是 $z=1$，故

$$\iiint_{\Omega} z\mathrm{d}v = \iint_{D}\mathrm{d}x\mathrm{d}y\int_{x^2+y^2}^{1} z\mathrm{d}z = \frac{1}{2}\iint_{D}(1-(x^2+y^2)^2)\mathrm{d}x\mathrm{d}y$$

$$= \frac{1}{2}\int_{0}^{2\pi}\mathrm{d}\theta\int_{0}^{1}(1-r^4)r\mathrm{d}r = \pi\left(\frac{1}{2}-\frac{1}{6}\right) = \frac{\pi}{3}.$$

解法 2：(截面法) 区域 Ω 在坐标轴 z 上投影得到投影范围

$[0,1]$，给定 $z\in[0,1]$，对应的截面区域 $D_z=\{(x,y)\mid x^2+y^2\leqslant z\}$（见图 11.3.6），故

$$\iiint\limits_{\Omega} z\mathrm{d}v=\int_0^1 z\mathrm{d}z\iint\limits_{D_z}\mathrm{d}x\mathrm{d}y$$

$$=\pi\int_0^1 z^2\mathrm{d}z=\frac{\pi}{3}.$$

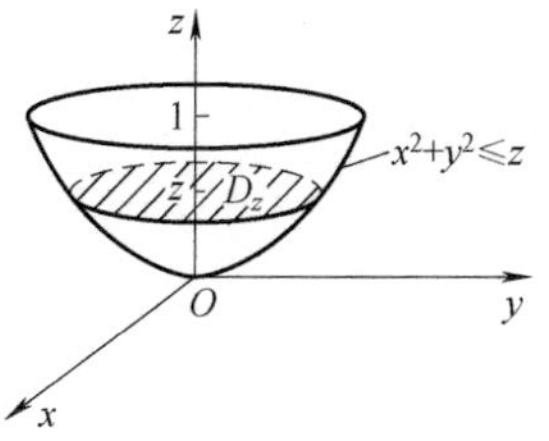

图　11.3.6

2. 柱面坐标系下计算三重积分

如图 11.3.7 所示，柱面坐标系是一个用三维空间中的柱面 $x^2+y^2=\rho^2$，$\forall\rho\geqslant 0$ 作为一族主要坐标面来刻画空间中的一点的坐标系. 空间任一点 $P(x,y,z)$ 在坐标面 xOy 的投影点为 (x,y)，再由投影点 (x,y) 的极坐标形式 (ρ,θ)，得到由 (ρ,θ,z) 三个量来刻画空间一点的表示方法，我们称为柱面坐标. 注意到，给定常数 C，$\rho=C$ 表示空间中以 z 为轴，半径为 C 的圆柱面；$\theta=C$ 表示空间中以 z 轴为边，与 x 轴夹角为 C 的半平面；$z=C$ 表示空间中平行于 xOy 面的平面. 显然，直角坐标系中的点 (x,y,z) 与柱面坐标系中的点 (ρ,θ,z) 满足对应关系：$x=\rho\cos\theta$，$y=\rho\sin\theta$，$z=z$.

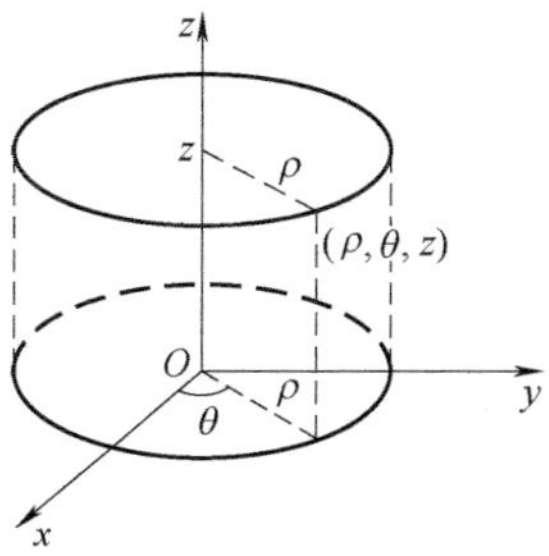

图　11.3.7

柱面坐标系中任意一点 (ρ,θ,z)，对变量 ρ，θ，z 的增量元素 $\mathrm{d}\rho$，$\mathrm{d}\theta$，$\mathrm{d}z$（见图 11.3.8）对应体积元素为 $\mathrm{d}v=\rho\mathrm{d}\rho\mathrm{d}\theta\mathrm{d}z$. 在实际计算三重积分的时候，我们往往结合投影法或截面法处理空间区域 Ω，把三重积分化成一个二重积分和一个定积分. 然后在计算二重积分的时候运用极坐标算法，这个过程就可以看作柱面坐标计算三重积分的过程.

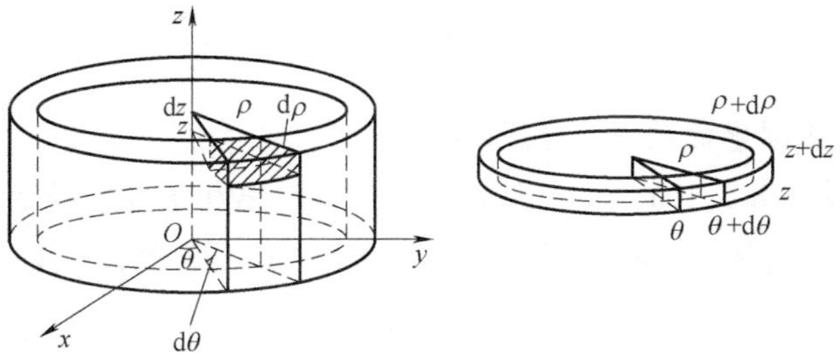

图　11.3.8

例 11.3.3　设区域 Ω 为 $z\geqslant x^2+y^2$ 与 $x^2+y^2+z^2\leqslant 2z$ 的公共部分，计算三重积分

$$\iiint\limits_{\Omega}(x^2+y^2)\mathrm{d}v.$$

解法 1：（投影法）区域 Ω 在坐标面 xOy 投影得投影区域 $D=\{(x,y)\mid x^2+y^2\leqslant 1\}$（见图 11.3.9）.

区域 Ω 相对于区域 D 的下表面是 $z=x^2+y^2$，上表面是 $z=1+$

$\sqrt{1-x^2-y^2}$，故

$$\iiint_{\Omega} z\mathrm{d}v = \iint_{D}(x^2+y^2)\mathrm{d}x\mathrm{d}y\int_{x^2+y^2}^{1+\sqrt{1-x^2-y^2}}\mathrm{d}z$$
$$= \iint_{D}(x^2+y^2)(1+\sqrt{1-x^2-y^2}-x^2-y^2)\mathrm{d}x\mathrm{d}y$$
$$= \int_0^{2\pi}\mathrm{d}\theta\int_0^1\rho^2(1+\sqrt{1-\rho^2}-\rho^2)\rho\mathrm{d}\rho = \frac{13\pi}{30}.$$

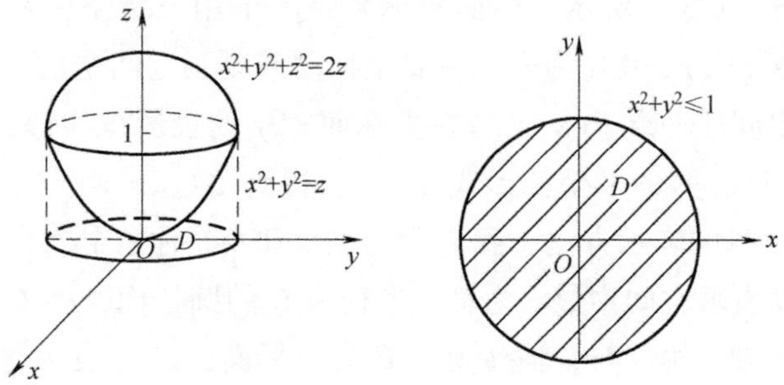

图　11.3.9

解法 2：（截面法）区域 Ω 在坐标轴 z 上的投影区域 $I=[0,2]$. 当 $z\in[0,1]$ 时，对应截面 $D_z=\{(x,y)\mid x^2+y^2\leqslant z\}$，当 $z\in[1,2]$ 时，对应截面 $D_z=\{(x,y)\mid x^2+y^2\leqslant 2z-z^2\}$，则

$$\iiint_{\Omega} z\mathrm{d}v = \int_0^1\mathrm{d}z\iint_{D_z}(x^2+y^2)\mathrm{d}x\mathrm{d}y + \int_1^2\mathrm{d}z\iint_{D_z}(x^2+y^2)\mathrm{d}x\mathrm{d}y$$
$$= \int_0^1\mathrm{d}z\int_0^{2\pi}\mathrm{d}\theta\int_0^{\sqrt{z}}\rho^2\cdot\rho\mathrm{d}\rho + \int_1^2\mathrm{d}z\int_0^{2\pi}\mathrm{d}\theta\int_0^{\sqrt{2z-z^2}}\rho^2\cdot\rho\mathrm{d}\rho$$
$$= \frac{\pi}{2}\int_0^1 z^2\mathrm{d}z + \frac{\pi}{2}\int_1^2(2z-z^2)^2\mathrm{d}z = \frac{13\pi}{30}.$$

3. 球面坐标系下计算三重积分

如图 11.3.10a 所示，球面坐标是用距离和角度来确定空间一点位置的坐标. 空间内任意一点 $P(x,y,z)$，记到原点的距离为 $r=\sqrt{x^2+y^2+z^2}$，向径 OP 与 z 轴正向夹角记为 φ，点 P 往 xOy 坐标面的投影点记为 P'，在 xOy 面内向径 OP' 与 x 轴正向形成的转角为 θ(即极坐标角度)，此时点 P 由三个量 (r,φ,θ) 唯一确定. 注意到，给定常数 C，$r=C(C\geqslant 0)$ 表示空间中以原点为球心、半径为 C 的球面；$\varphi=C(C\in[0,\pi])$ 表示空间中以原点为顶点，中心在 z 轴，半顶角为 C 的半圆锥面；$\theta=C$ 表示空间中以 z 轴为边，与 x 轴夹角为 C 的半平面. 我们称由 (r,φ,θ) 表示空间点的坐标系统为球面坐标系. 显然球面坐标系和直角坐标系之间满足关系式

$$x=r\sin\varphi\cos\theta,\ y=r\sin\varphi\sin\theta,\ z=r\cos\varphi.$$

如图 11.3.10b 所示，空间闭区域内任意点 $P(r,\varphi,\theta)$ 附近，三

个变量分别做小增量 dr，$d\varphi$，$d\theta$ 时，产生体积增量 $dv=r^2\sin\varphi drd\varphi d\theta$.

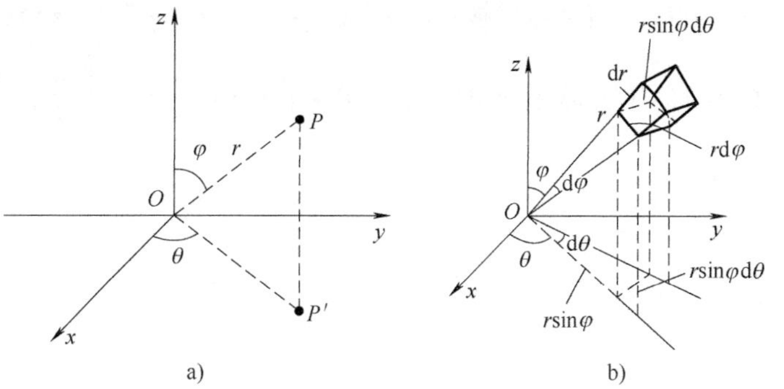

图　11.3.10

例 11.3.4　计算三重积分

$$\iiint_{\Omega}(x^2+y^2+z^2)\,dv,$$

其中，区域 Ω 为 $x^2+y^2+z^2=a^2$ 所围的区域.

解：利用球面坐标代换：$x=r\sin\varphi\cos\theta$，$y=r\sin\varphi\sin\theta$，$z=r\cos\varphi$，并且区域 Ω 在球面坐标系下的范围为 $\theta\in[0,2\pi]$，$\varphi\in[0,\pi]$，$r\in[0,a]$，故

$$\begin{aligned}\iiint_{\Omega}(x^2+y^2+z^2)\,dv &= \int_0^{2\pi}d\theta\int_0^{\pi}d\varphi\int_0^a r^2\cdot r^2\sin\varphi\,dr\\ &= 2\pi\int_0^{\pi}\sin\varphi\,d\varphi\int_0^a r^4dr=\frac{4\pi a^5}{5}.\end{aligned}$$

例 11.3.5　计算三重积分

$$\iiint_{\Omega}(x^2+y^2)\,dv,$$

其中，区域 Ω 为 $x^2+y^2+z^2\leqslant 2az$，$x^2+y^2\leqslant z^2$ 的公共区域.

解：利用球面坐标代换：$x=r\sin\varphi\cos\theta$，$y=r\sin\varphi\sin\theta$，$z=r\cos\varphi$，

并且区域 Ω 在球面坐标系下的范围为 $\theta\in[0,2\pi]$，$\varphi\in\left[0,\frac{\pi}{4}\right]$，$r\in[0,2a\cos\varphi]$，故

$$\begin{aligned}\iiint_{\Omega}(x^2+y^2)\,dv &= \int_0^{2\pi}d\theta\int_0^{\frac{\pi}{4}}d\varphi\int_0^{2a\cos\varphi}r^2\sin^2\varphi\cdot r^2\sin\varphi\,dr\\ &= 2\pi\int_0^{\frac{\pi}{4}}\sin^3\varphi\,d\varphi\int_0^{2a\cos\varphi}r^4dr\\ &= \frac{64\pi a^5}{5}\int_0^{\frac{\pi}{4}}\cos^5\varphi\sin^3\varphi\,d\varphi=\frac{11}{30}\pi a^5.\end{aligned}$$

例 11.3.6　计算三重积分

$$\iiint_{\Omega}\sqrt{x^2+y^2}\,dv,$$

其中，区域 Ω 为 $x^2+y^2\geqslant z^2$，$x^2+y^2\leqslant z$ 的公共区域.

解：利用球面坐标代换：$x=r\sin\varphi\cos\theta$，$y=r\sin\varphi\sin\theta$，$z=r\cos\varphi$，区域 Ω 在球面坐标系下的范围：$\theta\in[0,2\pi]$，$\varphi\in\left[\dfrac{\pi}{4},\dfrac{\pi}{2}\right]$，$r\in\left[0,\dfrac{\cos\varphi}{\sin^2\varphi}\right]$，故

$$\begin{aligned}\iiint_\Omega\sqrt{x^2+y^2}\,\mathrm{d}v&=\int_0^{2\pi}\mathrm{d}\theta\int_{\frac{\pi}{4}}^{\frac{\pi}{2}}\mathrm{d}\varphi\int_0^{\frac{\cos\varphi}{\sin^2\varphi}}r\sin\varphi\cdot r^2\sin\varphi\,\mathrm{d}r\\&=2\pi\int_{\frac{\pi}{4}}^{\frac{\pi}{2}}\sin^2\varphi\,\mathrm{d}\varphi\int_0^{\frac{\cos\varphi}{\sin^2\varphi}}r^3\,\mathrm{d}r\\&=\frac{\pi}{2}\int_{\frac{\pi}{4}}^{\frac{\pi}{2}}\frac{\cos^4\varphi}{\sin^6\varphi}\mathrm{d}\varphi\\&=-\frac{\pi}{2}\int_{\frac{\pi}{4}}^{\frac{\pi}{2}}\frac{\cos^4\varphi}{\sin^4\varphi}\mathrm{d}\cot\varphi\\&=-\frac{\pi}{2}\int_{\frac{\pi}{4}}^{\frac{\pi}{2}}\cot^4\varphi\,\mathrm{d}\cot\varphi=\frac{\pi}{10}.\end{aligned}$$

习题 11.3

1. 计算下列三重积分：

(1) $\iiint_\Omega(x^2+y^2)\mathrm{d}v$，其中 Ω 是由 $z=\sqrt{x^2+y^2}$ 与 $z=1$ 所围成的区域；

(2) $\iiint_\Omega|z|\mathrm{d}v$，其中 Ω 是由 $z^2=xy$ 与 $(x-1)^2+(y-1)^2=1$ 所围成的区域；

(3) $\iiint_\Omega\sqrt{x^2+y^2}z\mathrm{d}v$，其中 Ω 是由 $z=x^2+y^2$ 与 $z=1$ 所围成的区域；

(4) $\iiint_\Omega xyz\mathrm{d}v$，其中 Ω 是由 $z=0$，$y=1$，$z=x^2+y^2$，$y=x^2$ 所围成的区域.

2. 计算下列三重积分：

(1) $\int_0^1\mathrm{d}z\int_0^1\mathrm{d}y\int_y^1 z\sin x^2\mathrm{d}x$；

(2) $\int_{-1}^1\mathrm{d}x\int_{-\sqrt{1-x^2}}^{\sqrt{1-x^2}}\mathrm{d}y\int_{\sqrt{x^2+y^2}}^{\sqrt{2-x^2-y^2}}e^{\sqrt{x^2+y^2+z^2}}\mathrm{d}z$；

(3) $\int_0^1\mathrm{d}z\int_{-\sqrt{z}}^{\sqrt{z}}\mathrm{d}y\int_{-\sqrt{z-y^2}}^{\sqrt{z-y^2}}\dfrac{\ln\sqrt{x^2+y^2}}{\sqrt{x^2+y^2}}\mathrm{d}x$；

(4) $\int_0^1\mathrm{d}z\int_{-\sqrt{z}}^{\sqrt{z}}\mathrm{d}y\int_{-\sqrt{z^2-y^2}}^{\sqrt{z^2-y^2}}\sin\sqrt{x^2+y^2}\mathrm{d}x$.

3. 计算下列三重积分：

(1) $\iiint_\Omega(x^2+y^2+z^2)\mathrm{d}v$，其中 $\Omega=\{(x,y,z)\mid 1\leqslant x^2+y^2+z^2\leqslant 4\}$；

(2) $\iiint_\Omega(x^2+y^2)\mathrm{d}v$，其中 $\Omega=\{(x,y,z)\mid x^2+y^2+z^2\leqslant 2z\}$；

(3) $\iiint_\Omega z\mathrm{d}v$，其中 $\Omega=\{(x,y,z)\mid x^2+y^2+z^2\leqslant 2z,\ x^2+y^2\leqslant z^2\}$；

(4) $\iiint_\Omega\dfrac{\ln(1+x^2+y^2)}{\sqrt{x^2+y^2}}\mathrm{d}v$，其中 Ω 由 $x^2+y^2=z^2$，$z=1$ 所围成.

11.4 重积分变量代换

本节讨论重积分的变量代换. 变量代换的意义在于对于一些在直角坐标系中不太容易讨论的区域或被积函数，利用变量代换将它们化为容易计算的积分区域或被积函数. 就像定积分的换元法、二重积分的极坐标代换、三重积分的柱面坐标以及球坐标代换，都是为了在一定程度上简化计算.

11.4.1 二重积分换元法

设平面区域 D 上有连续函数对

$$u=u(x,y),v=v(x,y),$$

把平面 xOy 区域 D 内任一点 $P(x,y)$ 映为 uOv 平面区域 D' 内一点 $P'(u,v)$. 函数对就构成了一个区域 D 到区域 D' 上的变换 $T:D\to D'$，且有

$$T:\begin{cases}u=u(x,y),\\ v=v(x,y).\end{cases}$$

如果变换 T 有连续一阶偏导数，此时称变换 T 为 C^1 类变换. 对区域 D 内任意一点 P 有相应的 Jacobi 行列式

$$\frac{\partial(u,v)}{\partial(x,y)}=\begin{vmatrix}u_x & u_y\\ v_x & v_y\end{vmatrix}=J(x,y).$$

几何上相当于点 $P(x,y)\in D$ 附近面积元 σ_{xy} 映成 $P'(u,v)\in D'$ 点附近面积元 σ_{uv}，其中面积之比为

$$\frac{\mathrm{d}\sigma_{uv}}{\mathrm{d}\sigma_{xy}}=\left|\frac{\partial(u,v)}{\partial(x,y)}\right|_P.$$

由隐函数(反函数)存在定理，我们知道如果在点 $P\in D$ 处 Jacobi 行列式不为 0，则变换 T 在 P 的局部是可逆的. 记逆变换 $T':D'\to D$，且有

$$T':\begin{cases}x=x(u,v),\\ y=y(u,v).\end{cases}$$

此时显然有

$$\frac{\partial(u,v)}{\partial(x,y)}\cdot\frac{\partial(x,y)}{\partial(u,v)}=1.$$

计算区域 D' 上的二重积分

$$\iint\limits_{D'}f(u,v)\,\mathrm{d}u\mathrm{d}v$$

的 Riemann 和

$$\sum_{i=1}^{n} f(u_i',v_i')\mathrm{d}\sigma_{uv}^{i} = \sum_{i=1}^{n} f(u(x_i',y_i'),v(x_i',y_i'))\left|\frac{\partial(u,v)}{\partial(x,y)}\right|_{P_i}\mathrm{d}\sigma_{xy}^{i}.$$

故有下面换元法定理.

定理 11.4.1 设 C^1 类变换 T：$D\to D'$，

$$T:\begin{cases}u=u(x,y),\\ v=v(x,y),\end{cases}$$

对区域 D 内任意一点 P，都有

$$\frac{\partial(u,v)}{\partial(x,y)}\neq 0,$$

则二重积分

$$\iint_{D'} f(u,v)\,\mathrm{d}u\mathrm{d}v = \iint_{D} f(u(x,y),v(x,y))\left|\frac{\partial(u,v)}{\partial(x,y)}\right|\mathrm{d}x\mathrm{d}y.$$

注意到，这里重积分换元法要求区域内部任意点处 Jacobi 行列式不为零. 其实定理可以允许有限点或某条线上的 Jacobi 值为零，只需存在一条零面积曲线 Γ，使得 $D\backslash\Gamma$ 上每一个内点处 Jacobi 值非零，且 $D\backslash\Gamma$ 为连通区域，此时变换可以当作定义在 D/Γ 上的换元法，重新计算二重积分的计算即可.

例 11.4.1 设 $a>b>0$，区域 $D=\left\{(x,y)\mid \frac{x^2}{a^2}+\frac{y^2}{b^2}\leqslant 1\right\}$. 计算二重积分

$$\iint_D \sqrt{1-\frac{x^2}{a^2}-\frac{y^2}{b^2}}\,\mathrm{d}x\mathrm{d}y.$$

解： 做坐标变换(广义极坐标变换)

$$T:\begin{cases}x=a\rho\cos\theta,\\ y=b\rho\sin\theta.\end{cases}$$

对应的 Jacobi 行列式

$$J(\rho,\theta)=\frac{\partial(x,y)}{\partial(\rho,\theta)}=\begin{vmatrix}x_\rho & x_\theta\\ y_\rho & y_\theta\end{vmatrix}=\begin{vmatrix}a\cos\theta & -a\rho\sin\theta\\ b\sin\theta & b\rho\cos\theta\end{vmatrix}=ab\rho.$$

除原点外均不为零. 区域 D 在新坐标系下的范围为

$$D'=\{(\rho,\theta)\mid \theta\in[0,2\pi],\rho\in[0,1]\}.$$

则

$$\iint_D \sqrt{1-\frac{x^2}{a^2}-\frac{y^2}{b^2}}\,\mathrm{d}x\mathrm{d}y=\iint_{D'}\sqrt{1-\rho^2}\cdot ab\rho\,\mathrm{d}\rho\mathrm{d}\theta$$

$$=ab\int_0^{2\pi}\mathrm{d}\theta\int_0^1\sqrt{1-\rho^2}\,\rho\,\mathrm{d}\rho=\frac{2}{3}\pi ab.$$

例 11.4.2 设区域 D 由曲线 $y=x^{-2}$，$y=2x^{-2}$ 与直线 $y=x$，$y=2x$ 所围成，计算二重积分

$$\iint_D x^3y^4\mathrm{d}x\mathrm{d}y.$$

解：根据区域特征，做变换

$$T:\begin{cases}u=x^2y,\\ v=yx^{-1}.\end{cases}$$

其逆变换为

$$T':\begin{cases}x=u^{\frac{1}{3}}v^{-\frac{1}{3}},\\ y=u^{\frac{1}{3}}v^{\frac{2}{3}}.\end{cases}$$

新区域范围 $D'=\{(u,v)\mid u\in[1,2],v\in[1,2]\}$，Jacobi 行列式

$$J(u,v)=\frac{\partial(x,y)}{\partial(u,v)}=\begin{vmatrix}x_u & x_v\\ y_u & y_v\end{vmatrix}=\begin{vmatrix}\frac{1}{3}u^{-\frac{2}{3}}v^{-\frac{1}{3}} & -\frac{1}{3}u^{\frac{1}{3}}v^{-\frac{4}{3}}\\ \frac{1}{3}u^{-\frac{2}{3}}v^{\frac{2}{3}} & \frac{2}{3}u^{\frac{1}{3}}v^{-\frac{1}{3}}\end{vmatrix}=\frac{1}{3}u^{-\frac{1}{3}}v^{-\frac{2}{3}}.$$

所以二重积分

$$\begin{aligned}\iint_D x^3y^4\mathrm{d}x\mathrm{d}y&=\frac{1}{3}\iint_{D'}u^2v\mathrm{d}u\mathrm{d}v\\ &=\frac{1}{3}\int_1^2u^2\mathrm{d}u\int_1^2v\mathrm{d}v=\frac{7}{6}.\end{aligned}$$

11.4.2 三重积分换元法

设空间区域 Ω 上有连续函数组

$$u=u(x,y,z),v=v(x,y,z),w=w(x,y,z).$$

像空间为空间区域

$$\Omega'=\{(u,v,w)\mid u=u(x,y,z),v=v(x,y,z),w=w(x,y,z),(x,y,z)\in\Omega\}.$$

函数组构成了一个区域 Ω 到区域 Ω' 上的变换 T：$\Omega\to\Omega'$，且有

$$T:\begin{cases}u=u(x,y,z),\\ v=v(x,y,z),\\ w=w(x,y,z).\end{cases}$$

如果变换 T 有连续一阶偏导数，此时称变换 T 为 C^1 类变换. 对区域 Ω 内任一点 P 处有相应的 Jacobi 行列式

$$\frac{\partial(u,v,w)}{\partial(x,y,z)}=\begin{vmatrix}u_x & u_y & u_z\\ v_x & v_y & v_z\\ w_x & w_y & w_z\end{vmatrix}=J(x,y,z).$$

几何上相当于点 $P(x,y,z)\in\Omega$ 附近体积元 $\mathrm{d}\Omega_{xyz}$ 映成点 $P'(u,v,w)\in\Omega'$

附近体积元 $\mathrm{d}\Omega_{uvw}$，其中小体积之比为

$$\frac{\mathrm{d}\Omega_{uvw}}{\mathrm{d}\Omega_{xyz}}=|J(x,y,z)|_P.$$

由隐函数(反函数)存在定理，我们知道如果在点 $P\in\Omega$ 处 Jacobi 行列式不为 0，则变换 T 在 P 的局部是可逆的. 记逆变换 $T':\Omega'\to\Omega$，且有

$$T':\begin{cases}x=x(u,v,w),\\y=y(u,v,w),\\z=z(u,v,w).\end{cases}$$

此时显然有

$$\frac{\partial(u,v,w)}{\partial(x,y,z)}\cdot\frac{\partial(x,y,z)}{\partial(u,v,w)}=1.$$

定理 11.4.2 设 C^1 类变换 T: $\Omega\to\Omega'$，且有

$$T:\begin{cases}u=u(x,y,z),\\v=v(x,y,z),\\w=w(x,y,z),\end{cases}$$

对区域 Ω 内任意点 P，都有

$$\frac{\partial(u,v,w)}{\partial(x,y,z)}\neq 0,$$

则三重积分

$$\iiint_{\Omega'}f(u,v,w)\,\mathrm{d}u\mathrm{d}v\mathrm{d}w=\iiint_{\Omega}f(u(x,y,z),v(x,y,z),w(x,y,z))\left|\frac{\partial(u,v,w)}{\partial(x,y,z)}\right|\mathrm{d}x\mathrm{d}y\mathrm{d}z.$$

例 11.4.3 设 a, b, $c>0$，区域 $\Omega=\left\{(x,y,z)\mid \frac{x^2}{a^2}+\frac{y^2}{b^2}+\frac{z^2}{c^2}\leqslant 1\right\}$. 计算三重积分

$$\iiint_{\Omega}\sqrt{\frac{x^2}{a^2}+\frac{y^2}{b^2}}\,\mathrm{d}x\mathrm{d}y\mathrm{d}z.$$

解： 做坐标变换(广义球坐标变换)

$$T:\begin{cases}x=a\rho\sin\varphi\cos\theta,\\y=b\rho\sin\varphi\sin\theta,\\z=c\rho\cos\varphi,\end{cases}$$

对应的 Jacobi 行列式

$$J(\rho,\varphi,\theta)=\frac{\partial(x,y,z)}{\partial(\rho,\varphi,\theta)}=\begin{vmatrix}a\sin\varphi\cos\theta & a\rho\cos\varphi\cos\theta & -a\rho\sin\varphi\sin\theta\\ b\sin\varphi\sin\theta & b\rho\cos\varphi\sin\theta & b\rho\sin\varphi\cos\theta\\ c\cos\varphi & -c\rho\sin\varphi & 0\end{vmatrix}$$

$$=abc\rho^2\sin\varphi,$$

区域 Ω' 在新坐标系下的范围为

$$\Omega'=\{(\rho,\varphi,\theta)\mid\rho\in[0,1],\varphi\in[0,\pi],\theta\in[0,2\pi]\}.$$

则

$$\begin{aligned}\iiint_{\Omega}\sqrt{\frac{x^2}{a^2}+\frac{y^2}{b^2}}\mathrm{d}x\mathrm{d}y\mathrm{d}z&=abc\iiint_{\Omega'}\rho\sin\varphi\cdot\rho^2\sin\varphi\mathrm{d}\rho\mathrm{d}\varphi\mathrm{d}\theta\\&=abc\int_0^{2\pi}\mathrm{d}\theta\int_0^1\rho^3\mathrm{d}\rho\int_0^{\pi}\sin^2\varphi\mathrm{d}\varphi=\frac{1}{4}\pi^2abc.\end{aligned}$$

习题 11.4

1. 计算下列二重积分：

(1) $\iint\limits_D e^{\frac{x-y}{x+y}}\mathrm{d}x\mathrm{d}y$，其中 D 是由 $x+y=1$，$x=0$，$y=0$ 所围成的区域；

(2) $\iint\limits_D xy\mathrm{d}x\mathrm{d}y$，其中 D 是由 $xy=1$，$xy=2$，$y=\sqrt{x}$，$y=2\sqrt{x}$ 所围成的区域；

(3) $\iint\limits_D \frac{(2x+y)y}{x^2}\mathrm{d}x\mathrm{d}y$，其中 D 是由 $x+y=1$，$x+y=2$，$y=\sqrt{x}$，$y=2\sqrt{x}$ 所围成的区域；

(4) $\iint\limits_D \ln\left(1-\frac{x^2}{a^2}-\frac{y^2}{b^2}\right)\mathrm{d}x\mathrm{d}y$，其中 D 是由 $\frac{x^2}{a^2}+\frac{y^2}{b^2}=1$ 所围成的区域.

2. 求下列平面图形的面积：

(1) 区域 D 为心形线 $\rho=2a(1+\cos\theta)$ 所围成的区域；

(2) 区域 D 为椭圆 $\frac{x^2}{a^2}+\frac{y^2}{b^2}=1$ 所围成的区域；

(3) 区域 D 为曲线 $y=ax^2$，$y=bx^2$，$x=ay^2$，$x=by^2(a>b)$ 所围成的区域；

(4) 区域 D 为曲线 $y=ax$，$y=bx$，$xy=a$，$xy=b(a>b)$ 所围成的区域.

3. 计算下面空间区域 Ω 的体积：

(1) $\Omega=\left\{(x,y,z)\mid\frac{x^2}{a^2}+\frac{y^2}{b^2}+\frac{z^2}{c^2}\leqslant1\right\}$；

(2) Ω 由 $\left(\frac{x^2}{a^2}+\frac{y^2}{b^2}+\frac{z^2}{c^2}\right)^2=2R\left(\frac{x^2}{a^2}+\frac{y^2}{b^2}\right)$ 所围成；

(3) Ω 由 $x^{\frac{2}{3}}+y^{\frac{2}{3}}+z^{\frac{2}{3}}=a^{\frac{2}{3}}$ 所围成.

11.5 含参变量积分

在前面的重积分的学习中，我们已经习惯了把多重积分化成多次积分的计算过程. 例如计算平面区域 $D=\{(x,y)\mid x\in[a,b],y\in[c,d]\}$ 上的二重积分

$$\iint\limits_D f(x,y)\mathrm{d}x\mathrm{d}y=\int_a^b\mathrm{d}x\int_c^d f(x,y)\mathrm{d}y.$$

注意到，这个二次积分的计算中是有先后顺序的，需要先把 $f(x,y)$ 中 x 当作常数，计算定积分

$$\int_c^d f(x,y)\mathrm{d}y.$$

这种把变量 x 当作参数的积分就是本节研究的重点，称为含参变

量积分.

定义 11.5.1 设函数 $f(x,y)$ 在区域 $D=\{(x,y)\mid x\in[a,b],y\in[c,d]\}$ 上有定义，给定 $x\in[a,b]$，函数 $f(x,y)$ 在 $[c,d]$ 上可积，则定积分

$$\int_c^d f(x,y)\,\mathrm{d}y$$

定义了一个关于变量 x 在 $[a,b]$ 内的函数，称为含参变量积分函数，也称含参变量积分.

既然含参变量积分是要把积分中积分变量以外的参数 x 当作参变量考虑，一个自然的问题就是当这个参变量改变的时候会对积分产生什么影响，或者说需要针对积分值对参变量的依赖性进行讨论.

11.5.1 含参变量积分的性质

定理 11.5.1 设函数 $f(x,y)$ 在区域 $D=\{(x,y)\mid x\in[a,b],y\in[c,d]\}$ 上连续，则含参变量积分

$$I(x)=\int_c^d f(x,y)\,\mathrm{d}y$$

关于变量 x 在 $[a,b]$ 内连续，即 $\lim\limits_{x\to x_0}I(x)=I(x_0)$：

$$\lim_{x\to x_0}\int_c^d f(x,y)\,\mathrm{d}y=\int_c^d \lim_{x\to x_0}f(x,y)\,\mathrm{d}y.$$

证明： 因函数 $f(x,y)$ 在区域 $D=\{(x,y)\mid x\in[a,b],y\in[c,d]\}$ 上连续，则必一致连续，即对 $\forall\varepsilon>0$，$\exists\delta>0$，$\forall P_1(x_1,y_1)$，$P_2(x_2,y_2)$，满足 $|P_1P_2|=\sqrt{(x_1-x_2)^2+(y_1-y_2)^2}<\delta$，都有 $|f(x_1,y_1)-f(x_2,y_2)|<\varepsilon$.

对任一点 $x\in[a,b]$，对任意 $\Delta x,x+\Delta x\in[a,b]$，满足 $|\Delta x|<\delta$ 时，都有

$$\begin{aligned}|I(x+\Delta x)-I(x)|&=\left|\int_c^d f(x+\Delta x,y)\,\mathrm{d}y-\int_c^d f(x,y)\,\mathrm{d}y\right|\\&\leqslant\int_c^d|f(x+\Delta x,y)-f(x,y)|\,\mathrm{d}y\\&\leqslant\varepsilon(d-c).\end{aligned}$$

故含参变量积分 $I(x)$ 关于变量 x 在 $[a,b]$ 内连续.

注 这里区域 D 可以是 $D=\{(x,y)\mid x\in E,y\in[c,d]\}$，其中 E 为开区间或闭区间，在研究参变量积分的连续性时，对任一点

$x\in[a,b]$，总能找到 $\delta_1>0$，使得

$$[x-\delta_1,x+\delta_1]\cap E$$

为一闭区间，然后在该闭区间运用本定理即可.

定理 11.5.2 设函数 $f(x,y)$，$f'_x(x,y)$ 在区域 $D=\{(x,y)\mid x\in[a,b],y\in[c,d]\}$ 上连续，则含参变量积分

$$I(x)=\int_c^d f(x,y)\mathrm{d}y$$

关于变量 x 在 $[a,b]$ 内可导，且

$$I'(x)=\int_c^d f'_x(x,y)\mathrm{d}y.$$

证明：由定理 11.5.1 可知 $I(x)$ 连续. 对任一点 $x\in[a,b]$，对任意增量 Δx，$x+\Delta x\in[a,b]$，有

$$\begin{aligned}\frac{I(x+\Delta x)-I(x)}{\Delta x}&=\frac{\int_c^d f(x+\Delta x,y)\mathrm{d}y-\int_c^d f(x,y)\mathrm{d}y}{\Delta x}\\&=\int_c^d\frac{f(x+\Delta x,y)-f(x,y)}{\Delta x}\mathrm{d}y\\&=\int_c^d\frac{f(x+\Delta x,y)-f(x,y)}{\Delta x}\mathrm{d}y\\&=\int_c^d f'_x(x+\theta(x,y)\Delta x,y)\mathrm{d}y(\theta(x,y)\in(0,1))\to\\&\int_c^d f'_x(x,y)\mathrm{d}y(\Delta x\to 0),\end{aligned}$$

即 $I(x)$ 在 $[a,b]$ 内可导，且

$$I'(x)=\int_c^d f'_x(x,y)\mathrm{d}y.$$

定理 11.5.3 设函数 $f(x,y)$ 在区域 $D=\{(x,y)\mid x\in[a,b],y\in[c,d]\}$ 上连续，则含参变量积分

$$I(x)=\int_c^d f(x,y)\mathrm{d}y$$

关于变量 x 在 $[a,b]$ 内可积，且

$$\int_a^b I(x)\mathrm{d}x=\int_a^b\mathrm{d}x\int_c^d f(x,y)\mathrm{d}y=\int_c^d\mathrm{d}y\int_a^b f(x,y)\mathrm{d}x,$$

进一步，有

$$\int_a^x\mathrm{d}x\int_c^d f(x,y)\mathrm{d}y=\int_c^d\mathrm{d}y\int_a^x f(x,y)\mathrm{d}x,\ \forall x\in[a,b].$$

证明：由定理 11.5.1，$I(x)$ 关于变量 x 在 $[a,b]$ 内连续，所

以可积. 记

$$\int_a^x f(x,y)\,\mathrm{d}x = F(x,y).$$

显然，$F(x,y), F'_x(x,y)=f(x,y)$ 在区域 D 连续，由定理 11.5.2，得

$$H(x) = \int_c^d F(x,y)\,\mathrm{d}y = \int_c^d \mathrm{d}y \int_a^x f(x,y)\,\mathrm{d}x$$

可导，且

$$H'(x) = \int_c^d F'_x(x,y)\,\mathrm{d}y = \int_c^d f(x,y)\,\mathrm{d}y = I(x),\ \forall x \in [a,b],$$

又，记

$$G(x) = \int_a^x I(x)\,\mathrm{d}x = \int_a^x \mathrm{d}x \int_c^d f(x,y)\,\mathrm{d}y,$$

可得

$$G'(x) = I(x) = \int_c^d f(x,y)\,\mathrm{d}y = H'(x),\ \forall x \in [a,b].$$

再由 $H(a)=G(a)=0$，可得 $H(x)=G(x)$，$\forall x\in[a,b]$.

其实这里可以由二重积分的积分换序直接得到. 同时，二重积分的计算中，含参变量积分中的积分限也往往会含有参变量.

定理 11.5.4 设函数 $f(x,y)$ 在区域 $D=\{(x,y) \mid x\in[a,b], y\in[c,d]\}$ 上连续，函数 $\alpha(x)$，$\beta(x)$ 在区间 $[a,b]$ 上连续，且 $c\leqslant\alpha(x)$，$\beta(x)\leqslant d$，则含参变量积分

$$I(x) = \int_{\alpha(x)}^{\beta(x)} f(x,y)\,\mathrm{d}y$$

关于变量 x 在 $[a,b]$ 内连续.

证明：因函数 $f(x,y)$ 在区域 $D=\{(x,y) \mid x\in[a,b], y\in[c,d]\}$ 上连续，函数 $\alpha(x)$，$\beta(x)$ 在区间 $[a,b]$ 上连续，则必一致连续，即对于 $\forall\varepsilon>0$，$\exists\delta>0$，$\forall P_1(x_1,y_1), P_2(x_2,y_2)$，满足 $|P_1P_2| = \sqrt{(x_1-x_2)^2+(y_1-y_2)^2}<\delta$，都有 $|f(x_1,y_1)-f(x_2,y_2)|<\varepsilon$；对任意满足 $|x_1-x_2|<\delta$ 的两点 x_1，x_2，都有 $|\alpha(x_1)-\alpha(x_2)|<\varepsilon$，$|\beta(x_1)-\beta(x_2)|<\varepsilon$，又有界，即存在 $M>0$，使得 $|f(x,y)|\leqslant M$，$\forall(x,y)\in D$. 对任一点 $x\in[a,b]$，对上述的 ε，δ，任意增量 Δx，$x+\Delta x\in[a,b]$，$|\Delta x|<\delta$，都有

$$\begin{aligned}
|I(x+\Delta x)-I(x)| &= \left|\int_{\alpha(x+\Delta x)}^{\beta(x+\Delta x)} f(x+\Delta x,y)\,\mathrm{d}y - \int_{\alpha(x)}^{\beta(x)} f(x,y)\,\mathrm{d}y\right| \\
&\leqslant \left|\int_{\alpha(x+\Delta x)}^{\beta(x+\Delta x)} f(x+\Delta x,y)\,\mathrm{d}y - \int_{\alpha(x)}^{\beta(x)} f(x+\Delta x,y)\,\mathrm{d}y\right| + \\
&\quad \left|\int_{\alpha(x)}^{\beta(x)} f(x+\Delta x,y)\,\mathrm{d}y - \int_{\alpha(x)}^{\beta(x)} f(x,y)\,\mathrm{d}y\right|
\end{aligned}$$

$$
\begin{aligned}
&\leqslant \left|\int_{\beta(x)}^{\beta(x+\Delta x)} f(x+\Delta x,y)\mathrm{d}y\right| + \left|\int_{\alpha(x)}^{\alpha(x+\Delta x)} f(x+\Delta x,y)\mathrm{d}y\right| + \\
&\quad \left|\int_{\alpha(x)}^{\beta(x)} f(x+\Delta x,y)\mathrm{d}y - \int_{\alpha(x)}^{\beta(x)} f(x,y)\mathrm{d}y\right| \\
&\leqslant M|\beta(x+\Delta x)-\beta(x)| + M|\alpha(x+\Delta x)-\alpha(x)| + \\
&\quad \varepsilon|\beta(x)-\alpha(x)| \\
&\leqslant 2M\varepsilon + \varepsilon(b-c),
\end{aligned}
$$

故含参变量积分 $I(x)$ 关于变量 x 在 $[a,b]$ 内连续.

定理 11.5.5 设函数 $f(x,y)$, $f'_x(x,y)$ 在区域 $D=\{(x,y)\mid x\in[a,b],y\in[c,d]\}$ 上连续，函数 $\alpha(x)$, $\beta(x)$ 在区间 $[a,b]$ 上可导，且 $c\leqslant\alpha(x)$, $\beta(x)\leqslant d$, 则含参变量积分

$$I(x)=\int_{\alpha(x)}^{\beta(x)} f(x,y)\mathrm{d}y$$

关于变量 x 在 $[a,b]$ 内可导，且

$$I'(x)=\int_{\alpha(x)}^{\beta(x)} f'_x(x,y)\mathrm{d}y + f(x,\beta(x))\beta'(x) + f(x,\alpha(x))\alpha'(x).$$

证明可以仿照定理 11.5.2 及定理 11.5.4 获得.

例 11.5.1 求极限

$$\lim_{a\to0}\int_0^1 x^2\mathrm{e}^{ax^2}\mathrm{d}x.$$

解：由 $f(x,a)=x^2\mathrm{e}^{ax^2}$ 在 $D=\{(x,a)\mid x\in[0,1],a\in[-1,1]\}$ 上连续，则有

$$
\begin{aligned}
\lim_{a\to0}\int_0^1 x^2\mathrm{e}^{ax^2}\mathrm{d}x &= \int_0^1 \lim_{a\to0} x^2\mathrm{e}^{ax^2}\mathrm{d}x \\
&= \int_0^1 x^2\mathrm{d}x = \frac{1}{3}.
\end{aligned}
$$

例 11.5.2 求积分

$$I(r)=\int_0^\pi \ln(1-2r\cos\theta+r^2)\mathrm{d}\theta.$$

解：由 $f(r,\theta)=\ln(1-2r\cos\theta+r^2)$ 及

$$f'_r(r,\theta)=\frac{2r-2\cos\theta}{1-2r\cos\theta+r^2}$$

在 $D=\{(r,\theta)\mid r\in[0,1),\theta\in[0,\pi]\}$ 上连续，则有

$$I'(r)=\int_0^\pi \frac{2r-2\cos\theta}{1-2r\cos\theta+r^2}\mathrm{d}\theta.$$

又 $\tan\dfrac{\theta}{2}=t$，得

$$\int_0^\pi \frac{1}{1-2r\cos\theta+r^2}\mathrm{d}\theta = \int_0^{+\infty} \frac{1}{1+r^2-2r\dfrac{1-t^2}{1+t^2}}\cdot\frac{2}{1+t^2}\mathrm{d}t$$

$$= \int_0^{+\infty} \frac{1}{(1-r)^2 + (1+r)^2 t^2} \mathrm{d}t$$

$$= \frac{\pi}{1-r^2},$$

所以

$$I'(r) = \int_0^{\pi} \frac{2r - 2\cos\theta}{1 - 2r\cos\theta + r^2} \mathrm{d}\theta = \frac{1}{r}\int_0^{\pi} \frac{1 - 2r\cos\theta + r^2 + r^2 - 1}{1 - 2r\cos\theta + r^2} \mathrm{d}\theta$$

$$= \frac{1}{r}\left(\pi - \int_0^{\pi} \frac{1-r^2}{1 - 2r\cos\theta + r^2} \mathrm{d}\theta\right) = 0,\ \forall r \in (0,1)$$

故 $I(r) = I(0) = 0$.

例 11.5.3 设 $b>a>0$，求积分

$$\int_0^1 \frac{x^b - x^a}{\ln x} \mathrm{d}x.$$

解：因

$$x^b - x^a = x^y \Big|_{y=a}^{y=b} = \int_a^b x^y \ln x \mathrm{d}y,$$

故

$$\int_0^1 \frac{x^b - x^a}{\ln x} = \int_0^1 \mathrm{d}x \int_a^b x^y \mathrm{d}y = \int_a^b \mathrm{d}y \int_0^1 x^y \mathrm{d}x$$

$$= \int_a^b \frac{1}{y+1} x^y \Big|_{x=0}^{x=1} \mathrm{d}y = \int_a^b \frac{1}{y+1} \mathrm{d}y = \ln \frac{1+b}{1+a}.$$

11.5.2 含参变量广义积分

和广义积分一样，含参变量广义积分分为无穷区间上的含参变量无穷积分和无界函数的含参变量瑕积分.

定义 11.5.2 设函数 $f(x,y)$ 在区域 $D=\{(x,y) \mid x\in E, y\in[c,+\infty)\}$ 上有定义，这里 E 为一区间(可开可闭区间)，给定 E 内一点 x，函数 $f(x,y)$ 在 $[c,+\infty)$ 上的无穷积分

$$\int_c^{+\infty} f(x,y) \mathrm{d}y$$

收敛，则定义了一个 $x\in E$ 上的函数关系

$$I(x) = \int_c^{+\infty} f(x,y) \mathrm{d}y,\ x \in E$$

称为含参变量无穷积分函数，简称含参变量无穷积分.

定义 11.5.3 设 E 为一区间，函数 $f(x,y)$ 在区域 $D=\{(x,y) \mid x\in E, y\in[c,d)\}$ 上有定义且以 $y=d$ 为瑕点，给定 E 内一点 x，函数 $f(x,y)$ 在 $y\in[c,d)$ 上的瑕积分

$$\int_c^d f(x,y)\,\mathrm{d}y$$

收敛，则定义了一个 $x\in E$ 上的函数关系

$$I(x)=\int_c^d f(x,y)\,\mathrm{d}y, x\in E$$

称为含参变量瑕积分函数，简称含参变量瑕积分.

类似于广义积分的讨论，含参变量的无穷积分还包括$(-\infty,d]$，$(-\infty,+\infty)$上的无穷积分，含参变量的瑕积分的瑕点还可以是左端点或中间某些点. 含参变量的无穷积分和含参变量的瑕积分统称含参变量广义积分. 我们这里的讨论统一用区间$[c,d)$来表示，其中 d 可以是瑕积分的瑕点，也可以是无穷积分的无穷. 其他情况可以根据积分区间可加性化成一个或多个这样的情况. 我们将主要讨论含参变量广义积分对参数的依赖性，包括连续性、可微性、可积性等的分析性质. 含参变量的广义积分作为一个极限，我们先讨论相对于参数 $x\in E$ 的一致收敛性问题.

定义 11.5.4 定义在区间 E 上的含参变量广义积分

$$I(x)=\int_c^d f(x,y)\,\mathrm{d}y,\ x\in E$$

是一致收敛的，如果对 $\forall\varepsilon>0$，$\exists Y_0\in(c,d)$，$\forall Y\in[Y_0,d)$，$\forall x\in E$成立

$$\left|\int_Y^d f(x,y)\,\mathrm{d}y\right|<\varepsilon.$$

定义 11.5.4′ (Cauchy 收敛原理形式)定义在区间 E 上的含参变量广义积分

$$I(x)=\int_c^d f(x,y)\,\mathrm{d}y,\ x\in E$$

是一致收敛的，如果对$\forall\varepsilon>0$，$\exists Y_0\in(c,d)$，$\forall Y_1$，$Y_2\in[Y_0,d)$，$\forall x\in E$ 成立

$$\left|\int_{Y_1}^{Y_2} f(x,y)\,\mathrm{d}y\right|<\varepsilon.$$

下面我们给出含参变量广义积分一致收敛的几条判定定理.

定理 11.5.6 (Weierstrass 判别法)设 E 为一区间，函数$f(x,y)$在区域

$$D=\{(x,y)\mid x\in E,y\in[c,d)\}$$

上有定义，如果存在函数 $F(y)$，$y\in[c,d)$满足

$$|f(x,y)|\leqslant F(y),\forall x\in E,\forall y\in[c,d),$$

且广义积分

$$\int_c^d F(y)\,\mathrm{d}y$$

收敛，则含参变量广义积分

$$\int_c^d f(x,y)\,\mathrm{d}y$$

在 $x\in E$ 上一致收敛.

证明：因 $F(y)\geqslant 0$，且广义积分

$$\int_c^d F(y)\,\mathrm{d}y$$

收敛，则对 $\forall\varepsilon>0$，$\exists Y_0\in(c,d)$，$\forall Y\in[Y_0,d)$，成立

$$\int_Y^d F(y)\,\mathrm{d}y<\varepsilon.$$

又 $|f(x,y)|\leqslant F(y)$，$\forall x\in E$，$\forall y\in[c,d)$，则

$$\left|\int_Y^d f(x,y)\,\mathrm{d}y\right|\leqslant\int_Y^d|f(x,y)|\,\mathrm{d}y\leqslant\int_Y^d F(y)\,\mathrm{d}y<\varepsilon,$$

即得含参变量广义积分一致收敛.

例 11.5.4 证明含参变量无穷积分

$$\int_0^{+\infty}\frac{y}{1+y^2}\sin\frac{x}{y}\,\mathrm{d}y$$

在 $x\in[0,1]$上一致收敛，但在 $x\in(-\infty,+\infty)$上不一致收敛.

证明：在 $x\in[0,1]$上，

$$\left|\frac{y}{1+y^2}\sin\frac{x}{y}\right|\leqslant\left|\frac{y}{1+y^2}\cdot\frac{x}{y}\right|=\left|\frac{x}{1+y^2}\right|\leqslant\frac{1}{1+y^2},$$

而无穷积分

$$\int_0^{+\infty}\frac{1}{1+y^2}\,\mathrm{d}y$$

收敛，故含参变量无穷积分在 $x\in[0,1]$上一致收敛.

在 $x\in(-\infty,+\infty)$上，$\forall Y_0>1$，取 $Y_1=Y_0$，$Y_2=5Y_0$，$x=\dfrac{5\pi}{6}Y_0$，

则 $\forall y\in[Y_1,Y_2]$，

$$\frac{x}{y}\in\left[\frac{\pi}{6},\frac{5\pi}{6}\right],\ \sin\frac{x}{y}\geqslant\frac{1}{2},$$

则积分

$$\int_{Y_1}^{Y_2}\frac{y}{1+y^2}\sin\frac{x}{y}\,\mathrm{d}y\geqslant\frac{1}{2}\int_{Y_1}^{Y_2}\frac{y}{1+y^2}\,\mathrm{d}y$$

$$= \frac{1}{4}\ln\frac{1+Y_2^2}{1+Y_1^2}$$

$$\geqslant \frac{1}{4}\ln\frac{25Y_0^2}{2Y_0^2} = \frac{1}{4}\ln\frac{25}{2} > 0,$$

可得含参变量无穷积分在 $x\in(-\infty,+\infty)$ 上不一致收敛.

定理 11.5.7 （Abel 判别法）设 E 为一区间，函数 $f(x,y)$，$g(x,y)$ 在区域

$$D=\{(x,y)\mid x\in E,\ y\in[c,d)\}$$

上满足以下条件：

（1）含参变量广义积分 $\int_c^d f(x,y)\mathrm{d}y$ 在 $x\in E$ 上一致收敛；

（2）函数 $g(x,y)$ 关于 $y\in[c,d)$ 单调，且在 $x\in E$ 上一致有界，

则含参变量广义积分 $I(x)=\int_c^d f(x,y)g(x,y)\mathrm{d}y$ 在 $x\in E$ 上一致收敛.

定理 11.5.8 （Dirichlet 判别法）设 E 为一区间，函数 $f(x,y)$，$g(x,y)$ 在区域

$$D=\{(x,y)\mid x\in E, y\in[c,d)\}$$

上满足以下条件：

（1）含参变量积分 $\int_c^A f(x,y)\mathrm{d}y$ 对 $A\in(c,d)$，$x\in E$ 一致有界；

（2）函数 $g(x,y)$ 关于 $y\in[c,d)$ 单调，且当 $y\to d$ 时关于 $x\in E$ 一致趋于 0，

则含参变量广义积分 $I(x)=\int_c^d f(x,y)g(x,y)\mathrm{d}y$ 在 $x\in E$ 上一致收敛.

含参变量广义积分一致收敛性的 Abel 判别法和 Dirichlet 判别法略去证明.

例 11.5.5 证明广义积分

$$\int_0^{+\infty} \mathrm{e}^{-\lambda x}\frac{\sin x}{x}\mathrm{d}x$$

关于 λ 在 $[0,+\infty)$ 上一致收敛.

证明： 记 $f(x,\lambda)=\frac{\sin x}{x}$，可由无穷积分的 Dirichlet 收敛性判别法，知

$$\int_0^{+\infty}\frac{\sin x}{x}\mathrm{d}x$$

收敛，故关于 λ 在 $[0,+\infty)$ 上一致收敛. 记 $g(x,\lambda)=\mathrm{e}^{-\lambda x}$，给定 $\lambda\in[0,+\infty)$，$g(x,\lambda)$ 关于 x 在 $[0,+\infty)$ 上单调递减，且一致有界：$0<g(x,\lambda)\leqslant 1$. 由含参变量的广义积分的 Abel 收敛性判别法，知 $\int_0^{+\infty}\mathrm{e}^{-\lambda x}\frac{\sin x}{x}\mathrm{d}x$ 关于 λ 在 $[0,+\infty)$ 上一致收敛.

接下来我们讨论含参变量广义积分的性质.

定理 11.5.9 （含参变量广义积分的连续性）设函数 $f(x,y)$ 在区域

$$D=\{(x,y)\mid x\in[a,b],y\in[c,d)\}$$

上连续，且含参变量广义积分

$$I(x)=\int_c^d f(x,y)\,\mathrm{d}y$$

在 $x\in[a,b]$ 上一致收敛，则 $I(x)$ 在 $x\in[a,b]$ 上连续.

证明：因含参变量广义积分

$$I(x)=\int_c^d f(x,y)\,\mathrm{d}y$$

在 $x\in[a,b]$ 上一致收敛，即 $\forall\varepsilon>0$，$\exists Y_0\in(c,d)$，$\forall Y\in[Y_0,d)$，$\forall x\in[a,b]$，都有

$$\left|\int_Y^d f(x,y)\,\mathrm{d}y\right|<\varepsilon.$$

对给定的 ε，Y，由函数 $f(x,y)$ 的连续性，含参变量积分

$$\int_c^Y f(x,y)\,\mathrm{d}y$$

在 $x\in[a,b]$ 上连续（一致连续），故存在 $\delta>0$，$\forall x_1$，$x_2\in[a,b]$，满足 $|x_1-x_2|<\delta$ 时，有

$$\left|\int_c^Y f(x_1,y)\,\mathrm{d}y-\int_c^Y f(x_2,y)\,\mathrm{d}y\right|<\varepsilon,$$

所以

$$\begin{aligned}|I(x_1)-I(x_2)|&=\left|\int_c^d f(x_1,y)\,\mathrm{d}y-\int_c^d f(x_2,y)\,\mathrm{d}y\right|\\&<\left|\int_c^Y f(x_1,y)\,\mathrm{d}y-\int_c^Y f(x_2,y)\,\mathrm{d}y\right|+\\&\quad\left|\int_Y^d f(x_1,y)\,\mathrm{d}y\right|+\left|\int_Y^d f(x_2,y)\,\mathrm{d}y\right|<3\varepsilon,\end{aligned}$$

即函数 $I(x)$ 在 $[a,b]$ 上连续（一致连续）.

这个定理告诉我们含参变量广义积分前的极限号在一致收敛的条件下可以与积分号交换次序：

$$\lim_{x\to x_0}\int_c^d f(x,y)\,\mathrm{d}y=\int_c^d\lim_{x\to x_0}f(x,y)\,\mathrm{d}y=\int_c^d f(x_0,y)\,\mathrm{d}y.$$

进一步，设 E 为一区间，如果含参变量广义积分

$$I(x)=\int_c^d f(x,y)\mathrm{d}y$$

在 E 上一致收敛，对 $\forall x_0\in E$，$\exists[a,b]\subseteq E$ 满足 $x_0\in[a,b]$，再在 $[a,b]$ 上一致收敛，得在 $[a,b]$ 上连续，可得在点 $x_0\in E$ 处连续，即：

推论　设 E 为一区间，函数 $f(x,y)$ 在区域 $D=\{(x,y)\mid x\in E, y\in[c,d)\}$ 上连续，且含参变量广义积分

$$I(x)=\int_c^d f(x,y)\mathrm{d}y$$

在 E 上内闭一致收敛，则 $I(x)$ 在 E 上连续.

定理 11.5.10　（含参变量广义积分的可积性）设函数 $f(x,y)$ 在区域

$$D=\{(x,y)\mid x\in[a,b],y\in[c,d)\}$$

上连续，且含参变量广义积分

$$I(x)=\int_c^d f(x,y)\mathrm{d}y$$

在 $x\in[a,b]$ 上一致收敛，则 $I(x)$ 在 $x\in[a,b]$ 上可积，且

$$\int_a^b I(x)\mathrm{d}x=\int_a^b\mathrm{d}x\int_c^d f(x,y)\mathrm{d}y=\int_c^d\mathrm{d}y\int_a^b f(x,y)\mathrm{d}x,$$

进一步，可得

$$\int_a^x\mathrm{d}x\int_c^d f(x,y)\mathrm{d}y=\int_c^d\mathrm{d}y\int_a^x f(x,y)\mathrm{d}x,\ \forall x\in[a,b].$$

证明：可积性是显然的，只需证明积分可以交换次序即可，即

$$\lim_{Y\to d}\int_c^Y\mathrm{d}y\int_a^b f(x,y)\mathrm{d}x=\int_a^b\mathrm{d}x\int_c^d f(x,y)\mathrm{d}y.$$

因含参变量广义积分

$$I(x)=\int_c^d f(x,y)\mathrm{d}y$$

在 $x\in[a,b]$ 上一致收敛，则 $\forall\varepsilon>0$，$\exists Y_0\in(c,d)$，$\forall Y\in[Y_0,d)$，$\forall x\in[a,b]$，都有

$$\left|\int_Y^d f(x,y)\mathrm{d}y\right|<\varepsilon,$$

而函数 $f(x,y)$ 在区域 $D_Y=\{(x,y)\mid x\in[a,b],y\in[c,Y]\}$ 上连续，则积分

$$\int_c^Y\mathrm{d}y\int_a^b f(x,y)\mathrm{d}x=\int_a^b\mathrm{d}x\int_c^Y f(x,y)\mathrm{d}y$$

$$= \int_a^b \mathrm{d}x \left[\int_c^d f(x,y)\,\mathrm{d}y - \int_Y^d f(x,y)\,\mathrm{d}y \right],$$

故

$$\left| \int_c^Y \mathrm{d}y \int_a^b f(x,y)\,\mathrm{d}x - \int_a^b \mathrm{d}x \int_c^d f(x,y)\,\mathrm{d}y \right| \leqslant \left| \int_a^b \mathrm{d}x \int_Y^d f(x,y)\,\mathrm{d}y \right|$$

$$\leqslant \int_a^b \mathrm{d}x \left| \int_Y^d f(x,y)\,\mathrm{d}y \right|$$

$$\leqslant \int_a^b \varepsilon\,\mathrm{d}x = \varepsilon(b-a).$$

即得

$$\int_c^d \mathrm{d}y \int_a^b f(x,y)\,\mathrm{d}x = \int_a^b \mathrm{d}x \int_c^d f(x,y)\,\mathrm{d}y.$$

定理 11.5.11 （含参变量广义积分的可积性）设函数 $f(x,y)$ 在区域

$$D=\{(x,y)\mid x\in[a,+\infty),\ y\in[c,d)\}$$

上连续，且含参变量广义积分

$$I(x) = \int_c^d f(x,y)\,\mathrm{d}y$$

在 $x\in[a,+\infty)$ 上的任意闭子区间上一致收敛，

$$J(y) = \int_a^{+\infty} f(x,y)\,\mathrm{d}x$$

在 $y\in[c,d)$ 上的任意闭子区间上一致收敛，且

$$\int_a^{+\infty} \mathrm{d}x \int_c^d |f(x,y)|\,\mathrm{d}y,\ \int_c^d \mathrm{d}y \int_a^{+\infty} |f(x,y)|\,\mathrm{d}x$$

中有一个收敛，那么

$$\int_a^{+\infty} \mathrm{d}x \int_c^d f(x,y)\,\mathrm{d}y = \int_c^d \mathrm{d}y \int_a^{+\infty} f(x,y)\,\mathrm{d}x.$$

证明：先假设 $f(x,y)\geqslant 0$，且积分 $\int_a^{+\infty} \mathrm{d}x \int_c^d |f(x,y)|\,\mathrm{d}y$ 收敛，则 $\forall\, Y\in(c,d)$：

$$\int_c^Y \mathrm{d}y \int_a^{+\infty} f(x,y)\,\mathrm{d}x = \int_a^{+\infty} \mathrm{d}x \int_c^Y f(x,y)\,\mathrm{d}y \leqslant \int_a^{+\infty} \mathrm{d}x \int_c^d f(x,y)\,\mathrm{d}y$$

有界，则

$$\int_c^d \mathrm{d}y \int_a^{+\infty} f(x,y)\,\mathrm{d}x$$

收敛，且

$$\int_c^d \mathrm{d}y \int_a^{+\infty} f(x,y)\,\mathrm{d}x \leqslant \int_a^{+\infty} \mathrm{d}x \int_c^d f(x,y)\,\mathrm{d}y.$$

再由 $\int_c^d \mathrm{d}y \int_a^{+\infty} f(x,y)\,\mathrm{d}x$ 收敛，可得

$$\int_a^{+\infty} dx\int_c^d f(x,y)\,dy \leqslant \int_c^d dy\int_a^{+\infty} f(x,y)\,dx.$$

总之，得

$$\int_a^{+\infty} dx\int_c^d f(x,y)\,dy = \int_c^d dy\int_a^{+\infty} f(x,y)\,dx.$$

其次，对一般函数 $f(x,y)$，取 $g(x,y)=\max\{f(x,y),0\}$，$h(x,y)=\max\{-f(x,y),0\}$，则

$$|f(x,y)|\geqslant g(x,y)\geqslant 0,\ |f(x,y)|=h(x,y)\geqslant 0,$$

假设 $\int_a^{+\infty} dx\int_c^d |f(x,y)|dy$ 收敛，则 $\int_a^{+\infty} dx\int_c^d g(x,y)dy$，$\int_a^{+\infty} dx\int_c^d h(x,y)dy$ 收敛，得

$$\int_a^{+\infty} dx\int_c^d g(x,y)\,dy = \int_c^d dy\int_a^{+\infty} g(x,y)\,dx,$$

$$\int_a^{+\infty} dx\int_c^d h(x,y)\,dy = \int_c^d dy\int_a^{+\infty} h(x,y)\,dx,$$

再由 $f(x,y)=g(x,y)-h(x,y)$ 及线性性质，可得

$$\int_a^{+\infty} dx\int_c^d f(x,y)\,dy = \int_c^d dy\int_a^{+\infty} f(x,y)\,dx.$$

定理 11.5.12 （含参变量广义积分的可微性）设函数 $f(x,y)$，$f'_x(x,y)$ 在区域

$$D=\{(x,y)\mid x\in[a,b],y\in[c,d)\}$$

上连续，且含参变量广义积分

$$I(x)=\int_c^d f(x,y)\,dy$$

收敛，且

$$\int_c^d f'_x(x,y)\,dy$$

在 $x\in[a,b]$ 上一致收敛，则 $I(x)$ 在 $x\in[a,b]$ 上可导，且

$$I'(x)=\int_c^d f'_x(x,y)\,dy.$$

证明：由函数 $f(x,y)$，$f'_x(x,y)$ 在区域 $D=\{(x,y)\mid x\in[a,b],y\in[c,d)\}$ 上连续，且含参变量广义积分

$$J(x)=\int_c^d f'_x(x,y)\,dy$$

在 $x\in[a,b]$ 上一致收敛，可得 $J(x)$ 连续，则

$$\int_a^x J(x)\,dx$$

可导，且导数为 $J(x)$，再由积分换序定理得

$$\int_a^x J(x)\,dx = \int_a^x dx\int_c^d f'_x(x,y)\,dy = \int_c^d dy\int_a^x f'_x(x,y)\,dx$$

$$= \int_c^d (f(x,y) - f(a,y))\,\mathrm{d}y = I(x) - I(a),$$

则

$$I'(x) = J(x) = \int_c^d f'_x(x,y)\,\mathrm{d}y.$$

例 11.5.6　计算含参变量无穷积分

$$I(\lambda) = \int_0^{+\infty} \mathrm{e}^{-x^2}\cos(2\lambda x)\,\mathrm{d}x.$$

解：记$f(x,\lambda)=\mathrm{e}^{-x^2}\cos(2\lambda x)$，$f'_\lambda(x,\lambda)=-2x\mathrm{e}^{-x^2}\sin(2\lambda x)$，而

$$|f'_\lambda(x,\lambda)| = |2x\mathrm{e}^{-x^2}\sin(2\lambda x)| \leqslant 2x\mathrm{e}^{-x^2}, |f(x,\lambda)| \leqslant \mathrm{e}^{-x^2},$$

且

$$\int_0^{+\infty} 2x\mathrm{e}^{-x^2}\mathrm{d}x, \int_0^{+\infty} \mathrm{e}^{-x^2}\mathrm{d}x$$

均收敛，由 Weierstrass 判别法知

$$\int_0^{+\infty} 2x\mathrm{e}^{-x^2}\sin(2\lambda x)\,\mathrm{d}x, \int_0^{+\infty} \mathrm{e}^{-x^2}\cos(2\lambda x)\,\mathrm{d}x,$$

关于 λ 在$(-\infty,+\infty)$上一致收敛，可得

$$\begin{aligned} I'(\lambda) &= -\int_0^{+\infty} 2x\mathrm{e}^{-x^2}\sin(2\lambda x)\,\mathrm{d}x = \int_0^{+\infty} \sin(2\lambda x)\,\mathrm{d}\mathrm{e}^{-x^2} \\ &= -\int_0^{+\infty} \mathrm{e}^{-x^2}\mathrm{d}\sin(2\lambda x) \\ &= -2\lambda\int_0^{+\infty} \mathrm{e}^{-x^2}\cos(2\lambda x)\,\mathrm{d}x = -2\lambda I(\lambda), \end{aligned}$$

则

$$I(\lambda) = C\mathrm{e}^{-\lambda^2}.$$

再由

$$I(0) = \int_0^{+\infty} \mathrm{e}^{-x^2}\mathrm{d}x = \frac{\sqrt{\pi}}{2},$$

得

$$I(\lambda) = \frac{\sqrt{\pi}}{2}\mathrm{e}^{-\lambda^2}.$$

敬始慎终——王大珩

习题 11.5

1. 求下列各极限：

(1) $\lim\limits_{x\to 0}\int_0^{\mathrm{e}^x} \frac{1}{1+x^2+y^2}\mathrm{d}y$;

(2) $\lim\limits_{y\to 0}\int_{\sin y}^{\cos y} \mathrm{e}^{xy}\mathrm{d}x$;

(3) $\lim\limits_{\alpha\to 0}\int_{\ln(1+\alpha)}^{\mathrm{e}^\alpha} \arctan\sqrt{1-\alpha x^2}\,\mathrm{d}x$;

(4) $\lim\limits_{\alpha\to 0}\int_{\alpha}^{\cos\alpha} \frac{1+\alpha x}{1+x^2}\arctan x\,\mathrm{d}x$.

2. 求下列函数的导数：

(1) $F(\lambda) = \int_0^1 \cos(x^2+\lambda^2)\,\mathrm{d}x$;

(2) $F(\lambda) = \int_\lambda^{\text{[illegible]}} x^2\ln(1+\lambda x)\,\mathrm{d}x$.

3. 设函数$f(x)$为连续函数，函数

$$F(x)=\int_0^x y^n f(x-y)\,\mathrm{d}y.$$

证明：

$$F^{(n+1)}(x)=n!f(x).$$

4. 求下列含参变量积分：

(1) $I(\lambda)=\int_0^{\frac{\pi}{2}}\ln(\cos^2x+\lambda^2\sin^2x)\,\mathrm{d}x$;

(2) $I(\lambda)=\int_0^{\frac{\pi}{2}}\frac{\arctan(\lambda\tan x)}{\tan x}\mathrm{d}x$, $\lambda>0$;

(3) $I(\lambda)=\int_0^1\sin\left(\ln\frac{1}{x}\right)\frac{x^\lambda-x}{\ln x}\mathrm{d}x$, $\lambda>0$.

5. 判断下列含参变量广义积分在指定区域上的一致收敛性：

(1) $I(\lambda)=\int_0^{+\infty}\frac{\sin\lambda x}{x}\mathrm{d}x$, $\lambda\in(0,+\infty)$, $\lambda\in[a,b]$, $0<a<b$;

(2) $I(\lambda)=\int_0^{+\infty}x\mathrm{e}^{-\lambda x}\mathrm{d}x$, $\lambda\in(0,+\infty)$, $\lambda\in[a,b]$, $0<a<b$;

(3) $I(\lambda)=\int_0^{+\infty}\mathrm{e}^{-\lambda x}\sin x\,\mathrm{d}x$, $\lambda\in(0,+\infty)$, $\lambda\in[a,+\infty)$, $a>0$;

(4) $I(\lambda)=\int_0^{+\infty}\mathrm{e}^{-(x-\lambda)^2}\mathrm{d}x$, $\lambda\in(-\infty,+\infty)$, $\lambda\in[a,b]$.

6. 计算下列含参变量广义积分：

(1) $I(\lambda,\mu)=\int_0^{+\infty}\frac{\mathrm{e}^{-\lambda x}-\mathrm{e}^{-\mu x}}{x}\mathrm{d}x$, $0<\lambda<\mu$;

(2) $I(\lambda,\mu)=\int_0^{+\infty}\frac{\cos\lambda x-\cos\mu x}{x^2}\mathrm{d}x$, $0<\lambda<\mu$.

第 12 章 曲线与曲面积分

曲线、曲面积分与定积分、重积分一样，都属于 Riemann 积分的范畴，研究方式都是对研究对象进行分割，在小部分上对所求的量进行近似(相对的分割微元的线性近似)，然后对小部分的近似求和并当作全量的近似，最后考虑当分割越来越小时的极限. 不同之处就在于定积分分割的是区间，重积分分割的是可求面积/体积的区域，而曲线积分分割的是可求长曲线，曲面积分分割的是可求面积的曲面.

曲线、曲面积分可以求出依赖于曲线或曲面的物理量. 根据这些量的特点以及求和中的微元特征，曲线积分分为第一型曲线积分(对弧长的曲线积分)和第二型曲线积分(对坐标的曲线积分)，曲面积分分为第一型曲面积分(对面积的曲面积分)和第二型曲面积分(对坐标的曲面积分). 本章将介绍曲线和曲面积分的定义、性质、计算方法以及它们之间的关系.

12.1 第一型曲线积分

12.1.1 第一型曲线积分的概念

首先我们研究下面一个问题.

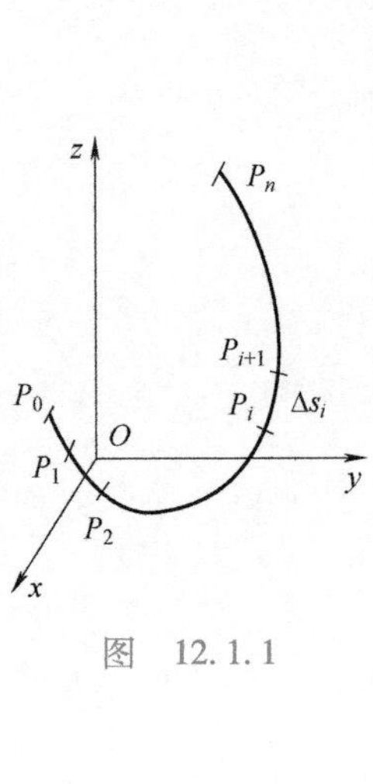

图 12.1.1

问题 设空间上线状物体 Γ 上各点处密度(单位长度物体的质量)为连续函数 $\rho(x,y,z)$，求 Γ 的质量.

利用 Riemann 积分思想，如图 12.1.1 所示，曲线插入分点 $P_i(x_i,y_i,z_i)$，$i=0,1,\cdots,n$，得到分割 T. 曲线小段长用小线段长近似代替，记为 Δs_i. 由密度函数的连续性，用小曲线段上任取一点(ξ_i,η_i,ζ_i)处的密度 $\rho(\xi_i,\eta_i,\zeta_i)$来近似代替小段上的平均密度，得到小曲线段的近似质量，当作质量元素 $\rho(\xi_i,\eta_i,\zeta_i)\Delta s_i$. 对小曲线段的近似质量求和得到近似总质量：

$$m \approx \sum_{i=1}^{n}\rho(\xi_i,\eta_i,\zeta_i)\Delta s_i.$$

当分割充分细(分割最大小段直径 $\lambda(T)=\max\{\Delta s_i, i=1,2,\cdots,n\}$ 足够小)时，如果极限

$$\lim_{\lambda(T)\to 0}\sum_{i=1}^{n}\rho(\xi_i,\eta_i,\zeta_i)\Delta s_i$$

存在，且与分割 T 的分法和代表点(ξ_i,η_i,ζ_i)的选取无关，则可以用该极限表示曲线的质量.

下面我们给出第一型曲线积分的一般定义.

定义　(第一型曲线积分)设函数 $f(x,y,z)$ 是在可求长曲线 Γ 上的有界函数. 将曲线 Γ 任意插入 n 个分点得到分割 T：分割成 n 个小弧段 $\Delta s_i(i=1,2,\cdots,n)$，用小线段代替曲线段长，记为 Δs_i，并记

$$\lambda(T)=\max_{1\leqslant i\leqslant n}\Delta s_i$$

为分割最大弧段的长度. 在小曲线段 Δs_i 上任取一点(ξ_i,η_i,ζ_i)，如果无论分割分法如何，小弧段内代表元(ξ_i,η_i,ζ_i)如何选取，只要 $\lambda(T)\to 0$，极限

$$\lim_{\lambda(T)\to 0}\sum_{i=1}^{n}f(\xi_i,\eta_i,\zeta_i)\Delta s_i$$

总是存在的，且为同一个有限值，则称函数 $f(x,y,z)$ 在曲线 Γ 上可积，并称此极限为函数 $f(x,y,z)$ 在曲线 Γ 上的第一型曲线积分，记为

$$\int_{\Gamma}f(x,y,z)\,\mathrm{d}s.$$

其中，Γ 表示积分曲线，$f(x,y,z)$ 表示被积函数，$\mathrm{d}s$ 是弧长元素(也叫作弧微分).

特别地，当被积函数 $f(x,y,z)=1$ 时，积分表示曲线 Γ 的弧长. 同时注意到，第一型曲线积分并没有考虑积分曲线的方向问题，没考虑起点和终点的问题，也就是说第一型曲线积分与曲线的方向无关. 若曲线 Γ 是一简单闭曲线，第一型曲线积分往往表示为

$$\oint_{\Gamma}f(x,y,z)\,\mathrm{d}s.$$

12.1.2　第一型曲线积分的性质

作为一类 Riemann 积分，第一型曲线积分满足线性性质和曲线可加性等. 读者可以仿照定积分的性质，自行证明.

性质 1 （线性性质）设函数 $f(x,y,z)$，$g(x,y,z)$ 在曲线 Γ 上可积，则对任意常数 α，β，函数 $\alpha f(x,y,z)+\beta g(x,y,z)$ 在曲线 Γ 上可积，且

$$\int_\Gamma (\alpha f(x,y,z)+\beta g(x,y,z))\mathrm{d}s=\alpha\int_\Gamma f(x,y,z)\mathrm{d}s+\beta\int_\Gamma g(x,y,z)\mathrm{d}s.$$

性质 2 （可加性）设曲线 $\Gamma=\Gamma_1\cup\Gamma_2$，且 Γ_1，Γ_2 最多有有限个交点. 函数 $f(x,y,z)$ 在曲线 Γ_1，Γ_2 上分别可积，则函数 $f(x,y,z)$ 在曲线 Γ 上可积，且

$$\int_\Gamma f(x,y,z)\mathrm{d}s=\int_{\Gamma_1} f(x,y,z)\mathrm{d}s+\int_{\Gamma_2} f(x,y,z)\mathrm{d}s.$$

第一型曲线积分满足如下比较定理.

性质 3 （比较定理）设函数 $f(x,y,z)$，$g(x,y,z)$ 在曲线 Γ 上可积，且

$$f(x,y,z)\geqslant g(x,y,z),\ \forall (x,y,z)\in\Gamma,$$

则

$$\int_\Gamma f(x,y,z)\mathrm{d}s\geqslant\int_\Gamma g(x,y,z)\mathrm{d}s.$$

比较定理是极限保序性的应用. 作为比较定理的推论，我们可有下面的性质.

性质 4 （估值定理）设有界函数 $f(x,y,z)$ 在曲线 Γ 上可积，且存在常数 m，M，满足

$$m\leqslant f(x,y,z)\leqslant M,\ \forall (x,y,z)\in\Gamma,$$

则

$$ml(\Gamma)\leqslant\int_\Gamma f(x,y,z)\mathrm{d}s\leqslant Ml(\Gamma),$$

其中，$l(\Gamma)$ 表示曲线 Γ 的长度.

性质 5 （绝对值不等式）设函数 $f(x,y,z)$ 在曲线 Γ 上可积，则 $|f(x,y,z)|$ 在 Γ 上也可积，且

$$\left|\int_\Gamma f(x,y,z)\mathrm{d}s\right|\leqslant\int_\Gamma |f(x,y,z)|\mathrm{d}s.$$

注意到，由绝对值不等式 $-|f(x,y,z)|\leqslant f(x,y,z)\leqslant |f(x,y,z)|$，可以得到

$$-\int_{\Gamma}|f(x,y,z)|\,\mathrm{d}s \leqslant \int_{\Gamma} f(x,y,z)\,\mathrm{d}s \leqslant \int_{\Gamma}|f(x,y,z)|\,\mathrm{d}s.$$

性质 6　(中值定理)设函数$f(x,y,z)$在闭曲线 Γ 上连续，则存在$(x_0,y_0,z_0)\in\Gamma$，使得

$$\int_{\Gamma} f(x,y,z)\,\mathrm{d}s = f(x_0,y_0,z_0)\,l(\Gamma).$$

这里闭曲线 Γ 上的连续函数$f(x,y,z)$是有最大值和最小值的，分别记为 M，m，即

$$m \leqslant f(x,y,z) \leqslant M.$$

由估值定理可知

$$m \leqslant \frac{\int_{\Gamma} f(x,y,z)\,\mathrm{d}s}{l(\Gamma)} \leqslant M.$$

又由连续的介值定理，对介于 m，M 之间的数

$$\frac{\int_{\Gamma} f(x,y,z)\,\mathrm{d}s}{l(\Gamma)},$$

必有一点的函数值与之相等.

第一型曲线积分可以使用对称性，设曲线关于坐标面 xOy 对称，即曲线上任意一点$(x,y,z)\in\Gamma$，总有点$(x,y,-z)\in\Gamma$ 与其对应. 如果被积函数$f(x,y,z)$关于变量 z 为奇函数，即$f(x,y,-z)=-f(x,y,z)$，则曲线积分为零，即

$$\int_{\Gamma} f(x,y,z)\,\mathrm{d}s = 0.$$

特别地，如果曲线关于坐标面 xOy 对称，则对任意可积函数$f(x,y,z)$，有

$$\int_{\Gamma} f(x,y,z)\,\mathrm{d}s = \int_{\Gamma} f(x,y,-z)\,\mathrm{d}s,$$

这是因为函数 $F(x,y,z)=f(x,y,z)-f(x,y,-z)$为关于变量 z 的奇函数.

类似地，如果曲线具有轮换对称性，即对曲线上任意一点$(x,y,z)\in\Gamma$，总有点$(y,z,x)\in\Gamma$，$(z,x,y)\in\Gamma$ 与其对应. 则

$$\int_{\Gamma} f(x,y,z)\,\mathrm{d}s = \int_{\Gamma} f(y,z,x)\,\mathrm{d}s = \int_{\Gamma} f(z,x,y)\,\mathrm{d}s.$$

12.1.3　第一型曲线积分的计算

设曲线 Γ 在空间坐标系下的参数方程为

$$\Gamma:\begin{cases}x=x(t),\\ y=y(t),\quad \alpha\leqslant t\leqslant\beta.\\ z=z(t),\end{cases}$$

其中，$x(t)$，$y(t)$，$z(t)$有连续一阶导数. 对曲线Γ的分割对应着对参数变量t在$[\alpha,\beta]$上的一个分割. 同时曲线的弧微分可表示为

$$\mathrm{d}s=\sqrt{\mathrm{d}x^2+\mathrm{d}y^2+\mathrm{d}z^2}=\sqrt{x'^2(t)+y'^2(t)+z'^2(t)}\,|\mathrm{d}t|.$$

当变量t是从小到大求和时，$\mathrm{d}t=|\mathrm{d}t|$. 即在曲线$\Gamma$的第一型曲线积分可以化为参数$t$在区间$[\alpha,\beta]$上的定积分. 因此，第一型曲线积分可以利用曲线的参数方程化成定积分.

定理 设曲线Γ在空间坐标系下的参数方程为

$$\Gamma:\begin{cases}x=x(t),\\ y=y(t),\quad \alpha\leqslant t\leqslant\beta.\\ z=z(t),\end{cases}$$

其中，$x(t)$，$y(t)$，$z(t)$有连续一阶导数. 则第一型曲线积分

$$\int_\Gamma f(x,y,z)\,\mathrm{d}s=\int_\alpha^\beta f(x(t),y(t),z(t))\sqrt{x'^2(t)+y'^2(t)+z'^2(t)}\,\mathrm{d}t.$$

特别地，如果曲线Γ满足方程

$$\begin{cases}y=y(x),\\ z=z(x),\end{cases}\quad a\leqslant x\leqslant b,$$

可以看作以x为参数的参数方程

$$\begin{cases}x=x,\\ y=y(x),\quad a\leqslant x\leqslant b.\\ z=z(x),\end{cases}$$

此时，第一型曲线积分可以化为

$$\int_\Gamma f(x,y,z)\,\mathrm{d}s=\int_a^b f(x,y(x),z(x))\sqrt{1+y'^2(x)+z'^2(x)}\,\mathrm{d}x.$$

如果曲线Γ是平面曲线，满足方程$y=y(x)$，$a\leqslant x\leqslant b$，此时函数$f(x,y)$在曲线Γ上的积分可以化为

$$\int_\Gamma f(x,y)\,\mathrm{d}s=\int_a^b f(x,y(x))\sqrt{1+y'^2(x)}\,\mathrm{d}x.$$

如果平面曲线Γ满足极坐标方程$\rho=\rho(\theta)$，$\alpha\leqslant\theta\leqslant\beta$，此时曲线$\Gamma$可以看作以$\theta$为参数的参数方程

$$\begin{cases}x=\rho(\theta)\cos\theta,\\ y=\rho(\theta)\sin\theta,\end{cases}\quad \alpha\leqslant\theta\leqslant\beta.$$

函数$f(x,y)$在曲线Γ上的第一型曲线积分可以化为

$$\int_{\Gamma} f(x,y)\,\mathrm{d}s = \int_{\alpha}^{\beta} f(\rho(\theta)\cos\theta,\rho(\theta)\sin\theta)\sqrt{\rho^2(\theta)+\rho'^2(\theta)}\,\mathrm{d}\theta.$$

例 12.1.1　设曲线 Γ 为椭圆 $x^2+4y^2=1$ 在第一象限的部分(见图 12.1.2). 计算第一型曲线积分 $\int_{\Gamma} y\mathrm{d}s$.

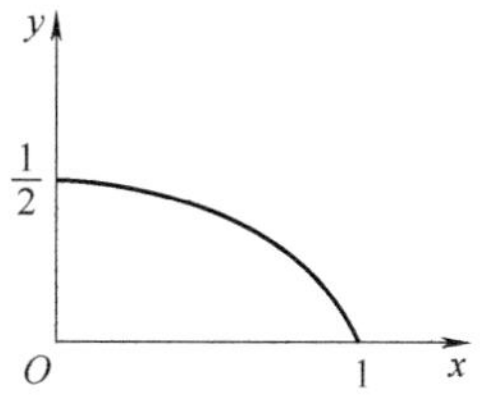

图　12.1.2

解：曲线 Γ 有参数方程

$$\begin{cases} x=\cos\theta, \\ y=\dfrac{1}{2}\sin\theta, \end{cases} \quad 0\leqslant\theta\leqslant\frac{\pi}{2},$$

则曲线积分可化为定积分

$$\begin{aligned}
\int_{\Gamma} y\mathrm{d}s &= \int_0^{\frac{\pi}{2}} \frac{1}{2}\sin\theta\sqrt{\sin^2\theta+\frac{1}{4}\cos^2\theta}\,\mathrm{d}\theta \\
&= -\frac{1}{2}\int_0^{\frac{\pi}{2}} \sqrt{\sin^2\theta+\frac{1}{4}\cos^2\theta}\,\mathrm{d}\cos\theta \\
&= -\frac{1}{2}\int_0^{\frac{\pi}{2}} \sqrt{1-\frac{3}{4}\cos^2\theta}\,\mathrm{d}\cos\theta \\
&= \frac{1}{2}\int_0^1 \sqrt{1-\frac{3}{4}u^2}\,\mathrm{d}u \, (令\ u=\cos\theta) \\
&= \frac{1}{4}\left(u\sqrt{1-\frac{3}{4}u^2}+\frac{2}{\sqrt{3}}\arcsin\frac{\sqrt{3}}{2}u\right)\Bigg|_0^1 \\
&= \frac{1}{8}+\frac{\sqrt{3}}{18}\pi.
\end{aligned}$$

例 12.1.2　设 a，$b>0$，曲线 Γ 的参数方程为 $\begin{cases} x=a\cos t, \\ y=a\sin t, \ 0\leqslant t\leqslant 2\pi, \\ z=bt, \end{cases}$

计算第一型曲线积分

$$\int_{\Gamma} x^2\mathrm{d}s.$$

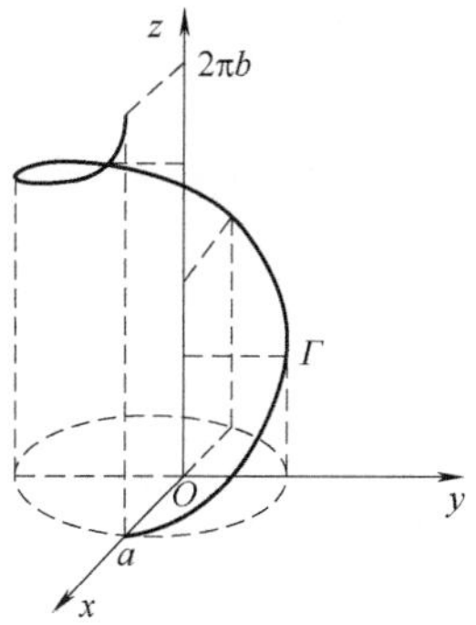

图　12.1.3

解：如图 12.1.3 所示，曲线积分可化为定积分

$$\begin{aligned}
\int_{\Gamma} x^2\mathrm{d}s &= \int_0^{2\pi} a^2\cos^2 t\sqrt{a^2+b^2}\,\mathrm{d}t \\
&= a^2\sqrt{a^2+b^2}\int_0^{2\pi}\cos^2 t\,\mathrm{d}t \\
&= a^2\sqrt{a^2+b^2}\,\pi.
\end{aligned}$$

例 12.1.3　如图 12.1.4 所示，设 $a>0$，曲线 Γ 为球面 $x^2+y^2+z^2=a^2$ 与平面 $x+y+z=0$ 的交线. 计算第一型曲线积分

$$\oint_{\Gamma} (x+1)^2\mathrm{d}s.$$

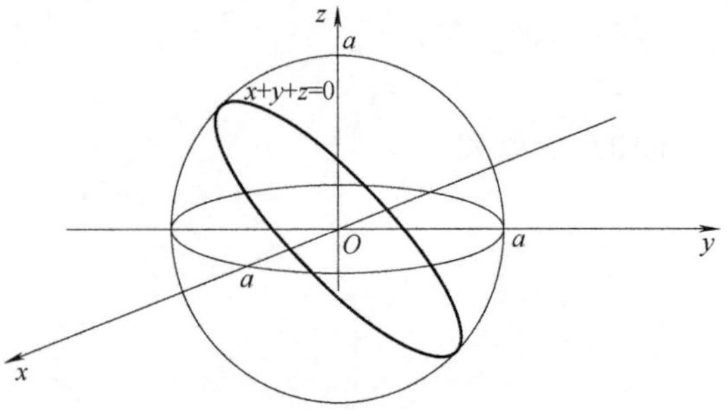

图 12.1.4

解： 曲线 Γ 为半径为 a、中心在原点的球面与一过原点的平面所交的半径为 a 的圆，且三个变量具有轮换对称性. 故积分

$$\oint_\Gamma x^2 \mathrm{d}s = \oint_\Gamma y^2 \mathrm{d}s = \oint_\Gamma z^2 \mathrm{d}s = \frac{1}{3}\oint_\Gamma (x^2+y^2+z^2)\mathrm{d}s = \frac{1}{3}\oint_\Gamma a^2 \mathrm{d}s = \frac{2}{3}\pi a^3,$$

$$\oint_\Gamma x \mathrm{d}s = \oint_\Gamma y \mathrm{d}s = \oint_\Gamma z \mathrm{d}s = \frac{1}{3}\oint_\Gamma (x+y+z)\mathrm{d}s = 0,$$

所以

$$\oint_\Gamma (x+1)^2 \mathrm{d}s = \oint_\Gamma (x^2+2x+1)\mathrm{d}s = \frac{2}{3}\pi a^3 + 2\pi a.$$

习题 12.1

1. 计算下列平面曲线上的曲线积分：

(1) $\int_\Gamma 2xy\mathrm{d}s$，$\Gamma$ 为从 $(0,0)$ 到 $(1,1)$ 的线段；

(2) $\int_\Gamma (x^2+y^2)\mathrm{d}s$，$\Gamma$ 为以 $(0,0)$，$(0,1)$，$(1,1)$ 为顶点的三角形；

(3) $\int_\Gamma y^2\mathrm{d}s$，$\Gamma: x=a(t-\sin t)$，$y=a(1-\cos t)$，$0\leqslant t\leqslant 2\pi$.

2. 计算下列空间曲线上的曲线积分：

(1) $\int_\Gamma z\mathrm{d}s$，Γ 为锥面 $z=\sqrt{x^2+y^2}$ 与柱面 $x^2+y^2=2x$ 的交线；

(2) $\int_\Gamma \sqrt{x^2+y^2}\mathrm{d}s$，$\Gamma$ 为球面 $z=\sqrt{4-x^2-y^2}$ 与柱面 $x^2+y^2=2x$ 的交线；

(3) $\int_\Gamma x\mathrm{d}s$，$\Gamma: x=a\cos t$，$y=a\sin t$，$z=at$，$a>0$，$0\leqslant t\leqslant 1$.

3. 求下列曲线的弧长和质心坐标，其中质心坐标 (x_0,y_0) 与线密度 $\mu(x,y)$ 之间的关系为

$$x_0=\frac{\int_\Gamma x\mu\mathrm{d}s}{\int_\Gamma \mu\mathrm{d}s},\quad y_0=\frac{\int_\Gamma y\mu\mathrm{d}s}{\int_\Gamma \mu\mathrm{d}s}.$$

(1) Γ 的极坐标方程为 $\rho=a(1+\cos\theta)$，线密度 $\mu(x,y)=1$；

(2) Γ 的参数方程为 $\begin{cases} x=a(t-\sin t), \\ y=a(1-\cos t), \end{cases}$ $0\leqslant t\leqslant 2\pi$，线密度 $\mu(x,y)=y$；

(3) Γ 的方程为 $x^{\frac{2}{3}}+y^{\frac{2}{3}}=a^{\frac{2}{3}}$，$y\geqslant 0$，$a>0$，线密度 $\mu(x,y)=y$.

4. 求圆柱面 $x^2+y^2=2y$ 被锥面 $x^2+y^2=z^2$ 所截的有限部分的面积.

5. 求圆柱面 $x^2+y^2=a^2$，$a>0$ 满足 $0\leqslant z\leqslant y$ 部分的面积.

6. 求圆柱面 $x^2+y^2=2x$ 满足 $0\leqslant z\leqslant x^2+y^2$ 部分的面积.

7. 求曲线 $\Gamma: y=2\sqrt{x}$，$0\leqslant x\leqslant 1$ 绕 x 轴旋转一周而得的旋转面面积.

12.2 第二型曲线积分

空间上的有向曲线是一条规定了起点和终点的曲线. 第二型曲线积分主要研究空间向量值函数在有向曲线上的累积，例如变力沿有向曲线做功等问题.

12.2.1 第二型曲线积分的概念

设空间区域 Ω 内的每一点都有一个向量 $\boldsymbol{F}(x,y,z)$，这就构成空间 Ω 上的一个向量场(向量值函数) $\boldsymbol{F}=(P(x,y,z),Q(x,y,z),R(x,y,z))$. 例如某空间区域某一时刻的空气流动形成一个速度场.

问题　研究区域 Ω 上的力场

$$\boldsymbol{F}=(P(x,y,z),Q(x,y,z),R(x,y,z))$$

沿有向曲线 Γ 所做的功.

考虑到做功这个物理量具有对曲线的累加的性质，即整个曲线上做的总功等于每一小段上的小功单元的和，因此我们可以考虑用元素法来研究. 对曲线上一小段元素，自然这一小段曲线也有了从原曲线上继承而来的起点和终点，弧段弧长元素仍用 $\mathrm{d}s$ 表示，同时也是一个有向弧段元素 $\mathrm{d}\boldsymbol{s}=(\mathrm{d}x,\mathrm{d}y,\mathrm{d}z)$，该元素上力 $\boldsymbol{F}(x,y,z)$ 可以看作常向量，所做的功元素 $\mathrm{d}W=\boldsymbol{F}\cdot\mathrm{d}\boldsymbol{s}=P\mathrm{d}x+Q\mathrm{d}y+R\mathrm{d}z$. 总功就是功元素沿曲线 Γ 的积累，即

$$W=\int_\Gamma \mathrm{d}W=\int_\Gamma P\mathrm{d}x+Q\mathrm{d}y+R\mathrm{d}z.$$

下面给出第二型曲线积分的一般定义，即 Riemann 和极限形式的定义.

定义　(第二型曲线积分)设曲线 Γ 是以 A 为起点，以 B 为终点的有向可求长曲线，函数 $P(x,y,z)$，$Q(x,y,z)$，$R(x,y,z)$ 是曲线 Γ 上的有界函数. 曲线 Γ 上任意插入 n 个分点 $(x_0,y_0,z_0)=A$，$(x_1,y_1,z_1),\cdots,(x_n,y_n,z_n)=B$ 的分割 T：得到 n 个有向小弧段 $\Delta\boldsymbol{s}_i(i=1,2,\cdots,n)$，记有向小弧线段为 $\Delta\boldsymbol{s}_i=(\Delta x_i,\Delta y_i,\Delta z_i)$，小弧长记为 Δs_i，并记

$$\lambda(T)=\max_{1\leqslant i\leqslant n}\Delta s_i$$

为分割最大弧段的长度. 在小曲弧段 $\Delta\boldsymbol{s}_i$ 上任取一点 (ξ_i,η_i,ζ_i)，如果无论怎样分割，小弧段内代表元 (ξ_i,η_i,ζ_i) 如何选取，

只要 $\lambda(T)\to 0$，极限

$$\lim_{\lambda(T)\to 0}\sum_{i=1}^{n}(P(\xi_i,\eta_i,\zeta_i)\Delta x_i+Q(\xi_i,\eta_i,\zeta_i)\Delta y_i+R(\xi_i,\eta_i,\zeta_i)\Delta z_i)$$

总是存在的且为同一个有限值，称此极限为函数 $P(x,y,z)$，$Q(x,y,z)$，$R(x,y,z)$ 在曲线 Γ 上的第二型曲线积分，记为

$$\int_{\Gamma}P(x,y,z)\,\mathrm{d}x+Q(x,y,z)\,\mathrm{d}y+R(x,y,z)\,\mathrm{d}z.$$

注意到，第二型曲线积分具有线性性质，同时

$$\int_{\Gamma}P(x,y,z)\,\mathrm{d}x+Q(x,y,z)\,\mathrm{d}y+R(x,y,z)\,\mathrm{d}z$$
$$=\int_{\Gamma}P(x,y,z)\,\mathrm{d}x+\int_{\Gamma}Q(x,y,z)\,\mathrm{d}y+\int_{\Gamma}R(x,y,z)\,\mathrm{d}z.$$

第二型曲线积分具有曲线可加性，同时积分与曲线的定向有关，如果用 Γ^- 表示曲线 Γ 的反定向，则有

$$\int_{\Gamma^-}P(x,y,z)\,\mathrm{d}x+Q(x,y,z)\,\mathrm{d}y+R(x,y,z)\,\mathrm{d}z$$
$$=-\int_{\Gamma}P(x,y,z)\,\mathrm{d}x+Q(x,y,z)\,\mathrm{d}y+R(x,y,z)\,\mathrm{d}z.$$

当有向曲线 Γ 为简单闭曲线时，第二型曲线积分经常表示为

$$\oint_{\Gamma}P(x,y,z)\,\mathrm{d}x+Q(x,y,z)\,\mathrm{d}y+R(x,y,z)\,\mathrm{d}z.$$

12.2.2 第二型曲线积分的计算

定理 12.2.1 设有向曲线 Γ 在空间坐标系下的参数方程为

$$\Gamma:\begin{cases}x=x(t),\\ y=y(t),\ t:\alpha\to\beta.\\ z=z(t),\end{cases}$$

其中，$x(t)$，$y(t)$，$z(t)$ 有连续一阶导数. 则第二型曲线积分

$$\int_{\Gamma}P(x,y,z)\,\mathrm{d}x+Q(x,y,z)\,\mathrm{d}y+R(x,y,z)\,\mathrm{d}z$$
$$=\int_{\alpha}^{\beta}(P(x(t),y(t),z(t))x'(t)+Q(x(t),y(t),z(t))y'(t)+$$
$$R(x(t),y(t),z(t))z'(t))\,\mathrm{d}t.$$

特别地，如果有向曲线 Γ 是平面曲线，满足方程 $y=y(x)$，$x:a\to b$，平面上的第二型曲线积分

$$\int_{\Gamma}P(x,y)\,\mathrm{d}x+Q(x,y)\,\mathrm{d}y=\int_{a}^{b}(P(x,y(x))+Q(x,y(x))y'(x))\,\mathrm{d}x.$$

如果平面曲线 Γ 满足极坐标方程 $\rho=\rho(\theta)$，$\theta:\alpha\to\beta$，可以看作参数方程

$$\begin{cases}x=\rho(\theta)\cos\theta,\\ y=\rho(\theta)\sin\theta,\end{cases}\quad \theta:\alpha\to\beta.$$

此时，第二型曲线积分

$$\int_\Gamma P(x,y)\mathrm{d}x+Q(x,y)\mathrm{d}y=\int_\alpha^\beta (P(x(\theta),y(\theta))x'(\theta)+Q(x(\theta),y(\theta))y'(\theta))\mathrm{d}\theta.$$

例 12.2.1　设有向曲线 Γ 为圆 $x^2+y^2=r^2(r>0)$，沿逆时针方向，计算第二型曲线积分

$$\oint_\Gamma \frac{y\mathrm{d}x-x\mathrm{d}y}{x^2+y^2}.$$

解：有向曲线 Γ 的参数方程为

$$\begin{cases}x=r\cos\theta,\\ y=r\sin\theta,\end{cases}\quad \theta:0\to2\pi.$$

则曲线积分可化为定积分

$$\oint_\Gamma \frac{y\mathrm{d}x-x\mathrm{d}y}{x^2+y^2}=\int_0^{2\pi}[\sin\theta\cdot(-\sin\theta)-\cos\theta\cdot\cos\theta]\mathrm{d}\theta$$

$$=\int_0^{2\pi}(-1)\mathrm{d}\theta=-2\pi.$$

例 12.2.2　计算第二型曲线积分

$$\int_\Gamma 2xy\mathrm{d}x+(x^2+y^2)\mathrm{d}y,$$

其中，有向平面曲线 Γ 为从(0,0)到(1,1)沿(1) $y=x$，(2) $y=x^2$，(3) $y=0$，$x=1$ 的折线.

解：如图 12.2.1 所示.（1）有向曲线 $\Gamma:y=x$，$x:0\to1$，第二型曲线积分

$$\int_\Gamma 2xy\mathrm{d}x+(x^2+y^2)\mathrm{d}y=\int_0^1(2x\cdot x+x^2+x^2)\mathrm{d}x=\frac{4}{3}.$$

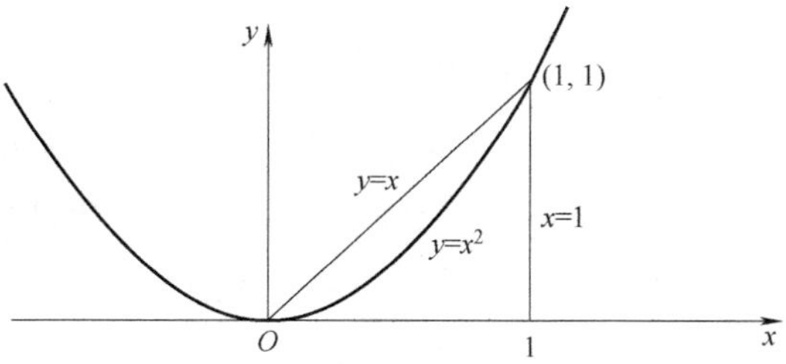

图　12.2.1

（2）有向曲线 $\Gamma:y=x^2$，$x:0\to1$，第二型曲线积分

$$\int_\Gamma 2xy\mathrm{d}x+(x^2+y^2)\mathrm{d}y=\int_0^1[2x\cdot x^2+(x^2+x^4)\cdot2x]\mathrm{d}x=\frac{4}{3}.$$

（3）有向曲线 $\Gamma=\Gamma_1+\Gamma_2$，$\Gamma_1:y=0$，$x:0\to1$；$\Gamma_2:x=1$，$y:0\to1$，

第二型曲线积分

$$\int_{\Gamma} 2xy\mathrm{d}x + (x^2 + y^2)\mathrm{d}y = \int_{\Gamma_1} 2xy\mathrm{d}x + (x^2 + y^2)\mathrm{d}y + \int_{\Gamma_2} 2xy\mathrm{d}x + (x^2 + y^2)\mathrm{d}y$$
$$= 0 + \int_0^1 (1 + y^2)\mathrm{d}y = \frac{4}{3}.$$

12.2.3 两类曲线积分之间的关系

设有向曲线 Γ 的参数方程为

$$\Gamma:\begin{cases} x=x(t), \\ y=y(t), \ t:\alpha\to\beta. \\ z=z(t), \end{cases}$$

由弧长元素 $\mathrm{d}s=\sqrt{(\mathrm{d}x)^2+(\mathrm{d}y)^2+(\mathrm{d}z)^2}$，有向弧微元 $\mathrm{d}\boldsymbol{s}=(\mathrm{d}x,\mathrm{d}y,\mathrm{d}z)$. 当 $\alpha<\beta$ 时，有向曲线 Γ 的正向切向量可记为 $\boldsymbol{\tau}=(x'(t),y'(t),z'(t))$；当 $\alpha>\beta$ 时，有向曲线 Γ 的正向切向量可记为 $\boldsymbol{\tau}=-(x'(t),y'(t),z'(t))$. 记正向切向量的方向角为 α，β，γ(向量与 x，y，z 轴正向的夹角)，则单位正向切向量可记为 $\boldsymbol{\tau}^0=(\cos\alpha,\cos\beta,\cos\gamma)$，同时有 $\mathrm{d}\boldsymbol{s}=\boldsymbol{\tau}^0\mathrm{d}s$.

向量值函数 $\boldsymbol{F}=(P,Q,R)$，在有向曲线 Γ 上的第二类曲线积分

$$\int_{\Gamma} P\mathrm{d}x + Q\mathrm{d}y + R\mathrm{d}z = \int_{\Gamma} \boldsymbol{F}\cdot\mathrm{d}\boldsymbol{s} = \int_{\Gamma} \boldsymbol{F}\cdot\boldsymbol{\tau}^0\mathrm{d}s$$

可以看作数量值函数 $\boldsymbol{F}\cdot\boldsymbol{\tau}^0=P\cos\alpha+Q\cos\beta+R\cos\gamma$ 在曲线 Γ 上的第一类曲线积分.

12.2.4 格林公式及其应用

讨论平面区域 Ω 上的有向简单闭曲线 Γ 上的第二型曲线积分

$$\oint_{\Gamma} P\mathrm{d}x + Q\mathrm{d}y,$$

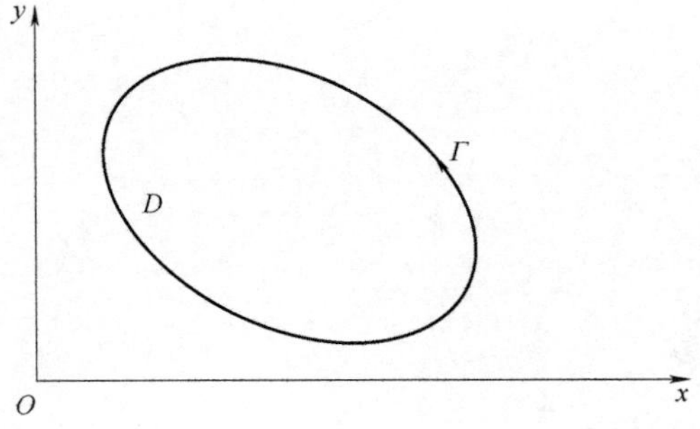

图 12.2.2

其中有向简单闭曲线 Γ 的自然定向正向为逆时针方向. 这里我们引入平面有界闭区域的边界曲线的定向：当人沿着区域边界正向走，区域在人的左侧，如图 12.2.2 所示. 这种定向满足右手系：伸出右手沿着区域边界，大拇指向上，手心一侧靠近区域，四指方向指向区域边界曲线的定向. 同时，我们对平面区域进行拓扑分类. 如果平面区域内任意一条闭曲线的内部都在区域内，则称该区域为单连通区域；否则，称该区域

为复(多)连通区域. 显然，平面内的单连通区域的边界曲线定向和闭曲线本身定向一致；复连通区域的外部边界的边界曲线定向和闭曲线本身定向一致，内部边界的边界曲线定向和闭曲线本身定向相反. 我们先给出格林公式的形式.

定理 12.2.2 （格林公式）设平面区域 Ω 是以分段光滑曲线 Γ 为边界的单连通区域. 函数 $P(x,y)$ 和 $Q(x,y)$ 在区域 Ω 及曲线 Γ 上有连续一阶偏导数，则

$$\oint_{\Gamma} P\mathrm{d}x + Q\mathrm{d}y = \iint_{D}\left(\frac{\partial Q}{\partial x} - \frac{\partial P}{\partial y}\right)\mathrm{d}x\mathrm{d}y,$$

其中，曲线 Γ 取区域 Ω 的边界正向.

证明：我们先设区域 Ω 既是 X-型区域，又是 Y-型区域. 我们先用 Ω 是 X-型区域证明

$$\oint_{\Gamma} P\mathrm{d}x = -\iint_{D}\frac{\partial P}{\partial y}\mathrm{d}x\mathrm{d}y$$

部分. 此时边界曲线 Γ 包括上下两条曲线(见图 12.2.3)：

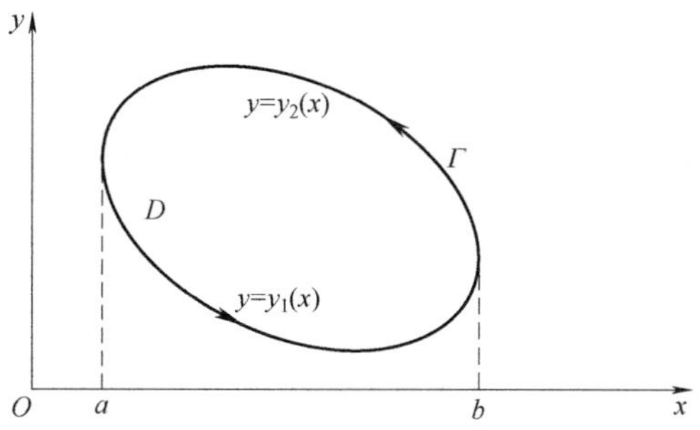

图　12.2.3

下边界 $\Gamma_1: y=y_1(x)$，$x: a\to b$；

上边界 $\Gamma_2: y=y_2(x)$，$x: b\to a$.

此时，二重积分可化为

$$\begin{aligned}-\iint_{D}\frac{\partial P}{\partial y}\mathrm{d}x\mathrm{d}y &= -\int_a^b \mathrm{d}x\int_{y_1(x)}^{y_2(x)}\frac{\partial P(x,y)}{\partial y}\mathrm{d}x\mathrm{d}y\\ &= -\int_a^b (P(x,y_2(x)) - P(x,y_1(x)))\,\mathrm{d}x\\ &= \int_{\Gamma_2} P(x,y)\,\mathrm{d}x + \int_{\Gamma_1} P(x,y)\,\mathrm{d}x.\end{aligned}$$

而同时，曲线积分

$$\int_{\Gamma} P(x,y)\,\mathrm{d}x = \int_{\Gamma_2} P(x,y)\,\mathrm{d}x + \int_{\Gamma_1} P(x,y)\,\mathrm{d}x,$$

故得证. 同理区域 Ω 是 Y-型区域，可证

$$\oint_{\Gamma} Q\mathrm{d}y = \iint_{D}\frac{\partial Q}{\partial x}\mathrm{d}x\mathrm{d}y.$$

综上，当区域 Ω 既是 X-型区域，又是 Y-型区域时，格林公式成立.

进一步，如图 12.2.4 所示，当区域不能看作既是 X-型又是 Y-型的区域时，可以适当添加曲线把区域分割成有限个既是 X-型又是 Y-型的区域. 而注意到多个区域的边界的并中，多出来的是添加的边界的正反两遍，故不影响曲线的值.

对于复连通区域，格林公式也成立. 可以通过添加连接不同的边界曲线的小线段，把多连通区域化成单连通区域来证明，如图 12.2.5 所示.

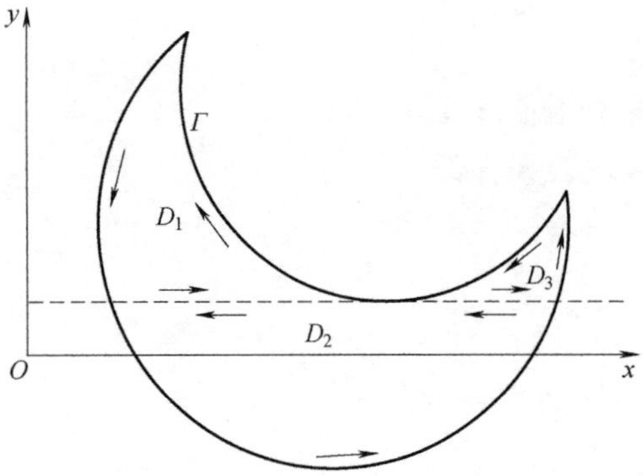

图 12.2.4

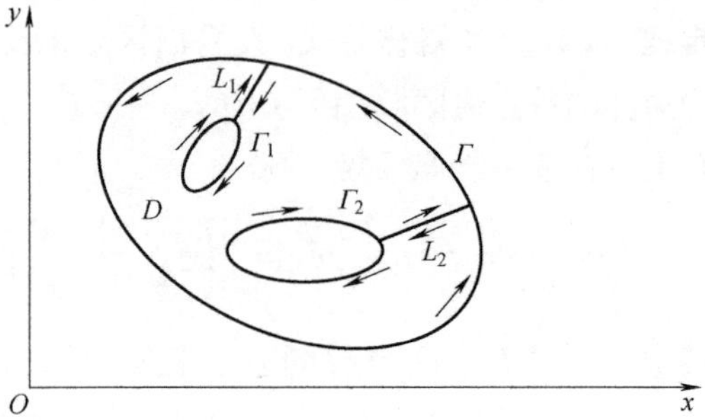

图 12.2.5

例 12.2.3 设 Γ 为平面上任意一条简单闭曲线，证明第二型曲线积分

$$\oint_{\Gamma}(x^2-y^2)\mathrm{d}x-2xy\mathrm{d}y=0.$$

证明：记简单闭曲线 Γ 所围闭区域为 D，则由格林公式，可得

$$\oint_{\Gamma}(x^2-y^2)\mathrm{d}x-2xy\mathrm{d}y=\iint_D\left[\frac{\partial(-2xy)}{\partial x}-\frac{\partial(x^2-y^2)}{\partial y}\right]\mathrm{d}x\mathrm{d}y$$
$$=\iint_D 0\mathrm{d}x\mathrm{d}y=0.$$

12.2.5 平面上曲线积分与路径无关的条件

第二型曲线积分

$$\int_{\Gamma}P\mathrm{d}x+Q\mathrm{d}y$$

与曲线无关，是指积分值只与曲线的起点和终点有关，换句话说就是只要起点和终点定了，该曲线积分的值就定了. 给定两条有共同的起点和终点的曲线 Γ_1，Γ_2，那么 $\Gamma_1\cup\Gamma_2^-$ 就构成了一个定向的闭曲线，则在该闭曲线上的积分必为零. 可以得到如下结论.

定理 12.2.3 第二型曲线积分与路径无关的充分必要条件是任何闭曲线的积分为零.

定理 12.2.4 设平面区域 Ω 为单连通区域，函数 $P(x,y)$，$Q(x,y)$在区域 Ω 内有连续一阶偏导数. 则下列条件等价：

(1) $\int_{\Gamma} P\mathrm{d}x + Q\mathrm{d}y$ 积分与路径无关;

(2) 任意简单闭曲线 Γ 上, $\oint_{\Gamma} P\mathrm{d}x + Q\mathrm{d}y = 0$;

(3) $\dfrac{\partial Q}{\partial x}=\dfrac{\partial P}{\partial y}$;

(4) 存在 Ω 内的可微函数 $u(x,y)$, 使得 $\mathrm{d}u=P\mathrm{d}x+Q\mathrm{d}y$.

证明: 由定理 12.2.3, 显然可得(1), (2)等价.

(1) ⇒(4): 由曲线积分与路径无关, 取定点$(x_0,y_0)\in\Omega$和动点$(x,y)\in\Omega$, 考虑以(x_0,y_0)为起点, 以(x,y)为终点的曲线积分, 因其只与起点、终点有关, 故可写为

$$\int_{\Gamma} P\mathrm{d}x + Q\mathrm{d}y = \int_{(x_0,y_0)}^{(x,y)} P\mathrm{d}x + Q\mathrm{d}y = u(x,y),$$

则在点(x,y)和$(x+\Delta x,y)$之间用线段连接(见图 12.2.6), 得

$$\begin{aligned} & u(x + \Delta x,y) - u(x,y) \\ = & \int_{(x,y)}^{(x+\Delta x,y)} P\mathrm{d}x + Q\mathrm{d}y \\ = & \int_{x}^{x+\Delta x} P(x,y)\,\mathrm{d}x \\ = & P(x,y)\Delta x + o(\Delta x), \end{aligned}$$

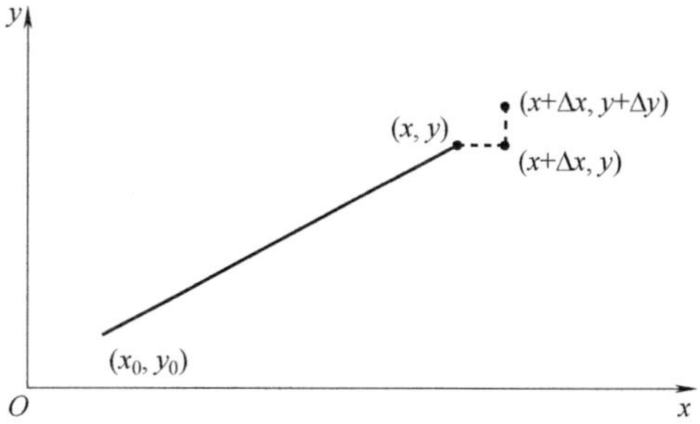

图 12.2.6

可得

$$\frac{\partial u}{\partial x}=P(x,y).$$

同理, 在点(x,y)和点$(x,y+\Delta y)$之间用线段连接, 得

$$\begin{aligned} u(x,y + \Delta y) - u(x,y) &= \int_{(x,y)}^{(x,y+\Delta y)} P\mathrm{d}x + Q\mathrm{d}y \\ &= \int_{y}^{y+\Delta y} Q(x,y)\,\mathrm{d}y \\ &= Q(x,y)\Delta y + o(\Delta y), \end{aligned}$$

可得

$$\frac{\partial u}{\partial y}=Q(x,y).$$

即得　　$\mathrm{d}u=P(x,y)\,\mathrm{d}x+Q(x,y)\,\mathrm{d}y.$

(4) ⇒(3): 设存在 Ω 内的可微函数 $u(x,y)$, 使得 $\mathrm{d}u=P\mathrm{d}x+Q\mathrm{d}y$, 即

$$\frac{\partial u}{\partial x}=P(x,y),\ \frac{\partial u}{\partial y}=Q(x,y),$$

则

$$\frac{\partial Q}{\partial x}=\frac{\partial^2 u}{\partial x\partial y},\ \frac{\partial P}{\partial y}=\frac{\partial^2 u}{\partial y\partial x}.$$

由连续性，可得

$$\frac{\partial^2 u}{\partial x\partial y}=\frac{\partial^2 u}{\partial y\partial x},\text{即}\frac{\partial Q}{\partial x}=\frac{\partial P}{\partial y}.$$

(3) ⇒(2)：设任意一点$(x,y)\in\Omega$，都有

$$\frac{\partial Q}{\partial x}=\frac{\partial P}{\partial y},$$

则对平面单连通区域 Ω 内的任意一条简单闭曲线 Γ，记其所围区域为 D，则由格林公式得

$$\oint_\Gamma P\mathrm{d}x+Q\mathrm{d}y=\iint_D\left(\frac{\partial Q}{\partial x}-\frac{\partial P}{\partial y}\right)\mathrm{d}x\mathrm{d}y=0.$$

例 12.2.4 证明第二型曲线积分

$$\oint_\Gamma\frac{x\mathrm{d}y-y\mathrm{d}x}{x^2+y^2}$$

当 Γ 为一条不围绕原点的简单闭曲线时为 0，当 Γ 为一条围绕原点的简单闭曲线时为 2π.

证明：记

$$P(x,y)=-\frac{y}{x^2+y^2},\ Q(x,y)=\frac{x}{x^2+y^2}.$$

显然，除原点外，有

$$\frac{\partial Q}{\partial x}=\frac{\partial P}{\partial y}=-\frac{x^2-y^2}{(x^2+y^2)^2}.$$

设 Γ 不围绕原点，即可从原点引一条趋向于无穷的曲线 L，使 $\Gamma\cap L=\varnothing$，则在单连通区域 $R^2\backslash L$ 上，有

$$\oint_\Gamma\frac{x\mathrm{d}y-y\mathrm{d}x}{x^2+y^2}=0.$$

设 Γ 围绕原点，则可作围绕原点的曲线 $L:x^2+y^2=\varepsilon^2$，让 ε 足够小，使 $\Gamma\cap L=\varnothing$，则在 $\Gamma+L^-$ 所围区域 D 上，利用格林公式，可得

$$\oint_{\Gamma+L^-}\frac{x\mathrm{d}y-y\mathrm{d}x}{x^2+y^2}=\iint_D\left(\frac{\partial Q}{\partial x}-\frac{\partial P}{\partial y}\right)\mathrm{d}x\mathrm{d}y=0.$$

所以

$$\oint_\Gamma\frac{x\mathrm{d}y-y\mathrm{d}x}{x^2+y^2}=\oint_L\frac{x\mathrm{d}y-y\mathrm{d}x}{x^2+y^2}=\frac{1}{\varepsilon^2}\oint_L x\mathrm{d}y-y\mathrm{d}x=2\pi.$$

例 12.2.5 证明：$(y\cos x-y^2\mathrm{e}^x)\mathrm{d}x+(\sin x-2y\mathrm{e}^x)\mathrm{d}y$ 是某二元函数 $u(x,y)$ 的全微分，并求该二元函数.

证明：在整个平面区域，$P(x,y)=y\cos x-y^2\mathrm{e}^x$，$Q(x,y)=\sin x-2y\mathrm{e}^x$ 有一阶连续导数，且 $P'_y(x,y)=\cos x-2y\mathrm{e}^x=Q'_x(x,y)$，由定理 12.2.4，可知存在二元函数 $u(x,y)$，使得

$$\mathrm{d}u(x,y)=(y\cos x-y^2\mathrm{e}^x)\mathrm{d}x+(\sin x-2y\mathrm{e}^x)\mathrm{d}y.$$

取定起点(0,0)，终点(x,y)的第二型曲线积分与路径无关，则可取连接点(0,0)，$(x,0)$，(x,y)三点的线段为积分路径，故有

$$\begin{aligned}u(x,y)&=\int_{(0,0)}^{(x,y)}(y\cos x-y^2\mathrm{e}^x)\mathrm{d}x+(\sin x-2y\mathrm{e}^x)\mathrm{d}y\\&=\int_0^y(\sin x-2y\mathrm{e}^x)\mathrm{d}y=y\sin x-y^2\mathrm{e}^x.\end{aligned}$$

习题 12.2

1. 计算第二型曲线积分：

(1) $\int_\Gamma \frac{y-1}{x+1}\mathrm{d}x+2xy\mathrm{d}y$，$\Gamma: y=x^2$，$x:0\to1$；

(2) $\int_\Gamma (x^2+y^2)\mathrm{d}x+2xy\mathrm{d}y$，$\Gamma: y=\sin x$，$x:0\to\pi$；

(3) $\int_\Gamma (x+2y)\mathrm{d}x+(2x-y)\mathrm{d}y$，$\Gamma$ 为闭曲线 $x^2+y^2=1$，方向取逆时针方向；

(4) $\int_\Gamma xy^2\mathrm{d}x+x^2y\mathrm{d}y$，$\Gamma$ 为依次连接(0,0)，(1,1)，(2,0)的折线.

2. 计算第二型曲线积分：

(1) $\int_\Gamma y\mathrm{d}x+x\mathrm{d}y+z\mathrm{d}z$，$\Gamma: x=a\cos\theta$，$y=a\sin\theta$，$z=a\theta$，$a>0$，$\theta:0\to\pi$；

(2) $\int_\Gamma y\mathrm{d}x+x\mathrm{d}y+z\mathrm{d}z$，$\Gamma: x=a\cos\theta$，$y=a\sin\theta$，$z=a\theta$，$a>0$，$\theta:0\to\pi$.

3. 计算第二型曲线积分：

(1) $\int_\Gamma (2xy^3+y^2\cos x)\mathrm{d}x+(3x^2y^2+2y\sin x+\sin y)\mathrm{d}y$，$\Gamma: y=\cos x$，$x:0\to2\pi$；

(2) $\int_\Gamma (x^2+y)\mathrm{d}x+(x+\sin\mathrm{e}^y)\mathrm{d}y$，$\Gamma: x=\cos\theta$，$y=\sin\theta$，$\theta:0\to\pi$.

12.3 第一型曲面积分

12.3.1 第一型曲面积分的概念和性质

这一节我们将在曲面状物体上研究相应的物理量，首先我们研究下面一个问题.

问题　设空间上曲面状物体 S（见图 12.3.1）上各点处密度（单位面积物体的质量）为连续函数 $\rho(x,y,z)$，求 S 的质量.

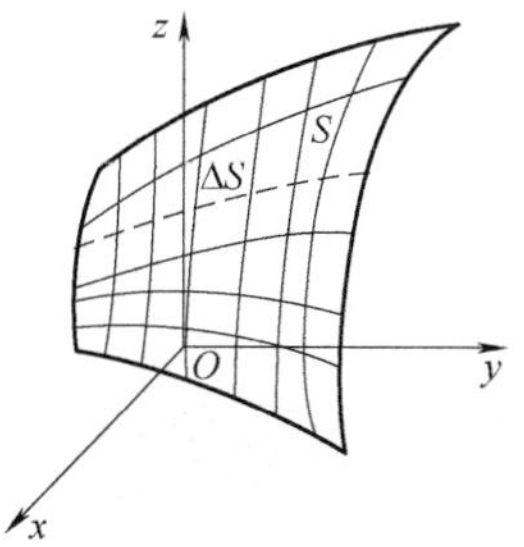

图　12.3.1

利用 Riemann 积分的思想，首先对曲面用零面积曲线进行分割，记小曲面面积为 ΔS_i. 由密度函数的连续性，用小曲面上任取一点(ξ_i,η_i,ζ_i)处的密度 $\rho(\xi_i,\eta_i,\zeta_i)$ 来近似代替小曲面上的平均密度，得到小曲面的质量元素 $\rho(\xi_i,\eta_i,\zeta_i)\Delta S_i$. 对所有小曲面质量

元素求和得到总质量的近似

$$m \approx \sum_{i=1}^{n} \rho(\xi_i, \eta_i, \zeta_i) \Delta S_i.$$

当分割中小曲面块的最大直径 $\lambda(T)$ 足够小时，总质量可用极限表示为

$$m = \lim_{\lambda(T) \to 0} \sum_{i=1}^{n} \rho(\xi_i, \eta_i, \zeta_i) \Delta S_i.$$

下面给出第一型曲面积分的一般定义.

定义 （第一型曲面积分）设函数 $f(x,y,z)$ 是在可求面积的曲面 S 上的有界函数. 对曲面 S 任意分割 T，分割成 n 个小曲面块 $\Delta S_i(i=1,2,\cdots,n)$，且小曲面块面积仍然用 ΔS_i 表示. 记分割 T 中小曲面块的最大直径为 $\lambda(T)$. 在小曲面块 ΔS_i 上任取一点 (ξ_i, η_i, ζ_i)，如果无论分割 T 分法如何，小曲面块内代表元 (ξ_i, η_i, ζ_i) 如何选取，只要 $\lambda(T) \to 0$，极限

$$\lim_{\lambda(T) \to 0} \sum_{i=1}^{n} f(\xi_i, \eta_i, \zeta_i) \Delta S_i$$

总是存在的且为同一个有限值，则称函数 $f(x,y,z)$ 在曲面 S 上可积，并称此极限为函数 $f(x,y,z)$ 在曲面 S 上的第一型曲面积分，也叫作对面积的曲面积分，记为

$$\iint_S f(x,y,z)\,\mathrm{d}S.$$

其中，S 表示积分曲面，$f(x,y,z)$ 表示被积函数，$\mathrm{d}S$ 表示面积元素.

特别地，当被积函数 $f(x,y,z)=1$ 时，第一型曲面积分即为曲面 S 的面积.

作为一类 Riemann 积分，第一型曲面积分和第一型曲线积分一样，满足相似的性质，具体如下：

性质 1 （线性性质）设函数 $f(x,y,z)$，$g(x,y,z)$ 在曲面 S 上可积，则对任意常数 α，β，函数 $\alpha f(x,y,z)+\beta g(x,y,z)$ 在曲面 S 上可积，且

$$\iint_S (\alpha f(x,y,z) + \beta g(x,y,z))\,\mathrm{d}S = \alpha \iint_S f(x,y,z)\,\mathrm{d}S + \beta \iint_S g(x,y,z)\,\mathrm{d}S.$$

性质 2 （曲面可加性）设曲面 $S=S_1 \cup S_2$，且 S_1，S_2 的交是零面积的. 函数 $f(x,y,z)$ 在曲面 S_1，S_2 上分别可积，则函数 $f(x,y,z)$

在曲面 S 上可积，且

$$\iint_S f(x,y,z)\,\mathrm{d}S = \iint_{S_1} f(x,y,z)\,\mathrm{d}S + \iint_{S_2} f(x,y,z)\,\mathrm{d}S.$$

性质 3　(比较定理)设函数 $f(x,y,z)$，$g(x,y,z)$ 在曲面 S 上可积，且

$$f(x,y,z) \geqslant g(x,y,z),\ \forall (x,y,z) \in S,$$

则

$$\iint_S f(x,y,z)\,\mathrm{d}S \geqslant \iint_S g(x,y,z)\,\mathrm{d}S.$$

作为比较定理的推论，我们可以有下面的性质.

性质 4　(估值定理)设有界函数 $f(x,y,z)$ 在曲面 S 上可积，且存在常数 m，M，满足

$$m \leqslant f(x,y,z) \leqslant M,\ \forall (x,y,z) \in S,$$

则

$$mh(S) \leqslant \iint_S f(x,y,z)\,\mathrm{d}S \leqslant Mh(S).$$

其中，$h(S)$ 表示曲面 S 的面积.

性质 5　(绝对值不等式)设函数 $f(x,y,z)$ 在曲面 S 上可积，则 $|f(x,y,z)|$ 在 S 上也可积，且

$$\left|\iint_S f(x,y,z)\,\mathrm{d}S\right| \leqslant \iint_S |f(x,y,z)|\,\mathrm{d}S.$$

性质 6　(中值定理)设函数 $f(x,y,z)$ 在可求面积的闭曲面 S 上连续，则存在 $(x_0,y_0,z_0) \in S$，使得

$$\iint_S f(x,y,z)\,\mathrm{d}S = f(x_0,y_0,z_0)h(S).$$

类似于第一型曲线积分，第一型曲面积分也有相应的对称性. 设曲面 S 关于坐标面 xOy 对称，即曲面上任意一点 $(x,y,z) \in S$，总有点 $(x,y,-z) \in S$ 与其对应. 如果被积函数 $f(x,y,z)$ 为关于变量 z 的奇函数，即 $f(x,y,-z) = -f(x,y,z)$，则

$$\iint_S f(x,y,z)\,\mathrm{d}S = 0.$$

特别地，设曲面 S 关于坐标面 xOy 对称，则对可积函数 $f(x,y,z)$，有

$$\iint_S f(x,y,z)\,\mathrm{d}S=\iint_S f(x,y,-z)\,\mathrm{d}S,$$

这是因为函数 $F(x,y,z)=f(x,y,z)-f(x,y,-z)$ 为关于变量 z 的奇函数.

类似地，如果曲面具有轮换对称性，即曲面上任意一点 $(x,y,z)\in S$，总有点 $(y,z,x)\in S$，$(z,x,y)\in S$ 与其对应，则

$$\iint_S f(x,y,z)\,\mathrm{d}S=\iint_S f(y,z,x)\,\mathrm{d}S=\iint_S f(z,x,y)\,\mathrm{d}S.$$

12.3.2 第一型曲面积分的计算

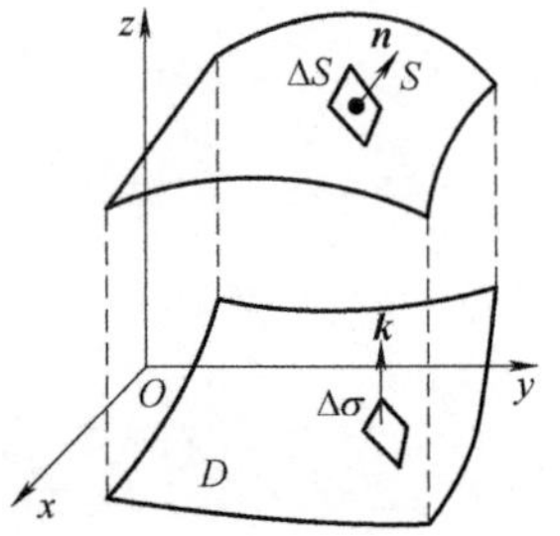

图 12.3.2

设曲面 S 的方程 $z=z(x,y)$，$(x,y)\in D$ 有一阶连续偏导数，其中 D 为曲面 S 在 xOy 面上的投影区域. 如图 12.3.2 所示，可知曲面上每一点处有法向量 $\boldsymbol{n}=\{-z'_x,-z'_y,1\}$.

对曲面 S 的分割对应于对平面区域 D 上的分割，任一点 $(x,y,z)\in S$ 处的面积元素 $\mathrm{d}S$ 当作有相同投影区域和相同法向量的小平面. 投影区域 D 的法向量可以看作 z 轴正向向量 $\boldsymbol{k}=(0,0,1)$，曲面面积元素 $\mathrm{d}S$ 和投影区域面积元素 $\mathrm{d}\sigma$ 可以看作具有二面角关系的两个平面区域，夹角等于法向量 $\boldsymbol{n}$ 与 $\boldsymbol{k}$ 的夹角 γ. 显然，可得夹角余弦为

$$\cos\gamma=\frac{\boldsymbol{n}\cdot\boldsymbol{k}}{|\boldsymbol{n}|\cdot|\boldsymbol{k}|}=\frac{1}{\sqrt{z_x'^2+z_y'^2+1}}=\frac{\mathrm{d}\sigma}{\mathrm{d}S}.$$

可得曲面面积元素 $\mathrm{d}S$ 和投影区域面积元素 $\mathrm{d}\sigma$ 的关系

$$\mathrm{d}S=\sqrt{z_x'^2+z_y'^2+1}\,\mathrm{d}\sigma.$$

所以，有下面的第一型曲面积分的计算定理.

定理 12.3.1 设曲面 S 在空间直角坐标系下的方程 $z=z(x,y)$，$(x,y)\in D$ 有连续一阶偏导数，其中 D 为曲面 S 在坐标面 xOy 上的投影区域. 则第一型曲面积分

$$\iint_S f(x,y,z)\,\mathrm{d}S=\iint_D f(x,y,z(x,y))\sqrt{z_x'^2+z_y'^2+1}\,\mathrm{d}x\mathrm{d}y.$$

同理，当曲面满足方程 $x=x(y,z)$，$(y,z)\in D$ 时，有法向量

$$\boldsymbol{n}=\{1,-x'_y,-x'_z\},$$

可得曲面面积元素 $\mathrm{d}S$ 和 yOz 面投影区域 D 的面积元素 $\mathrm{d}\sigma$ 有以下关系：

$$\mathrm{d}S=\sqrt{1+x_y'^2+x_z'^2}\,\mathrm{d}y\mathrm{d}z.$$

当曲面满足方程 $y=y(z,x)$，$(z,x)\in D$ 时，有法向量

$$\boldsymbol{n}=\{-y'_x,1,-y'_z\},$$

可得曲面面积元素 $\mathrm{d}S$ 和 zOx 面投影区域 D 的面积元素 $\mathrm{d}\sigma$ 有以下关系：

$$\mathrm{d}S=\sqrt{y_x'^2+1+y_z'^2}\,\mathrm{d}z\mathrm{d}x.$$

例 12.3.1　设曲面 S 为椭圆抛物面 $x^2+y^2=z$ 满足 $z\leqslant 1$ 的部分. 计算该曲面面积.

解：如图 12.3.3 所示，曲面 S 在 xOy 面内的投影区域为

$$D=\{(x,y)\mid x^2+y^2\leqslant 1\},$$

曲面法向量为

$$\boldsymbol{n}=\{-2x,-2y,1\},$$

曲面面积为

$$\begin{aligned}\iint_S \mathrm{d}S &=\iint_D \sqrt{4x^2+4y^2+1}\,\mathrm{d}\sigma=\int_0^{2\pi}\mathrm{d}\theta\int_0^1\sqrt{1+4r^2}\,r\mathrm{d}r\\ &=\frac{\pi}{4}\int_0^1\sqrt{1+4r^2}\,\mathrm{d}(1+4r^2)\\ &=\frac{\pi}{4}\cdot\frac{2}{3}(1+4r^2)^{\frac{3}{2}}\Big|_0^1=\frac{\pi}{6}(5^{\frac{3}{2}}-1).\end{aligned}$$

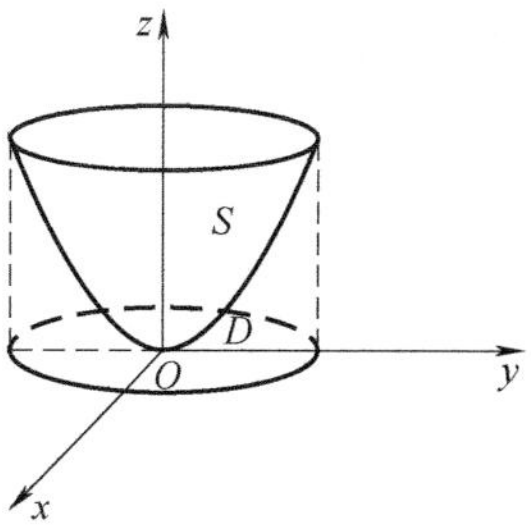

图　12.3.3

例 12.3.2　设曲面 S 为上半球面 $z=\sqrt{1-x^2-y^2}$ 被柱面 $x^2+y^2=x$ 所截的部分. 计算曲面积分

$$\iint_S z^2\mathrm{d}S.$$

解：如图 12.3.4 所示，曲面在 xOy 面的投影区域为

$$D=\{(x,y)\mid x^2+y^2\leqslant x\}=\left\{(r,\theta)\mid \theta\in\left[-\frac{\pi}{2},\frac{\pi}{2}\right],r\in[0,\cos\theta]\right\}.$$

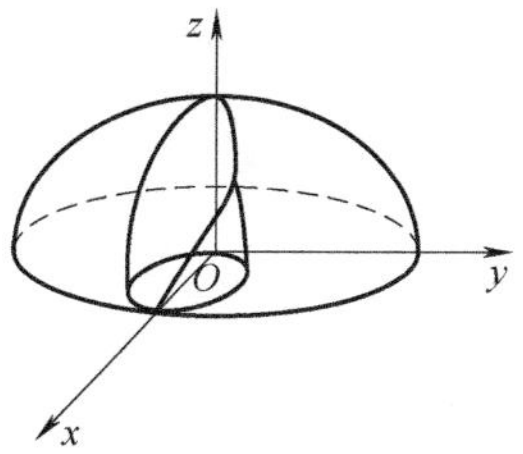

图　12.3.4

法向量为

$$\boldsymbol{n}=\left\{\frac{x}{\sqrt{1-x^2-y^2}},\frac{y}{\sqrt{1-x^2-y^2}},1\right\}$$

故

$$\begin{aligned}\iint_S z^2\mathrm{d}S &=\iint_D\sqrt{1-x^2-y^2}\,\mathrm{d}\sigma=\int_{-\frac{\pi}{2}}^{\frac{\pi}{2}}\mathrm{d}\theta\int_0^{\cos\theta}\sqrt{1-r^2}\cdot r\mathrm{d}r\\ &=-\frac{1}{2}\int_{-\frac{\pi}{2}}^{\frac{\pi}{2}}\frac{2}{3}(1-r^2)^{\frac{3}{2}}\Big|_0^{\cos\theta}\mathrm{d}\theta\\ &=\frac{2}{3}\int_0^{\frac{\pi}{2}}(1-\sin^3\theta)\,\mathrm{d}\theta=\frac{\pi}{3}-\frac{4}{9}.\end{aligned}$$

例 12.3.3　设曲面 S 是锥面 $z=\sqrt{x^2+y^2}$ 与球面 $z=\sqrt{a^2-x^2-y^2}$ 所围区域的边界曲面. 计算

$$\iint\limits_S (x^2+y^2+z^2)\,\mathrm{d}S.$$

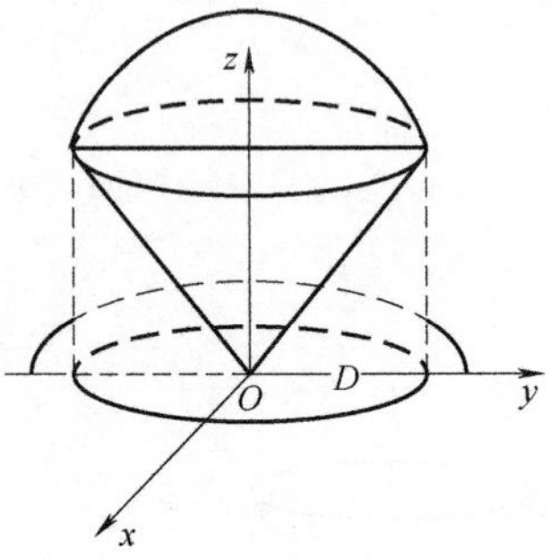

图 12.3.5

解：如图 12.3.5 所示，曲面可分为两块，$S_1: z=\sqrt{x^2+y^2}$，$S_2: z=\sqrt{a^2-x^2-y^2}$，在 xOy 面投影区域为

$$D=\left\{(x,y)\mid x^2+y^2\leqslant\frac{a^2}{2}\right\}.$$

法向量分别为

$$\boldsymbol{n}_1=\left\{\frac{-x}{\sqrt{x^2+y^2}},\frac{-y}{\sqrt{x^2+y^2}},1\right\},\ \boldsymbol{n}_2=\left\{\frac{x}{\sqrt{a^2-x^2-y^2}},\frac{y}{\sqrt{a^2-x^2-y^2}},1\right\}.$$

故

$$\begin{aligned}\iint\limits_S (x^2+y^2+z^2)\,\mathrm{d}S &= \iint\limits_{S_1}(x^2+y^2+z^2)\,\mathrm{d}S+\iint\limits_{S_2}(x^2+y^2+z^2)\,\mathrm{d}S\\ &=\iint\limits_D 2(x^2+y^2)\sqrt{2}\,\mathrm{d}\sigma+\iint\limits_D a^2\cdot\frac{a}{\sqrt{a^2-x^2-y^2}}\mathrm{d}\sigma\\ &=2\sqrt{2}\int_0^{2\pi}\mathrm{d}\theta\int_0^{\frac{a}{\sqrt{2}}}r^2\cdot r\mathrm{d}r+a^3\int_0^{2\pi}\mathrm{d}\theta\int_0^{\frac{a}{\sqrt{2}}}\frac{1}{\sqrt{a^2-r^2}}\cdot r\mathrm{d}r\\ &=\frac{\sqrt{2}}{4}\pi a^3+(2-\sqrt{2})\pi a^4.\end{aligned}$$

设曲面 S 是由参数方程

$$\begin{cases}x=x(u,v),\\ y=y(u,v),\ (u,v)\in D\\ z=z(u,v),\end{cases}$$

表示，其中 $x(u,v)$，$y(u,v)$，$z(u,v)$ 有一阶连续偏导数. 为了研究其法向量，可以考虑曲面内两条切向量的垂线. 沿变量 u，v 变化分别得到曲线的切向量

$$\boldsymbol{\tau}_1=\{x_u',\ y_u',\ z_u'\},\qquad \boldsymbol{\tau}_2=\{x_v',\ y_v',\ z_v'\}.$$

这里我们希望 $\boldsymbol{\tau}_1$，$\boldsymbol{\tau}_2$ 不平行，可得到曲面的法向量

$$\boldsymbol{n}=\boldsymbol{\tau}_1\times\boldsymbol{\tau}_2=\begin{vmatrix}\boldsymbol{i}&\boldsymbol{j}&\boldsymbol{k}\\ x_u'&y_u'&z_u'\\ x_v'&y_v'&z_v'\end{vmatrix}=\left\{\begin{vmatrix}y_u'&z_u'\\ y_v'&z_v'\end{vmatrix},\begin{vmatrix}z_u'&x_u'\\ z_v'&x_v'\end{vmatrix},\begin{vmatrix}x_u'&y_u'\\ x_v'&y_v'\end{vmatrix}\right\}.$$

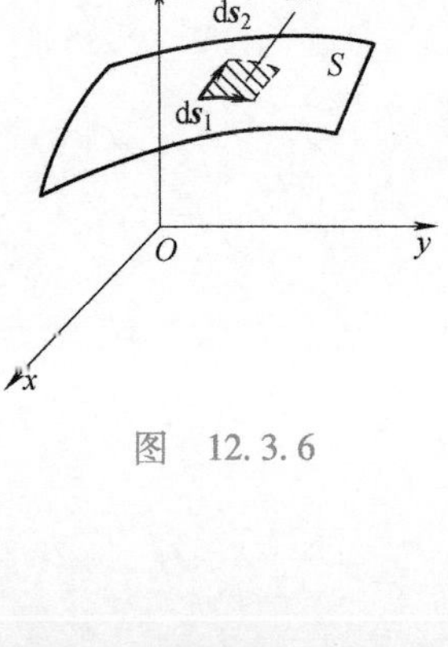

图 12.3.6

可以理解为对区域 D 的分割，用 $\mathrm{d}u\mathrm{d}v$ 表示区域 D 内的面积元素，$\mathrm{d}u$，$\mathrm{d}v$ 分别表示变量 u，v 的元素，此时切向量 $\boldsymbol{\tau}_1$，$\boldsymbol{\tau}_2$ 由平面区域分割 $\mathrm{d}u$，$\mathrm{d}v$ 对应了曲面上的有向曲线元素(见图 12.3.6)

$$\mathrm{d}\boldsymbol{s}_1=\boldsymbol{\tau}_1\mathrm{d}u=(x_u',y_u',z_u')\mathrm{d}u,\quad \mathrm{d}\boldsymbol{s}_2=\boldsymbol{\tau}_2\mathrm{d}v=(x_v',y_v',z_v')\mathrm{d}v.$$

所以，平面区域面积元素 $\mathrm{d}u\mathrm{d}v$ 对应于曲面上的面积元素

$$\mathrm{d}S=|\mathrm{d}\boldsymbol{S}_1\times\mathrm{d}\boldsymbol{S}_2|=\sqrt{\begin{vmatrix}y_u'&z_u'\\ y_v'&z_v'\end{vmatrix}^2+\begin{vmatrix}z_u'&x_u'\\ z_v'&x_v'\end{vmatrix}^2+\begin{vmatrix}x_u'&y_u'\\ x_v'&y_v'\end{vmatrix}^2}\,\mathrm{d}u\mathrm{d}v$$

$$=|\boldsymbol{\tau}_1\times\boldsymbol{\tau}_2|\mathrm{d}u\mathrm{d}v=|\boldsymbol{\tau}_1|\cdot|\boldsymbol{\tau}_2|\sin\theta\mathrm{d}u\mathrm{d}v$$
$$=|\boldsymbol{\tau}_1|\cdot|\boldsymbol{\tau}_2|\sqrt{1-\cos^2\theta}\,\mathrm{d}u\mathrm{d}v$$
$$=|\boldsymbol{\tau}_1|\cdot|\boldsymbol{\tau}_2|\sqrt{1-\left(\frac{\boldsymbol{\tau}_1\cdot\boldsymbol{\tau}_2}{|\boldsymbol{\tau}_1|\cdot|\boldsymbol{\tau}_2|}\right)^2}\,\mathrm{d}u\mathrm{d}v$$
$$=\sqrt{|\boldsymbol{\tau}_1|^2\cdot|\boldsymbol{\tau}_2|^2-(\boldsymbol{\tau}_1\cdot\boldsymbol{\tau}_2)^2}\,\mathrm{d}u\mathrm{d}v.$$

故有下面的第一型曲面积分的计算定理.

定理 12.3.2　设曲面 S 在空间坐标系下的方程由有一阶连续偏导数的参数方程

$$\begin{cases}x=x(u,v),\\ y=y(u,v),\ (u,v)\in D\\ z=z(u,v),\end{cases}$$

表示，满足行列式

$$\begin{vmatrix}y'_u & z'_u\\ y'_v & z'_v\end{vmatrix},\begin{vmatrix}z'_u & x'_u\\ z'_v & x'_v\end{vmatrix},\begin{vmatrix}x'_u & y'_u\\ x'_v & y'_v\end{vmatrix}$$

不全为零. 则第一型曲面积分

$$\iint_S f(x,y,z)\,\mathrm{d}S=\iint_D f(x(u,v),y(u,v),z(u,v))\sqrt{\begin{vmatrix}y'_u & z'_u\\ y'_v & z'_v\end{vmatrix}^2+\begin{vmatrix}z'_u & x'_u\\ z'_v & x'_v\end{vmatrix}^2+\begin{vmatrix}x'_u & y'_u\\ x'_v & y'_v\end{vmatrix}^2}\,\mathrm{d}u\mathrm{d}v.$$

记 $E=x_u'^2+y_u'^2+z_u'^2$，$F=x_v'^2+y_v'^2+z_v'^2$，$G=x'_ux'_v+y'_uy'_v+z'_uz'_v$，则有

$$\iint_S f(x,y,z)\,\mathrm{d}S=\iint_D f(x(u,v),y(u,v),z(u,v))\sqrt{EF-G^2}\,\mathrm{d}u\mathrm{d}v.$$

例 12.3.4　设曲面 S 为球面 $z=\sqrt{R^2-x^2-y^2}$ 满足 $z\geqslant h(0<h<R)$ 的部分. 计算

$$\iint_S\frac{1}{z}\mathrm{d}S.$$

解： 利用球面的球面方程

$$S: x=R\sin\varphi\cos\theta,\ y=R\sin\varphi\sin\theta,\ z=R\cos\varphi,$$

对应参数区域　$D=\left\{(\varphi,\theta)\mid\theta\in[0,2\pi],\ \varphi\in\left[0,\arccos\dfrac{h}{R}\right]\right\}$.

则　$x'_\varphi=R\cos\varphi\cos\theta$，$y'_\varphi=R\cos\varphi\sin\theta$，$z'_\varphi=-R\sin\varphi$，

$x'_\theta=-R\sin\varphi\sin\theta$，$y'_\theta=R\sin\varphi\cos\theta$，$z'_\theta=0$，

$E=x_\varphi'^2+y_\varphi'^2+z_\varphi'^2=R^2$，$F=x_\theta'^2+y_\theta'^2+z_\theta'^2=R^2\sin^2\varphi$，$G=x'_\varphi x'_\theta+y'_\varphi y'_\theta+z'_\varphi z'_\theta=0$，

以及 $\sqrt{EF-G^2}=R^2\sin\varphi$，则

$$\iint_S \frac{1}{z}\mathrm{d}S = \iint_D \frac{1}{R\cos\varphi}R^2\sin\varphi\mathrm{d}\varphi\mathrm{d}\theta$$

$$= R\int_0^{2\pi}\mathrm{d}\theta\int_0^{\arccos\frac{h}{R}}\frac{\sin\varphi}{\cos\varphi}\mathrm{d}\varphi = 2\pi R\ln\frac{R}{h}.$$

习题 12.3

1. 计算下列曲面积分：

(1) $\iint_S (x+y+z)\mathrm{d}S$，$S$ 为平面 $\frac{x}{2}+y+\frac{z}{3}=1$ 在第一卦限的部分；

(2) $\iint_S |xyz|\mathrm{d}S$，S 为球面 $x^2+y^2+z^2=1$；

(3) $\iint_S \frac{xy}{z}\mathrm{d}S$，$S$ 为锥面 $z=\sqrt{x^2+y^2}$，$x^2+y^2\leqslant 1$ 的部分；

(4) $\iint_S (x^2+y^2+z^2)\mathrm{d}S$，$S$ 为抛物面 $z=x^2+y^2$，$z\leqslant 1$ 的部分；

(5) $\iint_S (xy+yz+zx)\mathrm{d}S$，$S$ 为球面 $x^2+y^2+z^2=1$ 界于 $x^2+y^2\leqslant x$，$z>0$ 的部分；

(6) $\iint_S z\mathrm{d}S$，S 为螺旋面 $x=r\cos\theta$，$y=r\sin\theta$，$z=\theta$ $(0\leqslant r\leqslant 1, 0\leqslant\theta\leqslant 2\pi)$.

2. 设球面 $x^2+y^2+z^2=1$，$x\geqslant 0$，$y\geqslant 0$，$z\geqslant 0$ 的面密度为该点到 z 轴的距离，求其质量.

3. 设抛物面方程为 $x^2+y^2=z$，$|x|+|y|\leqslant 1$，各点处面密度为该点到 xOy 面的距离，求其质心坐标.

12.4 第二型曲面积分

第二型曲面积分研究背景是空间向量场穿出给定曲面 S 的通量. 由于这个概念包含由曲面一侧穿入，另一侧穿出，故需要考虑曲面的侧的概念. 我们说一个曲面是可定向曲面，如果曲面上一点的正反两个法向量之间不能从其中一个通过在曲面上移动变成另一个. 此时由任意一点处的两个法向量可以确定曲面的两侧，所以可定向曲面也叫作双侧曲面. 例如球面 $S: x^2+y^2+z^2=1$，圆柱面 $S: x^2+y^2=1$，可以分为内侧和外侧；抛物面 $S: z=x^2+y^2$，圆锥面 $S: z=\sqrt{x^2+y^2}$，可分为上侧和下侧. 反之，不能定向的曲面称为单侧曲面，如 Mobius(莫比乌斯)带. 本书研究的曲面都是双侧曲面.

12.4.1 第二型曲面积分的概念和性质

先看下面引例.

问题 设双侧曲面 S 上的速度场

$$\boldsymbol{v}=(P(x,y,z),Q(x,y,z),R(x,y,z)),$$

求穿过曲面 S 的流量.

我们先假设曲面是光滑曲面，即每点处都有一个法向量，且法向量在曲面上的变化是连续的. 对于可定向曲面，可通过选取法向量来确定曲面的一侧. 因此我们只需要研究速度场沿着曲面指定法向量 $\boldsymbol{n}$ 的流量即可.

考虑曲面上的面积元素 dS，设此处的法向量为 $\boldsymbol{n}$，如图 12.4.1 所示，速度场 $\boldsymbol{v}$ 沿法向量的流量元素为

$$\mathrm{d}I=\frac{\boldsymbol{n}\cdot\boldsymbol{v}\mathrm{d}S}{|\boldsymbol{n}|}.$$

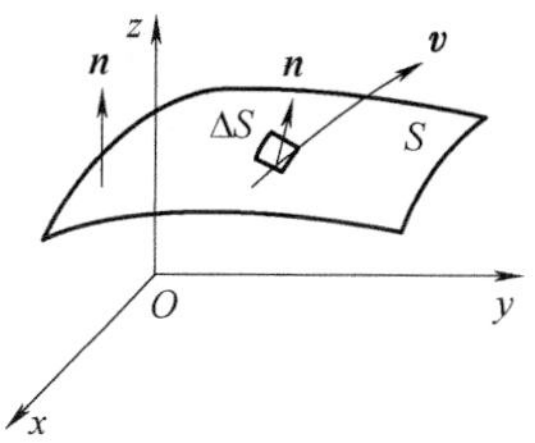

图　12.4.1

可以用 $\boldsymbol{n}^0$ 表示单位法向量，那么总流量可以用第一型曲面积分形式表示出来：

$$I=\iint_S \boldsymbol{v}\cdot\boldsymbol{n}^0\mathrm{d}S$$

其中，$\boldsymbol{n}^0=\{\cos\alpha,\cos\beta,\cos\gamma\}$，这里 α，β，γ 分别表示 $\boldsymbol{n}$ 与 x，y，z 轴的正向夹角.

根据第一型曲面积分计算中的讨论，当法向量与 z 轴正向夹角 γ 为锐角，即 $\cos\gamma>0$ 时，$\cos\gamma\mathrm{d}S$ 表示曲面面积元素 dS 在坐标面 xOy 上的投影面积 $\mathrm{d}\sigma_{xy}$. 由通量与曲面的定向，即法向量的关系，我们指定当法向量与 z 轴正向夹角 γ 为钝角，即 $\cos\gamma<0$ 时，$\cos\gamma\mathrm{d}S$ 表示曲面面积元素 dS 在坐标面 xOy 上的投影面积的相反数$-\mathrm{d}\sigma_{xy}$. 我们把这种带有符号的面积 $\cos\gamma\mathrm{d}S$ 称为有向面积，或 dS 在坐标面 xOy 上的有向投影面积，记为 $\mathrm{d}x\mathrm{d}y$. 相应地，dS 在坐标面 yOz 上的有向投影面积 $\cos\alpha\mathrm{d}S$，记为 $\mathrm{d}y\mathrm{d}z$，dS 在坐标面 zOx 上的有向投影面积 $\cos\beta\mathrm{d}S$，记为 $\mathrm{d}z\mathrm{d}x$. 故有 $\boldsymbol{n}^0\mathrm{d}S=\{\cos\alpha,\cos\beta,\cos\gamma\}\mathrm{d}S=\{\mathrm{d}y\mathrm{d}z,\mathrm{d}z\mathrm{d}x,\mathrm{d}x\mathrm{d}y\}$. 此时，流量可表示为

$$I=\iint_S P\mathrm{d}y\mathrm{d}z+Q\mathrm{d}z\mathrm{d}x+R\mathrm{d}x\mathrm{d}y.$$

这种形式的积分称为第二型曲面积分. 下面我们给出第二型曲面积分的定义.

定义　(第二型曲面积分) 设有向光滑曲面 S，其单位法向量为 $\{\cos\alpha,\cos\beta,\cos\gamma\}$. 曲面 S 上的三个函数 $P(x,y,z)$，$Q(x,y,z)$，$R(x,y,z)$. 第二型曲面积分

$$\iint_S P(x,y,z)\mathrm{d}y\mathrm{d}z,\quad \iint_S Q(x,y,z)\mathrm{d}z\mathrm{d}x,\quad \iint_S R(x,y,z)\mathrm{d}x\mathrm{d}y$$

分别定义为

$$\iint_S P(x,y,z)\mathrm{d}y\mathrm{d}z=\iint_S P(x,y,z)\cos\alpha\mathrm{d}S,$$

$$\iint_S Q(x,y,z)\mathrm{d}z\mathrm{d}x=\iint_S Q(x,y,z)\cos\beta\mathrm{d}S,$$

$$\iint_S R(x,y,z)\,\mathrm{d}x\mathrm{d}y = \iint_S R(x,y,z)\cos\gamma\,\mathrm{d}S.$$

作为一类 Riemann 积分，第二型曲面积分仍然具有线性性质和曲面可加性，即

$$\iint_S (P_1 + P_2)\,\mathrm{d}y\mathrm{d}z = \iint_S P_1\mathrm{d}y\mathrm{d}z + \iint_S P_2\mathrm{d}y\mathrm{d}z,$$

$$\iint_S P(x,y,z)\,\mathrm{d}y\mathrm{d}z = \iint_{S_1} P(x,y,z)\,\mathrm{d}y\mathrm{d}z + \iint_{S_2} P(x,y,z)\,\mathrm{d}y\mathrm{d}z.$$

这里有向曲面 $S=S_1\cup S_2$，且 $S_1\cap S_2$ 为零面积曲线. 第二型曲面积分与曲面的定向有关，如果用 S^- 表示曲面 S 的反定向曲面，则有

$$\iint_{S^-} P(x,y,z)\,\mathrm{d}y\mathrm{d}z = -\iint_S P(x,y,z)\,\mathrm{d}y\mathrm{d}z.$$

值得注意的是，第二型曲面积分不具有保序性和比较定理，也没有中值定理和绝对值不等式，同时也不建议使用对称性. 但这些可以在第一型曲面积分的形式下考虑.

当有向曲面 S 为封闭曲面时，第二型曲面积分经常表示为

$$\oint\!\!\!\oint_S P(x,y,z)\,\mathrm{d}y\mathrm{d}z + Q(x,y,z)\,\mathrm{d}z\mathrm{d}x + R(x,y,z)\,\mathrm{d}x\mathrm{d}y.$$

12.4.2 第二型曲面积分的计算

第二型曲面积分可以通过转化为第一型曲面积分来计算. 如果有向曲面 S 的单位法向量 $\boldsymbol{n}^0=(\cos\alpha,\cos\beta,\cos\gamma)$，则 $\boldsymbol{n}^0\mathrm{d}S=(\cos\alpha,\cos\beta,\cos\gamma)\mathrm{d}S=(\mathrm{d}y\mathrm{d}z,\mathrm{d}z\mathrm{d}x,\mathrm{d}x\mathrm{d}y)$. 故有两类曲面积分之间的关系：

$$\frac{\mathrm{d}y\mathrm{d}z}{\cos\alpha}=\frac{\mathrm{d}z\mathrm{d}x}{\cos\beta}=\frac{\mathrm{d}x\mathrm{d}y}{\cos\gamma}=\mathrm{d}S.$$

定理 12.4.1　设有向曲面 S 的单位法向量 $\boldsymbol{n}^0=(\cos\alpha,\cos\beta,\cos\gamma)$，则第二型曲面积分

$$\begin{aligned}
&\iint_S P(x,y,z)\,\mathrm{d}y\mathrm{d}z + Q(x,y,z)\,\mathrm{d}z\mathrm{d}x + R(x,y,z)\,\mathrm{d}x\mathrm{d}y\\
&= \iint_S (P(x,y,z)\cos\alpha + Q(x,y,z)\cos\beta + R(x,y,z)\cos\gamma)\,\mathrm{d}S\\
&= \iint_S \left(P(x,y,z) + Q(x,y,z)\frac{\cos\beta}{\cos\alpha} + R(x,y,z)\frac{\cos\gamma}{\cos\alpha}\right)\mathrm{d}y\mathrm{d}z\\
&= \iint_S \left(P(x,y,z)\frac{\cos\alpha}{\cos\beta} + Q(x,y,z) + R(x,y,z)\frac{\cos\gamma}{\cos\beta}\right)\mathrm{d}z\mathrm{d}x\\
&= \iint_S \left(P(x,y,z)\frac{\cos\alpha}{\cos\gamma} + Q(x,y,z)\frac{\cos\beta}{\cos\gamma} + R(x,y,z)\right)\mathrm{d}x\mathrm{d}y.
\end{aligned}$$

作为有向曲面的面元素在 xOy 坐标面上的有向投影，则有

$$\mathrm{d}x\mathrm{d}y=\cos\gamma\mathrm{d}S=\cos\gamma\cdot\frac{1}{|\cos\gamma|}\mathrm{d}\sigma=\operatorname{sgn}(\cos\gamma)\,\mathrm{d}\sigma,$$

其中，$\mathrm{d}\sigma$ 是坐标面 xOy 面上的投影面积元素，故有第二型曲面积分的计算公式.

定理 12.4.2　设有向曲面 S 满足的方程 $z=z(x,y)$，$(x,y)\in D$ 有连续一阶偏导数，且法向量取为上侧，则第二型曲面积分

$$\iint\limits_S R(x,y,z)\,\mathrm{d}x\mathrm{d}y=\iint\limits_D R(x,y,z(x,y))\,\mathrm{d}x\mathrm{d}y.$$

反之，如果法向量取下侧，则

$$\iint\limits_S P(x,y,z)\,\mathrm{d}x\mathrm{d}y=-\iint\limits_D P(x,y,z(x,y))\,\mathrm{d}x\mathrm{d}y.$$

例 12.4.1　有向曲面 S 为球面 $x^2+y^2+z^2=a^2(a>0)$，方向取外侧，计算第二型曲面积分

$$\iint\limits_S z\mathrm{d}x\mathrm{d}y.$$

解：有向曲面 S 分为上下两部分：$S_1:z=\sqrt{a^2-x^2-y^2}$，$(x,y)\in D$，方向取上侧；$S_2:z=-\sqrt{a^2-x^2-y^2}$，$(x,y)\in D$，方向取下侧，其中 $D=\{(x,y)\mid x^2+y^2\leqslant a^2\}$.

故第二型曲面积分

$$\begin{aligned}\iint\limits_S z\mathrm{d}x\mathrm{d}y&=\iint\limits_{S_1}z\mathrm{d}x\mathrm{d}y+\iint\limits_{S_2}z\mathrm{d}x\mathrm{d}y\\&=\iint\limits_D\sqrt{a^2-x^2-y^2}\,\mathrm{d}x\mathrm{d}y-\iint\limits_D\left(-\sqrt{a^2-x^2-y^2}\right)\mathrm{d}x\mathrm{d}y\\&=2\iint\limits_D\sqrt{a^2-x^2-y^2}\,\mathrm{d}x\mathrm{d}y\\&=2\int_0^{2\pi}\mathrm{d}\theta\int_0^a\sqrt{a^2-r^2}\cdot r\mathrm{d}r\\&=\frac{4\pi}{3}a^3.\end{aligned}$$

例 12.4.2　设有向曲面 S 为马鞍面

$$z=xy,(x,y)\in D=\{(x,y)\mid x^2+y^2\leqslant 1\},$$

方向取上侧，计算第二型曲面积分

$$\iint\limits_S y\mathrm{d}y\mathrm{d}z+x\mathrm{d}z\mathrm{d}x+z\mathrm{d}x\mathrm{d}y.$$

解：有向曲面 S 的法向量取为 $\boldsymbol{n}=\{-y,-x,1\}$，

单位法向量为

$$\boldsymbol{n}^0=\left\{-\frac{y}{\sqrt{1+x^2+y^2}},-\frac{x}{\sqrt{1+x^2+y^2}},\frac{1}{\sqrt{1+x^2+y^2}}\right\},$$

故第二型曲面积分

$$\begin{aligned}\iint\limits_S y\mathrm{d}y\mathrm{d}z+x\mathrm{d}z\mathrm{d}x+z\mathrm{d}x\mathrm{d}y&=\iint\limits_S(-y^2-x^2+z)\mathrm{d}x\mathrm{d}y\\&=\iint\limits_D(-y^2-x^2+xy)\mathrm{d}x\mathrm{d}y\\&=\int_0^{2\pi}\mathrm{d}\theta\int_0^1(-r^2+r^2\cos\theta\sin\theta)\cdot r\mathrm{d}r\\&=-\frac{\pi}{2}.\end{aligned}$$

12.4.3 高斯公式

作为格林公式的推广，高斯公式给出了空间闭区域上的三重积分和闭区域边界曲面上的第二类曲面积分之间的关系. 这里首先规定空间闭区域的边界曲面的自然定向为指向区域的外侧.

定理 12.4.3 （高斯公式）设空间闭区域 Ω 的边界曲面是分片光滑的闭曲面 S，边界曲面 S 的定向取闭区域的外侧. 函数 $P(x,y,z)$，$Q(x,y,z)$，$R(x,y,z)$ 在区域 Ω 上有连续一阶偏导数. 则

$$\oint\!\!\!\oint\limits_S P\mathrm{d}y\mathrm{d}z+Q\mathrm{d}z\mathrm{d}x+R\mathrm{d}x\mathrm{d}y=\iiint\limits_\Omega\left(\frac{\partial P}{\partial x}+\frac{\partial Q}{\partial y}+\frac{\partial R}{\partial z}\right)\mathrm{d}x\mathrm{d}y\mathrm{d}z.$$

高斯公式的证明可以模仿格林公式的证明过程. 这里不再详细介绍.

值得注意的是，这里要求曲面 S 是封闭曲面，并且包含三重积分中的闭区域 Ω 的全部边界点，否则需要补全后才能使用高斯公式. 曲面的定向是指向区域的外侧，可以理解为从区域内穿过边界指向区域外.

例 12.4.3 设 S 为曲面 $y=x^2+z^2$，$0\leqslant y\leqslant 1$，方向指向右侧（见图 12.4.2）. 计算曲面积分

$$\iint\limits_S(x^3+2xy)\mathrm{d}y\mathrm{d}z-y^2\mathrm{d}z\mathrm{d}x+z^3\mathrm{d}x\mathrm{d}y.$$

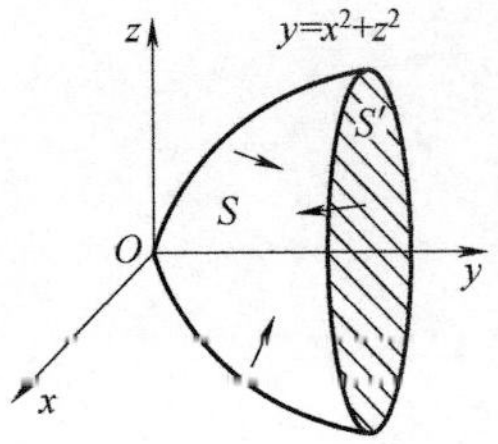

图 12.4.2

解： 补充曲面 $S':y=1$，$x^2+z^2\leqslant 1$，方向向左，则 $S\cup S'$ 构成封闭曲面，记所围闭区域为 Ω，而曲面方向为内侧. 记区域 Ω 在 xOz 面的投影区域为 $D=\{(x,y)\mid x^2+z^2\leqslant 1\}$，得

$$\begin{aligned}&\iint_{S\cup S'}(x^3+2xy)\mathrm{d}y\mathrm{d}z-y^2\mathrm{d}z\mathrm{d}x+z^3\mathrm{d}x\mathrm{d}y\\&=-\iiint_{\Omega}(3x^2+3z^2)\mathrm{d}x\mathrm{d}y\mathrm{d}z\\&=-\iint_{D}(3x^2+3z^2)\mathrm{d}x\mathrm{d}z\int_{x^2+z^2}^{1}\mathrm{d}y\\&=-3\iint_{D}(x^2+z^2)(1-x^2-z^2)\mathrm{d}x\mathrm{d}z\\&=-3\int_0^{2\pi}\mathrm{d}\theta\int_0^1 r^2(1-r^2)r\mathrm{d}r=-\frac{\pi}{2}.\end{aligned}$$

又

$$\begin{aligned}\iint_{S'}(x^3+2xy)\mathrm{d}y\mathrm{d}z-y^2\mathrm{d}z\mathrm{d}x+z^3\mathrm{d}x\mathrm{d}y&=\iint_{S'}(-y^2)\mathrm{d}z\mathrm{d}x\\&=\iint_{D}\mathrm{d}z\mathrm{d}x=\pi.\end{aligned}$$

故有

$$\iint_{S}(x^3+2xy)\mathrm{d}y\mathrm{d}z-y^2\mathrm{d}z\mathrm{d}x+z^3\mathrm{d}x\mathrm{d}y=-\frac{3\pi}{2}.$$

12.4.4 积分与曲面无关性

考虑第二型曲面积分

$$\iint_{S}P(x,y,z)\mathrm{d}y\mathrm{d}z+Q(x,y,z)\mathrm{d}z\mathrm{d}x+R(x,y,z)\mathrm{d}x\mathrm{d}y.$$

该积分与曲面无关，而只与曲面的边界有关. 也就是要问什么条件下，第二型曲面积分只与曲面的边界有关，而与曲面的选取无关. 一个自然的结论是，如果积分与曲面无关，当且仅当任意闭曲面的积分为零. 如果区域 Ω 内任何一个封闭曲面所围的区域都在区域 Ω 内，则称区域 Ω 为二维单连通区域. 此时可以在每一个封闭曲面 S 及其所围区域 D 上，利用高斯公式

$$\oint\!\!\!\!\oint_{S}P\mathrm{d}y\mathrm{d}z+Q\mathrm{d}z\mathrm{d}x+R\mathrm{d}x\mathrm{d}y=\iiint_{\Omega}\left(\frac{\partial P}{\partial x}+\frac{\partial Q}{\partial y}+\frac{\partial R}{\partial z}\right)\mathrm{d}x\mathrm{d}y\mathrm{d}z=0.$$

如果被积函数 $P(x,y,z)$，$Q(x,y,z)$，$R(x,y,z)$ 有一阶连续偏导数，则由曲面 S 的任意性及重积分的性质，可知在区域 Ω 内，处处有

$$\frac{\partial P}{\partial x}+\frac{\partial Q}{\partial y}+\frac{\partial R}{\partial z}=0.$$

所以可以得到下面定理.

定理 12.4.4　设区域 Ω 为空间二维单连通区域，函数 $P(x,y,z)$，$Q(x,y,z)$，$R(x,y,z)$ 在区域 Ω 上有连续一阶偏导数. 则

第二型曲面积分

$$\iint_S P(x,y,z)\mathrm{d}y\mathrm{d}z + Q(x,y,z)\mathrm{d}z\mathrm{d}x + R(x,y,z)\mathrm{d}x\mathrm{d}y$$

与曲面无关，而只与曲面的边界曲线有关的充分必要条件是在区域Ω内，处处有

$$\frac{\partial P}{\partial x}+\frac{\partial Q}{\partial y}+\frac{\partial R}{\partial z}=0.$$

习题 12.4

1. 计算下列第二型曲面积分：

(1) $\iint_S (x^2+y^2)z\mathrm{d}x\mathrm{d}y$，$S:x^2+y^2+z^2=1$，$z\geqslant 0$，方向向上；

(2) $\iint_S x\mathrm{d}y\mathrm{d}z-y\mathrm{d}z\mathrm{d}x+z\mathrm{d}x\mathrm{d}y$，$S:z=x^2-y^2$，$x^2+y^2\leqslant x$，方向向上；

(3) $\iint_S x\mathrm{d}y\mathrm{d}z+y\mathrm{d}z\mathrm{d}x+\mathrm{d}x\mathrm{d}y$，$S:z=\sqrt{x^2+y^2}$，$z\leqslant 1$，方向向下；

(4) $\iint_S z^3\mathrm{d}x\mathrm{d}y$，$S:x^2+y^2+z^2=1$，方向向外.

2. 设曲面$S:x+y+z=1$，$x>0$，$y>0$，$z>0$方向向上，函数$f(x,y,z)$为曲面S上的连续函数，计算第二型曲面积分

$$\iint_S (f(x,y,z)+x)\mathrm{d}y\mathrm{d}z-(2f(x,y,z)+2y)\mathrm{d}z\mathrm{d}x+(f(x,y,z)+3z)\mathrm{d}x\mathrm{d}y.$$

3. 设曲面$S:z=x^2+y^2$，$z\leqslant 1$，方向向上，法向量记为$\boldsymbol{n}$，函数$f(x,y,z)=x^3+y^3+z^3$，计算曲面积分

$$\iint_S \frac{\partial f}{\partial \boldsymbol{n}}\mathrm{d}S.$$

12.5 斯托克斯公式

本节从场论中的一些基本概念出发，重新解释格林公式和高斯公式的物理意义，进一步引入斯托克斯公式.

12.5.1 场论初步

空间区域Ω内的每一点(x,y,z)都有一个量与之对应，就构成空间内的一个场. 如果这个量是数量，称为数量场. 例如空间中的温度值，某种物质的密度值$\rho(x,y,z)$，某种分子在溶液中的浓度值等，均构成空间内的数量场. 相应地，如果这个量是向量，构成的场称为向量场. 例如速度场、电场强度、磁场强度等，均构成空间中的向量场. 当然，我们可以把向量场的分量和大小当作数量场来研究. 下面用数学工具研究这些场的分析性质.

定义 12.5.1　(数量场的梯度)设有三维空间区域 Ω 内的一个数量场 $f(x,y,z)$ 在点 (x,y,z) 处有一阶偏导数，则称向量

$$(f'_x,f'_y,f'_z)=\frac{\partial f}{\partial x}\boldsymbol{i}+\frac{\partial f}{\partial y}\boldsymbol{j}+\frac{\partial f}{\partial z}\boldsymbol{k}$$

为函数 $f(x,y,z)$ 在点 (x,y,z) 处的梯度. 记为

$$\nabla f=\mathbf{grad}f(x,y,z)=(f'_x(x,y,z),f'_y(x,y,z),f'_z(x,y,z)).$$

可以把符号 ∇ 理解为多元的求导符号(算子)，即

$$\nabla=\left(\frac{\partial}{\partial x},\frac{\partial}{\partial y},\frac{\partial}{\partial z}\right).$$

定义 12.5.2　(向量场的散度)设有三维空间区域 Ω 内的一个三维向量场

$$\boldsymbol{F}(x,y,z)=(P(x,y,z),Q(x,y,z),R(x,y,z)).$$

各分量函数在点 (x,y,z) 处有一阶偏导数，则称数量场

$$\frac{\partial P}{\partial x}+\frac{\partial Q}{\partial y}+\frac{\partial R}{\partial z}$$

为向量场 $\boldsymbol{F}(x,y,z)$ 在点 (x,y,z) 处的散度，记为

$$\nabla\cdot\boldsymbol{F}=\mathrm{div}\boldsymbol{F}(x,y,z)=\frac{\partial P}{\partial x}+\frac{\partial Q}{\partial y}+\frac{\partial R}{\partial z}.$$

定义 12.5.3　(向量场的旋度)设有三维空间区域 Ω 内的一个三维向量场

$$\boldsymbol{F}(x,y,z)=(P(x,y,z),Q(x,y,z),R(x,y,z)).$$

各分量函数在点 (x,y,z) 处有一阶偏导数，则称向量

$$\left(\frac{\partial R}{\partial y}-\frac{\partial Q}{\partial z},\frac{\partial P}{\partial z}-\frac{\partial R}{\partial x},\frac{\partial Q}{\partial x}-\frac{\partial P}{\partial y}\right)$$

为向量场 $\boldsymbol{F}(x,y,z)$ 在点 (x,y,z) 处的旋度. 记为

$$\nabla\times\boldsymbol{F}=\mathbf{rot}\boldsymbol{F}(x,y,z)=\begin{vmatrix}\boldsymbol{i} & \boldsymbol{j} & \boldsymbol{k}\\ \dfrac{\partial}{\partial x} & \dfrac{\partial}{\partial y} & \dfrac{\partial}{\partial z}\\ P & Q & R\end{vmatrix}.$$

作为一个求导运算符，不管是梯度、散度，还是旋度，$\nabla=\left(\frac{\partial}{\partial x},\frac{\partial}{\partial y},\frac{\partial}{\partial z}\right)$ 都具有求导运算的一些性质，例如：

(1) **线性性质**　$\nabla(\alpha f+\beta g)=\alpha\nabla f+\beta\nabla g$,

$\nabla\cdot(\alpha\boldsymbol{F}+\beta\boldsymbol{G})=\alpha\nabla\cdot\boldsymbol{F}+\beta\nabla\cdot\boldsymbol{G}$,　$\nabla\times(\alpha\boldsymbol{F}+\beta\boldsymbol{G})=\alpha\nabla\times\boldsymbol{F}+\beta\nabla\times\boldsymbol{G}$.

（2）**乘法法则** $\nabla(fg)=g\nabla f+f\nabla g$,

$$\nabla\cdot(f\boldsymbol{F})=f\nabla\cdot\boldsymbol{F}+\boldsymbol{F}\cdot\nabla f,\quad \nabla\times(f\boldsymbol{F})=f\nabla\times\boldsymbol{F}+\nabla f\times\boldsymbol{F}.$$

如果场有二阶连续偏导数，则有：

（3）**二阶导数** $\nabla\cdot(\nabla f)=f''_{xx}+f''_{yy}+f''_{zz}$,

$$\nabla\times(\nabla f)=\boldsymbol{0},\quad \nabla\cdot(\nabla\times\boldsymbol{F})=0.$$

例 12.5.1 求下面空间向量场 $\boldsymbol{F}(x,y,z)$ 的散度和旋度，其中 $r=\sqrt{x^2+y^2+z^2}$：

（1）$\boldsymbol{F}=(x,y,z)$；

（2）$\boldsymbol{F}=\left(\dfrac{x}{r},\dfrac{y}{r},\dfrac{z}{r}\right)$；

（3）$\boldsymbol{F}=\left(\dfrac{x}{r^3},\dfrac{y}{r^3},\dfrac{z}{r^3}\right)$.

解：（1）散度 $\nabla\cdot\boldsymbol{F}=1+1+1=3$.

旋度 $$\nabla\times\boldsymbol{F}=(0,0,0).$$

（2）注意到， $$r=\sqrt{x^2+y^2+z^2},$$

$$\frac{\partial r}{\partial x}=\frac{x}{r},\quad \frac{\partial r}{\partial y}=\frac{y}{r},\quad \frac{\partial r}{\partial z}=\frac{z}{r},$$

散度

$$\nabla\cdot\boldsymbol{F}=\left(\frac{1}{r}-\frac{x^2}{r^3}\right)+\left(\frac{1}{r}-\frac{y^2}{r^3}\right)+\left(\frac{1}{r}-\frac{z^2}{r^3}\right)=\frac{2}{r},$$

旋度 $$\nabla\times\boldsymbol{F}=(0,0,0).$$

（3）散度

$$\nabla\cdot\boldsymbol{F}=\left(\frac{1}{r^3}-3\frac{x^2}{r^5}\right)+\left(\frac{1}{r^3}-3\frac{y^2}{r^5}\right)+\left(\frac{1}{r^3}-3\frac{z^2}{r^5}\right)=0,$$

旋度 $$\nabla\times\boldsymbol{F}=(0,0,0).$$

12.5.2 格林公式的散度形式与高斯公式

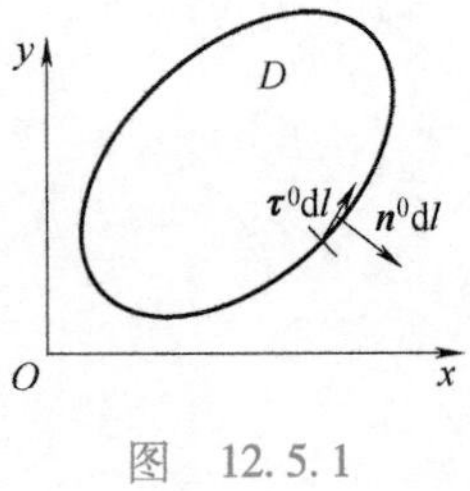

图 12.5.1

格林公式研究的是二维平面上的第二型曲面积分与二重积分的关系. 自然可以看作三维空间中 $z=0$ 的一个子集来看待. 设平面有向闭曲线 $L: x=x(t)$, $y=y(t)$, $t:\alpha\to\beta$, 对所围区域 D，方向满足右手系，即伸出右手，手心指向区域，大拇指向上，四指指向曲线方向如图 12.5.1 所示，相对于平面区域 D 来说，外边界是逆时针方向，内边界是顺时针方向. 设 L 有一阶连续偏导数，记单位切向量 $\boldsymbol{\tau}^0=(\cos\alpha,\cos\beta)$，曲线元素 $\mathrm{d}l$，则有向曲线元素

$$\mathrm{d}\boldsymbol{l}=\boldsymbol{\tau}^0\mathrm{d}l=(\cos\alpha,\cos\beta)\mathrm{d}l=(\mathrm{d}x,\mathrm{d}y).$$

可得单位外法向量 $\boldsymbol{n}^0=(\cos\beta,-\cos\alpha)$. 平面向量场 $\boldsymbol{F}=(P(x,y),Q(x,y))$穿出有向曲线 L 的通量（沿法向量有效穿出的量）

$$I=\oint_L \boldsymbol{F}\cdot\boldsymbol{n}^0\mathrm{d}l=\oint_L(P\cos\beta-Q\cos\alpha)\mathrm{d}l=\oint_L P\mathrm{d}y-Q\mathrm{d}x.$$

由格林公式可得

$$\oint_L P\mathrm{d}y-Q\mathrm{d}x=\iint_D\left(\frac{\partial P}{\partial x}+\frac{\partial Q}{\partial y}\right)\mathrm{d}x\mathrm{d}y,$$

即有散度形式的格林公式

$$\oint_L \boldsymbol{F}\cdot\boldsymbol{n}^0\mathrm{d}l=\iint_D\nabla\cdot\boldsymbol{F}\mathrm{d}\sigma.$$

相应的高斯公式

$$\oiint_S \boldsymbol{F}\cdot\boldsymbol{n}^0\mathrm{d}S=\iiint_\Omega\nabla\cdot\boldsymbol{F}\mathrm{d}v,$$

即

$$\oiint_S P\mathrm{d}y\mathrm{d}z+Q\mathrm{d}z\mathrm{d}x+R\mathrm{d}x\mathrm{d}y=\iiint_\Omega\left(\frac{\partial P}{\partial x}+\frac{\partial Q}{\partial y}+\frac{\partial R}{\partial z}\right)\mathrm{d}v$$

描述的是三维空间闭区域 Ω 上的向量场 $\boldsymbol{F}=(P,Q,R)$ 穿出区域 Ω 的边界曲面 S 的通量

$$\oiint_S \boldsymbol{F}\cdot\boldsymbol{n}^0\mathrm{d}S=\iiint_\Omega\nabla\cdot\boldsymbol{F}\mathrm{d}v.$$

特别地，当 S 表示中心在点 (x,y,z)，半径为 r 的球面时，Ω 表示以 S 为边界的球体，此时穿过球面的通量与球体的体积比

$$\frac{\oiint_S \boldsymbol{F}\cdot\boldsymbol{n}^0\mathrm{d}S}{\iiint_\Omega\mathrm{d}v}=\frac{\iiint_\Omega\nabla\cdot\boldsymbol{F}\mathrm{d}v}{\iiint_\Omega\mathrm{d}v}=\nabla\cdot\boldsymbol{F}(\xi,\eta,\zeta)\to\nabla\cdot\boldsymbol{F}(x,y,z)\ (r\to0).$$

这里 (ξ,η,ζ) 是由重积分中值定理得到的球 Ω 内某一点. 所以，散度描述的是该点处向量场向外扩散的强度. 把 $\nabla\cdot\boldsymbol{F}>0$ 的点称为“源”，$\nabla\cdot\boldsymbol{F}<0$ 的点称为“漏”或“汇”. 区域内处处 $\nabla\cdot\boldsymbol{F}=0$ 的向量场 $\boldsymbol{F}$ 称为无源场.

12.5.3 格林公式的旋度形式与斯托克斯公式

旋度形式的格林公式对应的物理量为变力做功或环流量等，研究的是沿着曲线切向的作用. 设平面有向闭曲线 L：$x=x(t)$，$y=y(t)$，$t:\alpha\to\beta$ 有一阶连续偏导数，对所围区域 D，方向满足右手系. 记单位切向量 $\boldsymbol{\tau}^0=(\cos\alpha,\cos\beta)$，曲线元素 $\mathrm{d}l$，平面内的向量场 $\boldsymbol{F}=(P(x,y),Q(x,y))$ 沿着有向曲线 L 的环流量(做功)

$$I=\oint_L \boldsymbol{F}\cdot\boldsymbol{\tau}^0\mathrm{d}l=\oint_L P\mathrm{d}x+Q\mathrm{d}y.$$

由格林公式可得

$$\oint_L P\mathrm{d}x + Q\mathrm{d}y = \iint_D \left(\frac{\partial Q}{\partial x} - \frac{\partial P}{\partial y} \right) \mathrm{d}x\mathrm{d}y.$$

这里把二维向量场 $\boldsymbol{F}=(P(x,y),Q(x,y))$ 看作三维向量场 $\boldsymbol{F}=(P(x,y),Q(x,y),0)$，即有其旋度

$$\nabla\times\boldsymbol{F}=\left(0,0,\frac{\partial Q}{\partial x}-\frac{\partial P}{\partial y}\right).$$

注意到，以曲线 L 为边界的区域 D 的法向量为 $\boldsymbol{k}=(0,0,1)$，有旋度形式的格林公式

$$\oint_L \boldsymbol{F}\cdot\boldsymbol{\tau}^0\mathrm{d}l = \iint_D (\nabla\times\boldsymbol{F})\cdot\boldsymbol{k}\mathrm{d}\sigma.$$

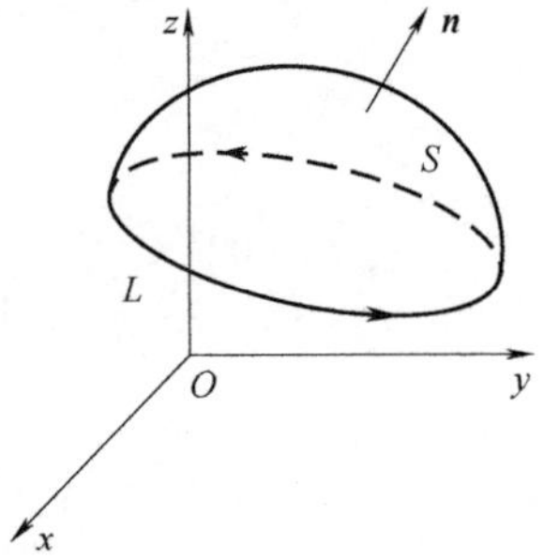

图 12.5.2

三维空间闭区域 Ω 内一条有向简单闭曲线 L 以及一个以曲线 L 为边界的有向曲面 S(见图 12.5.2)，其中曲线 L 和曲面 S 的定向满足右手系，即伸出右手，四指指向边界曲线方向，大拇指指向曲面的正向，此时曲面在手心方向. 设区域 Ω 内的一阶光滑向量场 $\boldsymbol{F}=(P,Q,R)$，研究沿曲线 L 的环流量(或沿曲线做功)

$$\oint_L \boldsymbol{F}\cdot\boldsymbol{\tau}^0\mathrm{d}l.$$

下面给出斯托克斯公式.

定理 12.5.1 (斯托克斯公式)设空间闭区域 Ω 内有向简单闭曲线 L 以及以曲线 L 为边界的有向曲面 S，其定向满足右手系. 设区域 Ω 内的一阶光滑向量场 $\boldsymbol{F}=(P,Q,R)$，则有

$$\oint_L P\mathrm{d}x + Q\mathrm{d}y + R\mathrm{d}z = \iint_S \left(\frac{\partial R}{\partial y} - \frac{\partial Q}{\partial z} \right) \mathrm{d}y\mathrm{d}z + \left(\frac{\partial P}{\partial z} - \frac{\partial R}{\partial x} \right) \mathrm{d}z\mathrm{d}x + \left(\frac{\partial Q}{\partial x} - \frac{\partial P}{\partial y} \right) \mathrm{d}x\mathrm{d}y.$$

记有向曲线 L 单位切向量 $\boldsymbol{\tau}^0=(\cos\alpha,\cos\beta,\cos\gamma)$，以曲线 L 为边界的曲面 S 单位法向量为 $\boldsymbol{n}^0$，斯托克斯公式可以看作格林公式的旋度形式在三维空间内的推广，即

$$\oint_L \boldsymbol{F}\cdot\boldsymbol{\tau}^0\mathrm{d}l = \iint_S (\nabla\times\boldsymbol{F})\cdot\boldsymbol{n}^0\mathrm{d}S.$$

注意到，当曲面 S 取为区域内的小圆片，曲线 L 为小圆，半径记为 $r>0$，则有

$$\oint_L \boldsymbol{F}\cdot\boldsymbol{\tau}^0\mathrm{d}l = \iint_S (\nabla\times\boldsymbol{F})\cdot\boldsymbol{n}^0\mathrm{d}S = ((\nabla\times\boldsymbol{F})\cdot\boldsymbol{n}^0)_{(\xi,\eta,\zeta)}\iint_S \mathrm{d}S.$$

当 $r\to0$ 时，$(\nabla\times\boldsymbol{F})\cdot\boldsymbol{n}^0$ 表示环量 $\oint_L \boldsymbol{F}\cdot\boldsymbol{\tau}^0\mathrm{d}l$ 与面积 $\iint_S \mathrm{d}S$ 比值的极限，即环量面密度.

即向量场 $\boldsymbol{F}$ 在该点处的沿 $\boldsymbol{n}^0$ 方向的环量面密度等于环量旋度 $\nabla\times\boldsymbol{F}$ 在法向量 $\boldsymbol{n}^0$ 上的分量. 特别地，区域内处处 $\nabla\times\boldsymbol{F}=\boldsymbol{0}$ 的向量场 $\boldsymbol{F}$ 称为无旋场.

例 12.5.2　设 L 为圆锥面 $z^2=2(x^2+y^2)$ 与平面 $x+y+z=1$ 的交线，从 z 轴正向看去，沿逆时针方向. 计算曲线积分

$$\oint_L (y^2-z^2-y)\mathrm{d}x+(z^2-x^2-2z)\mathrm{d}y+(x^2-y^2-x)\mathrm{d}z.$$

解：取曲面 S 为平面 $x+y+z=1$ 被锥面所截部分，方向向上，法向量可取为

$$\boldsymbol{n}=(1,1,1),$$

则由斯托克斯公式

$$\begin{aligned}&\oint_L (y^2-z^2-y)\mathrm{d}x+(z^2-x^2-2z)\mathrm{d}y+(x^2-y^2-x)\mathrm{d}z\\ =&\iint_S(-2y-2z+2)\mathrm{d}y\mathrm{d}z+(-2z-2x+1)\mathrm{d}z\mathrm{d}x+(-2x-2y+1)\mathrm{d}x\mathrm{d}y\\ =&\frac{1}{\sqrt{3}}\iint_S[(-2y-2z+2)+(-2z-2x+1)+(-2x-2y+1)]\mathrm{d}S\\ =&-\frac{2}{\sqrt{3}}\iint_S[-4(x+y+z)+4]\mathrm{d}S=0.\end{aligned}$$

12.5.4 曲线积分与路径无关

相应地，如果向量场 $\boldsymbol{F}=(P,Q,R)$ 的第二型曲线积分

$$\int_L P\mathrm{d}x+Q\mathrm{d}y+R\mathrm{d}z$$

只与 L 的起点和终点有关，而与区域 Ω 内曲线的具体路径无关，则称该积分在区域 Ω 内与路径无关. 当积分与路径无关时，称向量场 $\boldsymbol{F}=(P,Q,R)$ 为保守场. 显然，曲线积分与路径无关，当且仅当所有闭曲线积分为零，即

$$\oint_L P\mathrm{d}x+Q\mathrm{d}y+R\mathrm{d}z=0.$$

特别地，当 $P(x,y,z)$，$Q(x,y,z)$，$R(x,y,z)$ 有连续一阶偏导数，曲线 L 是某个曲面 S 的边界曲线时，由斯托克斯公式可得

$$\begin{aligned}&\oint_L P\mathrm{d}x+Q\mathrm{d}y+R\mathrm{d}z\\ =&\iint_S\left(\frac{\partial R}{\partial y}-\frac{\partial Q}{\partial z}\right)\mathrm{d}y\mathrm{d}z+\left(\frac{\partial P}{\partial z}-\frac{\partial R}{\partial x}\right)\mathrm{d}z\mathrm{d}x+\left(\frac{\partial Q}{\partial x}-\frac{\partial P}{\partial y}\right)\mathrm{d}x\mathrm{d}y,\end{aligned}$$

故积分与路径无关当且仅当区域 Ω 内处处有

$$\mathbf{rot}\boldsymbol{F}=\nabla\times\boldsymbol{F}=\boldsymbol{0},$$

即

$$\frac{\partial R}{\partial y}=\frac{\partial Q}{\partial z},\ \frac{\partial P}{\partial z}=\frac{\partial R}{\partial x},\ \frac{\partial Q}{\partial x}=\frac{\partial P}{\partial y}.$$

注意到，并不是所有的简单光滑闭曲线都一定能在区域 Ω 内有曲面以其为边界的. 如果空间区域 Ω 内任何一个简单光滑闭曲线 L 都存在某个曲面 S 以曲线 L 为边界，此时的区域 Ω 称为是一维单连通的. 下面积分与路径无关的结果可以参考二维情况自行讨论.

定理 12.5.2 设空间闭区域 Ω 为一维单连通区域. 向量场 $\boldsymbol{F}(x,y,z)=(P,Q,R)$ 有连续一阶偏导数，则下列条件等价：

（1）闭区域 Ω 内，$\int_L P\mathrm{d}x+Q\mathrm{d}y+R\mathrm{d}z$ 积分与路径无关；

（2）闭区域 Ω 内任意闭曲线 L 上，$\oint_L P\mathrm{d}x+Q\mathrm{d}y+R\mathrm{d}z=0$；

（3）向量场 $\boldsymbol{F}=(P,Q,R)$ 的旋度为零，即 $\frac{\partial R}{\partial y}=\frac{\partial Q}{\partial z}$，$\frac{\partial P}{\partial z}=\frac{\partial R}{\partial x}$，$\frac{\partial Q}{\partial x}=\frac{\partial P}{\partial y}$；

（4）存在可微函数 $u(x,y,z)$，使得 $\mathrm{d}u=P\mathrm{d}x+Q\mathrm{d}y+R\mathrm{d}z$.

轨道上的交通

这里，如果有可微函数 $u(x,y,z)$，使得 $\mathrm{d}u=P\mathrm{d}x+Q\mathrm{d}y+R\mathrm{d}z$，则称微分形式

$$P\mathrm{d}x+Q\mathrm{d}y+R\mathrm{d}z$$

为全微分形式，函数 $u(x,y,z)$ 称为其势函数.

习题 12.5

1. 空间向量场 $\boldsymbol{F}$，$\boldsymbol{G}$，数量场 f，给定常数 α，β. 证明：

（1）$\nabla\cdot(\alpha\boldsymbol{F}+\beta\boldsymbol{G})=\alpha\nabla\cdot\boldsymbol{F}+\beta\nabla\cdot\boldsymbol{G}$；

（2）$\nabla\times(\alpha\boldsymbol{F}+\beta\boldsymbol{G})=\alpha\nabla\times\boldsymbol{F}+\beta\nabla\times\boldsymbol{G}$；

（3）$\nabla\cdot(f\boldsymbol{F})=f\nabla\cdot\boldsymbol{F}+\boldsymbol{F}\cdot\nabla f$；

（4）$\nabla\times(f\boldsymbol{F})=f\nabla\times\boldsymbol{F}+\nabla f\times\boldsymbol{F}$；

（5）$\nabla\times(\nabla f)=\boldsymbol{0}$；

（6）$\nabla\cdot(\nabla\times\boldsymbol{F})=0$.

2. 利用斯托克斯公式计算下列第二型曲线积分：

（1）$\oint_L y^3\mathrm{d}x-x^3\mathrm{d}y+3\mathrm{d}z$，$L$：$x^2+y^2=1$，$z=x+y+1$，从 z 轴正向看上去为逆时针方向；

（2）$\oint_L y^3\mathrm{d}x+z^3\mathrm{d}y+x^3\mathrm{d}z$，$L$：$x^2+y^2+z^2=1$，$x+y+z=0$，从 z 轴正向看上去为逆时针方向；

（3）$\oint_L yz\mathrm{d}x+x\mathrm{d}y+y\mathrm{d}z$，$L$：$z=x^2+y^2$，$x+z=1$，从 z 轴正向看上去为逆时针方向；

（4）$\oint_L (y-z)\mathrm{d}x+(z-x)\mathrm{d}y+(x-y)\mathrm{d}z$，$L$ 为平面 $x+y+z=1$ 的第一卦限部分的边界，从 z 轴正向看上去为逆时针方向.

3. 验证下面微分形式是全微分形式，并求其势函数：

（1）$\mathrm{d}u=yz\mathrm{d}x+zx\mathrm{d}y+xy\mathrm{d}z$；

（2）$\mathrm{d}u=x^2\mathrm{d}x+y^2\mathrm{d}y+z^2\mathrm{d}z$；

（3）$\mathrm{d}u=\frac{x}{r^3}\mathrm{d}x+\frac{y}{r^3}\mathrm{d}y+\frac{z}{r^3}\mathrm{d}z\left(r=\sqrt{x^2+y^2+z^2}\right)$；

（4）$\mathrm{d}u=\frac{x}{r^2}\mathrm{d}x+\frac{y}{r^2}\mathrm{d}y+\frac{z}{r^2}\mathrm{d}z\left(r=\sqrt{x^2+y^2+z^2}\right)$.

第 13 章 微分方程初步

微分方程是伴随着微积分发展起来的，尽管在 Napier(奈皮尔)所创立的对数理论(讨论过微分方程的近似解)以及意大利艺术家 da Vinci(达·芬奇)提出的“饿狼扑兔”问题中都已涉及微分方程的思想萌芽，但人们通常认为微分方程的开端工作是由意大利科学家 Galileo(伽利略)完成的. 17 世纪欧洲的建筑师们在建造教堂和房屋时，需要考虑梁在外力作用下的变形问题，Galileo 从数学角度对梁的性态进行了研究，现在通常被称为弹性理论，这一领域中的问题促进了微分方程的研究.

生活中，我们经常遇到诸如物质的运动变化规律和火箭在发动机推动下的飞行轨道等问题，这类问题不是简单地去求一个或者几个固定不变的数值，而是要求一个或者几个未知的函数，列出包含未知函数的导数以及自变量之间的关系的方程，这种方程称为**微分方程**. 微分方程的应用十分广泛，在具体应用中，一般要建立反映实际问题的微分方程模型，通过求解微分方程，从而解释实际问题.

利用微分方程来解决问题的一般步骤如下：第一步：**导数相关**，注意所给实际问题中是否有与数学中“导数”相关的常用词语，例如“速度、速率”“边际”“增长”“衰变”等；第二步：**梳理各量**，梳理出所给实际问题中所涉及的各种量，统一使用一致的物理单位；第三步：**提炼关联**，提炼出所给实际问题中与结果有关的并且有着函数关系的两个量作为要求的函数的自变量与因变量，而与变化率有关的量就是待求函数的导数；第四步：**物理定律**，了解实际问题中所涉及的原理或者物理定律；第五步：**建立方程**，依据第二、三、四步建立微分方程，并确定求解微分方程所需要的初始值；第六步：**求解方程**，求微分方程的解.

本章给出微分方程的一些基本概念，研究微分方程(组)的基本理论，随后给出微分方程的初等解法和应用，最后介绍简单偏微分方程的典型解法.

13.1 微分方程的一般概念

微积分产生的一个重要动因来自于人们探求物质世界运动规律的需求，运动物体(变量)与它的瞬时变化率(导数)之间通常按照某种已知定律存在着联系，这种联系用数学语言表达出来，其结果往往形成一个微分方程. 微分方程是精确表示自然科学中各种基本定律和各种问题的基本工具之一，现代建立起来的自然科学和社会科学中的数学模型大多都是微分方程.

13.1.1 常微分方程的定义和例子

下面通过几个具体例子来了解微分方程的基本概念.

例 13.1.1 一条曲线通过点(1,2)，且在该曲线上任意一点 $M(x,y)$ 处的切线的斜率为 $2x$，求这曲线的方程.

解：设所求曲线为 $y=f(x)$，根据导数的几何意义，有 $\frac{dy}{dx}=2x$，方程两端积分得 $y=\int 2x\,dx$，即 $y=x^2+C$，再根据题设条件 $x=1$ 时，$y=2$，求得 $C=1$，所求得的曲线方程为 $y=x^2+1$.

例 13.1.2 列车在直线轨道上以 $20\text{m}\cdot\text{s}^{-1}$ 的速度行驶，制动时列车获得加速度为 $0.4\text{m}\cdot\text{s}^{-2}$，求列车开始制动后行驶路程 $s(t)$.

解：设制动后 ts 行驶路程为 $s(t)$，根据题意，有 $\frac{d^2s}{dt^2}=-0.4$，当 $t=0$ 时，$s=0$，$v=\frac{ds}{dt}=20$，$v=\frac{ds}{dt}=-0.4t+C_1$，$s=-0.2t^2+C_1t+C_2$，代入条件后知 $C_1=20$，$C_2=0$，则 $v=\frac{ds}{dt}=-0.4t+20$，所以 $s=-0.2t^2+20t$. 开始制动到列车完全停住共需 $t=\frac{20}{0.4}=50\text{s}$，列车在这段时间内行驶了 $s=-0.2\times50^2+20\times50=500\text{m}$.

从上面两个例子中，读者可以看到都含有未知函数的导数，它们就是微分方程. 一般地，含有一个因变量及其对一个或多个自变量导数(偏导数)或微分的方程叫作**微分方程**.

例如，$y'=xy$，$(t^2+x)\,dt+x\,dx=0$，$\frac{\partial z}{\partial x}=x+y$，$\frac{\partial^2 u}{\partial x^2}+\frac{\partial^2 u}{\partial y^2}+\frac{\partial^2 u}{\partial z^2}=0$(Laplace 方程)，$\frac{\partial^2 u}{\partial x^2}+\frac{\partial^2 u}{\partial y^2}+\frac{\partial^2 u}{\partial z^2}=\frac{\partial u}{\partial t}$(热传导方程)，

$$\frac{\partial^2 u}{\partial x^2}+\frac{\partial^2 u}{\partial y^2}+\frac{\partial^2 u}{\partial z^2}=\frac{\partial^2 u}{\partial t^2}$$（波动方程）.

微分方程可以从不同角度进行分类，具体如下：

分类 1：**常微分方程与偏微分方程**.

如果微分方程中的未知函数是一元函数，则称该方程为**常微分方程**. 如果微分方程中的未知函数是多元函数，则称该方程为**偏微分方程**.

例如，$y'=xy$ 是常微分方程；$\frac{\partial u}{\partial t}=a^2\frac{\partial^2 u}{\partial x^2}$ 是偏微分方程.

分类 2：**一阶微分方程**与**高阶微分方程**.

微分方程中所含有的未知函数的最高阶导数的阶数 n，叫作微分方程的阶，$n=1$ 时称为一阶微分方程，$n\geqslant 2$ 时称为高阶微分方程.

例如，一阶常微分方程的一般形式为 $F(x,y,y')=0$，$y'=f(x,y)$；高阶（n 阶）常微分方程的一般形式为 $F(x,y,y',\cdots,y^{(n)})=0$，$y^{(n)}=f(x,y,y',\cdots,y^{(n-1)})$.

偏微分方程的一般形式为 $F(x,y,\cdots,u,u'_x,u'_y,\cdots,u''_{xx},u''_{xy},\cdots)=0$，其中，$x,y,\cdots$ 是自变量，u 是未知函数，$u'_x,\cdots,u''_{xy},\cdots$ 是未知函数的偏导数.

分类 3：**线性微分方程**与**非线性微分方程**.

若一个微分方程中的未知函数及其各阶导数（微分）都是一次的，且其系数都是自变量 x 的已知函数或者常数，则称为**线性常微分方程**，否则称为**非线性常微分方程**. 若偏微分方程中各项关于未知函数及其各阶偏导数都是一次的，则称这个方程为**线性偏微分方程**，否则称其为**非线性偏微分方程**.

例如，$y'+P(x)y=Q(x)$ 是线性常微分方程，$x(y')^2-2yy'+x=0$ 是非线性常微分方程. $\frac{\partial u}{\partial t}=a^2\frac{\partial^2 u}{\partial x^2}$ 是线性偏微分方程；$\left(\frac{\partial u}{\partial x}\right)^2+\left(\frac{\partial u}{\partial y}\right)^2=u$ 是非线性偏微分方程.

分类 4：**单个微分方程**与**微分方程组**.

例如，常微分方程组 $\begin{cases}\frac{\mathrm{d}y}{\mathrm{d}x}=3y-2z,\\ \frac{\mathrm{d}z}{\mathrm{d}x}=2y-z.\end{cases}$

例 13.1.3　按照不同角度的分类，判断下列微分方程的类型：

（1）$\frac{\mathrm{d}^2 y}{\mathrm{d}x^2}-5\frac{\mathrm{d}y}{\mathrm{d}x}+6y=\sin x$；　（2）$(1-y^2)\frac{\mathrm{d}^2 y}{\mathrm{d}x^2}-2x\frac{\mathrm{d}y}{\mathrm{d}x}+2y=0$；

(3) $\frac{\partial^2 u}{\partial x^2}+\frac{\partial^2 u}{\partial y^2}+\frac{\partial^2 u}{\partial z^2}=0$；　(4) $uu_{xy}+u_x=u$.

解：(1) 是二阶线性常微分方程；

(2) 是二阶非线性常微分方程；

(3) 是二阶线性偏微分方程；

(4) 是二阶非线性偏微分方程.

本章除了简单地介绍几类偏微分方程之外，重点研究常微分方程，简称微分方程. 下面对 n 阶(常)微分方程 $y^{(n)}=f(x,y,y',\cdots,y^{(n-1)})$给出微分方程的解的分类.

(1) **“解”**：设函数 $y=f(x)$在区间 I 上 n 阶可导，若将函数 $y=f(x)$以及它的各阶导数代入 n 阶(常)微分方程 $y^{(n)}=f(x,y,y',\cdots,y^{(n-1)})$中，能使它成为恒等式，则这个函数 $y=f(x)$称为在区间 I 上方程的一个**解**. 例如，例 13.1.1 中的 $y=x^2+C$ 和 $y=x^2+1$ 都是微分方程$\frac{dy}{dx}=2x$ 的解.

(2) **“通解”**：如果微分方程的解中含有一些独立的任意常数，并且任意常数的个数与微分方程的阶数相同，这样的解叫作微分方程的**通解**. 即 n 阶微分方程 $y^{(n)}=f(x,y,y',\cdots,y^{(n-1)})$的解中含有 n 个独立的任意常数，记为 $y=f(x,C_1,C_2,\cdots,C_n)$，此时这个解称为通解，其中 n 个独立的任意常数满足 $\begin{vmatrix} \frac{\partial f}{\partial C_1} & \frac{\partial f}{\partial C_2} & \cdots & \frac{\partial f}{\partial C_n} \\ \frac{\partial f'}{\partial C_1} & \frac{\partial f'}{\partial C_2} & \cdots & \frac{\partial f'}{\partial C_n} \\ \vdots & \vdots & & \vdots \\ \frac{\partial f^{(n-1)}}{\partial C_1} & \frac{\partial f^{(n-1)}}{\partial C_2} & \cdots & \frac{\partial f^{(n-1)}}{\partial C_n} \end{vmatrix}\neq 0.$

例如，例 13.1.1 中的 $y=x^2+C$ 是微分方程$\frac{dy}{dx}=2x$ 的通解.

(3) **“特解”**：如果 n 阶微分方程 $y^{(n)}=f(x,y,y',\cdots,y^{(n-1)})$的解中不含有任意常数，这样的解叫作微分方程的**特解**. 例如，例 13.1.1 中的 $y=x^2+1$ 是微分方程$\frac{dy}{dx}=2x$ 的特解.

确定通解中的任意常数的取值从而得到特解的条件称为**定解条件**. 常见的定解条件有**初值条件**和**边界条件**.

例如，例 13.1.1 中的 $x=1$ 时，$y=2$ 就是确定特解的初值条件.

一阶微分方程的初值条件$\begin{cases} y'=f(x,y), \\ y\big|_{x=x_0}=y_0, \end{cases}$表示过定点的积分

曲线；

二阶微分方程的初值条件$\begin{cases} y''=f(x,y,y'), \\ y\big|_{x=x_0}=y_0,\ y'\big|_{x=x_0}=y_0', \end{cases}$表示过定点且在该定点的切线的斜率为定值的积分曲线.

一般地，n 阶微分方程可以表示成 $F(x,y,y',\cdots,y^{(n)})=0$，它的初值条件为 $y(x_0)=y_0$，$y'(x_0)=y_1$，$y''(x_0)=y_2,\cdots,y^{(n-1)}(x_0)=y_{n-1}$，其中 $y_0,y_1,\cdots,y_{n-1}$是已知实数.

将上面的初值条件与 n 阶微分方程联立，得

$$\begin{cases} y^{(n)}=f(x,y,y',\cdots,y^{(n-1)}), \\ y(x_0)=y_0,y'(x_0)=y_1,\cdots,y^{(n-1)}(x_0)=y_{n-1}. \end{cases}$$

这个式子称为 n 阶微分方程的**初值问题**或者 **Cauchy 问题**.

微分方程解的图形称为**微分方程的积分曲线**.

13.1.2 解和通解的几何意义

常微分方程的特解的图像是在 xOy 平面上的一条曲线，我们称之为微分方程的**积分曲线**；常微分方程通解的图像是在 xOy 平面上的一族曲线，称为**积分曲线族**.

例 13.1.4　根据定义，验证函数 $x=C_1\cos kt+C_2\sin kt\quad(k>0)$是微分方程$\dfrac{d^2x}{dt^2}+k^2x=0$ 的通解，并求初值问题$\begin{cases} \dfrac{d^2x}{dt^2}+k^2x=0, \\ x(0)=A,x'(0)=0 \end{cases}$的特解.

解：由于 $\dfrac{dx}{dt}=-kC_1\sin kt+kC_2\cos kt$，$\dfrac{d^2x}{dt^2}=-k^2C_1\cos kt-k^2C_2\sin kt$，将$\dfrac{d^2x}{dt^2}$和 $x=C_1\cos kt+C_2\sin kt$ 代入原方程，得

$$\frac{d^2x}{dt^2}+k^2x=-k^2(C_1\cos kt+C_2\sin kt)+k^2(C_1\cos kt+C_2\sin kt)=0,$$

又因为
$$\begin{vmatrix} \dfrac{\partial x}{\partial C_1} & \dfrac{\partial x}{\partial C_2} \\ \dfrac{\partial x'}{\partial C_1} & \dfrac{\partial x'}{\partial C_2} \end{vmatrix}=\begin{vmatrix} \cos kt & \sin kt \\ -k\sin kt & k\cos kt \end{vmatrix}=k\neq0,$$

因此函数 $x=C_1\cos kt+C_2\sin kt$ 是微分方程$\dfrac{d^2x}{dt^2}+k^2x=0$ 的通解. 又因为 $x(0)=A$，$x'(0)=0$，可得 $C_1=A$，$C_2=0$，所以初值问题的特解为 $x=A\cos kt$.

历史注记

常微分方程发展历史

1. 初始发展期

17 世纪，Newton 和 Leibniz 发明了微积分，同时也开创了微分方程的研究初期，Newton 在他的著作《自然哲学的数学原理》一书中，主要研究了微分方程在天文学中的应用. 1690 年，Bernoulli 提出了悬链线问题，这是探求微分方程解的早期工作，最初人们的注意力放在某些类型的微分方程的一般解法上. 18 世纪前半叶，常微分方程的研究重点是对初等函数进行有限次代数运算、变量代换和不定积分从而把解表示出来，到 18 世纪下半叶，数学家们又讨论了常数变易法和无穷级数解法等.

2. 基本理论奠定期

19 世纪，Cauchy、Liouville、Weierstrass 和 Picard(皮卡)对初值问题的存在唯一性理论做了一系列研究，建立了解的存在性.

3. 现代理论发展期

法国数学家 Poincaré(庞加莱)和俄国的 Liapunov(李雅普诺夫)共同奠定了稳定性的理论基础. 自群论引入常微分方程后，使常微分方程的研究重点转向解析理论和定性理论. Siegel(西格尔)创立了周期系统的线性齐次微分方程的数学理论. 20 世纪，微分方程进入了广泛深入的发展阶段，拓扑学、函数论、泛函论等一系列的发展为微分方程的发展提供了有力的数学工具. 像动力系统、泛函微分方程、奇异摄动方程以及复数域上的定性理论等都是在传统微分方程基础上发展起来的新分支.

习题 13.1

1. 判断下列各微分方程的类型:

(1) $y''-2y=x$;

(2) $\dfrac{d^2y}{dx^2}+\left(\dfrac{dy}{dx}\right)^2+6xy=0$;

(3) $(7x-6y)dx+(x+y)dy=0$;

(4) $\dfrac{\partial^2 z}{\partial x^2}-4\dfrac{\partial z}{\partial y}=0$;

(5) $\dfrac{dy}{dx}+\cos y+2x=0$;

(6) $x(y')^2-2xy'-x=0$;

(7) $y''-2y(y')^2+2y'-xy=0$;

(8) $y'''+\dfrac{1}{x-1}y''+\sqrt{x}\,y+\ln x=0$.

2. 验证函数 $y=\dfrac{1}{2}(3e^{2x}-e^{-2x})$ 是初值问题 $\begin{cases}\dfrac{d^2y}{dx^2}-4y=0,\\ y(0)=1, y'(0)=4\end{cases}$ 的解.

3. 验证函数 $y=C_1e^x\cos x+C_2e^x\sin x$ 是二阶微分方程 $y''-2y'+2y=0$ 的通解，并求初值问题 $\begin{cases}y''-2y'+2y=0,\\ y(0)=y'(0)=1\end{cases}$ 的特解.

4. 建立下列条件确定的曲线所满足的微分方程模型：

（1）曲线上点 $P(x,y)$ 处的法线与 x 轴的交点为 Q，且线段 PQ 被 y 轴平分；

（2）从原点到曲线上任一点处切线的距离等于该点的横坐标.

13.2 微分方程的初等积分法

所谓初等积分法，是指能把常微分方程的求解问题转化为积分问题去解决，且其解能用初等函数或者它们的积分来表达的方法．在常微分方程发展的早期，由 Newton、Leibniz、Euler 和 Bernoulli 兄弟等人发展起来的这些方法与技巧，构成本节的中心内容.

初等积分法能求解的一阶常微分方程的类型是极其有限的，这些类型包括：可分离变量方程、齐次方程、一阶线性方程、全微分方程和某些隐式方程.

我们首先考虑一阶微分方程，一般形式为 $F(x,y,y')=0$，显式为 $y'=f(x,y)$ 或者 $X(x,y)\mathrm{d}y+Y(x,y)\mathrm{d}x=0$，初始条件为 $y\big|_{x=x_0}=y_0$，通解为 $y=y(x,C)$，$\varphi(x,y,C)=0$. 下面介绍几种一阶微分方程的解法.

13.2.1 分离变量法

1. 可分离变量的微分方程

标准形式如 $\dfrac{\mathrm{d}y}{\mathrm{d}x}=f(x)g(y)$ 或者 $g(y)\mathrm{d}y=f(x)\mathrm{d}x$ 的一阶微分方程称为可分离变量的微分方程，其中 $f(x)$ 和 $g(y)$ 是已知的连续函数. 例如，$\dfrac{\mathrm{d}y}{\mathrm{d}x}=2x^2y^{\frac{4}{5}}$，$\dfrac{\mathrm{d}y}{\mathrm{d}x}=y\cos x$，$x\sqrt{1-y^2}\,\mathrm{d}x+y\sqrt{1-x^2}\,\mathrm{d}y=0$ 都是可分离变量的微分方程.

对这类方程可通过如下过程得到其隐式通解，步骤如下：

（1）当 $g(y)\neq 0$ 时，方程

$$\frac{\mathrm{d}y}{\mathrm{d}x}=f(x)g(y), \tag{1}$$

对式(1)分离变量得

$$\frac{\mathrm{d}y}{g(y)}=f(x)\mathrm{d}x. \tag{2}$$

式(2)两边积分得到

$$\int\frac{\mathrm{d}y}{g(y)}=\int f(x)\mathrm{d}x,$$

由此可以得到微分方程的通解，如此求微分方程解的方法称为分离变量法.

（2）若 $g(y)=0$ 时，不妨假设有实根 $y=a$，显然 $y=a$ 是微分方程(1)的特解，当这个特解不包含在通解的表达式中时，将这个

解称为奇解，此时 $y=a$ 与方程的通解合在一起便是微分方程的全部解. 如果问题只需求微分方程的通解，则不必讨论奇解.

为求初值问题的解，需首先求出方程的通解 $G(y)=F(x)+C$，或 $y=g(x,C)$，然后将初始条件 $y(x_0)=y_0$ 代入通解 $G(y_0)=F(x_0)+C$ 或 $y_0=g(x_0,C)$，解得 $C=C_0$，从而得到初值问题的特解 $G(y)=F(x)+C_0$ 或者 $y=g(x,C_0)$.

例 13.2.1 求初值问题$\begin{cases}x\mathrm{d}y-2y\mathrm{d}x=0,\\ y\big|_{x=1}=1.\end{cases}$

解法 1：若 $y\neq0$，则分离变量，得$\dfrac{\mathrm{d}y}{y}=\dfrac{2}{x}\mathrm{d}x$，两边积分得

$$\ln|y|=2\ln|x|+C_1,$$
$$|y|=\mathrm{e}^{2\ln|x|+C_1}=\mathrm{e}^{\ln x^2+C_1}=\mathrm{e}^{C_1}x^2,$$
$$y=\pm\mathrm{e}^{C_1}x^2=Cx^2\quad(C\neq0),$$

又 $y=0$ 也是微分方程的解，这个解包含在通解中，是 $C=0$ 的情况，故通解为 $y=Cx^2$，C 是任意常数. 将初值代入，得到 $C=1$. 故初值问题的解为

$$y=x^2.$$

解法 2：一阶可分离变量微分方程的定积分计算方法：

$$y\big|_{x=1}=1,\ \frac{\mathrm{d}y}{y}=\frac{2}{x}\mathrm{d}x,$$

得到
$$\int_1^y\frac{\mathrm{d}y}{y}=\int_1^x\frac{2}{x}\mathrm{d}x,\ \ln y=2\ln x,\ y=x^2.$$

例 13.2.2 求微分方程 $y'=\sqrt{y}$ 的通解.

解：当$\sqrt{y}\neq0$ 时，将微分方程分离变量，得到$\dfrac{\mathrm{d}y}{\sqrt{y}}=\mathrm{d}x$，两端积分得到$\displaystyle\int\frac{\mathrm{d}y}{\sqrt{y}}=\int\mathrm{d}x$，于是，

$2\sqrt{y}=x+C$，即 $y=\dfrac{1}{4}(x+C)^2$，此解为微分方程的通解.

注 当$\sqrt{y}=0$ 时，有实根 $y=0$，显然是微分方程的一个特解，但 $y=0$ 并不能包含在通解的表达式 $y=\dfrac{1}{4}(x+C)^2$ 中，因此这一特解 $y=0$ 是微分方程的奇解. 由于本例只需求微分方程的通解，因此在求解的过程中可不必考虑这样的奇解.

例 13.2.3 求微分方程 $y'=2x(y+1)$ 的通解以及满足条件 $y(0)=0$ 的特解.

解：当 $y+1\neq 0$ 时，分离变量得 $\dfrac{\mathrm{d}y}{y+1}=2x\mathrm{d}x$，两端积分得 $\displaystyle\int\frac{\mathrm{d}y}{y+1}=\int 2x\mathrm{d}x$，即 $\ln|y+1|=x^2+C_1$，则 $y+1=\pm\mathrm{e}^{C_1}\mathrm{e}^{x^2}$，记 $C=\pm\mathrm{e}^{C_1}$，则有通解 $y=C\mathrm{e}^{x^2}-1(C\neq 0)$. 另外，$y+1=0$ 可得到 $y=-1$ 也是微分方程的解，并且这个解可以包含在通解中，是 $C=0$ 的情况. 因此最后的通解为 $y=C\mathrm{e}^{x^2}-1$. 将 $y(0)=0$ 代入通解中，得到 $C=1$，故特解为 $y=\mathrm{e}^{x^2}-1$.

注　一般在求出 $\ln|y+1|=x^2+C_1$ 之后，我们习惯将常数 C_1 写成 $\ln C$，这样就有 $\ln|y+1|=x^2+\ln C$，则 $\ln|y+1|-\ln C=x^2$，根据对数的运算，结果可以直接写成 $\ln\dfrac{|y+1|}{C}=x^2$，则得到最后结果.

例 13.2.4　物体冷却速率正比于物体与周围环境的温度差，现把一个 100℃ 的物体放在 20℃ 的房间内，经过 20min 之后，测量物体的温度，已经降为 60℃，问还需要经过多长时间物体的温度才能降为 30℃？

解：设 t 时刻物体的温度为 $T(t)$，则物体冷却速率为 $\dfrac{\mathrm{d}T}{\mathrm{d}t}$，物体温度与周围环境的温度差为 $T(t)-20$，故有 $\dfrac{\mathrm{d}T}{\mathrm{d}t}=-k(T-20)\ (k>0)$，这里右端的负号是因为 $\dfrac{\mathrm{d}T}{\mathrm{d}t}<0$. 由题设，初值条件为 $T(0)=100$. 于是本例就是求解下面初值问题

$$\begin{cases}\dfrac{\mathrm{d}T}{\mathrm{d}t}=-k(T-20) & (k>0),\\ T(0)=100.\end{cases}$$

由于方程为一阶可分离变量的微分方程，利用分离变量法，求得微分方程的通解为 $T=20+80\mathrm{e}^{-kt}$. 再根据题设有 $T(20)=60$，代入 $T=20+80\mathrm{e}^{-kt}$ 中，得到 $k=\dfrac{\ln 2}{20}$，从而 $T=20+80\mathrm{e}^{-\frac{\ln 2}{20}t}$，令 $T=30$，得 $30=20+80\mathrm{e}^{-\frac{\ln 2}{20}t}$，求得 $t=60$，因此还需要经过 $60-20=40\text{min}$ 物体的温度才能降至 30℃.

例 13.2.5　物质 A 和 B 化合生成新的物质 X，设反应的过程不可逆，在反应初始时刻物质 A，B，X 的量分别为 a，b，0. 在反应过程中，A，B 失去的量为 X 生成的量，并且在 X 中所含 A 与 B 的比例为 $\alpha:\beta$，假设 X 的量为 x，x 的增长率与 A，B 的剩余量之积成正比，比例系数 $k>0$，求反应过程开始后 t 时刻生成物质 X 的量 x 与时间 t 的关系 .（要求 $b\alpha-a\beta\neq 0$）

解：设 t 时刻化合成新的物质 X 的量为 $x(t)$，其中 A，B 的含量分别为 $\frac{\alpha}{\alpha+\beta}x$，$\frac{\beta}{\alpha+\beta}x$，于是物质 A，B 的剩余量分别为 $a-\frac{\alpha}{\alpha+\beta}x$，$b-\frac{\beta}{\alpha+\beta}x$，根据 X 的量 x 的增长率与 A，B 的剩余量之积成正比，得到初值问题 $\begin{cases}\frac{\mathrm{d}x}{\mathrm{d}t}=k\left(a-\frac{\alpha}{\alpha+\beta}x\right)\left(b-\frac{\beta}{\alpha+\beta}x\right),\\ x\big|_{t=0}=0.\end{cases}$ 这个方程为可分离变量的微分方程，分离变量得到 $\frac{1}{b\alpha-a\beta}\left(\frac{\alpha}{a-\frac{\alpha}{\alpha+\beta}x}-\frac{\beta}{b-\frac{\beta}{\alpha+\beta}x}\right)\mathrm{d}x=k\mathrm{d}t$，两边积分得 $\frac{\alpha+\beta}{a\beta-b\alpha}\ln\frac{a(\alpha+\beta)-\alpha x}{b(\alpha+\beta)-\beta x}=kt+C$，将初值条件代入得到 $C=\frac{\alpha+\beta}{a\beta-b\alpha}\ln\frac{a}{b}$，所以

$$\frac{\alpha+\beta}{a\beta-b\alpha}\ln\frac{ab(\alpha+\beta)-b\alpha x}{ab(\alpha+\beta)-a\beta x}=kt.$$

例 13.2.6 （曳物线问题）汽车后挂一长为 a 的不可伸缩的钢索拖带重物，开始时汽车位于坐标原点，重物在 $A(0,a)$ 处，若汽车沿 x 轴正向移动，求重物运动的轨迹曲线.

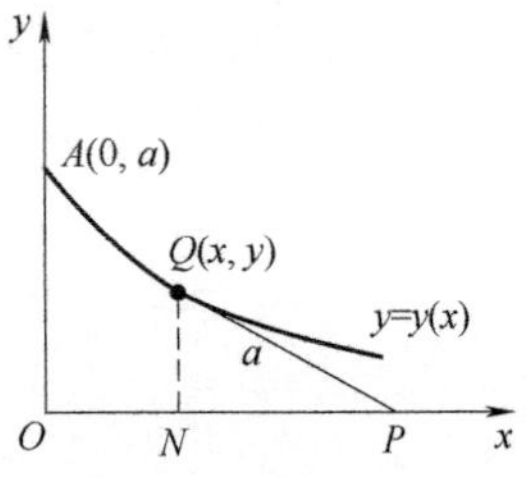

图 13.2.1

解：如图 13.2.1 所示，重物沿曲线的运动方向为曲线的切线方向，当汽车前进到点 P 时，重物运动到点 $Q(x,y)$ 处，由于 PQ 为所求曲线的切线，所以 $\frac{\mathrm{d}y}{\mathrm{d}x}=-\frac{y}{|NP|}=-\frac{y}{\sqrt{a^2-y^2}}$，分离变量可得 $\frac{\sqrt{a^2-y^2}\,\mathrm{d}y}{y}=-\mathrm{d}x$，两边积分，可得隐式通解为 $\sqrt{a^2-y^2}-a\ln\frac{a+\sqrt{a^2-y^2}}{y}=-x+C$. 通过初值条件 $y(0)=a$，得到 $C=0$，于是重物运动轨迹曲线（曳物线）方程为 $x=a\ln\frac{a+\sqrt{a^2-y^2}}{y}-\sqrt{a^2-y^2}$.

元素法建立微分方程是解决实际问题很重要的一种方法，其基本思想是：任取区间内一点 x，考虑增量 $\mathrm{d}x$，计算区间当自变量从 x 变化到 $x+\mathrm{d}x$ 时引起的因变量增量 $\mathrm{d}y$，然后构建 $\mathrm{d}x$ 和 $\mathrm{d}y$ 之间的关系，即得到一阶微分方程模型.

例 13.2.7 有一半径为 1m 的半球形容器盛满水，水从底部小孔流出. 已知小孔截面面积 $A=1\mathrm{cm}^2$. 从水力学知：当水面高度为 $h$cm 时，水从小孔流出的速率为 $0.62A\sqrt{2gh}$ $(\mathrm{cm}^3/\mathrm{s})$，求水面高

度 h 与时间 t 的函数关系，并确定需要多长时间容器中的水全部流完.

解：在轴截面上取坐标系，在 $[t,t+\mathrm{d}t]$ 时间段内，水面高度从 h 下降到 $h+\mathrm{d}h(\mathrm{d}h<0)$，容器内水的体积减少量的元素 $\mathrm{d}v=-\pi r^2\mathrm{d}h=-\pi[100^2-(100-h)^2]\mathrm{d}h=-\pi(200h-h^2)\mathrm{d}h$，流出的水的体积元素 $0.62\pi\sqrt{2gh}\,\mathrm{d}t$，因此，$-\pi(200h-h^2)\mathrm{d}h=0.62\pi\sqrt{2gh}\,\mathrm{d}t$，简化得 $(h^{\frac{3}{2}}-200\sqrt{h})\,\mathrm{d}h=0.62\sqrt{2g}\,\mathrm{d}t$，两边积分得通解 $\frac{2}{5}h^{\frac{5}{2}}-\frac{400}{3}h^{\frac{3}{2}}=0.62\sqrt{2g}t+C$. 再根据初值条件 $h(0)=100$，得 $C=-\frac{14}{15}\times10^5$，因此水面高度与时间 t 的关系为

$$\frac{2}{5}h^{\frac{5}{2}}-\frac{400}{3}h^{\frac{3}{2}}=0.62\sqrt{2g}t-\frac{14}{15}\times10^5.$$

容器中的水全部流完，即 $h=0$，得到 $t=\frac{14\times10^5}{15\times0.62\sqrt{2\times980}}\approx3400(\mathrm{s})$. 因此容器内的水全部流完需要 3400s.

例 13.2.8

求解逻辑斯谛(Logistic)模型 $\begin{cases}\frac{\mathrm{d}x}{\mathrm{d}t}=(a-bx)x,\\ x(t_0)=x_0.\end{cases}$

解：将方程分离变量 $\frac{\mathrm{d}x}{(a-bx)x}=\mathrm{d}t$，两边积分得

$$\int\frac{a-bx+bx}{a(a-bx)x}\mathrm{d}x=\int\mathrm{d}t,$$

即 $\ln|x|-\ln|a-bx|=at+\ln|C|$，$C\neq0$，于是 $x=\frac{aC\mathrm{e}^{at}}{1+bC\mathrm{e}^{at}}$，$C\neq0$.

2. 一阶线性微分方程

(1) 一阶线性微分方程的通解

标准形式为
$$\frac{\mathrm{d}y}{\mathrm{d}x}+P(x)y=Q(x)$$
的微分方程称为一阶线性微分方程，其中 $P(x)$ 和 $Q(x)$ 都是已知连续函数. 如果 $Q(x)\equiv0$，方程变为 $\frac{\mathrm{d}y}{\mathrm{d}x}+P(x)y=0$，称为一阶线性齐次方程. 如果 $Q(x)$ 不恒为 0，则方程 $\frac{\mathrm{d}y}{\mathrm{d}x}+P(x)y=Q(x)$ 称为一阶线性非齐次方程. 例如 $\frac{\mathrm{d}y}{\mathrm{d}x}=y+x^2$，$\frac{\mathrm{d}x}{\mathrm{d}t}=x\sin t+t^2$ 都是线性微分方程. 下面讨论一阶线性微分方程的解法.

对于齐次方程而言，是可分离变量的方程，分离变量得到 $\frac{\mathrm{d}y}{y}=-P(x)\,\mathrm{d}x$，两端积分得 $\ln|y|=-\int P(x)\,\mathrm{d}x+\ln|C|$，即 $y=C\mathrm{e}^{-\int P(x)\mathrm{d}x}$，此式为一阶线性齐次方程的通解，其中 C 为任意常数.

对于非齐次方程 $\frac{\mathrm{d}y}{\mathrm{d}x}+P(x)y=Q(x)$，首先对其通解进行讨论.采用分离变量法的解题思路，分离变量得 $\frac{\mathrm{d}y}{y}=\left(\frac{Q(x)}{y}-P(x)\right)\mathrm{d}x$，两边积分得 $\ln|y|=\int\frac{Q(x)}{y}\mathrm{d}x-\int P(x)\,\mathrm{d}x$，设 $v(x)=\int\frac{Q(x)}{y}\mathrm{d}x$，则 $\ln|y|=v(x)-\int P(x)\,\mathrm{d}x$，即 $y=\mathrm{e}^{v(x)}\mathrm{e}^{-\int P(x)\mathrm{d}x}$，这就是非齐次微分方程的通解形式，而相应齐次方程 $\frac{\mathrm{d}y}{\mathrm{d}x}+P(x)y=0$ 的通解为 $y=c\mathrm{e}^{-\int P(x)\mathrm{d}x}$，对这两个通解形式进行比较，可发现 c 变成了 $\mathrm{e}^{v(x)}$.因此，猜测非齐次方程的通解为 $y=c(x)\mathrm{e}^{-\int P(x)\mathrm{d}x}$. 将它代入非齐次方程 $\frac{\mathrm{d}y}{\mathrm{d}x}+P(x)y=Q(x)$ 后可得

$$c'(x)\mathrm{e}^{-\int P(x)\mathrm{d}x}-c(x)P(x)\mathrm{e}^{-\int P(x)\mathrm{d}x}+c(x)P(x)\mathrm{e}^{-\int P(x)\mathrm{d}x}=Q(x),$$

即

$$\mathrm{d}c(x)=\mathrm{e}^{\int P(x)\mathrm{d}x}Q(x)\,\mathrm{d}x,$$

两边积分得 $c(x)=\int\mathrm{e}^{\int P(x)\mathrm{d}x}Q(x)\,\mathrm{d}x+C$，因此非齐次方程的通解为

$$y=\mathrm{e}^{\int -P(x)\mathrm{d}x}\left(\int\mathrm{e}^{\int P(x)\mathrm{d}x}Q(x)\,\mathrm{d}x+C\right).$$

上面将齐次方程通解中的常数变易为待定函数，进而求出非齐次方程通解的方法，称为**常数变易法**.

1）非齐次方程的通解可以写成两项之和，即 $y=\underbrace{c\mathrm{e}^{\int -P(x)\mathrm{d}x}}_{\text{齐次方程的通解}}+\underbrace{\mathrm{e}^{\int -P(x)\mathrm{d}x}\cdot\int\mathrm{e}^{\int P(x)\mathrm{d}x}Q(x)\,\mathrm{d}x}_{\text{非齐次方程的特解}}$，容易验证，如果函数 $y=y(x)$ 是齐次方程 $\frac{\mathrm{d}y}{\mathrm{d}x}+P(x)y=0$ 的通解，$y=y^*(x)$ 是非齐次方程 $\frac{\mathrm{d}y}{\mathrm{d}x}+P(x)y=Q(x)$ 的一个特解，则 $y=y(x)+y^*(x)$ 一定是非齐次方程的通解.

2）同一个齐次方程解的任意线性组合，仍为该齐次方程的解；同一个非齐次方程两个解的差，为相应齐次方程的解.

例 13.2.9　求方程 $y'+\frac{1}{x}y=\frac{\sin x}{x}$ 的通解.

解：因为 $P(x)=\frac{1}{x}$，$Q(x)=\frac{\sin x}{x}$，代入通解公式中，得

$$y=e^{-\int\frac{1}{x}dx}\left(\int\frac{\sin x}{x}\cdot e^{\int\frac{1}{x}dx}dx+C\right)$$

$$=e^{-\ln x}\left(\int\frac{\sin x}{x}\cdot e^{\ln x}dx+C\right)$$

$$=\frac{1}{x}\left(\int\sin x dx+C\right)=\frac{1}{x}(-\cos x+C).$$

例 13.2.10　求微分方程 $xy'+(1-x)y=e^{2x}$ 的通解.

解法 1：(常数变易法)对应的齐次方程为 $xy'+(1-x)y=0$，分离变量得 $\frac{dy}{y}=\frac{x-1}{x}dx$，两端积分得 $\ln|y|=x-\ln|x|+c_1$，即 $\bar{y}=c\frac{e^x}{x}$，设 $y^*=c(x)\frac{e^x}{x}$，代入非齐次方程得到 $\frac{dc(x)}{dx}=e^x$，积分得 $c(x)=e^x+C$，则非齐次微分方程的通解为 $y=(e^x+C)\frac{e^x}{x}$.

解法 2：(公式法)首先将微分方程化成标准形式为 $y'+\frac{1-x}{x}y=\frac{e^{2x}}{x}$，其中 $P(x)=\frac{1-x}{x}$，$Q(x)=\frac{e^{2x}}{x}$，不妨设 $x>0$，代入通解公式中得

$$y=e^{-\int\frac{1-x}{x}dx}\left(C+\int\frac{e^{2x}}{x}e^{\int\frac{1-x}{x}dx}dx\right)$$

$$=e^{x-\ln x}\left(C+\int\frac{e^{2x}}{x}e^{\ln x-x}dx\right)$$

$$=\frac{e^x}{x}(C+e^x).$$

例 13.2.11　一容器内盛有 100L 清水，现将每升含盐量 4g 的盐水以 5L/min 的速率由 A 管注入容器，并不断进行搅拌使混合液迅速达到均匀，同时让混合液以 3L/min 的速率由 B 管流出容器，问在任一时刻 t 容器内的含盐量是多少？在 20min 末容器内的含盐量是多少？

解：设 t 时刻容器内的含盐量为 $y=y(t)$，在时间区间 $[t,t+dt]$ 内，含盐量的改变量等于在这段时间内注入的盐量减去这段时间内流出的盐量. 由题设，注入的盐量为 $4\times5dt=20dt$，由于 t 时刻盐水的浓度为 $\frac{y}{100+5t-3t}=\frac{y}{100+2t}$，因而流出的盐量为 $\frac{y}{100+2t}\times$

$3\mathrm{d}t=\dfrac{3y}{100+2t}\mathrm{d}t$，所以有 $\mathrm{d}y=20\mathrm{d}t-\dfrac{3y}{100+2t}\mathrm{d}t$，于是得到含盐量 $y(t)$所满足的微分方程$\begin{cases}\dfrac{\mathrm{d}y}{\mathrm{d}t}+\dfrac{3}{100+2t}y=20,\\ y(0)=0,\end{cases}$这是一阶线性非齐次微分方程的初值问题.

非齐次微分方程的通解为

$$y=\mathrm{e}^{-\int\frac{3}{100+2t}\mathrm{d}t}\left(C+\int 20\mathrm{e}^{\int\frac{3}{100+2t}\mathrm{d}t}\mathrm{d}t\right)=(100+2t)^{-\frac{3}{2}}\left[C+4(100+2t)^{\frac{5}{2}}\right].$$

把初值条件代入，得 $C=-4\times10^5$，于是 t 时刻容器内的含盐量为 $y=4(100+2t)-4\times10^5(100+2t)^{-\frac{3}{2}}(\mathrm{g})$，20min 末的含盐量为 $y(20)=4\times(100+2\times20)-4\times10^5(100+2\times20)^{-\frac{3}{2}}\approx318.5\mathrm{g}$.

(2) 一阶微分方程的初值问题

在实际问题的求解中，我们遇到更多的是带有初值的微分方程的求解，形式为

$$\begin{cases}y'+P(x)y=Q(x),\\ y(x_0)=y_0,\end{cases}$$

关于一阶线性微分方程初值问题的求解，在求解过程中都是先根据前面所给的通解公式计算出微分方程的通解，然后将初值代入通解方程中确定任意常数 C，从而最终计算出满足初值条件的一阶微分方程的解. 这样导致计算步骤多，计算量大，下面给出求解一阶线性微分方程初值问题的直接求解公式.

先求解对应的齐次线性方程的初值问题，分离变量得 $\begin{cases}\dfrac{\mathrm{d}y}{y}=-P(x)\mathrm{d}x,\\ y(x_0)=y_0,\end{cases}$于是 $\displaystyle\int_{y_0}^{y}\frac{1}{y}\mathrm{d}y=-\int_{x_0}^{x}P(\tau)\mathrm{d}\tau$，即 $y=y_0\mathrm{e}^{-\int_{x_0}^{x}P(\tau)\mathrm{d}\tau}$.

然后采用常数变易法设 $y=C(x)\mathrm{e}^{-\int_{x_0}^{x}P(\tau)\mathrm{d}\tau}$，则

$C'(x)=Q(x)\mathrm{e}^{\int_{x_0}^{x}P(\tau)\mathrm{d}\tau}$，$C(x)=\displaystyle\int_{x_0}^{x}Q(\sigma)\mathrm{e}^{\int_{x_0}^{\sigma}P(\tau)\mathrm{d}\tau}\mathrm{d}\sigma+C$，则特解为

$$y(x)=\mathrm{e}^{-\int_{x_0}^{x}P(\tau)\mathrm{d}\tau}\left(y_0+\int_{x_0}^{x}Q(\sigma)\mathrm{e}^{\int_{x_0}^{\sigma}P(\tau)\mathrm{d}\tau}\mathrm{d}\sigma\right).$$

例 13.2.12 求解微观动态市场模型

$$\begin{cases}\dfrac{\mathrm{d}P}{\mathrm{d}t}+j(\beta+\delta)P=j(\alpha+\gamma),\\ P(0)=P_0.\end{cases}$$

解： 利用公式，方程的通解为

$$P=\mathrm{e}^{-\int j(\beta+\delta)\mathrm{d}t}\left(\int j(\alpha+\gamma)\mathrm{e}^{\int j(\beta+\delta)\mathrm{d}t}\mathrm{d}t+C\right)$$

$$=\mathrm{e}^{-j(\beta+\delta)t}\left(\int j(\alpha+\gamma)\mathrm{e}^{j(\beta+\delta)t}\mathrm{d}t+C\right)$$

$$=\mathrm{e}^{-j(\beta+\delta)t}\left(\frac{\alpha+\gamma}{\beta+\delta}\mathrm{e}^{j(\beta+\delta)t}+C\right),$$

其中，$C=P_0-\dfrac{\alpha+\gamma}{\beta+\delta}$，所以初值问题的解为

$$P=\mathrm{e}^{-j(\beta+\delta)t}\left(\frac{\alpha+\gamma}{\beta+\delta}\mathrm{e}^{j(\beta+\delta)t}+P_0-\frac{\alpha+\gamma}{\beta+\delta}\right).$$

13.2.2 变量代换法

1. 齐次方程

如果一阶常微分方程能够化成标准形式$\dfrac{\mathrm{d}y}{\mathrm{d}x}=f\left(\dfrac{y}{x}\right)$，则称其为齐次方程. 直观上，若方程中右端的每一项的分子分母中各项同次，且分子分母同次，则它为齐次方程. 若方程 $M(x,y)\mathrm{d}x+N(x,y)\mathrm{d}y=0$ 的 $M(x,y)$，$N(x,y)$ 中各项同次，则它是齐次方程. 例如，$y'=\dfrac{y}{x}+\tan\dfrac{y}{x}$，$(x^2+y^2)\mathrm{d}x-xy\mathrm{d}y=0$ 都是齐次方程. 而方程$(2x+y-4)\mathrm{d}x-(x+y-1)\mathrm{d}y=0$，$\sqrt{1-x^2}\,y'=\sqrt{1-y^2}$不是齐次方程. 下面说明齐次方程$\dfrac{\mathrm{d}y}{\mathrm{d}x}=f\left(\dfrac{y}{x}\right)$的解法. 做变量代换将其化成可分离变量的微分方程求解，一般地，令 $u=\dfrac{y}{x}$，即 $y=xu$(注意 u 是 x 的函数，即 $u=u(x)$)，此式对 x 求导，得到$\dfrac{\mathrm{d}y}{\mathrm{d}x}=u+x\dfrac{\mathrm{d}u}{\mathrm{d}x}$，代入原方程得到 $u+x\dfrac{\mathrm{d}u}{\mathrm{d}x}=f(u)$，即 $x\dfrac{\mathrm{d}u}{\mathrm{d}x}=f(u)-u$，这是一个可分离变量微分方程. 若$f(u)-u\neq 0$，分离变量得$\dfrac{\mathrm{d}u}{f(u)-u}=\dfrac{\mathrm{d}x}{x}$，两边积分得 $\displaystyle\int\frac{\mathrm{d}u}{f(u)-u}=\int\frac{\mathrm{d}x}{x}=\ln|x|+C$.

例 13.2.13　求微分方程$(1+\mathrm{e}^{-\frac{x}{y}})y\mathrm{d}x=(x-y)\mathrm{d}y$ 的通解.

解：将 x 看成 y 的函数$\dfrac{\mathrm{d}x}{\mathrm{d}y}=\dfrac{1}{1+\mathrm{e}^{-\frac{x}{y}}}\left(\dfrac{x}{y}-1\right)$，这是一个齐次方程.

令 $u=\dfrac{x}{y}$，则 $x=yu$，$\dfrac{\mathrm{d}x}{\mathrm{d}y}=u+y\dfrac{\mathrm{d}u}{\mathrm{d}y}$，代入原方程得 $u+y\dfrac{\mathrm{d}u}{\mathrm{d}y}=$

$\frac{1}{1+e^{-u}}(u-1)$，分离变量得$\frac{1+e^{-u}}{1+ue^{-u}}du=-\frac{1}{y}dy$，$\frac{1+e^{u}}{u+e^{u}}du=-\frac{1}{y}dy$，两边积分得 $\ln(u+e^{u})=-\ln y+\ln C$，$\ln(u+e^{u})+\ln y=\ln C$，$y(u+e^{u})=C$. 即微分方程的通解为 $x+ye^{\frac{x}{y}}=C$.

例 13.2.14 探照灯的反光镜是一旋转曲面，从点光源发出的光线经它反射后都成为与旋转轴平行的光线，设这反光镜是由 xOy 面上的曲线 L 绕 x 轴旋转而成的，求曲线的方程.

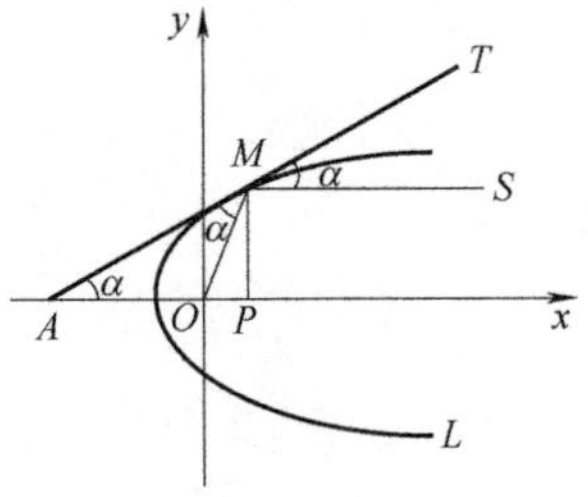

图 13.2.2

解：如图 13.2.2 所示建立坐标系，设原点为光源的位置，$M(x,y)$是曲线 L 上任意一点，由点 O 发出的光线经点 M 反射成为直线 MS，设 MT 是曲线的切线，它与 x 轴的倾角为 α，由于 MS 与 x 轴平行，根据光学中的反射定律，有 $\angle OMA=\angle SMT=\angle MAO=\alpha$，于是有 $OA=OM$，因为 $OA=AP-OP=PM\cot\alpha-OP=\frac{y}{y'}-x$，$OM=\sqrt{x^2+y^2}$，于是得 $\frac{y}{y'}-x=\sqrt{x^2+y^2}$，即 $\frac{dx}{dy}=\frac{x+\sqrt{x^2+y^2}}{y}$，由于曲线 L 关于 x 轴对称，我们只需要在 $y>0$ 的范围内求解，微分方程是齐次方程，令$\frac{x}{y}=u$，即 $x=yu$，有$\frac{dx}{dy}=u+y\frac{du}{dy}$，代入上面微分方程得 $y\frac{du}{dy}=\sqrt{u^2+1}$，分离变量法得 $\frac{du}{\sqrt{u^2+1}}=\frac{dy}{y}$，两边积分得 $\ln(u+\sqrt{u^2+1})=\ln y+C_1$，即 $u+\sqrt{u^2+1}=Cy$，$-u+\sqrt{u^2+1}=\frac{1}{Cy}$，两式相减得 $u=\frac{1}{2}\left(Cy-\frac{1}{Cy}\right)$，将 $u=\frac{x}{y}$代入得 $x=\frac{y}{2}\left(Cy-\frac{1}{Cy}\right)=\frac{1}{2}Cy^2-\frac{1}{2C}$，这就是曲线 L 的方程.

2. Bernoulli 方程

标准形式为$\frac{dy}{dx}+P(x)y=Q(x)y^n \quad (n\neq 0,1)$的方程称为 Bernoulli 方程.

当 $n=0$，1 时，方程为线性微分方程；

当 $n\neq 0$，1 时，方程为非线性微分方程.

解法：需经过变量代换化为线性微分方程.

通过变量代换，可以将其化成线性微分方程，将方程两端同时除以 y^n，得到 $y^{-n}\frac{dy}{dx}+P(x)y^{1-n}=Q(x)$，令 $u=y^{1-n}$，则$\frac{du}{dx}=(1-n)y^{-n}\frac{dy}{dx}$，即 $\frac{1}{1-n}\frac{du}{dx}=y^{-n}\frac{dy}{dx}$，代入方程化为$\frac{du}{dx}+$

$(1-n)P(x)u=(1-n)Q(x)$，即成为关于函数 $u=u(x)$ 的一阶线性微分方程.

例 13.2.15　求方程 $\frac{dy}{dx}-\frac{4}{x}y=x^2\sqrt{y}$ 的通解.

解：该方程为 $n=\frac{1}{2}$ 的 Bernoulli 方程，两端除以 $\sqrt{y}$，得 $\frac{1}{\sqrt{y}}\frac{dy}{dx}-\frac{4}{x}\sqrt{y}=x^2$，令 $u=y^{1-\frac{1}{2}}=\sqrt{y}$，$\frac{du}{dx}-\frac{2}{x}u=\frac{x^2}{2}$，利用一阶线性方程的通解公式得 $u=e^{\int\frac{2}{x}dx}\left(\int e^{\int-\frac{2}{x}dx}\frac{x^2}{2}dx+C\right)$，得到 $u=x^2\left(\frac{x}{2}+C\right)$，即 $y=x^4\left(\frac{x}{2}+C\right)^2$.

Bernoulli 方程是一种很容易化为线性方程的非线性方程，一般而言，非线性方程不能通过化为线性方程采用初等积分法求解，例如 Riccati（里卡蒂，1676—1754）方程 $\frac{dy}{dx}=P(x)y^2+Q(x)y+R(x)$，但是在某些特殊情况下，Riccati 方程可以转化为 Bernoulli 方程从而采用变量代换法加以求解.

例如，情形 1：若 $R(x)\equiv0$，则 Riccati 方程成为 Bernoulli 方程 $(n=2)$；

情形 2：若已知 Riccati 方程的一个特解 $y=y^*(x)$，做变换 $y=u+y^*$，代入 Riccati 方程可得

$$\begin{aligned}\frac{du}{dx}+\frac{dy^*}{dx}&=P(x)(u+y^*)^2+Q(x)(u+y^*)+R(x)\\&=P(x)u^2+(2y^*P(x)+Q(x))u+\\&\quad[P(x)(y^*)^2+Q(x)y^*+R(x)].\end{aligned}$$

又由于 Riccati 方程的一个特解是 $y=y^*(x)$，因此 $\frac{dy^*}{dx}=P(x)(y^*)^2+Q(x)y^*+R(x)$，代入上式，得 $\frac{du}{dx}=P(x)u^2+(2y^*P(x)+Q(x))u$，即成为关于函数 $u=u(x)$ 的 Bernoulli 方程 $(n=2)$.

3. 其他的变量代换法

对于形如 $\frac{dy}{dx}=f(ax+by+c)$（其中 a，b，c 为常数，$b\neq0$）的一阶微分方程，令 $u=ax+by+c$，则方程可化为 $\frac{du}{dx}=bf(u)+a$，仍为可分离变量微分方程.

形如 $f(x\pm y)(dx\pm dy)=g(x)dx$，方法：令 $u=x\pm y$，$du=dx\pm dy$，

$f(u)\mathrm{d}u=g(x)\mathrm{d}x$.

例 13.2.16 求$\frac{\mathrm{d}y}{\mathrm{d}x}=(x+y)^2$的通解.

解：令$u=x+y$，$\frac{\mathrm{d}y}{\mathrm{d}x}=\frac{\mathrm{d}u}{\mathrm{d}x}-1$代入原方程$\frac{\mathrm{d}u}{\mathrm{d}x}=1+u^2$，分离变量两边积分得$\arctan u=x+C$，代回$u=x+y$，得$\arctan(x+y)=x+C$，于是原方程的通解为$y=\tan(x+C)-x$.

例 13.2.17 求$xy'+x+\sin(x+y)=0$的通解.

解：令
$$u=x+y,\ u'=y'+1,$$
原方程变为
$$xu'+\sin u=0,$$
分离变量得$\frac{\mathrm{d}u}{\sin u}=-\frac{\mathrm{d}x}{x}$，得$\frac{1}{\sin u}-\frac{\cos u}{\sin u}=\frac{C}{x}$，通解为$x\csc(x+y)-x\cot(x+y)=C$.

对于形如$\frac{\mathrm{d}y}{\mathrm{d}x}=\frac{1}{x^2}f(xy)$的一阶微分方程，令$u=xy$，则方程化为$x\frac{\mathrm{d}u}{\mathrm{d}x}=u+f(u)$，这也是可分离变量微分方程.

形如$f(xy)(x\mathrm{d}y+y\mathrm{d}x)=g(x)\mathrm{d}x$，方法：令$u=xy$，$\mathrm{d}u=x\mathrm{d}y+y\mathrm{d}x$，$f(u)\mathrm{d}u=g(x)\mathrm{d}x$.

例 13.2.18 求方程$f(xy)y\mathrm{d}x+g(xy)x\mathrm{d}y=0$的通解.

解：令$u=xy$，则$\mathrm{d}u=x\mathrm{d}y+y\mathrm{d}x$，$f(u)y\mathrm{d}x+g(u)(\mathrm{d}u-y\mathrm{d}x)=0$，则$f(u)\frac{u}{x}\mathrm{d}x+g(u)\left(\mathrm{d}u-\frac{u}{x}\mathrm{d}x\right)=0$，即$\frac{\mathrm{d}x}{x}+\frac{g(u)}{u(f(u)-g(u))}\mathrm{d}u=0$，通解为$\ln|x|+\int\frac{g(u)}{u(f(u)-g(u))}\mathrm{d}u=C$.

对于形如$\frac{\mathrm{d}y}{\mathrm{d}x}=f\left(\frac{ax+by+c}{a_1x+b_1y+c_1}\right)$的一阶微分方程. 有如下情形：当$c=c_1=0$时，方程本身就是齐次方程，当$c$和$c_1$不全为0时，可通过变量代换将方程化成齐次方程或可分离变量的方程.

情形 1：$\frac{a_1}{a}\neq\frac{b_1}{b}$时，做变量代换$x=X+h$，$y=Y+k$（$h$，$k$为待定常数），则$\mathrm{d}x=\mathrm{d}X$，$\mathrm{d}y=\mathrm{d}Y$，原方程化为$\frac{\mathrm{d}Y}{\mathrm{d}X}=f\left(\frac{aX+bY+ah+bk+c}{a_1X+b_1Y+a_1h+b_1k+c_1}\right)$，令$\begin{cases}ah+bk+c=0,\\a_1h+b_1k+c_1=0,\end{cases}$解出$h$，$k$，得到$\frac{\mathrm{d}Y}{\mathrm{d}X}=f\left(\frac{aX+bY}{a_1X+b_1Y}\right)$，这是一个齐次方程.

情形 2：$\frac{a_1}{a}=\frac{b_1}{b}=\lambda$ 时，原方程可化为 $\frac{\mathrm{d}y}{\mathrm{d}x}=f\left(\frac{ax+by+c}{\lambda(ax+b)+c_1}\right)$ $(b\neq0)$，令 $v=ax+by$，$\frac{\mathrm{d}v}{\mathrm{d}x}=a+bf\left(\frac{v+c}{\lambda v+c_1}\right)$ 是可分离变量微分方程.

例 13.2.19　求 $\frac{\mathrm{d}y}{\mathrm{d}x}=\frac{x-y+1}{x+y-3}$ 的通解.

解：通过方程组 $\begin{cases}h-k+1=0,\\h+k-3=0,\end{cases}$ 解出 $h=1$，$k=2$. 令 $x=X+1$，$y=Y+2$，代入原方程得 $\frac{\mathrm{d}Y}{\mathrm{d}X}=\frac{X-Y}{X+Y}$，令 $u=\frac{Y}{X}$，方程变为 $u+X\frac{\mathrm{d}u}{\mathrm{d}X}=\frac{1-u}{1+u}$，分离变量得 $X^2(u^2+2u-1)=C$，即 $Y^2+2XY-X^2=C$，得原方程的通解 $(y-2)^2+2(x-1)(y-2)-(x-1)^2=C$.

13.2.3　积分因子法

考虑一阶微分方程 $M(x,y)\mathrm{d}x+N(x,y)\mathrm{d}y=0$，若存在函数 $u(x,y)$，满足 $\mathrm{d}u(x,y)=M(x,y)\mathrm{d}x+N(x,y)\mathrm{d}y$，即 $M(x,y)=\frac{\partial u(x,y)}{\partial x}$，$N(x,y)=\frac{\partial u(x,y)}{\partial y}$，则称微分方程 $M(x,y)\mathrm{d}x+N(x,y)\mathrm{d}y=0$ 是**恰当方程**，也称为**全微分方程**，此时通解为 $u(x,y)=C$. 例如，$\mathrm{d}(xy)=x\mathrm{d}y+y\mathrm{d}x=0$，$\mathrm{d}(x^3y+xy^2)=(3x^2y+y^2)\mathrm{d}x+(x^3+2xy)\mathrm{d}y=0$，$\mathrm{d}\left(\int f(x)\mathrm{d}x+\int g(y)\mathrm{d}y\right)=f(x)\mathrm{d}x+g(y)\mathrm{d}y=0$ 都是恰当方程.

对于一阶微分方程 $M(x,y)\mathrm{d}x+N(x,y)\mathrm{d}y=0$，设函数 $M(x,y)$ 和 $N(x,y)$ 在一个矩形区域 $\mathbf{R}$ 中连续且有连续的一阶偏导数，则方程 $M(x,y)\mathrm{d}x+N(x,y)\mathrm{d}y=0$ 是恰当方程的充要条件是 $\frac{\partial M(x,y)}{\partial y}=\frac{\partial N(x,y)}{\partial x}$（证明略）.

1. 不定积分法

不定积分法求恰当方程的步骤如下：

（1）判断一阶微分方程 $M(x,y)\mathrm{d}x+N(x,y)\mathrm{d}y=0$ 是否是恰当方程，若是的话，进入下一步.

（2）由偏导数的定义，将 y 看作常数，求 $u(x,y)=\int M(x,y)\mathrm{d}x+\varphi(y)$.

（3）由 $\frac{\partial u}{\partial y}=N(x,y)$ 求出 $\varphi(y)$.

这样就求出了原函数 $u(x,y)$，也就求出了全微分方程的解.

例 13.2.20 验证方程 $(e^x+y)dx+(x-2\sin y)dy=0$ 是恰当方程，并求它的通解.

解：这里 $M(x,y)=e^x+y$，$N(x,y)=x-2\sin y$. 因此，$\frac{\partial M(x,y)}{\partial y}=1=\frac{\partial N(x,y)}{\partial x}$，故所给方程是恰当方程.

由于所求函数 $u(x,y)$ 满足 $\frac{\partial u}{\partial x}=e^x+y$，$\frac{\partial u}{\partial y}=x-2\sin y$. 根据偏导数的定义，只要将 y 看作常数，将 e^x+y 对 x 积分得 $u(x,y)=\int(e^x+y)dx+\varphi(y)=e^x+yx+\varphi(y)$. 对函数 $u(x,y)$ 关于 y 求偏导数，$\frac{\partial u}{\partial y}=x+\frac{d\varphi(y)}{dy}=x-2\sin y$，即 $\frac{d\varphi(y)}{dy}=-2\sin y$，两边积分得 $\varphi(y)=2\cos y$，故 $u(x,y)=e^x+yx+2\cos y$. 从而方程的通解为 $e^x+yx+2\cos y=C$.

2. 分项组合法

往往在判断方程为全微分方程后，并不需要按照上述一般方法来求解，而是采用"分项组合"的方法，先将那些本身已构成全微分的项分出来，再把余下的项凑成全微分. 这种方法被称为**分项组合法**，其优点是计算相对简单，当然这种方法要求熟记一些简单的二元函数的全微分，例如：

$$ydx+xdy=d(xy),\quad \frac{ydx-xdy}{y^2}=d\left(\frac{x}{y}\right),\quad \frac{-ydx+xdy}{x^2}=d\left(\frac{y}{x}\right),$$

$$\frac{ydx-xdy}{xy}=d\left(\ln\left|\frac{x}{y}\right|\right),\quad \frac{ydx-xdy}{x^2+y^2}=d\left(\arctan\frac{x}{y}\right),$$

$$\frac{ydx-xdy}{x^2-y^2}=\frac{1}{2}d\left(\ln\left|\frac{x-y}{x+y}\right|\right).$$

例 13.2.21 求微分方程 $(3x^2+6xy^2)dx+(6x^2y+4y^3)dy=0$ 的通解.

解：这里 $M(x,y)=3x^2+6xy^2$，$N(x,y)=6x^2y+4y^3$，所以，$\frac{\partial M(x,y)}{\partial y}=12xy=\frac{\partial N(x,y)}{\partial x}$，故所给方程是恰当方程. 把方程重新"分项组合"得 $3x^2dx+4y^3dy+(6xy^2dx+6x^2ydy)=0$，即 $dx^3+dy^4+(3y^2dx^2+3x^2dy^2)=0$，或写成 $d(x^3+y^4+3x^2y^2)=0$，故通解为 $x^3+y^4+3x^2y^2=C$.

3. 线积分法

由于 $\frac{\partial M(x,y)}{\partial y}=\frac{\partial N(x,y)}{\partial x}$，由曲线积分与路径无关的定理

知，如图 13.2.3 所示，取$(x_0,y_0)\in\mathbf{R}$，则

$$u(x,y)=\int_{(x_0,y_0)}^{(x,y)}M(x,y)\mathrm{d}x+N(x,y)\mathrm{d}y=\int_{x_0}^{x}M(x,y_0)\mathrm{d}x+\int_{y_0}^{y}N(x,y)\mathrm{d}y,$$

从而微分方程的通解为$\int_{x_0}^{x}M(x,y_0)\mathrm{d}x+\int_{y_0}^{y}N(x,y)\mathrm{d}y=C$，$C$为任意常数.

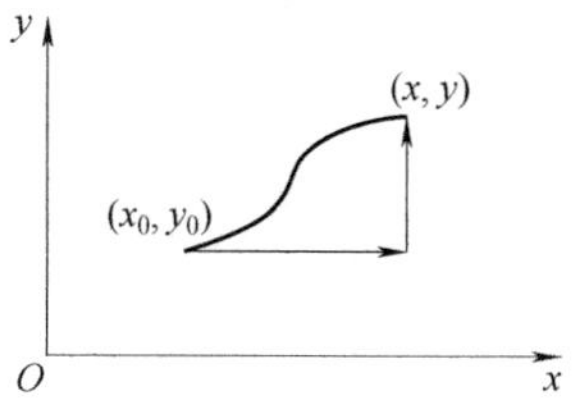

图　13.2.3

例 13.2.22　求微分方程$(y\cos x+2xe^y)\mathrm{d}x+(\sin x+x^2e^y+2)\mathrm{d}y=0$的通解.

解：这里$M(x,y)=y\cos x+2xe^y$，$N(x,y)=\sin x+x^2e^y+2$，所以，$\dfrac{\partial M(x,y)}{\partial y}=\cos x+2xe^y=\dfrac{\partial N(x,y)}{\partial x}$，故所给方程是恰当方程. 由于$M(x,y)$，$N(x,y)$在全平面上连续，故取$(x_0,y_0)=(0,0)$，如图 13.2.4 所示，

$$\begin{aligned}u(x,y)&=\int_{(0,0)}^{(x,y)}M(x,y)\mathrm{d}x+N(x,y)\mathrm{d}y\\&=\int_0^x M(x,0)\mathrm{d}x+\int_0^y N(x,y)\mathrm{d}y\\&=\int_0^x 2x\mathrm{d}x+\int_0^y(\sin x+x^2e^y+2)\mathrm{d}y\\&=x^2+y\sin x+x^2(e^y-1)+2y\\&=y\sin x+x^2e^y+2y,\end{aligned}$$

故通解为$y\sin x+x^2e^y+2y=C$，C是任意常数.

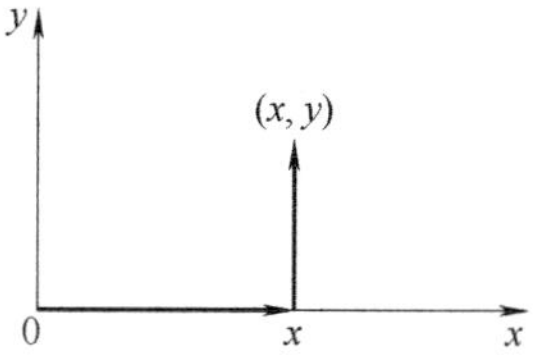

图　13.2.4

4. 积分因子法

全微分方程通过积分很容易求出它的通解，但若不是一个全微分方程的话，把它化成全微分方程就有很大的意义，所以，引进积分因子的概念就成为必要了.

分离变量微分方程$\mathrm{d}y-f(x)\varphi(y)\mathrm{d}x=0$不是恰当方程，我们将方程两边同乘以$\dfrac{1}{\varphi(y)}$，得$\dfrac{1}{\varphi(y)}\mathrm{d}y-f(x)\mathrm{d}x=0$，$\dfrac{\partial(-f(x))}{\partial y}=0=\dfrac{\partial\left(\dfrac{1}{\varphi(y)}\right)}{\partial x}$，于是，方程$\dfrac{1}{\varphi(y)}\mathrm{d}y-f(x)\mathrm{d}x=0$为恰当方程. 可见，对一些非恰当方程，乘上一个因子后，可变为恰当方程.

定义　如果存在连续可微函数$\mu(x,y)\neq 0$，使得$\mu(x,y)M(x,y)\mathrm{d}x+\mu(x,y)N(x,y)\mathrm{d}y=0$为恰当方程，则$\mu(x,y)$是方程$M(x,y)\mathrm{d}x+N(x,y)\mathrm{d}y=0$的一个**积分因子**.

例 13.2.23 验证$\mu(x,y)=x^2y$是方程$(3y+4xy^2)\mathrm{d}x+(2x+3x^2y)\mathrm{d}y=0$的一个积分因子，并求其通解.

解：对方程有$\mu(x,y)M(x,y)=3x^2y^2+4x^3y^3$，$\mu(x,y)N(x,y)=2x^3y+3x^4y^2$，由于$\dfrac{\partial\mu(x,y)M(x,y)}{\partial y}=6x^2y+12x^3y^2=\dfrac{\partial\mu(x,y)N(x,y)}{\partial x}$，故所给方程乘以$\mu(x,y)$后为恰当方程. 所以$\mu(x,y)$是其积分因子.

对方程两边同乘以$\mu(x,y)=x^2y$后得$(3x^2y^2+4x^3y^3)\mathrm{d}x+(2x^3y+3x^4y^2)\mathrm{d}y=0$，把方程重新“分项组合”得$(3x^2y^2\mathrm{d}x+2x^3y\mathrm{d}y)+(4x^3y^3\mathrm{d}x+3x^4y^2\mathrm{d}y)=0$，即$\mathrm{d}(x^3y^2)+\mathrm{d}(x^4y^3)=0$，也即$\mathrm{d}(x^3y^2+x^4y^3)=0$，故所给方程的通解为$x^3y^2+x^4y^3=C$，$C$为任意常数.

接下来，问题是如何确定积分因子？下面研究求积分因子的方法.

$\mu(x,y)$是方程$M(x,y)\mathrm{d}x+N(x,y)\mathrm{d}y=0$的积分因子的充分必要条件是

$$N\frac{\partial\mu}{\partial x}-M\frac{\partial\mu}{\partial y}=\left(\frac{\partial M}{\partial y}-\frac{\partial N}{\partial x}\right)\mu.$$

微分方程$N\dfrac{\partial\mu}{\partial x}-M\dfrac{\partial\mu}{\partial y}=\left(\dfrac{\partial M}{\partial y}-\dfrac{\partial N}{\partial x}\right)\mu$是以$\mu(x,y)$为未知函数的偏微分方程，要想从以上方程求出$\mu(x,y)$，一般来说比直接解微分方程$M(x,y)\mathrm{d}x+N(x,y)\mathrm{d}y=0$更困难，尽管如此，方程$N\dfrac{\partial\mu}{\partial x}-M\dfrac{\partial\mu}{\partial y}=\left(\dfrac{\partial M}{\partial y}-\dfrac{\partial N}{\partial x}\right)\mu$还是提供了寻找特殊形式积分因子的途径.

若微分方程$M(x,y)\mathrm{d}x+N(x,y)\mathrm{d}y=0$有一个仅依赖于$x$的积分因子的充要条件是$\dfrac{\dfrac{\partial M}{\partial y}-\dfrac{\partial N}{\partial x}}{N}$仅与$x$有关，这时方程$M(x,y)\mathrm{d}x+N(x,y)\mathrm{d}y=0$的积分因子为$\mu(x)=\mathrm{e}^{\int\psi(x)\mathrm{d}x}$，这里$\psi(x)=\dfrac{\dfrac{\partial M}{\partial y}-\dfrac{\partial N}{\partial x}}{N}$.

同理，微分方程$M(x,y)\mathrm{d}x+N(x,y)\mathrm{d}y=0$有一个仅依赖于$y$的积分因子的充要条件是$\dfrac{\dfrac{\partial M}{\partial y}-\dfrac{\partial N}{\partial x}}{M}$仅与$y$有关，这时方程$M(x,y)\mathrm{d}x+N(x,y)\mathrm{d}y=0$的积分因子为$\mu(y)=\mathrm{e}^{\int\varphi(y)\mathrm{d}y}$，这里

$$\varphi(y)=\frac{\frac{\partial M}{\partial y}-\frac{\partial N}{\partial x}}{-M}.$$

例 13.2.24　求微分方程$\left(\frac{y^2}{2}+2ye^x\right)dx+(y+e^x)dy=0$ 的通解.

解：$\frac{\partial M(x,y)}{\partial y}=y+2e^x\neq\frac{\partial N(x,y)}{\partial x}=e^x$，故它不是恰当方程.

又由于$\frac{\frac{\partial M}{\partial y}-\frac{\partial N}{\partial x}}{N}=\frac{y+e^x}{y+e^x}=1=\psi(x)$，它与 y 无关，故方程有一个仅与 x 有关的积分因子$\mu(x)=e^{\int\psi(x)dx}=e^{\int 1dx}=e^x$，对方程两边同乘以$\mu(x)=e^x$ 后得$\left(\frac{y^2}{2}e^x+2ye^{2x}\right)dx+(ye^x+e^{2x})dy=0$，利用恰当方程求解法得到通解为$\frac{y^2}{2}e^x+ye^{2x}=C$，$C$ 为任意常数.

积分因子是求解微分方程的一个极为重要的方法，绝大多数方程求解都可以通过寻找一个合适的积分因子来解决，但求微分方程的积分因子十分困难，需要灵活运用各种微分法的技巧和经验. 下面通过例子说明一些简单的积分因子的求法.

例 13.2.25　求微分方程 $ydx+(y-x)dy=0$ 的通解.

分析：这里 $M(x,y)=y$，$N(x,y)=y-x$，$\frac{\partial M(x,y)}{\partial y}=1\neq\frac{\partial N(x,y)}{\partial x}=-1$，故方程不是恰当方程.

解法 1：因为$\frac{\frac{\partial M}{\partial y}-\frac{\partial N}{\partial x}}{-M}=-\frac{2}{y}=\varphi(y)$，仅与 y 有关，故方程有一个仅依赖于 y 的积分因子，$\mu(y)=e^{\int\varphi(y)dy}=e^{\int-\frac{2}{y}dy}=\frac{1}{y^2}$，以$\mu(y)=\frac{1}{y^2}$乘方程两边得$\frac{1}{y}dx+\frac{1}{y}dy-\frac{x}{y^2}dy=0$，即$\frac{ydx-xdy}{y^2}+\frac{dy}{y}=0$.

故方程的通解为$\frac{x}{y}+\ln|y|=C$.

解法 2：方程改写为 $ydx-xdy=-ydy$，容易看出方程左侧有积分因子：$\mu=\frac{1}{y^2}$或者$\frac{1}{x^2}$或$\frac{1}{xy}$或$\frac{1}{x^2+y^2}$等，但方程右侧仅与 y 有关，故取$\mu=\frac{1}{y^2}$为方程的积分因子，由此得$\frac{ydx-xdy}{y^2}=-\frac{dy}{y}$，故

方程的通解为$\frac{x}{y}+\ln|y|=C$.

解法 3：方程改写为$\frac{dy}{dx}=\frac{y}{x-y}=\frac{\frac{y}{x}}{1-\frac{y}{x}}$，这是一个齐次方程，令$u=\frac{y}{x}$代入方程得$x\frac{du}{dx}+u=\frac{u}{1-u}$，即$\frac{1-u}{u^2}du=\frac{1}{x}dx$，故通解为$-\frac{1}{u}-\ln|u|=\ln|x|+C$，变量还原得原方程的通解为$\frac{x}{y}+\ln|y|=C$.

13.2.4 降阶法

对有些高阶微分方程，我们可以通过积分或者适当的变量代换将它们化成一阶微分方程，这种类型的高阶微分方程称为**可降阶微分方程**，相应的求解方法称为**降阶法**. 下面介绍三类可降阶的高阶微分方程的求解方法.

1. $y^{(n)}=f(x)$型微分方程

这类微分方程的特点是右端仅含有自变量x，因此通过n次积分就能得到它的通解，每次积分都会出现一个任意常数，因此通解中含有n个独立常数.

例 13.2.26 求微分方程$y'''=\frac{1}{1+x^2}$的通解.

解：对方程连续积分 3 次，第一次积分得$y''=\int\frac{1}{1+x^2}dx=\arctan x+C_1$，

第二次积分得

$$\begin{aligned}y'&=\int\arctan x\,dx+C_1x\\&=x\arctan x-\int\frac{x}{1+x^2}dx+C_1x\\&=x\arctan x-\frac{1}{2}\ln(1+x^2)+C_1x+C_2,\end{aligned}$$

第三次积分得

$$\begin{aligned}y&=\int\left[x\arctan x-\frac{1}{2}\ln(1+x^2)\right]dx+\frac{C_1}{2}x^2+C_2x\\&=\frac{1}{2}x^2\arctan x-\frac{1}{2}\int\frac{x^2}{1+x^2}dx-\frac{1}{2}x\ln(1+x^2)+\\&\quad\frac{1}{2}\int\frac{2x^2}{1+x^2}dx+\frac{C_1}{2}x^2+C_2x\end{aligned}$$

$$= \frac{1}{2}x^2\arctan x + \frac{x}{2} - \frac{1}{2}\arctan x - \frac{1}{2}x\ln(1+x^2) + \frac{C_1}{2}x^2 + C_2x + C_3.$$

2. $y^{(n)}=f(x,y^{(k)},\cdots,y^{(n-1)})$ 型微分方程

这类方程的特点是方程中不显含未知函数 y 及 $y',\cdots,y^{(k-1)}$，做代换 $p(x)=y^{(k)}(x)$，则方程化为 $y^{(n-k)}=f(x,p,\cdots,p^{(n-k-1)})$，这样就化为一个 $n-k$ 阶微分方程，从而降阶 k 次.

特别地，对于形如 $y''=f(x,y')$ 的二阶微分方程，令 $p(x)=y'(x)$ 可将其化为关于 p 的一阶微分方程 $p'=f(x,p)$.

例 13.2.27　求微分方程 $xy^{(5)}-y^{(4)}=0$ 的通解.

解：设 $y^{(4)}=z$，$y^{(5)}=z'$，代入原方程 $xz'-z=0$，解一阶线性方程，得到 $z=C_1x$，即得到 $y^{(4)}=C_1x$，两端再次积分，得到 $y'''=\frac{1}{2}C_1x^2+C_2$，继续积分 3 次，最后得到 $y=\frac{C_1}{120}x^5+\frac{C_2}{6}x^3+\frac{C_3}{2}x^2+C_4x+C_5$，于是原来方程的通解为 $y=d_1x^5+d_2x^3+d_3x^2+d_4x+d_5$.

例 13.2.28　我方舰艇向敌方舰艇发射制导导弹，导弹头始终对准敌舰，设敌舰沿 y 轴正方向以匀速 v 行使，导弹的速度是 $5v$，且设导弹由 x 轴上点 $(a,0)$ 处发射时，敌舰位于原点处，求导弹的轨迹曲线及击中目标的时间.

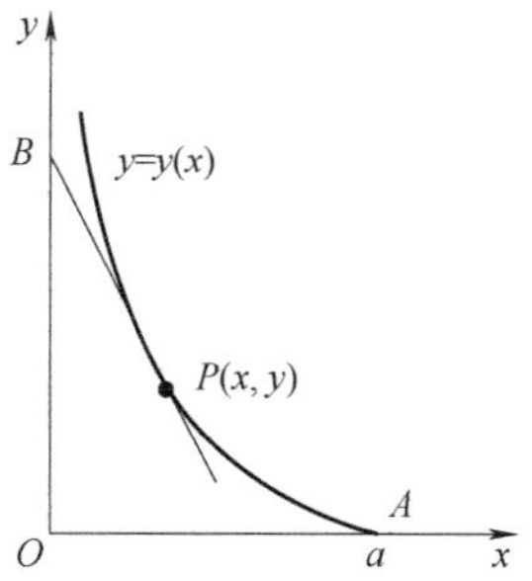

图　13.2.5

解：设导弹的轨迹曲线为 $y=y(x)$，如图 13.2.5 所示，设 $P(x,y)$ 是曲线上任一点，曲线在点 $P(x,y)$ 处的切线与 y 轴交于点 B，由题设，当导弹位于点 $P(x,y)$ 时，敌舰应位于点 $B(0,vt)$，因此，$\frac{\mathrm{d}y}{\mathrm{d}x}=\frac{vt-y}{-x}$. 又曲线段 $\widehat{PA}$ 的长度为 $\int_x^a\sqrt{1+\left(\frac{\mathrm{d}y}{\mathrm{d}x}\right)^2}\mathrm{d}x=5vt$，由上面两式消去 t 得 $\int_x^a\sqrt{1+\left(\frac{\mathrm{d}y}{\mathrm{d}x}\right)^2}\mathrm{d}x=5\left(y-x\frac{\mathrm{d}y}{\mathrm{d}x}\right)$，两端对 x 求导，得到 $-\sqrt{1+\left(\frac{\mathrm{d}y}{\mathrm{d}x}\right)^2}=-5x\frac{\mathrm{d}^2y}{\mathrm{d}x^2}$，故有

$$5x\frac{\mathrm{d}^2y}{\mathrm{d}x^2}=\sqrt{1+\left(\frac{\mathrm{d}y}{\mathrm{d}x}\right)^2},y(a)=0,y'(a)=0.$$

方程为不显含 y 的二阶方程，令 $\frac{\mathrm{d}y}{\mathrm{d}x}=p(x)$，则 $\frac{\mathrm{d}^2y}{\mathrm{d}x^2}=p'(x)$，代入上式，得 $5x\frac{\mathrm{d}p}{\mathrm{d}x}=\sqrt{1+p^2}$，利用分离变量法，得到 $\frac{\mathrm{d}p}{\sqrt{1+p^2}}=\frac{\mathrm{d}x}{5x}$，$\ln(p+\sqrt{1+p^2})=\frac{1}{5}\ln x+C_1$. 将 $p(a)=\left.\frac{\mathrm{d}y}{\mathrm{d}x}\right|_{x=a}=0$ 代入，得 $C_1=$

$-\frac{1}{5}\ln a$，由此得 $\ln(p+\sqrt{1+p^2})=\frac{1}{5}\ln\frac{x}{a}$，$p+\sqrt{1+p^2}=\left(\frac{x}{a}\right)^{\frac{1}{5}}$，$p-\sqrt{1+p^2}=-\left(\frac{a}{x}\right)^{\frac{1}{5}}$. 两式相加，得 $y'=p=\frac{1}{2}\left[\left(\frac{x}{a}\right)^{\frac{1}{5}}-\left(\frac{a}{x}\right)^{\frac{1}{5}}\right]$，积分得 $y=\frac{5a}{4}\left[\frac{1}{3}\left(\frac{x}{a}\right)^{\frac{6}{5}}-\frac{1}{2}\left(\frac{x}{a}\right)^{\frac{4}{5}}\right]+C_2$，由 $y(a)=0$，得 $C_2=\frac{5a}{24}$，故导弹的轨迹曲线为 $y=\frac{5a}{4}\left[\frac{1}{3}\left(\frac{x}{a}\right)^{\frac{6}{5}}-\frac{1}{2}\left(\frac{x}{a}\right)^{\frac{4}{5}}\right]+\frac{5a}{24}$. 此曲线称为追踪曲线，当 $x=0$ 时，导弹击中目标，此时 $y=\frac{5a}{24}$，因此导弹击中目标的时间为 $t=\frac{\frac{5a}{24}}{v}=\frac{5a}{24v}$.

3. $y^{(n)}=f(y,y',\cdots,y^{(n-1)})$ 型方程

这类方程的特点是方程中不显含自变量 x，可将 y 视为自变量，并做变量代换 $y'=p(y)$，则有 $y''=\frac{\mathrm{d}p(y)}{\mathrm{d}x}=\frac{\mathrm{d}p(y)}{\mathrm{d}y}\frac{\mathrm{d}y}{\mathrm{d}x}=p\frac{\mathrm{d}p}{\mathrm{d}y}$，同样，

$$y'''=\frac{\mathrm{d}y''}{\mathrm{d}y}\cdot\frac{\mathrm{d}y}{\mathrm{d}x}=\frac{\mathrm{d}(p\cdot p')}{\mathrm{d}y}\cdot\frac{\mathrm{d}y}{\mathrm{d}x}=p(p''\cdot p+p'^2)=p^2p''+pp'^2.$$

归纳地，可以发现，y 的 n 阶导数可化为 p 的 $n-1$ 阶导数，这样，就将关于 y 的 n 阶微分方程化为关于 p 的 $n-1$ 阶微分方程，从而降阶一次.

特别地，对于形如 $y''=f(x,y')$ 的二阶微分方程，令 $y'=p(y)$，可将其化为以 y 为自变量、p 为因变量的一阶微分方程 $p\cdot p'=f(y,p)$.

例 13.2.29 求微分方程 $y''+\frac{1}{1-y}(y')^2=0$ 的通解.

解： 方程中不显含自变量 x，令 $y'=p(y)$，则 $y''=p\frac{\mathrm{d}p}{\mathrm{d}y}$，代入方程，得 $p\frac{\mathrm{d}p}{\mathrm{d}y}+\frac{1}{1-y}p^2=0$，即 $p\left(\frac{\mathrm{d}p}{\mathrm{d}y}+\frac{p}{1-y}\right)=0$，于是有 $p=0$，或者 $\frac{\mathrm{d}p}{\mathrm{d}y}+\frac{p}{1-y}=0$，由后一方程得 $\frac{\mathrm{d}p}{p}=\frac{\mathrm{d}y}{y-1}$，积分得 $p=C_1(y-1)$，即 $y'=C_1(y-1)$，分离变量并积分得 $\frac{\mathrm{d}y}{y-1}C_1\mathrm{d}x$，$\ln|y-1|=C_1x+C$，故原方程的通解为 $y-C_2\mathrm{e}^{C_1x}+1$，由 $p=0$，即 $y'=0$，得 $y=C$，此式包含在通解中.

例 13.2.30　求微分方程 $y'\cdot y'''-2(y'')^2=0$ 的通解.

解：此方程不显含 x 与 y，同时符合第二种和第三种类型.

首先，令 $p(x)=y'(x)$，则 $y''=p'$，$y'''=p''$，方程化为 $p\cdot p''-2(p')^2=0$.

再令 $p'=q(p)$，则 $p''=q\cdot q'$，上述方程化为 $pq\cdot\frac{dq}{dp}-2q^2=0$，若 p，$q\neq0$，有 $\frac{dq}{q}=\frac{2dp}{p}$，两边积分可得 $\ln|q|=2\ln|p|+\ln|-C_1|$，即

$$\frac{dp}{dx}=q=-C_1p^2.$$

然后，分离变量可得 $\frac{dp}{p^2}-C_1dx$，两边积分有 $-\frac{1}{p}=-C_1x-C_2$，即 $P=\frac{1}{C_1x+C_2}$，最后，解方程 $\frac{dy}{dx}=p=\frac{1}{C_1x+C_2}$，可得原方程的通解 $Y=\frac{1}{C_1}\ln|C_1x+C_2|+C_3$.

若 $q=p'=y''=0$，则 $y=A_1x+A_2$ 也是原方程的解；若 $p=y'=0$，则 $y=A$，它包含在上述通解中.

例 13.2.31　求解最速降线模型 $y(1+y'^2)=c$，$y(0)=0$ 的解.

解：这是一个不显含 x 的一阶隐式方程. 为了引入变换 $y=\psi(t)$，通过观察发现，令 $y'=\cot t$，代入原方程，得到 $y=c\sin^2t$，

$$\frac{dy}{dx}=y'=\frac{\cos t}{\sin t},$$

$$\begin{aligned}dx&=\frac{\sin t}{\cos t}dy\\&=\frac{\sin t}{\cos t}\cdot c\cdot 2\sin t\cos t dt\\&=2c\sin^2t dt\end{aligned}$$

两边积分得

$$\begin{aligned}x&=c\int 2\sin^2t dt\\&=c\int(1-\cos2t)dt\\&=c\left(t-\frac{1}{2}\sin2t\right)+C,\end{aligned}$$

即

$$\begin{cases}x=c\left(t-\frac{1}{2}\sin2t\right)+C,\\ y=c\sin^2t,\end{cases}$$ 当 $t=0$ 时，$C=0$，

所以模型的解 $\begin{cases}x=c\left(t-\dfrac{1}{2}\sin 2t\right),\\ y=c\sin^2 t.\end{cases}$

补充 （1）特点：$F(x,ty,ty',\cdots,ty^{(n)})=t^kF(x,y,y',\cdots,y^{(n)})$；

（2）解法：可通过变换 $y=e^{\int z\mathrm{d}x}$.

例 13.2.32 求微分方程 $x^2yy''=(y-xy')^2$ 的通解.

解：设 $y=e^{\int z\mathrm{d}x}$，代入原方程得到 $z'+\dfrac{2}{x}z=\dfrac{1}{x^2}$，则其通解为

$$z=\frac{1}{x}+\frac{C_1}{x^2},$$

原方程通解为 $y=e^{\int\left(\frac{1}{x}+\frac{C_1}{x}\right)\mathrm{d}x}=C_2xe^{-\frac{C_1}{x}}$.

前面讨论了一阶常微分方程的初等积分法，解决了几类特殊的方程，但许多的一阶常微分方程，例如简单的 Riccati 方程 $y'=x^2+y^2$ 是不能通过初等积分法求解的，这就产生了一个问题：不能通过初等积分法求解的常微分方程是否有解呢？换言之，一个常微分方程在什么条件下有解呢？当有解时，它的初值问题有多少解？什么条件下初值问题有唯一解呢？解的存在唯一性彻底回答了这个问题，它是微分方程理论和方法的基础，19 世纪 20 年代，Cauchy 首先严格证明了一阶初值问题解的存在唯一性定理，此后，许多著名数学家对此展开研究，在各种条件下讨论解的存在唯一性，这里就不再赘述.

历史注记

1740 年前人们已经得到了一阶常微分方程的全部初等解法：

变量可分离方程、齐次微分方程——1691 年，Leibniz 给出了解答，1694 年，Bernoulli 整理完善；

一阶线性微分方程——1694 年，由 Leibniz 使用常数变易法得到其积分解；

Bernoulli 方程——1695 年，由 Bernoulli 提出，并在 1696 年通过分离变量法解决，同年，Leibniz 利用变量代换将其化为线性方程求解；

全微分方程、恰当方程——1734—1735 年，由 Euler 提出，并给出积分因子法，1739—1740 年，由 Clairaut(克莱罗)独立引入积分因子的概念；

Clairaut 方程——1734 年，由 Clairaut 提出并解决，并和 Euler 同时对奇解进行全面的研究.

习题 13.2

1. 用分离变量法求下列一阶微分方程的通解：

(1) $xyy'=1-x^2$；

(2) $x\sqrt{1+y^2}\,dx+y\sqrt{1+x^2}\,dy=0$；

(3) $\frac{dy}{dx}=\frac{\sqrt{1-y^2}}{\sqrt{1-x^2}}$；

(4) $\frac{dy}{dx}=10^{x+y}$；

(5) $\cos x\sin y\,dx+\sin x\cos y\,dy=0$；

(6) $\frac{dy}{dx}=y^2\cos x$.

2. 求下列一阶线性微分方程的通解：

(1) $y'+y=\cos x$；　(2) $x\frac{dy}{dx}-3y=x^4e^x$；

(3) $\frac{dy}{dx}=\frac{1}{e^y+x}$；　(4) $xy'-y=\frac{x}{\ln x}$；

(5) $\cos^2x\frac{dy}{dx}+y=\tan x$；(6) $xy'+(1+x)y=3x^2e^{-x}$；

(7) $\frac{dy}{dx}=\frac{y}{2x-y^2}$.

3. 求下列初值问题的解：

(1) $x(x+2y)y'-y^2=0$，$y\big|_{x=1}=1$；

(2) $\begin{cases}y^2dx+(x+1)dy=0,\\ y(0)=1;\end{cases}$

(3) $\begin{cases}(x^2+2xy-y^2)dx+(y^2+2xy-x^2)dy=0,\\ y(1)=1.\end{cases}$

4. 求满足关系式 $y(x)=1+x^2+2\int_0^x y(t)\,dt$ 的函数 $y(x)$.

5. 通过适当的变量代换求下列微分方程的通解：

(1) $xy'+x+\sin(x+y)=0$；

(2) $\frac{dy}{dx}=\frac{1}{(x+y)^2}$；

(3) $\sec^2y\frac{dy}{dx}+\frac{x}{1+x^2}\tan y=x$；

(4) $3y^2y'-ay^3=x+1$；

(5) $\frac{dy}{dx}=\frac{x-y+1}{x+y-3}$；

(6) $x\frac{dy}{dx}=y\ln\frac{y}{x}$；

(7) $y'=\sin^2(x-y+1)$；

(8) $\frac{dy}{dx}-y=xy^5$；

(9) $(x-2\sin y+3)dx-(2x-4\sin y-3)\cos y\,dy=0$；

(10) $(y+xy^2)dx+(x-x^2y)dy=0$.

6. 验证下列方程是恰当方程，并求出方程的通解：

(1) $(y-3x^2)dx-(4y-x)dy=0$；

(2) $\left[\frac{y^2}{(x-y)^2}-\frac{1}{x}\right]dx+\left[\frac{1}{y}-\frac{x^2}{(x-y)^2}\right]dy=0$；

(3) $\left(\cos x+\frac{1}{y}\right)dx+\left(\frac{1}{y}-\frac{x}{y^2}\right)dy=0$；

(4) $\left(\frac{1}{y}\sin\frac{x}{y}-\frac{y}{x^2}\cos\frac{y}{x}+1\right)dx+\left(\frac{1}{x}\cos\frac{y}{x}-\frac{x}{y^2}\sin\frac{x}{y}+\frac{1}{y^2}\right)dy=0$.

7. 利用积分因子法求解下列方程：

(1) $(y\cos x+x\sin x)dx+(y\sin x+x\cos x)dy=0$；

(2) $x(4y\,dx+2x\,dy)+y^3(3y\,dx+5x\,dy)=0$；

(3) $(x+2y)dx+x\,dy=0$.

8. 利用降阶法求解下列方程：

(1) $y''=x+\sin x$；

(2) $y''=1+(y')^2$；

(3) $xy''+y'=0$；

(4) $\frac{d^5x}{dt^5}-\frac{1}{t}\frac{d^4x}{dt^4}=0$；

(5) $xy''-4y'=x^3$；

(6) $\begin{cases}(1-x^2)y'''+2xy''=0,\\ y(2)=0,y'(2)=\frac{2}{3},y''(2)=3;\end{cases}$

(7) $\begin{cases}y^3y''+1=0,\\ y(1)=1,y'(1)=0;\end{cases}$

(8) $y^3y''-1=0(y>0,y'\geqslant0)$；

(9) $y''(e^x+1)+y'=0$；

(10) $xy'''+y''=1$.

9. 求下列初值问题的解：

(1) $\begin{cases}(1-x^2)y'''+2xy''=0,\\ y(2)=0,y'(2)=\dfrac{2}{3},y''(2)=3;\end{cases}$

(2) $y''=3\sqrt{y}$, $y(0)=1$, $y'(0)=2$;

(3) $y''-a(y')^2=0$, $y(0)=0$, $y'(0)=-1$.

13.3 一阶线性微分方程组和高阶线性微分方程

13.3.1 高阶微分方程与一阶微分方程组的互化

对于 n 阶微分方程 $y^{(n)}=f(x,y,y',y'',\cdots,y^{(n-1)})$，若设 $y_1=y$，$y_2=y'$，$y_3=y''$，$y_4=y'''$，…，$y_n=y^{(n-1)}$，那么求解上面 n 阶微分方程 $y^{(n)}=f(x,y,y',y'',\cdots,y^{(n-1)})$ 就相当于求解下面 n 个一阶微分方程构成的方程组

$$\begin{cases}\dfrac{dy_1}{dx}=y_2,\\ \dfrac{dy_2}{dx}=y_3,\\ \quad\vdots\\ \dfrac{dy_{n-1}}{dx}=y_n,\\ \dfrac{dy_n}{dx}=f(x,y_1,y_2,\cdots,y_n)\end{cases}$$

（其中 $y_1(x),y_2(x),\cdots,y_n(x)$ 是关于自变量 x 的 n 个未知函数）.

上面的方程组称为**一阶微分方程组**.

反过来，在许多情况下，已给 n 个一阶微分方程构成的方程组也可以化为一个 n 阶微分方程.

例如：两个一阶微分方程构成的方程组

$$\begin{cases}\dfrac{dy_1}{dx}=f_1(x,y_1,y_2),\\ \dfrac{dy_2}{dx}=f_2(x,y_1,y_2).\end{cases}\tag{1}$$

将方程组(1)中的第一式对 x 求导数得

$$\frac{d^2y_1}{dx^2}=\frac{\partial f_1}{\partial x}+\frac{\partial f_1}{\partial y_1}f_1+\frac{\partial f_1}{\partial y_2}f_2,\ \text{记作}\frac{d^2y_1}{dx^2}=F(x,y_1,y_2).\tag{2}$$

从方程组(1)中的第二式解出 y_2，$y_2=y_2(x,y_1,y_1')$ 代入式(2)的右边，就得到一个二阶微分方程 $\dfrac{d^2y_1}{dx^2}=\Phi(x,y_1,y_1')$，这里函数 $\Phi(x,y_1,y_1')$ 由函数 f_1，f_2 所确定，因此是已知的，所以两个一阶

微分方程构成的方程组可以化为一个二阶微分方程. 所以，n 阶微分方程可以看作一阶微分方程组的特例.

本节将介绍一阶线性微分方程组解的结构及基本解法，其结论可以用于 n 阶线性微分方程的有关解的问题.

13.3.2 一阶线性微分方程组

线性微分方程组的一般形式为

$$\begin{cases} y_1' = a_{11}(x)y_1 + a_{12}(x)y_2 + \cdots + a_{1n}(x)y_n + f_1(x), \\ y_2' = a_{21}(x)y_1 + a_{22}(x)y_2 + \cdots + a_{2n}(x)y_n + f_2(x), \\ \qquad \vdots \\ y_n' = a_{n1}(x)y_1 + a_{n2}(x)y_2 + \cdots + a_{nn}(x)y_n + f_n(x). \end{cases}$$

其中 $a_{ij}(x)$，$f_i(x)(i,j=1,2,\cdots,n)$ 均在区间 I 上连续，为方便起见，记 $\boldsymbol{y}(x)=(y_1(x),y_2(x),\cdots,y_n(x))^{\mathrm{T}}$，$\boldsymbol{f}(x)=(f_1(x),f_2(x),\cdots,f_n(x))^{\mathrm{T}}$ 为 n 维向量值函数，$\boldsymbol{A}(x)=(a_{ij}(x))_{n\times n}$ 为 n 阶函数方阵，则上述线性方程组可表示为 $\dfrac{\mathrm{d}\boldsymbol{y}}{\mathrm{d}x}=\boldsymbol{y}'=\boldsymbol{A}(x)\boldsymbol{y}+\boldsymbol{f}(x)$.

当 $\boldsymbol{f}(x)\equiv\boldsymbol{0}$ 时，称 $\dfrac{\mathrm{d}\boldsymbol{y}}{\mathrm{d}x}=\boldsymbol{A}(x)\boldsymbol{y}$ 为**齐次线性微分方程组**. 当 $\boldsymbol{f}(x)\neq\boldsymbol{0}$ 时，称 $\dfrac{\mathrm{d}\boldsymbol{y}}{\mathrm{d}x}=\boldsymbol{y}'=\boldsymbol{A}(x)\boldsymbol{y}+\boldsymbol{f}(x)$ 为**非齐次线性微分方程组**. 若 $\boldsymbol{A}(x)$ 为常数矩阵，则称 $\dfrac{\mathrm{d}\boldsymbol{y}}{\mathrm{d}x}=\boldsymbol{y}'=\boldsymbol{A}\boldsymbol{y}+\boldsymbol{f}(x)$ 为**常系数线性微分方程组**.

下面先讨论齐次线性微分方程组

$$\frac{\mathrm{d}\boldsymbol{y}}{\mathrm{d}x}=\boldsymbol{y}'=\boldsymbol{A}(x)\boldsymbol{y} \tag{3}$$

的解的结构和基本解法.

定理 13.3.1（叠加原理）　如果 $\boldsymbol{u}(x)$ 和 $\boldsymbol{v}(x)$ 是式(3)的解，则它们的线性组合 $\alpha\boldsymbol{u}(x)+\beta\boldsymbol{v}(x)$ 也是式(3)的解.

证明：

$$\begin{aligned}(\alpha\boldsymbol{u}(x)+\beta\boldsymbol{v}(x))' &= \alpha\boldsymbol{u}'(x)+\beta\boldsymbol{v}'(x) \\ &= \alpha\boldsymbol{A}(x)\boldsymbol{u}(x)+\beta\boldsymbol{A}(x)\boldsymbol{v}(x) \\ &= \boldsymbol{A}(x)[\alpha\boldsymbol{u}(x)+\beta\boldsymbol{v}(x)].\end{aligned}$$

如果 $\boldsymbol{y}_1(x),\boldsymbol{y}_2(x),\cdots,\boldsymbol{y}_n(x)$ 是式(3)的解，则 $c_1\boldsymbol{y}_1(x)+c_2\boldsymbol{y}_2(x)+\cdots+c_n\boldsymbol{y}_n(x)$ 也是式(3)的解.

可以验证 $\boldsymbol{y}_1(x)=\begin{pmatrix}\sin x\\ \cos x\end{pmatrix}$，$\boldsymbol{y}_2(x)=\begin{pmatrix}\cos x\\ -\sin x\end{pmatrix}$ 是微分方程组 $\boldsymbol{y}'(x)=\begin{pmatrix}0 & 1\\ -1 & 0\end{pmatrix}\boldsymbol{y}$ 的解，则 $\boldsymbol{y}(x)=c_1\begin{pmatrix}\sin x\\ \cos x\end{pmatrix}+c_2\begin{pmatrix}\cos x\\ -\sin x\end{pmatrix}$ 也是方程组的解.

线性微分方程组的解为 n 维向量值函数，如同 n 维向量一样，同样可以定义 n 维向量值函数的线性相关性. 基于线性相关和线性无关从而给出齐次线性微分方程组通解的结构.

定义 定义在区间 $a\leqslant x\leqslant b$ 上的 m 个 n 维向量值函数 $\boldsymbol{y}_1(x)$，$\boldsymbol{y}_2(x),\cdots,\boldsymbol{y}_m(x)$ 是**线性相关**的，如果存在不全为零的常数 C_1，$C_2,\cdots,C_m$，使得下述恒等式在 $a\leqslant x\leqslant b$ 上恒成立：

$$C_1\boldsymbol{y}_1(x)+C_2\boldsymbol{y}_2(x)+\cdots+C_m\boldsymbol{y}_m(x)\equiv\boldsymbol{0};$$

否则，称 $\boldsymbol{y}_1(x),\boldsymbol{y}_2(x),\cdots,\boldsymbol{y}_m(x)$ 为**线性无关的**.

例如，$\begin{pmatrix}1\\0\\\vdots\\0\end{pmatrix}$，$\begin{pmatrix}0\\x\\\vdots\\0\end{pmatrix}$，$\cdots\begin{pmatrix}0\\0\\\vdots\\x^k\end{pmatrix}$，$-\infty<x<+\infty$ 是线性无关的.

设有 n 个定义在区间 $a\leqslant x\leqslant b$ 上的向量值函数：$\boldsymbol{y}_1(x)=\begin{pmatrix}y_{11}(x)\\y_{21}(x)\\\vdots\\y_{n1}(x)\end{pmatrix}$，$\boldsymbol{y}_2(x)=\begin{pmatrix}y_{12}(x)\\y_{22}(x)\\\vdots\\y_{n2}(x)\end{pmatrix}$，$\cdots$，$\boldsymbol{y}_n(x)=\begin{pmatrix}y_{1n}(x)\\y_{2n}(x)\\\vdots\\y_{nn}(x)\end{pmatrix}$，

由这 n 个向量值函数构成的行列式 $W(x)=\begin{vmatrix}y_{11}(x)&y_{12}(x)&\cdots&y_{1n}(x)\\y_{21}(x)&y_{22}(x)&\cdots&y_{2n}(x)\\\vdots&\vdots&&\vdots\\y_{n1}(x)&y_{n2}(x)&\cdots&y_{nn}(x)\end{vmatrix}$，

称为这些向量值函数的 Wronsky(朗斯基)行列式.

定理 13.3.2 如果向量函数 $\boldsymbol{y}_1(x),\boldsymbol{y}_2(x),\cdots,\boldsymbol{y}_n(x)$ 在区间 $a\leqslant x\leqslant b$ 上线性相关，则它们的 Wronsky 行列式 $W(x)\equiv 0$.

证明：由假设，存在不全为零的常数 $c_1,c_2,\cdots,c_n$，使得

$$c_1\boldsymbol{y}_1(x)+c_2\boldsymbol{y}_2(x)+\cdots+c_n\boldsymbol{y}_n(x)\equiv\boldsymbol{0},\ a\leqslant x\leqslant b.$$

即 $\begin{cases}c_1y_{11}(x)+c_2y_{12}(x)+\cdots+c_ny_{1n}(x)=0,\\c_1y_{21}(x)+c_2y_{22}(x)+\cdots+c_ny_{2n}(x)=0,\\\quad\vdots\\c_1y_{n1}(x)+c_2y_{n2}(x)+\cdots+c_ny_{nn}(x)=0,\end{cases}$ 其系数构成的行列式就是 Wronsky 行列式 $W(x)$，$W(x)\equiv 0$，$a\leqslant x\leqslant b$.

定理 13.3.3 如果齐次线性微分方程组 $\dfrac{\mathrm{d}\boldsymbol{y}}{\mathrm{d}x}=\boldsymbol{y}'=\boldsymbol{A}(x)\boldsymbol{y}$ 的解

$\boldsymbol{y}_1(x),\boldsymbol{y}_2(x),\cdots,\boldsymbol{y}_n(x)$线性无关，那么，它们的 Wronsky 行列式 $W(x)\neq 0$，$a\leqslant x\leqslant b$.

证明：用反证法.

设有某一个 x_0，$a\leqslant x_0\leqslant b$，使得 $W(x_0)=0$，考虑下面的齐次线性代数方程组：$c_1\boldsymbol{y}_1(x_0)+c_2\boldsymbol{y}_2(x_0)+\cdots+c_n\boldsymbol{y}_n(x_0)\equiv\boldsymbol{0}$，由于它的系数行列式 $W(x_0)=0$，所以它有非零解 $\tilde{c}_1,\tilde{c}_2,\cdots,\tilde{c}_n$，$\tilde{c}_1\boldsymbol{y}_1(x_0)+\tilde{c}_2\boldsymbol{y}_2(x_0)+\cdots+\tilde{c}_n\boldsymbol{y}_n(x_0)=\boldsymbol{0}$，以这个非零解做向量值函数 $\boldsymbol{y}(x)\equiv\tilde{c}_1\boldsymbol{y}_1(x)+\tilde{c}_2\boldsymbol{y}_2(x)+\cdots+\tilde{c}_n\boldsymbol{y}_n(x)$，易知 $\boldsymbol{y}(x)\equiv\tilde{c}_1\boldsymbol{y}_1(x)+\tilde{c}_2\boldsymbol{y}_2(x)+\cdots+\tilde{c}_n\boldsymbol{y}_n(x)$ 是齐次微分方程组 $\frac{\mathrm{d}\boldsymbol{y}}{\mathrm{d}x}=\boldsymbol{A}(x)\boldsymbol{y}$ 的解，且满足初始条件 $\boldsymbol{y}(x_0)=\boldsymbol{0}$，而在 $a\leqslant x\leqslant b$ 上恒等于零的向量函数 $\boldsymbol{0}$ 也是齐次微分方程组 $\frac{\mathrm{d}\boldsymbol{y}}{\mathrm{d}x}=\boldsymbol{A}(x)\boldsymbol{y}$ 的解，且满足初始条件 $\boldsymbol{y}(x_0)=\boldsymbol{0}$. 由解的唯一性知道，$\boldsymbol{y}(x)\equiv\boldsymbol{0}$，即 $\tilde{c}_1\boldsymbol{y}_1(x)+\tilde{c}_2\boldsymbol{y}_2(x)+\cdots+\tilde{c}_n\boldsymbol{y}_n(x)=\boldsymbol{0}$，因为 $\tilde{c}_1,\tilde{c}_2,\cdots,\tilde{c}_n$不全为零，这就与 $\boldsymbol{y}_1(x),\boldsymbol{y}_2(x),\cdots,\boldsymbol{y}_n(x)$线性无关矛盾，定理得证.

结论：由齐次微分方程组 $\frac{\mathrm{d}\boldsymbol{y}}{\mathrm{d}x}=\boldsymbol{A}(x)\boldsymbol{y}$ 的解 $\boldsymbol{y}_1(x),\boldsymbol{y}_2(x),\cdots,\boldsymbol{y}_n(x)$做成的 Wronsky 行列式 $W(x)$或者恒等于零，或者恒不等于零.

定理 13.3.4　齐次线性微分方程组 $\frac{\mathrm{d}\boldsymbol{y}}{\mathrm{d}x}=\boldsymbol{y}'=\boldsymbol{A}(x)\boldsymbol{y}$ 一定存在 n 个线性无关的解.

证明：$\boldsymbol{y}_1(x_0)=\begin{pmatrix}1\\0\\\vdots\\0\end{pmatrix}$，$\boldsymbol{y}_2(x_0)=\begin{pmatrix}0\\1\\\vdots\\0\end{pmatrix}$，$\cdots$，$\boldsymbol{y}_n(x_0)=\begin{pmatrix}0\\0\\\vdots\\1\end{pmatrix}$，则 $W(x_0)=1\neq 0$，也就是说，$\boldsymbol{y}_1(x),\boldsymbol{y}_2(x),\cdots,\boldsymbol{y}_n(x)$线性无关.

此定理说明：齐次线性微分方程组 $\frac{\mathrm{d}\boldsymbol{y}}{\mathrm{d}x}=\boldsymbol{y}'=\boldsymbol{A}(x)\boldsymbol{y}$ 一定存在 n 个线性无关(相关)的解的充要条件是：存在 $x_0\in[a,b]$，使得常向量组 $\boldsymbol{y}_1(x_0),\boldsymbol{y}_2(x_0),\cdots,\boldsymbol{y}_n(x_0)$线性无关(相关). 也就是说，对于齐次线性微分方程组的一组解而言，只要在区间$[a,b]$内一点线性无关(相关)，则必然在整个区间上线性无关(相关).

定理 13.3.5 如果 $\boldsymbol{y}_1(x),\boldsymbol{y}_2(x),\cdots,\boldsymbol{y}_n(x)$ 是齐次线性微分方程组 $\frac{\mathrm{d}\boldsymbol{y}}{\mathrm{d}x}=\boldsymbol{y}'=\boldsymbol{A}(x)\boldsymbol{y}$ 的 n 个线性无关的解，则其任一解 $\boldsymbol{y}(x)$ 均可表示为 $\boldsymbol{y}(x)=c_1\boldsymbol{y}_1(x)+c_2\boldsymbol{y}_2(x)+\cdots+c_n\boldsymbol{y}_n(x)$，这里 $c_1,c_2,\cdots,c_n$ 是相应的确定常数.

证明：取齐次微分方程组的任一解 $\boldsymbol{y}(x)$，它满足 $\boldsymbol{y}(x_0)=\boldsymbol{y}_0$，$x_0\in[a,b]$，令 $\boldsymbol{y}(x_0)=c_1\boldsymbol{y}_1(x_0)+c_2\boldsymbol{y}_2(x_0)+\cdots+c_n\boldsymbol{y}_n(x_0)$，这个式子看作是以 $c_1,c_2,\cdots,c_n$ 为未知量的线性代数方程组，其系数行列式就是 $W(x_0)$，因为 $\boldsymbol{y}_1(x),\boldsymbol{y}_2(x),\cdots,\boldsymbol{y}_n(x)$ 线性无关，则 $W(x_0)\neq 0$，所以线性代数方程组有唯一解 $\tilde{c}_1,\tilde{c}_2,\cdots,\tilde{c}_n$，使得 $\boldsymbol{y}(x_0)=\tilde{c}_1\boldsymbol{y}_1(x_0)+\tilde{c}_2\boldsymbol{y}_2(x_0)+\cdots+\tilde{c}_n\boldsymbol{y}_n(x_0)$ 做向量函数 $\tilde{c}_1\boldsymbol{y}_1(x)+\tilde{c}_2\boldsymbol{y}_2(x)+\cdots+\tilde{c}_n\boldsymbol{y}_n(x)$，它显然是齐次微分方程组 $\frac{\mathrm{d}\boldsymbol{y}}{\mathrm{d}x}=\boldsymbol{y}'=\boldsymbol{A}(x)\boldsymbol{y}$ 的解. 且满足条件 $\boldsymbol{y}(x_0)=\tilde{c}_1\boldsymbol{y}_1(x_0)+\tilde{c}_2\boldsymbol{y}_2(x_0)+\cdots+\tilde{c}_n\boldsymbol{y}_n(x_0)$，$\boldsymbol{y}(x)$ 与 $\tilde{c}_1\boldsymbol{y}_1(x)+\tilde{c}_2\boldsymbol{y}_2(x)+\cdots+\tilde{c}_n\boldsymbol{y}_n(x)$ 具有相同的初始条件，因此由解的存在唯一性条件可知 $\boldsymbol{y}(x)=\tilde{c}_1\boldsymbol{y}_1(x)+\tilde{c}_2\boldsymbol{y}_2(x)+\cdots+\tilde{c}_n\boldsymbol{y}_n(x)$.

齐次微分方程组 $\frac{\mathrm{d}\boldsymbol{y}}{\mathrm{d}x}=\boldsymbol{y}'=\boldsymbol{A}(x)\boldsymbol{y}$ 的 n 个线性无关的解 $\boldsymbol{y}_1(x)$，$\boldsymbol{y}_2(x),\cdots,\boldsymbol{y}_n(x)$ 称为**基本解组**.

由齐次微分方程组 $\frac{\mathrm{d}\boldsymbol{y}}{\mathrm{d}x}=\boldsymbol{y}'=\boldsymbol{A}(x)\boldsymbol{y}$ 的 n 个解的分量为列构成的矩阵，称为**解矩阵**.

由齐次微分方程组 $\frac{\mathrm{d}\boldsymbol{y}}{\mathrm{d}x}=\boldsymbol{y}'=\boldsymbol{A}(x)\boldsymbol{y}$ 的 n 个线性无关的解的分量为列构成的矩阵，称为**基解矩阵**.

定理 13.3.6 一个解矩阵是基解矩阵的充要条件是 $\det\boldsymbol{\Phi}(x)\neq 0$ $(a\leqslant x\leqslant b)$，而且，如果对一个 $x_0\in[a,b]$，$\det\boldsymbol{\Phi}(x_0)\neq 0$，则 $\det\boldsymbol{\Phi}(x)\neq 0$，$x\in[a,b]$.

例 13.3.1 验证 $\boldsymbol{\Phi}(x)=\begin{pmatrix}\mathrm{e}^x & x\mathrm{e}^x\\ 0 & \mathrm{e}^x\end{pmatrix}$ 是方程组 $\boldsymbol{y}'(x)=\begin{pmatrix}1 & 1\\ 0 & 1\end{pmatrix}\boldsymbol{y}$，其中 $\boldsymbol{y}(x)=\begin{pmatrix}x_1\\ x_2\end{pmatrix}$ 的基解矩阵.

证明：首先证明 $\boldsymbol{\Phi}(x)$ 是解矩阵，令 $\boldsymbol{\varphi}_1(x)$ 表示 $\boldsymbol{\Phi}(x)$ 的第一列，$\boldsymbol{\varphi}_2(x)$ 表示 $\boldsymbol{\Phi}(x)$ 的第二列.

$\boldsymbol{\varphi}_1'(x)=\begin{pmatrix}e^x\\0\end{pmatrix}=\begin{pmatrix}1&1\\0&1\end{pmatrix}\boldsymbol{\varphi}_1(x)=\begin{pmatrix}1&1\\0&1\end{pmatrix}\begin{pmatrix}e^x\\0\end{pmatrix}=\begin{pmatrix}e^x\\0\end{pmatrix}$，$\boldsymbol{\varphi}'_2(x)=\begin{pmatrix}e^x+xe^x\\e^x\end{pmatrix}=\begin{pmatrix}1&1\\0&1\end{pmatrix}\boldsymbol{\varphi}_2(x)=\begin{pmatrix}1&1\\0&1\end{pmatrix}\begin{pmatrix}xe^x\\e^x\end{pmatrix}=\begin{pmatrix}e^x+xe^x\\e^x\end{pmatrix}$，这表示 $\boldsymbol{\varphi}_1(x)$，$\boldsymbol{\varphi}_2(x)$是方程组的解，因此 $\boldsymbol{\Phi}(x)=(\boldsymbol{\varphi}_1(x),\boldsymbol{\varphi}_2(x))$是解矩阵. 又因为 $\det\boldsymbol{\Phi}(x)=e^{2x}\neq 0$，所以 $\boldsymbol{\Phi}(x)$是基解矩阵.

利用基解矩阵，可以将齐次线性微分方程组$\frac{d\boldsymbol{y}}{dx}=\boldsymbol{A}\boldsymbol{y}$ 的通解表示为 $\boldsymbol{y}(x)=\boldsymbol{\Phi}(x)\boldsymbol{C}$，$x\in[a,b]$，其中 $\boldsymbol{C}=(C_1,C_2,\cdots,C_n)^{\mathrm{T}}$ 为由一组任意常数 $C_1,C_2,\cdots,C_n$ 构成的常向量.

若系数矩阵 $\boldsymbol{A}$ 为 $n\times n$ 常数矩阵，对常系数齐次线性微分方程组$\frac{d\boldsymbol{y}}{dx}=\boldsymbol{A}\boldsymbol{y}$，下面讨论它的通解的求法.

1. 基解矩阵与 A 的特征值和特征向量的关系

注意到指数函数的导函数仍为指数函数，可以知道常系数齐次线性微分方程组$\frac{d\boldsymbol{y}}{dx}=\boldsymbol{A}\boldsymbol{y}$ 有形如 $\boldsymbol{y}(x)=e^{\lambda x}\boldsymbol{r}$，$\boldsymbol{r}\neq\boldsymbol{0}$ 的解，其中常数 λ 和向量 $\boldsymbol{r}$ 是待定的. 将 $\boldsymbol{y}(x)=e^{\lambda x}\boldsymbol{r}$ 代入$\frac{d\boldsymbol{y}}{dx}=\boldsymbol{A}\boldsymbol{y}$ 中得到 $\lambda e^{\lambda x}\boldsymbol{r}=\boldsymbol{A}e^{\lambda x}\boldsymbol{r}$，因为 $e^{\lambda x}\neq 0$，上式可以变为$(\lambda\boldsymbol{E}-\boldsymbol{A})\boldsymbol{r}=\boldsymbol{0}$，其中，$\boldsymbol{E}$ 为 n 阶单位矩阵. 方程$(\lambda\boldsymbol{E}-\boldsymbol{A})\boldsymbol{r}=\boldsymbol{0}$ 有非零解的充要条件是 $\det(\lambda\boldsymbol{E}-\boldsymbol{A})=0$，于是，常系数齐次微分方程组$\frac{d\boldsymbol{y}}{dx}=\boldsymbol{A}\boldsymbol{y}$ 有非零解 $\boldsymbol{y}(x)=e^{\lambda x}\boldsymbol{r}$ 的充要条件是 λ 是系数矩阵 $\boldsymbol{A}$ 的特征根，$\boldsymbol{r}$ 是与 λ 对应的特征向量.

2. 基解矩阵的计算方法

定理 13.3.7　如果矩阵 $\boldsymbol{A}$ 具有 n 个线性无关的特征向量 $\boldsymbol{r}_1,\boldsymbol{r}_2,\cdots,\boldsymbol{r}_n$；它们相应的特征值为 $\lambda_1,\lambda_2,\cdots,\lambda_n$(不必互不相同)，那么矩阵 $\boldsymbol{\Phi}(x)=(e^{\lambda_1 x}\boldsymbol{r}_1,e^{\lambda_2 x}\boldsymbol{r}_2,\cdots,e^{\lambda_n x}\boldsymbol{r}_n)$，$-\infty<x<+\infty$ 是常系数线性微分方程组$\frac{d\boldsymbol{y}}{dx}=\boldsymbol{A}\boldsymbol{y}$ 的一个基解矩阵.

从而方程组$\frac{d\boldsymbol{y}}{dx}=\boldsymbol{A}\boldsymbol{y}$ 的基本解组归结为求 $\boldsymbol{A}$ 的 n 个线性无关的特征向量.

证明：因为每一个向量函数 $e^{\lambda_j x}\boldsymbol{r}_j$，$j=1,2,\cdots,n$ 都是$\frac{d\boldsymbol{y}}{dx}=\boldsymbol{A}\boldsymbol{y}$ 的解，因此矩阵 $\boldsymbol{\Phi}(x)=(e^{\lambda_1 x}\boldsymbol{r}_1,e^{\lambda_2 x}\boldsymbol{r}_2,\cdots,e^{\lambda_n x}\boldsymbol{r}_n)$ 是它的解矩阵，

由于 $\boldsymbol{r}_1,\boldsymbol{r}_2,\cdots,\boldsymbol{r}_n$ 线性无关，所以 $\det\boldsymbol{\Phi}(0)=\det(\boldsymbol{r}_1,\boldsymbol{r}_2,\cdots,\boldsymbol{r}_n)\neq 0$，所以 $\boldsymbol{\Phi}(x)$ 是 $\frac{\mathrm{d}\boldsymbol{y}}{\mathrm{d}x}=\boldsymbol{A}\boldsymbol{y}$ 的基解矩阵.

(1) 矩阵 $\boldsymbol{A}$ 具有 n 个互不相同的特征值时，由线性代数知识知道 $\boldsymbol{A}$ 一定有对应的 n 个线性无关的特征向量.

例 13.3.2 求齐次线性微分方程组 $\frac{\mathrm{d}\boldsymbol{y}}{\mathrm{d}x}=\begin{pmatrix}5&-28&-18\\-1&5&3\\3&-16&-10\end{pmatrix}\boldsymbol{y}$ 的通解.

解：系数矩阵 $\boldsymbol{A}$ 的特征方程为 $\det(\lambda\boldsymbol{E}-\boldsymbol{A})=3\lambda(1-\lambda^2)=0$，因此特征值为 $\lambda_1=0$，$\lambda_2=1$，$\lambda_3=-1$，分别求解方程组 $(\lambda_i\boldsymbol{E}-\boldsymbol{A})\boldsymbol{r}_i=\boldsymbol{0}$ $(i=1,2,3)$，可得相应的特征向量分别为 $\boldsymbol{r}_1=\begin{pmatrix}-2\\-1\\1\end{pmatrix}$，$\boldsymbol{r}_2=\begin{pmatrix}2\\-1\\2\end{pmatrix}$，$\boldsymbol{r}_3=\begin{pmatrix}3\\0\\1\end{pmatrix}$；因此，三个线性无关解构成的基解矩阵为

$$\boldsymbol{\Phi}(x)=(\mathrm{e}^{\lambda_1x}\boldsymbol{r}_1,\mathrm{e}^{\lambda_2x}\boldsymbol{r}_2,\mathrm{e}^{\lambda_3x}\boldsymbol{r}_3)=\begin{pmatrix}-2&2\mathrm{e}^x&3\mathrm{e}^{-x}\\-1&-\mathrm{e}^x&0\\1&2\mathrm{e}^x&\mathrm{e}^{-x}\end{pmatrix},$$

故通解为

$$\begin{aligned}\boldsymbol{y}(x)=\boldsymbol{\Phi}(x)\boldsymbol{C}&=\begin{pmatrix}-2&2\mathrm{e}^x&3\mathrm{e}^{-x}\\-1&-\mathrm{e}^x&0\\1&2\mathrm{e}^x&\mathrm{e}^{-x}\end{pmatrix}\begin{pmatrix}C_1\\C_2\\C_3\end{pmatrix}\\&=C_1\begin{pmatrix}-2\\-1\\1\end{pmatrix}+C_2\begin{pmatrix}2\\-1\\2\end{pmatrix}\mathrm{e}^x+C_3\begin{pmatrix}3\\0\\1\end{pmatrix}\mathrm{e}^{-x}.\end{aligned}$$

(2) 矩阵 $\boldsymbol{A}$ 具有 k 重特征值 λ 时，若对应的线性无关的特征向量有 k 个，则也可以找到 $\boldsymbol{A}$ 的 n 个线性无关特征值.

例 13.3.3 求齐次线性微分方程组 $\frac{\mathrm{d}\boldsymbol{y}}{\mathrm{d}x}=\begin{pmatrix}1&-3&3\\3&-5&3\\6&-6&4\end{pmatrix}\boldsymbol{y}$ 的通解.

解：先求特征值 $|\boldsymbol{A}-\lambda\boldsymbol{E}|=\begin{vmatrix}1-\lambda&-3&3\\3&-5-\lambda&3\\6&-6&4-\lambda\end{vmatrix}=(\lambda+2)^2(4-\lambda)=0$，所以 $\lambda_1=\lambda_2=-2$（二重），$\lambda_3=4$.

对于 $\lambda_1=\lambda_2=-2$，$\boldsymbol{A}+2\boldsymbol{E}=\begin{pmatrix}3&-3&3\\3&-3&3\\6&-6&6\end{pmatrix}=\begin{pmatrix}1&-1&1\\0&0&0\\0&0&0\end{pmatrix}$，分别取 $\boldsymbol{r}_1=\begin{pmatrix}1\\1\\0\end{pmatrix}$，$\boldsymbol{r}_2=\begin{pmatrix}-1\\0\\1\end{pmatrix}$，对于 $\lambda_3=4$，对应的特征向量为 $\boldsymbol{r}_3=\begin{pmatrix}1\\1\\2\end{pmatrix}$，于是通解为

$$\begin{aligned}\boldsymbol{y}(x)&=C_1\mathrm{e}^{\lambda_1x}\boldsymbol{r}_1+C_2\mathrm{e}^{\lambda_2x}\boldsymbol{r}_2+C_3\mathrm{e}^{\lambda_3x}\boldsymbol{r}_3\\&=C_1\mathrm{e}^{-2x}\begin{pmatrix}1\\1\\0\end{pmatrix}+C_2\mathrm{e}^{-2x}\begin{pmatrix}-1\\0\\1\end{pmatrix}+C_3\mathrm{e}^{4x}\begin{pmatrix}1\\1\\2\end{pmatrix}.\end{aligned}$$

(3) λ 为矩阵 $\boldsymbol{A}$ 的 k 重特征值时，对应的线性无关的特征向量少于 k 个，则可以采用下面的定理找到 k 个线性无关的解.

定理 13.3.8　设 λ 为矩阵 $\boldsymbol{A}$ 的 k 重特征值，则方程组 $(\boldsymbol{A}-\lambda\boldsymbol{E})^k\boldsymbol{r}=\boldsymbol{0}$ 存在 k 个线性无关的解 $\boldsymbol{r}_1,\boldsymbol{r}_2,\cdots,\boldsymbol{r}_k$，此时微分方程组 $\dfrac{\mathrm{d}\boldsymbol{y}}{\mathrm{d}x}=\boldsymbol{A}\boldsymbol{y}$ 有 k 个如下形式的线性无关解：

$$\begin{aligned}\boldsymbol{y}_i(x)&=\mathrm{e}^{\lambda x}\sum_{m=0}^{k-1}\frac{x^m}{m!}(\boldsymbol{A}-\lambda\boldsymbol{E})^m\boldsymbol{r}_i\\&=\mathrm{e}^{\lambda x}\left[\boldsymbol{E}+\frac{x}{1!}(\boldsymbol{A}-\lambda\boldsymbol{E})+\frac{x^2}{2!}(\boldsymbol{A}-\lambda\boldsymbol{E})^2+\cdots+\right.\\&\qquad\left.\frac{x^{k-1}}{(k-1)!}(\boldsymbol{A}-\lambda\boldsymbol{E})^{k-1}\right]\boldsymbol{r}_i\quad(i=1,2,\cdots,k).\end{aligned}$$

例 13.3.4

求齐次线性微分方程组 $\dfrac{\mathrm{d}\boldsymbol{y}}{\mathrm{d}x}=\begin{pmatrix}5&-3&-2\\8&-5&-4\\-4&3&3\end{pmatrix}\boldsymbol{y}$ 的通解.

解：其系数矩阵 $\boldsymbol{A}$ 的特征方程为 $\det(\boldsymbol{A}-\lambda\boldsymbol{E})=(1-\lambda)^3=0$，因此 $\boldsymbol{A}$ 有唯一的三重特征值 $\lambda=1$，于是，所求微分方程组的基解矩阵为

$$\begin{aligned}\boldsymbol{y}(x)&=\mathrm{e}^x\left[\boldsymbol{E}+\frac{x}{1!}(\boldsymbol{A}-\boldsymbol{E})+\frac{x^2}{2!}(\boldsymbol{A}-\boldsymbol{E})^2\right]\\&=\mathrm{e}^x\left[\begin{pmatrix}1&0&0\\0&1&0\\0&0&1\end{pmatrix}+x\begin{pmatrix}4&-3&-2\\8&-6&-4\\-4&3&2\end{pmatrix}+\frac{x^2}{2}\begin{pmatrix}4&-3&-2\\8&-6&-4\\-4&3&2\end{pmatrix}^2\right]\end{aligned}$$

$$=e^x\begin{pmatrix}1+4x & -3x & -2x\\ 8x & 1-6x & -4x\\ -4x & 3x & 1+2x\end{pmatrix},$$

故所求微分方程组的通解为

$$y(x)=C_1\begin{pmatrix}1+4x\\ 8x\\ -4x\end{pmatrix}e^x+C_2\begin{pmatrix}-3x\\ 1-6x\\ 3x\end{pmatrix}e^x+C_3\begin{pmatrix}-2x\\ -4x\\ 1+2x\end{pmatrix}e^x.$$

(4) 若实系数线性齐次方程组$\frac{dy}{dx}=Ay$ 有复值解 $y(x)=u(x)+iv(x)$，则其实部 $u(x)$和虚部$v(x)$都是方程组的解.

证明：因为 $y(x)=u(x)+iv(x)$是方程组的解，所以有

$$\begin{aligned}\frac{dy(x)}{dx}&=\frac{du(x)}{dx}+i\frac{dv(x)}{dx}\\&=A(x)(u(x)+iv(x))\\&=A(x)u(x)+iA(x)v(x).\end{aligned}$$

由于两个复数表达式相等等价于两个复数的实部和虚部对应相等，所以有$\frac{dy(x)}{dx}=A(x)u(x)$，$\frac{dy(x)}{dx}=A(x)v(x)$，即 $u(x)$和$v(x)$是方程组$\frac{dy}{dx}=Ay$ 的解.

实矩阵 A 有复特征根一定是共轭成对出现的，即如果 $\lambda=a+ib$ 是特征根，则共轭复数 $\overline{\lambda}=a-ib$ 也是特征根，$\overline{\lambda}$ 对应的特征向量也与 λ 对应的特征向量共轭，因此方程组$\frac{dy}{dx}=Ay$ 出现一对共轭的复值解.

例 13.3.5 求齐次线性微分方程组$\frac{dy}{dx}=\begin{pmatrix}1 & -5\\ 2 & -1\end{pmatrix}y$ 的通解.

解：系数矩阵 A 的特征方程为$\begin{vmatrix}1-\lambda & -5\\ 2 & -1-\lambda\end{vmatrix}=\lambda^2+9=0$，故有特征根 $\lambda_1=3i$，$\lambda_2=-3i$ 且是共轭的. $\lambda_1=3i$ 对应的特征向量 $r=(r_1,r_2)^T$ 满足方程$(1-3i)r_1-5r_2=0$，取 $r_1=5$ 得 $r_2=1-3i$，则 $r=(5,1-3i)^T$ 是 λ_1 对应的特征向量，因此原微分方程组有解

$$\begin{aligned}y(x)&=\begin{pmatrix}5\\ 1-3i\end{pmatrix}e^{3ix}\\&=\begin{pmatrix}5e^{3ix}\\ (1-3i)e^{3ix}\end{pmatrix}\\&=\begin{pmatrix}5\cos3x+5i\sin3x\\ \cos3x+3\sin3x+i(\sin3x-3\cos3x)\end{pmatrix}\end{aligned}$$

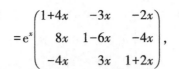

$$=\begin{pmatrix}5\cos3x\\ \cos3x+3\sin3x\end{pmatrix}+\mathrm{i}\begin{pmatrix}5\sin3x\\ \sin3x-3\cos3x\end{pmatrix},$$

故 $$\boldsymbol{u}(x)=\begin{pmatrix}5\cos3x\\ \cos3x+3\sin3x\end{pmatrix},\ \boldsymbol{v}(x)=\begin{pmatrix}5\sin3x\\ \sin3x-3\cos3x\end{pmatrix},$$

且 $\boldsymbol{u}(x)$，$\boldsymbol{v}(x)$ 是原方程的两个线性无关的解，故原方程组的解为

$$\boldsymbol{y}(x)=C_1\begin{pmatrix}5\cos3x\\ \cos3x+3\sin3x\end{pmatrix}+C_2\begin{pmatrix}5\sin3x\\ \sin3x-3\cos3x\end{pmatrix}.$$

接下来考虑非齐次线性微分方程组 $\frac{\mathrm{d}\boldsymbol{y}}{\mathrm{d}x}=\boldsymbol{A}(x)\boldsymbol{y}+\boldsymbol{f}(x)$ 的解的结构及解法.

非齐次线性微分方程组 $\frac{\mathrm{d}\boldsymbol{y}}{\mathrm{d}x}=\boldsymbol{A}(x)\boldsymbol{y}+\boldsymbol{f}(x)$ 的通解可以表示成它的任一特解与相应的齐次线性微分方程组通解之和，即 $\boldsymbol{y}(x)=\boldsymbol{Y}(x)\boldsymbol{C}+\boldsymbol{y}^*(x)$，其中，$\boldsymbol{Y}(x)$ 为齐次线性微分方程组 $\frac{\mathrm{d}\boldsymbol{y}}{\mathrm{d}x}=\boldsymbol{A}(x)\boldsymbol{y}$ 的基解矩阵；$\boldsymbol{C}$ 为任意常向量；$\boldsymbol{y}^*(x)$ 为非齐次线性微分方程组 $\frac{\mathrm{d}\boldsymbol{y}}{\mathrm{d}x}=\boldsymbol{A}(x)\boldsymbol{y}+\boldsymbol{f}(x)$ 的任一特解.

下面不加证明地直接给出利用齐次方程基解矩阵求非齐次方程特解的方法.

设 $\boldsymbol{Y}(x)$ 为齐次微分方程组 $\frac{\mathrm{d}\boldsymbol{y}}{\mathrm{d}x}=\boldsymbol{A}(x)\boldsymbol{y}$ 的基解矩阵，则 $\boldsymbol{y}^*(x)=\boldsymbol{Y}(x)\int_{x_0}^{x}\boldsymbol{Y}^{-1}(s)\boldsymbol{f}(s)\,\mathrm{d}s$ 为非齐次线性微分方程组 $\frac{\mathrm{d}\boldsymbol{y}}{\mathrm{d}x}=\boldsymbol{A}(x)\boldsymbol{y}+\boldsymbol{f}(x)$ 的一个特解. 于是，非齐次线性微分方程组的通解为 $\boldsymbol{y}(x)=\boldsymbol{Y}(x)\boldsymbol{C}+\boldsymbol{Y}(x)\int_{x_0}^{x}\boldsymbol{Y}^{-1}(s)\boldsymbol{f}(s)\,\mathrm{d}s$，其满足初始条件 $\boldsymbol{y}(x_0)=\boldsymbol{y}_0$ 的特解为

$$\boldsymbol{y}(x)=\boldsymbol{Y}(x)\boldsymbol{Y}^{-1}(x_0)\boldsymbol{y}_0+\boldsymbol{Y}(x)\int_{x_0}^{x}\boldsymbol{Y}^{-1}(s)\boldsymbol{f}(s)\,\mathrm{d}s.$$

而对常系数非齐次方程组，则通解为 $\boldsymbol{y}(x)=\boldsymbol{Y}(x)\boldsymbol{C}+\int_{x_0}^{x}\boldsymbol{Y}(x-s)\boldsymbol{f}(s)\,\mathrm{d}s$，其满足初始条件 $\boldsymbol{y}(x_0)=\boldsymbol{y}_0$ 的特解为 $\boldsymbol{y}(x)=\boldsymbol{Y}(x-x_0)\boldsymbol{y}_0+\int_{x_0}^{x}\boldsymbol{Y}(x-s)\boldsymbol{f}(s)\,\mathrm{d}s$. 这里的基解矩阵满足 $\boldsymbol{Y}(0)=\boldsymbol{E}$.

例 13.3.6　求解初值问题

$$\frac{\mathrm{d}\boldsymbol{y}}{\mathrm{d}x}=\begin{pmatrix}1&0&0\\2&1&-2\\3&2&1\end{pmatrix}\boldsymbol{y}+\begin{pmatrix}0\\0\\ \mathrm{e}^x\cos2x\end{pmatrix},\ \boldsymbol{y}(0)=\begin{pmatrix}0\\1\\1\end{pmatrix}.$$

解：首先，求基解矩阵 $\boldsymbol{A}$ 的特征方程为

$$\det(\boldsymbol{A}-\lambda\boldsymbol{E})=-(1-\lambda)(\lambda^2-2\lambda+5)=0.$$

因此，矩阵 $\boldsymbol{A}$ 有特征根 $\lambda_1=1$，$\lambda_2=1+2\mathrm{i}$，$\lambda_3=1-2\mathrm{i}$. 对于 $\lambda_1=1$，有特征向量 $\boldsymbol{r}_1=(2,-3,2)^{\mathrm{T}}$，进而得到对应的齐次方程组的一个解 $\boldsymbol{y}_1(x)=\begin{pmatrix}2\\-3\\2\end{pmatrix}\mathrm{e}^x$. 对于 $\lambda_2=1+2\mathrm{i}$，有特征向量 $\boldsymbol{r}_2=(0,1,-\mathrm{i})^{\mathrm{T}}$，因此，$\boldsymbol{y}(x)=\begin{pmatrix}0\\1\\-\mathrm{i}\end{pmatrix}\mathrm{e}^{(1+2\mathrm{i})x}=\mathrm{e}^x\begin{pmatrix}0\\\cos2x\\\sin2x\end{pmatrix}+\mathrm{i}\mathrm{e}^x\begin{pmatrix}0\\\sin2x\\-\cos2x\end{pmatrix}$，所以对应的齐次方程组有解 $\boldsymbol{y}_2(x)=\begin{pmatrix}0\\\cos2x\\\sin2x\end{pmatrix}\mathrm{e}^x$，$\boldsymbol{y}_3(x)=\begin{pmatrix}0\\\sin2x\\-\cos2x\end{pmatrix}\mathrm{e}^x$，这样可以得到齐次方程组的基解矩阵为 $\boldsymbol{Y}^*(x)=\begin{pmatrix}2\mathrm{e}^x&0&0\\-3\mathrm{e}^x&\mathrm{e}^x\cos2x&\mathrm{e}^x\sin2x\\2\mathrm{e}^x&\mathrm{e}^x\sin2x&-\mathrm{e}^x\cos2x\end{pmatrix}$，且

$\boldsymbol{Y}^{*-1}(0)=\begin{pmatrix}\frac{1}{2}&0&0\\\frac{3}{2}&1&0\\1&0&-1\end{pmatrix}$，因此

$$\boldsymbol{Y}(x)=\boldsymbol{Y}^*(x)\boldsymbol{Y}^{*-1}(0)=\mathrm{e}^x\begin{pmatrix}1&0&0\\-\frac{3}{2}+\frac{3}{2}\cos2x+\sin2x&\cos2x&-\sin2x\\1+\frac{3}{2}\sin2x-\cos2x&\sin2x&\cos2x\end{pmatrix},$$

因此原方程组的解为 $\boldsymbol{y}(x)=\boldsymbol{Y}(x)\begin{pmatrix}0\\1\\1\end{pmatrix}+\boldsymbol{Y}(x)\int_0^x\boldsymbol{Y}(-s)\begin{pmatrix}0\\0\\\mathrm{e}^x\cos2s\end{pmatrix}\mathrm{d}s$，

即

$$\boldsymbol{y}(x)=\mathrm{e}^x\begin{pmatrix}0\\\cos2x-\left(1+\frac{1}{2}x\right)\sin2x\\\left(1+\frac{1}{2}x\right)\cos2x+\frac{5}{4}\sin2x\end{pmatrix}.$$

13.3.3 高阶线性微分方程

由于高阶微分方程与一阶微分方程组可以互化，因此 n 阶线

性微分方程的有关问题，都能够转化为线性微分方程组的问题.

对于 n 阶线性微分方程，关于解的结构有如下结论.

（1）n 阶齐次线性微分方程

$$y^{(n)}+a_1(x)y^{(n-1)}+\cdots+a_{n-1}(x)y'+a_n(x)y=0$$

一定存在 n 个线性无关的解 $y_1(x),y_2(x),\cdots,y_n(x)$（称为 n 阶齐次线性微分方程的**基本解组**），其通解可以表示为 $y(x)=\sum_{i=1}^{n}C_iy_i(x)$.

由于 $y(x)\equiv0$ 为其解，根据解的存在性和唯一性，n 阶齐次线性微分方程的解要么恒为零，要么恒不为零.

（2）n 阶非齐次线性微分方程

$$y^{(n)}+a_1(x)y^{(n-1)}+\cdots+a_{n-1}(x)y'+a_n(x)y=f(x)$$

的通解是其任一特解与相应齐次微分方程的通解之和，它的任意两个解之差，为相应齐次微分方程的一个解.

前面介绍了常系数线性微分方程组的解法，对于常系数 n 阶线性微分方程，的确可以借助微分方程组求解（取其第一个分量即可）. 但是解线性微分方程组的过程比较繁杂，也只限于常系数方程组的求解，因此有必要利用微分方程组和高阶微分方程之间的关系，从微分方程组的已知结论中导出高阶微分方程的相应结果，简化其求解过程. 下面介绍高阶线性微分方程的解法.

1. 高阶常系数线性微分方程

形如 $y^{(n)}+a_1y^{(n-1)}+\cdots+a_{n-1}y'+a_ny=f(x)$ 的微分方程称为 n 阶常系数线性微分方程，其中 $a_1,a_2,\cdots,a_n$ 为常数. 当 $f(x)\equiv0$ 时，方程变为 $y^{(n)}+a_1y^{(n-1)}+\cdots+a_{n-1}y'+a_ny=0$，称为 n 阶常系数齐次线性微分方程. 当 $f(x)\neq0$ 时，方程 $y^{(n)}+a_1y^{(n-1)}+\cdots+a_{n-1}y'+a_ny=f(x)$ 称为 n 阶常系数非齐次线性微分方程.

下面我们先讨论常系数齐次线性微分方程解的结构. 由高阶微分方程和微分方程组的互化，$y^{(n)}+a_1y^{(n-1)}+\cdots+a_{n-1}y'+a_ny=0$ 所对应的常系数齐次线性微分方程组为 $\frac{\mathrm{d}\boldsymbol{y}}{\mathrm{d}x}=\boldsymbol{A}\boldsymbol{y}$.

其中，$\boldsymbol{y}=\begin{pmatrix} y \\ y' \\ \vdots \\ y^{(n-1)} \end{pmatrix}$，$\boldsymbol{A}=\begin{pmatrix} 0 & 1 & 0 & \cdots & 0 & 0 \\ 0 & 0 & 1 & \cdots & 0 & 0 \\ \vdots & \vdots & \vdots & & \vdots & \vdots \\ 0 & 0 & 0 & \cdots & 0 & 1 \\ -a_n & -a_{n-1} & -a_{n-2} & \cdots & -a_2 & -a_1 \end{pmatrix}$，

于是，系数矩阵 $\boldsymbol{A}$ 的特征方程为

$$\det(\boldsymbol{A}-\lambda\boldsymbol{E})=\begin{vmatrix} -\lambda & 1 & 0 & \cdots & 0 & 0 \\ 0 & -\lambda & 1 & \cdots & 0 & 0 \\ \vdots & \vdots & \vdots & & \vdots & \vdots \\ 0 & 0 & 0 & \cdots & -\lambda & 1 \\ -a_n & -a_{n-1} & -a_{n-2} & \cdots & -a_2 & -a_1-\lambda \end{vmatrix}=0,$$

即 $\lambda^n+a_1\lambda^{n-1}+\cdots+a_{n-1}\lambda+a_n=0$，这恰好是将原齐次方程 $y^{(n)}+a_1y^{(n-1)}+\cdots+a_{n-1}y'+a_ny=0$ 中的 $y^{(k)}$ 换成 $\lambda^k(k=0,1,\cdots,n)$ 得到的代数方程，也称为 n 阶常系数齐次线性微分方程的特征方程.

以下根据特征根的三种不同情形，给出常系数齐次线性微分方程通解的求法.

情形 1：当特征方程有 n 个互不相等的实数根 $\lambda_1,\lambda_2,\cdots,\lambda_n$ 时，则方程有 n 个线性无关的解 $y_1=e^{\lambda_1x},y_2=e^{\lambda_2x},\cdots,y_n=e^{\lambda_nx}$，所以方程的通解为 $y(x)=\sum\limits_{i=1}^{n}C_ie^{\lambda_ix}$.

情形 2：当特征方程有重根，设互不相同的根为 $\lambda_1,\lambda_2,\cdots,\lambda_m$，它们的重数分别为 $k_1,k_2,\cdots,k_m$，满足 $k_1+k_2+\cdots+k_m=n$，则方程的一个基本解组为 $e^{\lambda_1x},xe^{\lambda_1x},\cdots,x^{k_1-1}e^{\lambda_1x},\cdots,e^{\lambda_mx},xe^{\lambda_mx},\cdots,x^{k_m-1}e^{\lambda_mx}$，所以方程的通解为

$$y(x)=\sum_{i=1}^{m}\sum_{j=1}^{k_i}C_{ij}x^{j-1}e^{\lambda_ix}=\sum_{i=1}^{m}(C_{i1}+C_{i2}x+\cdots+C_{ik_i}x^{k_i-1})e^{\lambda_ix}.$$

情形 3：当特征方程有一对共轭复数根 $\alpha\pm i\beta$ 时，则 $y_1=e^{(\alpha+i\beta)x}$，$y_2=e^{(\alpha-i\beta)x}$ 都是微分方程的解，但是它们都是复数解，为了得到实值函数形式的解，利用欧拉公式 $e^{i\theta}=\cos\theta+i\sin\theta$，可将 $y_1=e^{(\alpha+i\beta)x}$，$y_2=e^{(\alpha-i\beta)x}$ 分别写为 $y_1=e^{\alpha x}e^{i\beta x}=e^{\alpha x}(\cos\beta x+i\sin\beta x)=e^{\alpha x}\cos\beta x+ie^{\alpha x}\sin\beta x$，根据线性齐次方程解的性质，则 y_1+y_2，y_1-y_2 都是解. 并且 $y_1+y_2=e^{\alpha x}\cos\beta x$，$y_1-y_2=e^{\alpha x}\sin\beta x$ 是两个线性无关的实数解，因此微分方程的通解为 $y=e^{\alpha x}(C_1\cos\beta x+C_2\sin\beta x)$；当共轭复根为重根时，采用情形 2 的结论.

如此求解常系数线性微分方程的方法称为特征根法. 总结如下：

特征方程的根	微分方程通解中的对应项
n 个互不相等的实数根 $\lambda_1,\lambda_2,\cdots,\lambda_n$	对应项 $y(x)=\sum\limits_{i=1}^{n}C_ie^{\lambda_ix}$
互不相同的根为 $\lambda_1,\lambda_2,\cdots,\lambda_m$，它们的重数分别为 $k_1,k_2,\cdots,k_m$，满足 $k_1+\cdots+k_m=n$	对应项 $y(x)=\sum\limits_{i=1}^{m}\sum\limits_{j=1}^{k_i}C_{ij}x^{j-1}e^{\lambda_ix}$ $=\sum\limits_{i=1}^{m}(C_{i1}+C_{i2}x+\cdots+C_{ik_i}x^{k_i-1})e^{\lambda_ix}$

（续）

特征方程的根	微分方程通解中的对应项
一对共轭复数根 $\alpha\pm i\beta$	对应两项 $y=e^{\alpha x}(C_1\cos\beta x+C_2\sin\beta x)$
一对 k 重共轭复数根 $\alpha\pm i\beta$	对应 $2k$ 项 $[(C_{11}+C_{12}x+\cdots+C_{1k}x^{k-1})\cos\beta x+(C_{21}+C_{22}x+\cdots+C_{2k}x^{k-1})\sin\beta x]e^{\alpha x}$

例 13.3.7 求微分方程 $y''+4y'+4y=0$ 的通解.

解：特征方程为 $\lambda^2+4\lambda+4=0$,

解得 $\lambda_1=\lambda_2=-2$,

故所求通解为 $y=(C_1+C_2x)e^{-2x}$.

例 13.3.8 求微分方程 $y^{(4)}-y=0$ 的通解.

解：特征方程为 $r^4-1=0$,

特征根为 $r_1=-1$，$r_2=1$，$r_3=i$，$r_4=-i$，通解为 $y=C_1e^{-x}+C_2e^x+C_3\cos x+C_4\sin x$.

前面我们讨论了常系数线性齐次微分方程的解法，根据线性非齐次微分方程的解的结构，我们只需要求出非齐次方程自身的一个特解，便可以得到它的通解. 那么如何求一个特解呢？自然可以利用高阶微分方程和微分方程组的关系，借助前面的微分方程组的常数变易公式，得到一个特解，然而这种方法过于复杂，对于 n 阶常系数非齐次微分方程，如果自由项 $f(x)$ 的形式为 $P_m(x)e^{\lambda x}$，$P_m(x)e^{\alpha x}\cos\beta x$，$P_m(x)e^{\alpha x}\sin\beta x$，可以利用**待定系数法**求其特解. 即根据微分方程中自由项 $f(x)$ 的形式预先设定特解的形式，再将所设定的特解代入微分方程求出其中所含有的待定常数的值.

（1）$f(x)=e^{\lambda x}P_m(x)$ 型

自由端函数 $f(x)=e^{\lambda x}P_m(x)$，其中 $P_m(x)=b_0x^m+b_1x^{m-1}+\cdots+b_{m-1}x+b_m$ 是 m 次多项式，这种自由端函数包含很多种类型，如 $P_m(x)(\lambda=0)$，$e^{\lambda x}(P_m=1)$，$P_m(x)e^{\lambda x}$型.

因为多项式和指数函数乘积的导数仍然是多项式和指数函数的乘积，所以我们推测方程可能有如下特解 $y^*(x)=Q(x)e^{\lambda x}$，其中 $Q(x)$ 为待定次数多项式. 下面以二阶非齐次微分方程为例，分三种情形给出特解.

设二阶非齐次微分方程 $y''+py'+qy=f(x)$ 的特解为 $y^*=e^{\lambda x}Q(x)$（其中 $Q(x)$是一待定多项式)，求出

$$y^{*\prime}=e^{\lambda x}[\lambda Q(x)+Q'(x)],$$

$$y^{*\prime\prime}=e^{\lambda x}[\lambda^2Q(x)+2\lambda Q'(x)+Q''(x)],$$

将 y^*，y'^*，$y^{*''}$代入二阶非齐次方程中，两边消去 $e^{\lambda x}$得到

$$Q''(x)+(2\lambda+p)Q'(x)+(\lambda^2+p\lambda+q)Q(x)=P_m(x).$$

1）若 λ 不是齐次方程的特征根，即有 $\lambda^2+p\lambda+q\neq0$，则由上式可知，$Q(x)$必须是 m 次多项式，因此只要令 $Q(x)=B_0x^m+B_1x^{m-1}+\cdots+B_{m-1}x+B_m$，也就是说此时的特解为 $y^*(x)=e^{\lambda x}(B_0x^m+B_1x^{m-1}+\cdots+B_{m-1}x+B_m)$，把此解代入方程中，比较等式两端 x 的同次幂系数，就可以确定 $B_0,B_1,\cdots,B_{m-1},B_m$，即可得到非齐次方程的一个特解.

2）若 λ 是齐次方程的单根，即有 $\lambda^2+p\lambda+q=0$，$2\lambda+p\neq0$，则由上式可知，$Q'(x)$必须是 m 次多项式，从而 $Q(x)$必须是 $m+1$ 次多项式. 因此只要令 $Q(x)=xQ_m(x)=x(B_0x^m+B_1x^{m-1}+\cdots+B_{m-1}x+B_m)$，也就是说此时的特解为 $y^*(x)=xQ_m(x)e^{\lambda x}=xe^{\lambda x}(B_0x^m+B_1x^{m-1}+\cdots+B_{m-1}x+B_m)$，把此解代入方程中，比较等式两端 x 的同次幂系数，就可以确定 $B_0,B_1,\cdots,B_{m-1},B_m$.

3）若 λ 是齐次方程的 2 重根，即有 $\lambda^2+p\lambda+q=0$，$2\lambda+p=0$，则由上式可知，$Q''(x)$必须是 m 次多项式，从而 $Q(x)$必须是 $m+2$ 次多项式. 因此只要令 $Q(x)=x^2Q_m(x)=x^2(B_0x^m+B_1x^{m-1}+\cdots+B_{m-1}x+B_m)$，也就是说此时的特解为 $y^*(x)=x^2Q_m(x)e^{\lambda x}=x^2e^{\lambda x}(B_0x^m+B_1x^{m-1}+\cdots+B_{m-1}x+B_m)$，把此解代入方程中，比较等式两端 x 的同次幂系数，就可以确定 $B_0,B_1,\cdots,B_{m-1},B_m$. 若 λ 是齐次方程的 k 重根，则特解为 $y^*(x)=x^kQ_m(x)e^{\lambda x}=x^ke^{\lambda x}(B_0x^m+B_1x^{m-1}+\cdots+B_{m-1}x+B_m)$，同样代入方程后，确定待定系数，得到特解.

综上所述，当二阶非齐次方程的自由端函数 $f(x)=e^{\lambda x}P_m(x)$ 时，可设其特解为 $y^*=x^kQ_m(x)e^{\lambda x}$，其中 $Q_m(x)$是与 $P_m(x)$次数相同的有待定系数的多项式，而 k 的值为

$$k=\begin{cases}0, & \lambda\text{ 不是特征方程的根},\\ 1, & \lambda\text{ 是特征方程的单根},\\ 2, & \lambda\text{ 是特征方程的二重根}\end{cases}\quad(k\text{ 是重根次数}).$$

上述结论可推广到 n 阶常系数非齐次线性微分方程.

例 13.3.9 求微分方程 $y''+y'-2y=(x-2)e^{2x}$的通解.

解：特征方程为 $\lambda^2+\lambda-2=0$，

特征根为 $\lambda_1=1$，$\lambda_2=-2$，

对应齐次方程的通解为 $Y=C_1e^x+C_2e^{-2x}$，

$\lambda=2$ 不是特征根，可设特解为 $\bar{y}=(Ax+B)e^{2x}$，代入方程得到 $4Ax+$

$4B+5A=x-2$，故 $\begin{cases} A=\dfrac{1}{4}, \\ B=-\dfrac{13}{16}, \end{cases}$ 于是，$\overline{y}=\left(\dfrac{1}{4}x-\dfrac{13}{16}\right)e^{2x}$，原方程的通解为

$$y=C_1e^x+C_2e^{2x}+\left(\frac{1}{4}x-\frac{13}{16}\right)e^{2x}.$$

(2) $f(x)=e^{\lambda x}[P_l(x)\cos\omega x+P_n(x)\sin\omega x]$ 型

自由端函数 $f(x)=e^{\lambda x}[P_l(x)\cos\omega x+P_n(x)\sin\omega x]$（其中 $P_l(x)$，$P_n(x)$ 分别是 l，n 次多项式）型包含很多种类型，如 $\cos\omega x(\lambda=0, P_l=1, P_n=0)$，$\sin\omega x(\lambda=0, P_l=0, P_n=1)$ 型等.

利用欧拉公式

$$\begin{aligned} f(x) &= e^{\lambda x}[P_l(x)\cos\omega x+P_n(x)\sin\omega x] \\ &= e^{\lambda x}\left[P_l(x)\frac{e^{i\omega x}+e^{-i\omega x}}{2}+P_n(x)\frac{e^{i\omega x}-e^{-i\omega x}}{2i}\right] \\ &= \left(\frac{P_l(x)}{2}+\frac{P_n(x)}{2i}\right)e^{(\lambda+i\omega)x}+\left(\frac{P_l(x)}{2}-\frac{P_n(x)}{2i}\right)e^{(\lambda-i\omega)x} \\ &= P_m(x)e^{(\lambda+i\omega)x}+\overline{P}_m(x)e^{(\lambda-i\omega)x} \quad (\text{其中 } m=\max\{l,n\}), \end{aligned}$$

根据与第一种情形下的想法类似的特解的设法. 设二阶非齐次方程 $y''+py'+qy=P(x)e^{(\lambda+i\omega)x}$ 的特解为 $y_1^*=x^kQ_me^{(\lambda+i\omega)x}$；$y''+py'+qy=\overline{P}(x)e^{(\lambda-i\omega)x}$ 的特解为 $y_2^*=x^k\overline{Q}_me^{(\lambda-i\omega)x}$，于是根据非齐次微分方程解的性质得到

$$\begin{aligned} y &= y_1^*+y_2^*=x^kQ_me^{(\lambda+i\omega)x}+x^k\overline{Q}_me^{(\lambda-i\omega)x}=x^ke^{\lambda x}(Q_me^{i\omega x}+\overline{Q}_me^{-i\omega x}) \\ &= x^ke^{\lambda x}(R_m^{(1)}\cos\omega x+R_m^{(2)}\sin\omega x), \end{aligned}$$

其中 $R_m^{(1)}$，$R_m^{(2)}$ 是 m 次多项式，$m=\max\{l,n\}$，

$$k=\begin{cases} 0, & \lambda\pm i\omega \text{ 不是特征方程的根}, \\ 1, & \lambda\pm i\omega \text{ 是特征方程的单根}. \end{cases}$$

总结：对于自由端函数为 $f(x)=e^{\lambda x}[P_l(x)\cos\omega x+P_n(x)\sin\omega x]$，设特解为 $y=x^ke^{\lambda x}(R_m^{(1)}\cos\omega x+R_m^{(2)}\sin\omega x)$，其中 $R_m^{(1)}$，$R_m^{(2)}$ 是 m 次多项式，$m=\max\{l,n\}$，$k=\begin{cases} 0, & \lambda\pm i\omega \text{ 不是特征方程的根}, \\ 1, & \lambda\pm i\omega \text{ 是特征方程的单根}. \end{cases}$

下面介绍另一种方法——辅助方程法.

$$\begin{aligned} f(x) &= e^{\lambda x}[P_l(x)\cos\omega x+P_n(x)\sin\omega x] \\ &= e^{\lambda x}P_l(x)\cos\omega x+e^{\lambda x}P_n(x)\sin\omega x \\ &= \mathrm{Re}(P_l(x)e^{\lambda+i\omega x})+\mathrm{Im}(P_n(x)e^{\lambda+i\omega x}) \\ &= \mathrm{Re}(f_1(x))+\mathrm{Im}(f_2(x)), \end{aligned}$$

令 $f_1(x)=P_l(x)e^{\lambda+i\omega x}$，$f_2(x)=P_n(x)e^{\lambda+i\omega x}$，

分别求下面两个方程的特解 y_1^*，y_2^*：

$$y''+py'+qy=f_1(x),$$

$$y''+py'+qy=f_2(x).$$

则 $y^*=\mathrm{Re}(y_1^*)+\mathrm{Im}(y_2^*)$ 为原方程的特解.

例 13.3.10 求 $y''-y'=x\sin x$ 的特解.

解：对应的齐次方程为 $y''-y'=0$,

特征方程为 $r^2-r=0$，$r_1=0$，$r_2=1$.

注意到 $\lambda=\mathrm{i}$ 不是特征根，可以假设方程有特解

$$\bar{y}(x)=(ax+b)\cos x+(cx+d)\sin x.$$

代入方程得到 $a=\frac{1}{2}$，$b=-\frac{1}{2}$，$c=-\frac{1}{2}$，$d=-1$，即

$$\bar{y}=\left(\frac{1}{2}x-\frac{1}{2}\right)\cos x-\left(\frac{1}{2}x+1\right)\sin x.$$

将类型一和类型二加以综合，将特解形式总结如下：

自由端 $f(x)$ 的类型	特征根条件	使用待定系数法时特解 $y^*(x)$ 的形式
$f(x)=\mathrm{e}^{\lambda x}P_m(x)$	λ 不是特征根	$y^*=x^kQ_m(x)\mathrm{e}^{\lambda x}\quad(k=0)$
	λ 是 k 重特征根	$y^*=x^kQ_m(x)\mathrm{e}^{\lambda x}$
$f(x)=\mathrm{e}^{\lambda x}[P_l(x)\cos\omega x+P_n(x)\sin\omega x]$	$\lambda\pm\mathrm{i}\omega$ 不是特征根	$y=x^k\mathrm{e}^{\lambda x}[R_m^{(1)}\cos\omega x+R_m^{(2)}\sin\omega x]$ $(k=0)$
	$\lambda\pm\mathrm{i}\omega$ 是 k 重特征根	$y=x^k\mathrm{e}^{\lambda x}[R_m^{(1)}\cos\omega x+R_m^{(2)}\sin\omega x]$

例 13.3.11 设 $f(x)=\sin x-\int_0^x(x-t)f(t)\,\mathrm{d}t$，其中 f 为连续函数，求 $f(x)$.

解：等式两边求导，得 $f'(x)=\cos x-\int_0^x f(t)\,\mathrm{d}t-xf(x)+xf(x)$，再次求导可得 $f''(x)=-\sin x-f(x)$，即 $f''(x)+f(x)=-\sin x$，这是二阶常系数非齐次线性微分方程. 其对应的齐次方程的特征方程为 $\lambda^2+1=0$，可得特征根 $\lambda=\pm\mathrm{i}$，因此齐次方程的通解为 $y(x)=C_1\sin x+C_2\cos x$. 由于 $\lambda=0$，$\omega=1$，i 是特征方程的单根，注意到 $m=0$，因此取特解 $y^*(x)=x(A\sin x+B\cos x)$，求导后代入原方程，化简得 $-2B\sin x+2A\cos x=-\sin x$，因此 $A=0$，$B=\frac{1}{2}$，即 $y^*=\frac{x}{2}$

$\cos x$，所以所求方程的通解为 $f(x)=C_1\sin x+C_2\cos x+\frac{x}{2}\cos x$. 再由 $f(0)=0$，$f'(0)=1$，故 $C_1=\frac{1}{2}$，$C_2=0$，因此 $f(x)=\frac{1}{2}\sin x+\frac{x}{2}\cos x$.

例 13.3.12 （弹簧的机械振动）如图 13.3.1 所示，弹簧下挂一物体，在竖直方向有一随时间变化的外力 $f_1(t)=H\sin pt$ 作用在物体上，物体受外力驱使而上下振动，求物体的振动规律.

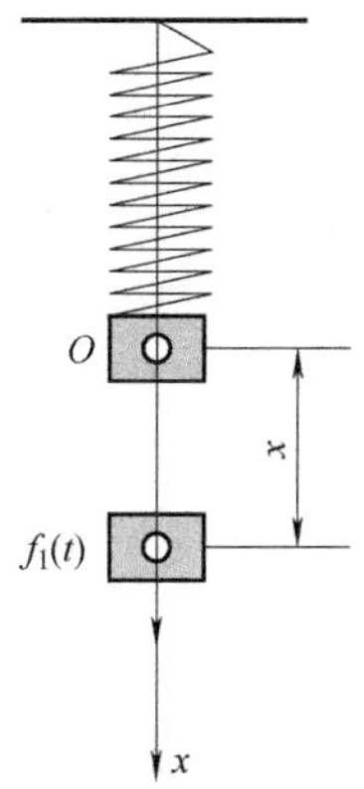

图 13.3.1

解：设振动开始时刻为 0，t 时刻物体离开平衡位置的位移为 $x(t)$.

受力分析：①外力 $f_1(t)=H\sin pt$；②弹性力 $f=-kx$；③介质阻力 $f_0=-\mu v=-\mu\frac{\mathrm{d}x}{\mathrm{d}t}$. 由 $F=ma$，可得 $m\frac{\mathrm{d}^2x}{\mathrm{d}t^2}=H\sin pt-kx-\mu\frac{\mathrm{d}x}{\mathrm{d}t}$，还应满足初始条件：$x\big|_{t=0}=0$，$\frac{\mathrm{d}x}{\mathrm{d}t}\Big|_{t=0}=0$. 令 $\delta=\frac{\mu}{2m}$，$\omega=\sqrt{\frac{k}{m}}$，$h=\frac{H}{m}$，则方程变为 $\frac{\mathrm{d}^2x}{\mathrm{d}t^2}+2\delta\frac{\mathrm{d}x}{\mathrm{d}t}+\omega^2x=h\sin pt$，这就是受迫振动的微分方程. 对应齐次方程 $\frac{\mathrm{d}^2x}{\mathrm{d}t^2}+2\delta\frac{\mathrm{d}x}{\mathrm{d}t}+\omega^2x=0$，这是自由振动的微分方程，由其特征方程 $\lambda^2+2\delta\lambda+\omega^2=0$，解得 $\lambda_1=-\delta+\sqrt{\delta^2-\omega^2}$，$\lambda_2=-\delta-\sqrt{\delta^2-\omega^2}$.

1）$\delta^2-\omega^2>0$，齐次方程的通解为 $x=C_1\mathrm{e}^{-(\delta-\sqrt{\delta^2-\omega^2})t}+C_2\mathrm{e}^{-(\delta+\sqrt{\delta^2-\omega^2})t}$. 当 $t\to\infty$ 时，$x(t)\to 0$. 此时物体运动按指数函数规律衰减. 如图 13.3.2 所示.

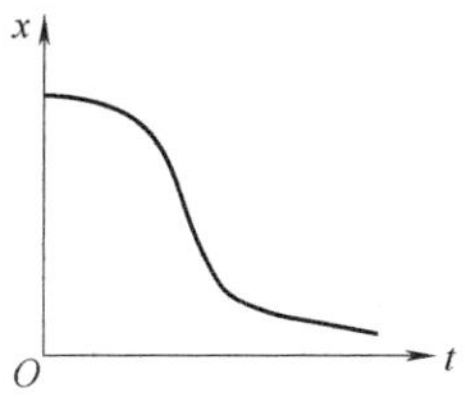

图 13.3.2

2）$\delta^2-\omega^2=0$，齐次方程的通解为 $x=(C_1+C_2t)\mathrm{e}^{-\delta t}$. 物体运动仍按指数规律衰减. 如图 13.3.2 所示.

3）$\delta^2-\omega^2<0$，$\lambda_{1,2}=-\delta\pm\mathrm{i}\sqrt{\omega^2-\delta^2}$. 齐次方程的通解为 $x=\mathrm{e}^{-\delta t}(C_1\cos\sqrt{\omega^2-\delta^2}\,t+C_2\sin\sqrt{\omega^2-\delta^2}\,t)=A\mathrm{e}^{-\delta t}\sin(\sqrt{\omega^2-\delta^2}\,t+\varphi)$，其中 $A=\sqrt{C_1^2+C_2^2}$，$\varphi=\arctan\frac{C_1}{C_2}$ 是两个任意常数，如图 13.3.3 所示，一方面，物体运动的振幅随着时间的增大而减少；另一方面，物体运动又是振荡的，属于衰减振荡运动.

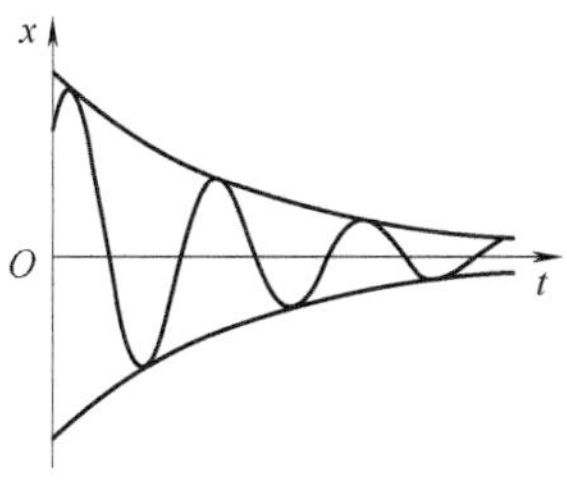

图 13.3.3

设 $\mu\neq 0$，$\mathrm{i}p$ 不是特征值，可令特解 $x^*=A_1\cos pt+A_2\sin pt$，得到

$$\begin{cases}(\omega^2-p^2)A_1+2\delta pA_2=0,\\(\omega^2-p^2)A_2-2\delta pA_1=h,\end{cases}\text{于是}\begin{cases}A_1=-\dfrac{2\delta ph}{(\omega^2-p^2)^2+4\delta^2p^2},\\A_2=-\dfrac{h(\omega^2-p^2)}{(\omega^2-p^2)^2+4\delta^2p^2}.\end{cases}$$

$$x^*=\frac{h(\omega^2-p^2)}{(\omega^2-p^2)^2+4\delta^2p^2}\sin pt-\frac{2\delta ph}{(\omega^2-p^2)^2+4\delta^2p^2}\cos pt=B\sin(pt-\psi),$$

其中， $B=\dfrac{h}{\sqrt{(\omega^2-p^2)^2+4\delta^2p^2}}$，$\psi=\arctan\left(\dfrac{2p\delta}{\omega^2-p^2}\right)$.

因此，非齐次方程的通解为 $x=Ae^{-\delta t}\sin(\sqrt{\omega^2-\delta^2}\,t+\varphi)+B\sin(pt-\psi)$，其中 $\delta<\omega$.

当 $t\gg 1$ 时，$x\approx x^*=B\sin(pt-\psi)$，取决于外界强迫力的作用.

当阻尼 μ 很小时，振幅 $B=\dfrac{h}{\sqrt{(\omega^2-p^2)^2+4\delta^2p^2}}\approx\dfrac{h}{|\omega^2-p^2|}$，当外界强迫力的频率 p 与弹簧的固有频率 $\omega=\sqrt{\dfrac{k}{m}}$ 相差不大时，B 将会很大，这时就会产生所谓的共振现象.

除了上述的待定系数法求特解之外，下面再介绍一种解法——**算子解法**，它可以更简洁地表示非齐次微分方程的特解.

引入微分算子 $D^k=\dfrac{d^k}{dx^k}$，其中 $\begin{cases}D^ky=y^{(k)}, & k\geqslant 1,\\ D^ky=y, & k=0,\end{cases}$ 若令 $Q(D)=D^n+a_1D^{n-1}+\cdots+a_{n-1}D+a_n$，则常系数非齐次线性微分方程可以表示为

$$Q(D)y=f(x).$$

情形 1： 自由端函数 $f(x)=P_m(x)$ 为 m 阶多项式，将 $\dfrac{1}{Q(D)}$ 做形式上的幂级数展开：$\dfrac{1}{Q(D)}=q_0+q_1D+\cdots+q_kD^k+\cdots$，当 $k>m$ 时，显然 $D^kf(x)=0$，故非齐次线性微分方程的特解为 $y_0(x)=(q_0+q_1D+\cdots+q_mD^m)f(x)$.

情形 2： 自由端函数为 $f(x)=e^{\lambda x}P_m(x)$，此时有公式

$$\frac{1}{Q(D)}e^{\lambda x}P_m(x)=e^{\lambda x}\frac{1}{Q(D+\lambda)}P_m(x),$$

同样将 $\dfrac{1}{Q(D+\lambda)}$ 做形式上的幂级数展开(到 m 阶即可).

情形 3： 自由端函数为 $f(x)=e^{\lambda x}[P_l(x)\cos\omega x+P_n(x)\sin\omega x]$，此时可用 Euler 公式，将自由端函数化为

$$\begin{aligned}f(x)&=e^{\lambda x}[P_l(x)\cos\omega x+P_n(x)\sin\omega x]\\&=e^{\lambda x}\left[P_l(x)\frac{e^{i\omega x}+e^{-i\omega x}}{2}+P_n(x)\frac{e^{i\omega x}-e^{-i\omega x}}{2i}\right]\\&=\left(\frac{P_l(x)}{2}+\frac{P_n(x)}{2i}\right)e^{(\lambda+i\omega)x}+\left(\frac{P_l(x)}{2}-\frac{P_n(x)}{2i}\right)e^{(\lambda-i\omega)x}\end{aligned}$$

$$=P_m(x)e^{(\lambda+i\omega)x}+\overline{P}_m(x)e^{(\lambda-i\omega)x},$$

再利用情形 2 中的公式即可.

例 13.3.13　求微分方程 $y''-2y'+y=xe^x$ 的通解.

解法 1：利用待定系数法.

对应的齐次方程的特征方程为 $\lambda^2-2\lambda+1=0$，则 $\lambda=1$ 为特征方程的二重根，对应齐次方程的通解为 $y=(C_1+C_2x)e^x$. 设非齐次方程的特解形式为 $y_0=x^2(b_0x+b_1)e^x$，求出 $y'=(b_0x^3+b_1x^2+3b_0x^2+2b_1x)e^x$ 以及 $y''=(b_0x^3+b_1x^2+6b_0x^2+4b_1x+6b_0x+2b_1)e^x$，代入原方程中，得 $6b_0x+2b_1=x$，从而得 $b_0=\dfrac{1}{6}$，$b_1=0$，故特解为 $y_0=\dfrac{1}{6}x^3e^x$，故所求方程的通解为 $y=(C_1+C_2x)e^x+\dfrac{1}{6}x^3e^x$.

解法 2：利用算子解法.

原方程写为算子形式 $(D^2-2D+1)y=xe^x$，即 $(D-1)^2y=xe^x$，于是同样可解得非齐次方程的特解为 $\dfrac{1}{(D-1)^2}xe^x=e^x\dfrac{1}{(D+1-1)^2}x=e^x\dfrac{1}{D^2}x=e^x\dfrac{1}{D}\dfrac{x^2}{2}=\dfrac{x^3}{6}e^x$. 再求对应的齐次方程的通解为 $y=(C_1+C_2x)e^x$，于是所求非齐次方程的通解为 $y=(C_1+C_2x)e^x+\dfrac{1}{6}x^3e^x$.

2. 高阶变系数线性微分方程

一般来说，变系数的高阶线性微分方程是不容易求解的，但是有些特殊的变系数微分方程可以考虑变量代换. 前面介绍的“降阶法”，就是通过变量代换将高阶方程化为低阶方程求解的. 另一种类型是通过变量代换，将变系数的线性方程化为常系数线性微分方程，从而可以求得其解，Euler 方程就是其中的一种. 其形式为 $x^ny^{(n)}+p_1x^{n-1}y^{(n-1)}+\cdots+p_{n-1}xy'+p_ny=f(x)$ 的方程(其中 $p_1,p_2,\cdots,p_n$ 为常数)叫作 **Euler 方程**.

该方程的特点为各项未知函数导数的阶数与乘积因子自变量的指数相同.

求解思路为将 Euler 方程通过变量代换的方法化为常系数微分方程来求解. 做变量代换 $t=\ln x$，即 $x=e^t$，将方程的自变量 x 化成 t，则有

$$\frac{dy}{dx}=\frac{dy}{dt}\frac{dt}{dx}=\frac{1}{x}\frac{dy}{dt},$$

$$\frac{d^2y}{dx^2}=\frac{d}{dx}\left(\frac{1}{x}\frac{dy}{dt}\right)=-\frac{1}{x^2}\frac{dy}{dt}+\frac{1}{x}\frac{d}{dx}\left(\frac{dy}{dt}\right)$$

$$=-\frac{1}{x^2}\frac{\mathrm{d}y}{\mathrm{d}t}+\frac{1}{x}\frac{\mathrm{d}}{\mathrm{d}t}\left(\frac{\mathrm{d}y}{\mathrm{d}t}\right)\frac{\mathrm{d}t}{\mathrm{d}x}$$

$$=-\frac{1}{x^2}\frac{\mathrm{d}y}{\mathrm{d}t}+\frac{1}{x^2}\frac{\mathrm{d}^2y}{\mathrm{d}t^2}=\frac{1}{x^2}\left(\frac{\mathrm{d}^2y}{\mathrm{d}t^2}-\frac{\mathrm{d}y}{\mathrm{d}t}\right),$$

用符号 D 表示对自变量 t 的运算$\frac{\mathrm{d}}{\mathrm{d}t}$，则上述结果可以写为

$$xy'=\mathrm{D}y,$$
$$x^2y''=\mathrm{D}(\mathrm{D}-1)y$$
$$x^3y'''=\mathrm{D}(\mathrm{D}-1)(\mathrm{D}-2)y,$$

下面用数学归纳法证明，一般地，$x^ky^{(k)}=\mathrm{D}(\mathrm{D}-1)\cdots(\mathrm{D}-k+1)y$. 当 $k=0$ 时，显然成立，当 $k=1,2$ 时，前面也已经验证成立，现在考虑 $k+1$ 时的情况：

$$x^{k+1}y^{(k+1)}=x^{k+1}\mathrm{D}(\mathrm{D}^ky)=x^{k+1}\mathrm{D}\left[\frac{1}{x^k}\mathrm{D}(\mathrm{D}-1)\cdots(\mathrm{D}-k+1)y\right],$$

注意到 $\mathrm{D}\left[\frac{1}{x^k}\mathrm{D}(\mathrm{D}-1)\cdots(\mathrm{D}-k+1)y\right]=\frac{1}{x^k}\mathrm{D}[\mathrm{D}(\mathrm{D}-1)\cdots(\mathrm{D}-k+1)y]-\frac{k}{x^{k+1}}\mathrm{D}(\mathrm{D}-1)\cdots(\mathrm{D}-k+1)y$，于是，

$$x^{k+1}y^{(k+1)}=x^{k+1}\left\{\frac{1}{x^k}\mathrm{D}[\mathrm{D}(\mathrm{D}-1)\cdots(\mathrm{D}-k+1)y]-\frac{k}{x^{k+1}}\mathrm{D}(\mathrm{D}-1)\cdots(\mathrm{D}-k+1)y\right\}$$
$$=x\mathrm{D}[\mathrm{D}(\mathrm{D}-1)\cdots(\mathrm{D}-k+1)y]-k\mathrm{D}(\mathrm{D}-1)\cdots(\mathrm{D}-k+1)y,$$

再根据 $xy'=\mathrm{D}y$，则

$$x^{k+1}y^{(k+1)}=\mathrm{D}[\mathrm{D}(\mathrm{D}-1)\cdots(\mathrm{D}-k+1)y]-k\mathrm{D}(\mathrm{D}-1)\cdots(\mathrm{D}-k+1)y$$
$$=\mathrm{D}(\mathrm{D}-1)\cdots(\mathrm{D}-k)y$$

成立，结论得证.

将它们代入 Euler 方程，便可以成功地消去变系数，从而化成常系数的微分方程，求出解之后，再将变量 t 还原成 x，则得到 Euler 方程的解.

例 13.3.14 求方程 $x^2y''-2xy'+2y=\ln^2x-2\ln x$ 的通解.

解：令 $x=\mathrm{e}^t$，则原方程化为

$$\frac{\mathrm{d}^2y}{\mathrm{d}t^2}-3\frac{\mathrm{d}y}{\mathrm{d}t}+2y=t^2-2t,$$

则对应的齐次方程的通解为 $Y=C_1\mathrm{e}^t+C_2\mathrm{e}^{2t}$，设特解 $y^*=At^2+Bt+C$，

代入得 $$y^*=\frac{1}{2}t^2+\frac{1}{2}t+\frac{1}{4},$$

方程的通解为 $$y=C_1\mathrm{e}^t+C_2\mathrm{e}^{2t}+\frac{1}{2}t^2+\frac{1}{2}t+\frac{1}{4}.$$

原方程的通解为 $y=C_1x+C_2x^2+\frac{1}{2}\ln^2x+\frac{1}{2}\ln x+\frac{1}{4}$.

事实上，对于大部分变系数的线性微分方程的求解是很困难的，能用初等函数的有限形式求解的微分方程只局限于某些特殊的类型，因此，要想扩大求解范围，必须放弃解的“有限形式”，而去寻求“无限形式”的解，如下面的“无穷级数解”.

下面介绍微分方程的幂级数解法，只限于考虑二阶齐次线性微分方程 $y''+p(x)y'+q(x)y=0$. 其中，$p(x)$，$q(x)$ 均可在 $|x-x_0|<R$ 内展开为 $(x-x_0)$ 的收敛幂级数，此时对任意的初值条件 $y(x_0)=y_0$，$y'(x_0)=y'_0$，方程都存在满足该初值条件唯一的解 $y(x)$，并且可在 $|x-x_0|<R$ 内展开成 $(x-x_0)$ 的幂级数：$y(x)=\sum_{n=0}^{\infty}a_n(x-x_0)^n$，其中，$a_0=y_0$，$a_1=y'_0$；而 a_n 则可以从 a_0 和 a_1 出发由递推式得到.

例 13.3.15　利用幂级数解法求解 Legendre（勒让德）方程 $(1-x^2)y''-2xy'+k(k+1)y=0$.

说明：Legendre 方程是由法国数学家 Legendre（勒让德，1752—1833）提出的，它是物理学和许多技术领域经常遇到的常微分方程.

解：令 $p(x)=-\frac{2x}{1-x^2}$，$q(x)=\frac{n(n+1)}{1-x^2}$，Legendre 方程化为标准形式的二阶齐次线性方程，注意到 $p(x)$ 和 $q(x)$ 在 $(-1,1)$ 内可以展开为收敛的幂级数，因此对于任意初值，都存在唯一解 $y(x)$，并且在 $(-1,1)$ 内可以展开为收敛的幂级数，即 $y(x)=\sum_{n=0}^{\infty}a_nx^n$，$x\in(-1,1)$. 分别将 $y(x)=\sum_{n=0}^{\infty}a_nx^n$，$y'(x)=\sum_{n=0}^{\infty}(n+1)a_{n+1}x^n$，$y''(x)=\sum_{n=0}^{\infty}(n+1)(n+2)a_{n+2}x^n$ 代入方程，并化简后得到 $\sum_{n=0}^{\infty}[(n+1)(n+2)a_{n+2}-(n-k)(n+k+1)a_n]x^n=0$. 根据幂级数系数的唯一性，可得如下 a_n 的递推式：

$$a_{n+2}=\frac{(n+k+1)(n-k)}{(n+1)(n+2)}a_n.$$

从而得出 $a_{2n}=(-1)^nA_na_0$，$a_{2n+1}=(-1)^nB_na_1$，其中

$$A_n=\frac{(k-2n+2)\cdots(k-2)k(k+1)(k+3)\cdots(k+2n-1)}{(2n)!},$$

$$B_n=\frac{(k-2n+1)\cdots(k-3)(k-1)(k+2)(k+4)\cdots(k+2n)}{(2n+1)!},$$

因此 $x\in(-1,1)$ 时，Legendre 方程的幂级数解为

$$y(x)=\sum_{n=0}^{\infty}(a_{2n}x^{2n}+a_{2n+1}x^{2n+1}).$$

习题 13.3

1. 验证 $y_1=\mathrm{e}^{x^2}$ 与 $y_2=x\mathrm{e}^{x^2}$ 都是齐次方程 $y''-4xy'+(4x^2-2)y=0$ 的解，并写出该方程的通解.

2. 已知二阶线性非齐次方程的三个特解分别为 $y_1=x-(x^2+1)$，$y_2=3\mathrm{e}^x-(x^2+1)$，$y_3=2x-\mathrm{e}^x-(x^2+1)$，求该方程满足初始条件 $y(0)=0$，$y'(0)=0$ 的特解.

3. 证明：向量值函数 $\boldsymbol{y}_1(x)=\begin{pmatrix}\mathrm{e}^x\\0\\\mathrm{e}^{-x}\end{pmatrix}$，$\boldsymbol{y}_2(x)=\begin{pmatrix}0\\\mathrm{e}^{3x}\\1\end{pmatrix}$，$\boldsymbol{y}_3(x)=\begin{pmatrix}\mathrm{e}^{2x}\\\mathrm{e}^{3x}\\0\end{pmatrix}$在$(-\infty,+\infty)$内线性无关.

4. 验证向量值函数 $\boldsymbol{y}_1(x)=\begin{pmatrix}x\\1\end{pmatrix}$，$\boldsymbol{y}_2(x)=\begin{pmatrix}1\\x\end{pmatrix}$ 在 $(-\infty,+\infty)$内线性无关，但在 $x=1$ 时，$\boldsymbol{y}_1(1)$，$\boldsymbol{y}_2(1)$线性相关.

5. 证明：若 $\boldsymbol{y}_1(x)$，$\boldsymbol{y}_2(x)$都是齐次线性微分方程组$\dfrac{\mathrm{d}\boldsymbol{y}}{\mathrm{d}x}=\boldsymbol{A}(x)\boldsymbol{y}$ 的解，则它们的线性组合 $\alpha\boldsymbol{y}_1(x)+\beta\boldsymbol{y}_2(x)$也是其解，其中 α，β 是任意常数.

6. 验证 $\boldsymbol{Y}(x)=\begin{pmatrix}\mathrm{e}^x & \mathrm{e}^{3x}\\-\mathrm{e}^x & \mathrm{e}^{3x}\end{pmatrix}$ 是齐次线性微分方程组$\dfrac{\mathrm{d}\boldsymbol{y}}{\mathrm{d}x}=\begin{pmatrix}2 & 1\\1 & 2\end{pmatrix}\boldsymbol{y}$ 的基解矩阵.

7. 求下列常系数齐次线性微分方程组的通解：

（1）$\dfrac{\mathrm{d}\boldsymbol{y}}{\mathrm{d}x}=\begin{pmatrix}0 & 1 & 1\\1 & 0 & 1\\1 & 1 & 0\end{pmatrix}\boldsymbol{y}$；

（2）$\dfrac{\mathrm{d}\boldsymbol{y}}{\mathrm{d}x}=\begin{pmatrix}-1 & -1 & 0\\0 & -1 & -1\\0 & 0 & -1\end{pmatrix}\boldsymbol{y}$；

（3）$\dfrac{\mathrm{d}\boldsymbol{y}}{\mathrm{d}x}=\begin{pmatrix}-1 & -1\\2 & -3\end{pmatrix}\boldsymbol{y}$.

8. 设 $\boldsymbol{y}_1(x)$和 $\boldsymbol{y}_2(x)$分别是非齐次线性微分方程组$\dfrac{\mathrm{d}\boldsymbol{y}}{\mathrm{d}x}=\boldsymbol{A}(x)\boldsymbol{y}+\boldsymbol{f}_1(x)$和$\dfrac{\mathrm{d}\boldsymbol{y}}{\mathrm{d}x}=\boldsymbol{A}(x)\boldsymbol{y}+\boldsymbol{f}_2(x)$的解，证明：$\boldsymbol{y}_1(x)+\boldsymbol{y}_2(x)$是$\dfrac{\mathrm{d}\boldsymbol{y}}{\mathrm{d}x}=\boldsymbol{A}(x)\boldsymbol{y}+\boldsymbol{f}_1(x)+\boldsymbol{f}_2(x)$的解.

9. 求下列常系数非齐次线性微分方程组的通解：

（1）$\dfrac{\mathrm{d}\boldsymbol{y}}{\mathrm{d}x}=\begin{pmatrix}1 & 2\\4 & 3\end{pmatrix}\boldsymbol{y}+\begin{pmatrix}-\mathrm{e}^{-x}\\4\mathrm{e}^{-x}\end{pmatrix}$；

（2）$\dfrac{\mathrm{d}\boldsymbol{y}}{\mathrm{d}x}=\begin{pmatrix}-1 & -1 & 0\\0 & -1 & -1\\0 & 0 & -1\end{pmatrix}\boldsymbol{y}+\begin{pmatrix}x^2\\2x\\x\end{pmatrix}$.

10. 求下列常系数齐次线性微分方程的通解：

（1）$y''+8y'+15y=0$；

（2）$y''+4y'+5y=0$；

（3）$4\dfrac{\mathrm{d}^2x}{\mathrm{d}t^2}-20\dfrac{\mathrm{d}x}{\mathrm{d}t}+25x=0$；

（4）$y'''-3y''+3y'-y=0$；

（5）$y^{(4)}-y=0$；

（6）$y^{(4)}+2y''+y=0$.

11. 求下列初值问题的解：

（1）$\begin{cases}4y''+9y=0,\\y(0)=2,y'(0)=-1;\end{cases}$

（2）$y''-4y'+13y=0$，$y(0)=0$，$y'(0)=3$.

12. 求下列常系数非齐次线性微分方程的通解：

（1）$y''-3y'+2y=x\mathrm{e}^{2x}$；

（2）$y''+y=4x\sin x$；

（3）$y''-3y'+2y=-x\mathrm{e}^x+\cos x$；

（4）$2y''+y'-y=2\mathrm{e}^x$；

（5）$y''+4y=x\cos x$；

（6）$y''+y=\cos x\cos 2x$.

13. 求下列欧拉方程的解：

（1）$x^2y''-2xy'+2y=\ln^2x-2\ln x$；

（2）$x^3y''-x^2y'+xy=x^2+1$；

（3）$x^2\dfrac{\mathrm{d}^2y}{\mathrm{d}x^2}+3x\dfrac{\mathrm{d}y}{\mathrm{d}x}+5y=0$；

（4）$x^3\dfrac{\mathrm{d}^3y}{\mathrm{d}x^3}+x^2\dfrac{\mathrm{d}^2y}{\mathrm{d}x^2}-4x\dfrac{\mathrm{d}y}{\mathrm{d}x}=3x^2$.

14. 利用幂级数解法求下列微分方程在 $x=0$ 附近幂级数形式的通解或特解：

（1）$y''(x)+\cos(x)y'(x)+y(x)+\dfrac{1}{1-x}=0$（求到第三项即可）；

（2）$y''(x)-xy=0$；

(3) $y''-2xy'-4y=0$, $y(0)=0$, $y'(0)=1$.

15. 设$f(0)=1$，且$f'(x)=1+\int_0^x(6\sin^2 t-f(t))\mathrm{d}t$，求$f(x)$.

13.4 简单的偏微分方程

近年来，偏微分方程在生物学、化学、计算机科学乃至经济学等各个领域的应用都有增长的趋势，因此，偏微分方程的求解，特别是求出精确解就具有相当的重要性. 为此，求偏微分方程精确解的各种方法便应运而生，传统的有分离变量法、d'Alembert 公式法、特征曲线法、Fourier 变换法和 Laplace 变换法，现代的有 Adomian 分解法、变分迭代法、F 展开法、动力系统法等.

在常微分方程情况下，首要的任务是确定一个通解，然后根据给定的条件求出任意常数的值来确定特解. 但是，对偏微分方程来说，从偏微分方程的通解中选出满足附加条件的一个特解，一般来说是十分困难的，甚至是不可能的，这是因为在偏微分方程的通解中含有任意函数，要从通解中确定满足附加条件的特解，不是仅仅要确定任意常数，而是要确定这些任意函数. 一般来说，一个偏微分方程的通解鲜有用途，而真正有用的是特解或者精确解，特解是满足事先给定的附加条件的解，这样的附加条件称为**定解条件**，一个偏微分方程配上定解条件就构成了一个**定解问题**.

本节中仅介绍两类典型偏微分方程的建立、定解条件与定解问题以及两种求解方法：d'Alembert 法和分离变量法，因为许多数学物理问题都可归结为解这两类典型方程的问题.

13.4.1 波动方程与 d'Alembert 法

1. 弦振动方程的建立

设有一根细长而柔软的弦，长度为 l，拉紧以后，让它离开平衡位置在垂直于弦线的外力作用下做微小横振动[以某种方式激发，在同一平面内，弦上各点的振动方向相互平行，且与波的传播方向(弦的长度方向)垂直]，如图 13.4.1 所示，建立描述弦上任一点 x 处在任意时刻 t，垂直于 x 轴的位移 $u(x,t)$ 所满足的运动方程.

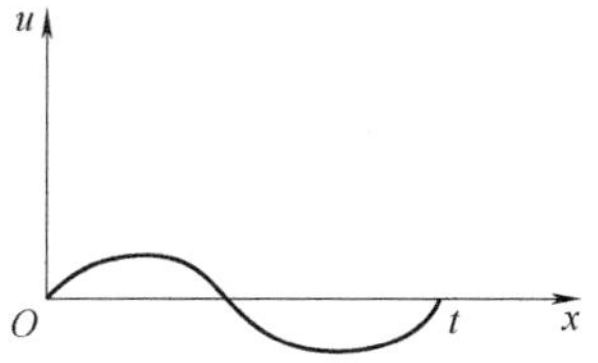

图　13.4.1

首先建立坐标系，取弦的平衡位置为 x 轴，弦离开平衡位置的位移记为 $u=u(x,t)$.

先做一些简化假设：

(1) 弦柔软而不抵抗弯曲，弦上的张力总是沿着振动的切线方向；

（2）弦的重量远小于弦中的张力，弦的挠度远小于弦的长度，运动的弦上任意点的斜率远小于1；

（3）弦做微小的横振动，因此，弦的偏移与弦长相比很小，斜率的绝对值与1相比很小.

考虑弦上一微元素，即区间$[x,x+\Delta x]$（见图 13.4.2）上的部分，它的弦长为

$$\Delta s=\int_x^{x+\Delta x}\sqrt{1+\left(\frac{\partial u}{\partial x}\right)^2}\,\mathrm{d}x. \tag{1}$$

由于“弦的偏移与弦长相比很小，斜率与1相比很小”，于是$\left(\frac{\partial u}{\partial x}\right)^2\ll 1$，即$1+\left(\frac{\partial u}{\partial x}\right)^2\approx 1$.

从而，$\Delta s\approx\int_x^{x+\Delta x}1\mathrm{d}x=\Delta x$. 这样，可以认为区间$[x,x+\Delta x]$上的这段弦在振动过程中并未伸长，因此由 Hooke（胡克）定律可知，弦上每一点所受张力在运动过程中保持不变，即张力与时间无关. 点x处的张力记为$T(x)$. 又由于假设“弦柔软，且有弹性”，所以张力$T(x)$的方向总是沿着弦在点x处的切线方向.

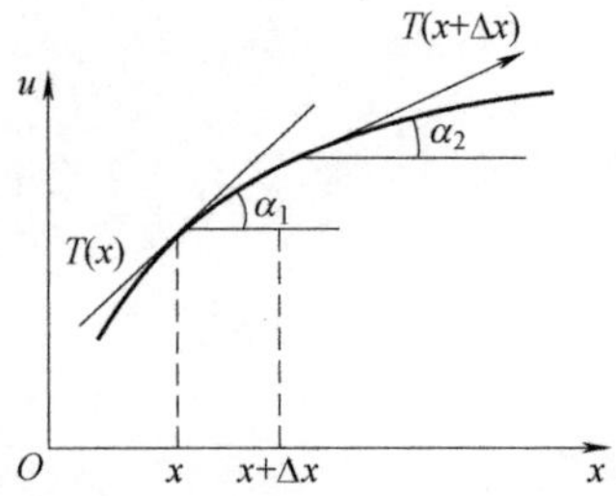

图 13.4.2

如图 13.4.2 所示，在点x处的张力$T(x)$在x，u两个方向上的分力分别为$-T(x)\cos\alpha_1$，$-T(x)\sin\alpha_1$，其中α_1是点x处的切线方向与x轴正向的夹角，负号表示力的方向取与坐标轴相反的方向，在弦段的另一端$x+\Delta x$处的张力$T(x+\Delta x)$在x，u两个方向的分力分别为$T(x+\Delta x)\cos\alpha_2$，$T(x+\Delta x)\sin\alpha_2$，其中$\alpha_2$是点$x+\Delta x$处的切线方向与$x$轴正向的夹角.

设弦的线密度为ρ，弦段$[x,x+\Delta x]$在质心$\bar{x}$处的位移为$u(\bar{x},t)$，则这小弦段的质量和加速度的乘积为$\rho\Delta x\,\frac{\partial^2 u(\bar{x},t)}{\partial t^2}$. 当弦段不受外力作用时，根据牛顿第二定律有

$$T(x+\Delta x)\sin\alpha_2-T(x)\sin\alpha_1=\rho\Delta x\,\frac{\partial^2 u(\bar{x},t)}{\partial t^2}, \tag{2}$$

$$T(x+\Delta x)\cos\alpha_2-T(x)\cos\alpha_1=0. \tag{3}$$

由于$\left|\frac{\partial u}{\partial x}\right|\ll 1$，所以

$$\cos\alpha_1=\frac{1}{\sqrt{1+\tan^2\alpha_1}}=\frac{1}{\sqrt{1+\left(\frac{\partial u(x,t)}{\partial x}\right)^2}}\approx 1, \tag{4}$$

$$\cos\alpha_2=\frac{1}{\sqrt{1+\left(\frac{\partial u(x+\Delta x,t)}{\partial x}\right)^2}}\approx 1, \tag{5}$$

$$\sin\alpha_1 \approx \tan\alpha_1 = \frac{\partial u(x,t)}{\partial x}, \tag{6}$$

$$\sin\alpha_2 \approx \tan\alpha_2 = \frac{\partial u(x+\Delta x,t)}{\partial x}. \tag{7}$$

于是，式(3)变为

$$T(x+\Delta x)-T(x)=0, \tag{8}$$

所以，$T(x+\Delta x)=T(x)=T$，也就是说，张力 T 是一个常数，从而式(2)变为

$$T\left(\frac{\partial u(x+\Delta x,t)}{\partial x}-\frac{\partial u(x,t)}{\partial x}\right)-\rho\Delta x\frac{\partial^2 u(\bar{x},t)}{\partial t^2}=0. \tag{9}$$

应用微分中值定理得到

$$T\frac{\partial^2 u(x+\theta\Delta x,t)}{\partial x^2}\Delta x-\rho\Delta x\frac{\partial^2 u(\bar{x},t)}{\partial t^2}=0,\ 0<\theta<1,$$

约去因子 Δx，并令 $\Delta x\to 0$，此时 $x+\theta\Delta x\to x$，$\bar{x}\to x$；上式化为 $T\dfrac{\partial^2 u(x,t)}{\partial x^2}-\rho\dfrac{\partial^2 u(x,t)}{\partial t^2}=0$，记 $\dfrac{T}{\rho}=a^2$，就得到不受外力作用时弦振动所满足的方程

$$\frac{\partial^2 u}{\partial t^2}-a^2\frac{\partial^2 u}{\partial x^2}=0. \tag{10}$$

当存在外力作用时，若在点 x 处外力密度为 $F(x,t)$(表示 t 时刻，点 x 处的单位长度弦所受到的平行于 u 轴方向的外力)，则小弦段 $[x,x+\Delta x]$ 上所受到的外力为 $F(x^*,t)\Delta x$. 此时，方程(9)应修改为

$$T\left(\frac{\partial u(x+\Delta x,t)}{\partial x}-\frac{\partial u(x,t)}{\partial x}\right)-\rho\Delta x\frac{\partial^2 u(\bar{x},t)}{\partial t^2}=-F(x^*,t)\Delta x. \tag{11}$$

在式(11)左端应用微分中值定理，并令 $\Delta x\to 0$，式(11)化为

$$T\frac{\partial^2 u(x,t)}{\partial x^2}-\rho\frac{\partial^2 u(x,t)}{\partial t^2}=-F(x,t), \tag{12}$$

或者

$$\frac{\partial^2 u}{\partial t^2}-a^2\frac{\partial^2 u}{\partial x^2}=f(x,t). \tag{13}$$

这就是外力作用下弦振动所满足的方程，其中 $f(x,t)=\dfrac{F(x,t)}{\rho}$ 表示 t 时刻单位质量的弦在点 x 处所受的外力. 方程(13)描述了均匀弦的微小横振动的一般规律，称为**弦振动方程**，也称为**一维波动方程**.

注意　上述推导过程中，并没有考虑重力.

2. 定解条件与定解问题

导出波动方程(10)或者方程(13)后，还需要有初始条件和边界条件才能完全确定弦的振动状况. 显然，在初始时刻 $t=0$ 弦上每一点具有一定的位置和速度，即初始条件为

$$u\Big|_{t=0}=\varphi(x),\ \frac{\partial u}{\partial t}\Big|_{t=0}=\psi(x), \tag{14}$$

其中 $\varphi(x)$，$\psi(x)$ 为已知函数.

对于波动方程，根据边界即弦的两端 $x=0$ 和 $x=l$，边界条件通常分为三种情况.

(1) 弦的一端(如 $x=l$)固定，此时边界条件为 $u\Big|_{x=l}=0$. 一般情况下，边界条件可写为 $u\Big|_{x=l}=\mu(t)$，其中 $\mu(t)$ 为已知函数. 这种边界条件称为**第一类边界条件**.

(2) 弦的一端(如 $x=0$)可以在垂直于 x 轴的直线上自由滑动，不受到 u 轴方向外力的作用，这种边界称为自由边界. 根据边界元素右端的张力的 u 轴方向分量为 $T\dfrac{\partial u}{\partial x}$，得出在自由边界时应成立 $\dfrac{\partial u}{\partial x}\Big|_{x=0}=0$. 更一般的情形，沿边界张力的 u 轴分量是 t 的一个已知函数，这时相应的边界条件为 $\dfrac{\partial u}{\partial x}\Big|_{x=0}=\mu(t)$，这种边界条件称为**第二类边界条件**.

(3) 在弹性支承的情形下，边界条件归结为 $\left(\dfrac{\partial u}{\partial x}+hu\right)\Big|_{x=l}=0$，其中 $h=\dfrac{k}{T}$ 是已知正数. 在数学上也可以考虑更普遍的边界条件 $\left(\dfrac{\partial u}{\partial x}+hu\right)\Big|_{x=l}=\mu(t)$，其中 $\mu(t)$ 为已知函数. 这种边界条件称为**第三类边界条件**.

有时，弦本身很长，所需要研究的是在较短时间内较小范围上的弦振动状况，那么边界条件发生的影响往往可以忽略不计，因此，这时可以把所研究的弦视为充满整个直线，定解问题就变成在初始条件(14)下寻求满足弦振动方程(10)或者方程(13)的解 u，此即弦振动方程的**初值问题**或 **Cauchy 问题**.

3. d'Alembert 公式

前面我们推导了一类典型的方程——波动方程(弦振动方程)，接下来就研究如何求解，设有无界的自由振动弦的定解问题

$$\begin{cases} u_{tt}=a^2u_{xx}, & -\infty<x<+\infty,\ t>0, \quad (15\text{a})\\ u(x,0)=\varphi(x), & u_t(x,0)=\psi(x), \quad (15\text{b}) \end{cases}$$

其中，φ，ψ 皆为已知函数，以下讨论该定解问题的解法.

先求出方程(15a)的通解，再利用初始条件(15b)得到该Cauchy问题的解.

方程(15a)的特征方程为$\left(\dfrac{\mathrm{d}x}{\mathrm{d}t}\right)^2-a^2=0$，由此得两族实特征线$x+at=c_1$，$x-at=c_2$，引入特征坐标

$$\begin{cases}\xi=x-at,\\ \eta=x+at,\end{cases}\tag{16}$$

$$u(x,t)=u(x(\xi,\eta),\ y(\xi,\eta))\triangleq U(\xi,\eta).$$

利用复合函数微分法，得到

$$\frac{\partial u}{\partial x}=\frac{\partial U}{\partial \xi}\frac{\partial \xi}{\partial x}+\frac{\partial U}{\partial \eta}\frac{\partial \eta}{\partial x}=\frac{\partial U}{\partial \xi}+\frac{\partial U}{\partial \eta},$$

$$\begin{aligned}\frac{\partial^2 u}{\partial x^2}&=\frac{\partial}{\partial \xi}\left(\frac{\partial U}{\partial \xi}+\frac{\partial U}{\partial \eta}\right)\frac{\partial \xi}{\partial x}+\frac{\partial}{\partial \eta}\left(\frac{\partial U}{\partial \xi}+\frac{\partial U}{\partial \eta}\right)\frac{\partial \eta}{\partial x}\\&=\frac{\partial^2 U}{\partial \xi^2}+2\frac{\partial^2 U}{\partial \xi\partial \eta}+\frac{\partial^2 U}{\partial \eta^2}.\end{aligned}$$

同理，有$\dfrac{\partial^2 u}{\partial t^2}=a^2\left(\dfrac{\partial^2 U}{\partial \xi^2}-2\dfrac{\partial^2 U}{\partial \xi\partial \eta}+\dfrac{\partial^2 U}{\partial \eta^2}\right)$，将上述二阶导数代入方程(15a)，得到

$$U_{\xi\eta}=0,\tag{17}$$

将式(17)对 η 积分得到$\dfrac{\partial U}{\partial \xi}=f(\xi)$，其中，$f(\xi)$仅为 ξ 的函数，再将式(17)对 ξ 积分，得到

$$U(\xi,\eta)=\int f(\xi)\,\mathrm{d}\xi+f_2(\eta)=f_1(\xi)+f_2(\eta).\tag{18}$$

利用式(16)代回原来的自变量 x，t，就得到

$$u(x,t)=f_1(x-at)+f_2(x+at).\tag{19}$$

其中，f_1 和 f_2 为两个任意连续二阶可微函数，只需要直接代入可验证式(19)的确是方程(15a)的解，并称它为方程的"通解".

显然，为了要求出定解问题的解，还必须看一看是否利用定解条件(15b)去确定式(19)中的两个任意函数 f_1 和 f_2，为此，将式(19)代入式(15b)，得到

$$f_1(x)+f_2(x)=\varphi(x),\tag{20}$$

$$-af_1'(x)+af_2'(x)=\psi(x).\tag{21}$$

将式(21)积分一次后得到

$$-af_1(x)+af_2(x)=\int_{x_0}^{x}\psi(\xi)\,\mathrm{d}\xi+c\tag{22}$$

其中，x_0 是某固定参数，c 是任意的积分常数，由式(20)和

式(22)解出函数f_1和f_2，得到

$$f_1(x)=\frac{1}{2}\varphi(x)-\frac{1}{2a}\int_{x_0}^{x}\psi(\xi)\mathrm{d}\xi-\frac{c}{2a}, \tag{23}$$

$$f_2(x)=\frac{1}{2}\varphi(x)+\frac{1}{2a}\int_{x_0}^{x}\psi(\xi)\mathrm{d}\xi+\frac{c}{2a}. \tag{24}$$

将式(23)中x换成$x-at$，将式(24)中x换成$x+at$后，再代入式(19)，得到

$$u(x,t)=\frac{\varphi(x+at)+\varphi(x-at)}{2}+\frac{1}{2a}\int_{x-at}^{x+at}\psi(\xi)\mathrm{d}\xi. \tag{25}$$

我们称解的表达式(25)为**d'Alembert 公式**. 该定解问题的解是存在、唯一、稳定的，即该定解问题是适定的.

13.4.2 热传导方程与分离变量法

1. 热传导方程的建立

在三维空间中，考虑一均匀、各向同性的物体，假设它内部有热源，试建立热传导方程. 将物体Ω放置于坐标系$Oxyz$中，设$u(x,y,z,t)$表示物体Ω在位置(x,y,z)处以及时刻t的温度，在Ω内任取一闭曲面S，它所包围的区域记为D. 现在时段$[t_1,t_2]$上对D应用能量守恒定律.

根据传热学中的 Fourier 定律，物体在时间$\mathrm{d}t$内流过面积$\mathrm{d}S$的热量$\mathrm{d}Q$与物体温度沿着曲面$\mathrm{d}S$法线方向的方向导数成正比，即

$$\mathrm{d}Q=-K(x,y,z)\frac{\partial u}{\partial n}\mathrm{d}S\mathrm{d}t, \tag{26}$$

其中，$K(x,y,z)$称为物体在点(x,y,z)处的导热系数，它应取正值，负号的出现是由于热量的流向和温度梯度的方向相反，也就是说，如果梯度与曲面的法线成锐角，则$\frac{\partial u}{\partial n}=\mathbf{grad}u\cdot\boldsymbol{n}$为正，其中$\boldsymbol{n}$为单位法向量，依$\boldsymbol{n}$的方向通过曲面时温度要增加，而热流方向却与此相反，即从温度高的一侧流向低的一侧，故依$\boldsymbol{n}$的方向通过曲面的热流量应该是负的. 于是，通过边界曲面S在$[t_1,t_2]$时段内流入D的热量Q_1为

$$Q_1=\int_{t_1}^{t_2}\left(\iint_S K(x,y,z)\frac{\partial u}{\partial n}\mathrm{d}S\right)\mathrm{d}t. \tag{27}$$

再考察物体内部热源所产生的热量Q_2，若设单位时间内单位体积中产生的热量为$F(x,y,z,t)$，则

$$Q_2=\int_{t_1}^{t_2}\iiint_D F(x,y,z,t)\,\mathrm{d}x\mathrm{d}y\mathrm{d}z\mathrm{d}t. \tag{28}$$

流入的热量和热源产生的热量使物体内部温度发生变化，在时段$[t_1,t_2]$内物体温度变化所吸收的热量是

$$Q=\iiint_D C(x,y,z)\rho(x,y,z)(u(x,y,z,t_2)-u(x,y,z,t_1))\,\mathrm{d}x\mathrm{d}y\mathrm{d}z. \tag{29}$$

其中，C 为比热容，ρ 为密度.

由能量守恒定律，$Q=Q_1+Q_2$，即

$$\int_{t_1}^{t_2}\left(\iint_S K(x,y,z)\frac{\partial u}{\partial n}\mathrm{d}S\right)\mathrm{d}t+\int_{t_1}^{t_2}\iiint_D F(x,y,z,t)\,\mathrm{d}x\mathrm{d}y\mathrm{d}z\mathrm{d}t$$
$$=\iiint_D C(x,y,z)\rho(x,y,z)(u(x,y,z,t_2)-u(x,y,z,t_1))\,\mathrm{d}x\mathrm{d}y\mathrm{d}z. \tag{30}$$

假设函数 u 关于变量 x，y，z 具有二阶连续偏导数，关于 t 具有一阶连续偏导数，利用 Ostrouski-Gauss 公式，可以把式(30)化为

$$\int_{t_1}^{t_2}\iiint_D\left[\frac{\partial}{\partial x}\left(K\frac{\partial u}{\partial x}\right)+\frac{\partial}{\partial y}\left(K\frac{\partial u}{\partial y}\right)+\frac{\partial}{\partial z}\left(K\frac{\partial u}{\partial z}\right)\right]\mathrm{d}x\mathrm{d}y\mathrm{d}z\mathrm{d}t+$$
$$\int_{t_1}^{t_2}\iiint_D F(x,y,z,t)\,\mathrm{d}x\mathrm{d}y\mathrm{d}z\mathrm{d}t$$
$$=\iiint_D C\rho\left(\int_{t_1}^{t_2}\frac{\partial u}{\partial t}\mathrm{d}t\right)\mathrm{d}x\mathrm{d}y\mathrm{d}z.$$

交换积分次序，可以得到

$$\int_{t_1}^{t_2}\iiint_D\left[C\rho\frac{\partial u}{\partial t}-\frac{\partial}{\partial x}\left(K\frac{\partial u}{\partial x}\right)-\frac{\partial}{\partial y}\left(K\frac{\partial u}{\partial y}\right)-\right.$$
$$\left.\frac{\partial}{\partial z}\left(K\frac{\partial u}{\partial z}\right)-F(x,y,z,t)\right]\mathrm{d}x\mathrm{d}y\mathrm{d}z\mathrm{d}t=0. \tag{31}$$

由于 t_1，t_2 与区域 D 都是任意的，可以得到

$$C\rho\frac{\partial u}{\partial t}=\frac{\partial}{\partial x}\left(K\frac{\partial u}{\partial x}\right)+\frac{\partial}{\partial y}\left(K\frac{\partial u}{\partial y}\right)+\frac{\partial}{\partial z}\left(K\frac{\partial u}{\partial z}\right)+F(x,y,z,t). \tag{32}$$

方程(32)称为非均匀的各向同性体的**三维热传导方程**.

若物体是均匀的，此时，K，C，ρ 皆为常数，记 $\frac{K}{C\rho}=a^2$，即得

$$\frac{\partial u}{\partial t}=a^2\left(\frac{\partial^2 u}{\partial x^2}+\frac{\partial^2 u}{\partial y^2}+\frac{\partial^2 u}{\partial z^2}\right)+f(x,y,z,t). \tag{33}$$

其中
$$f(x,y,z,t)=\frac{F(x,y,z,t)}{C\rho}. \tag{34}$$

方程(33)称为**三维非齐次的热传导方程**. 若物体 Ω 内无热源，方程(33)中的$f\equiv 0$，则化为

$$\frac{\partial u}{\partial t}=a^2\left(\frac{\partial^2 u}{\partial x^2}+\frac{\partial^2 u}{\partial y^2}+\frac{\partial^2 u}{\partial z^2}\right). \tag{35}$$

方程(35)称为**三维齐次的热传导方程**.

2. 定解条件与定解问题

要完全确定出介质内部的热流状态，除了方程(33)外，还需要给出介质内部的初始状态和介质表面的边界状态，因此，热传导方程的定解条件应包括初始条件和边界条件，从物理过程来分析，热传导方程的初始条件应为

$$u\Big|_{t=0}=\varphi(x,y,z), \tag{36}$$

其中，φ 为已知函数，表示介质在初始时刻时物体中温度的分布.

现在我们研究介质表面的边界条件，若在 Ω 的边界曲面 Γ 上每点给出了温度，则边界条件为 $u\Big|_{\Gamma}=\psi(x,y,z,t)$，其中 ψ 是定义在边界曲面上的已知函数，这种边界条件称为**第一类边界条件**. 若在边界曲面 Γ 上每点给出的热流量是已知的，数学形式表示为 $\dfrac{\partial u}{\partial n}\Big|_{\Gamma}=\psi(x,y,z,t)$，其中 ψ 是定义在边界曲面上的已知函数，这种边界条件称为**第二类边界条件**. 根据不同问题的不同边界状态，常见的还有“第三类”边界条件，此处不再赘述.

注意：线性定解条件中不含有未知函数及其偏导数的项称为**自由项**，若自由项为零，称此定解条件是**齐次**的；否则，称其为**非齐次**的.

3. 分离变量法

下面以齐次边界条件下的一维热传导定解问题为例，介绍求解热传导问题的分离变量法.

设有长度为 l 的、均匀的、内部无热源的热传导细杆，侧面绝热，其左端保持 0℃，右端绝热，初始温度分布为已知. 该定解问题应为

$$\begin{cases} u_t=a^2u_{xx}, & 0<x<l,t>0, \quad (37)\\ u(x,0)=\varphi(x), & \quad (38)\\ u(0,t)=0, \quad u_x(l,t)=0, & \quad (39)\end{cases}$$

现在按分离变量法的步骤来求：

第一，求出 $X(x)$ 与 $T(t)$ 所满足的常微分方程.

设满足式(37)、式(39)的特解形式为

$$U(x,t)=X(x)T(t), \tag{40}$$

其中 $X(x)$ 为变量 x 的函数，$T(t)$ 为变量 t 的函数，把式(40)代入式(37)中，就得到 $X(x)T'(t)=a^2X''(x)T(t)$，$\dfrac{T'(t)}{a^2T(t)}=\dfrac{X''(x)}{X(x)}=$

$-\lambda$，由此得到 $X(x)$ 和 $T(t)$ 所满足的常微分方程

$$T'(t)+\lambda a^2T(t)=0, \tag{41}$$

$$X''(x)+\lambda X(x)=0. \tag{42}$$

第二，解特征值问题.

为了要式(40)能满足边界条件，应有

$$U(0,t)=X(0)T(t)=0,$$
$$U_x(l,t)=X'(l)T(t)=0.$$

因为 $T(t)$ 不能恒为零，所以

$$X(0)=X'(l)=0, \tag{43}$$

于是得到特征值问题

$$\begin{cases}X''(x)+\lambda X(x)=0,\\ X(0)=X'(l)=0.\end{cases} \tag{44}$$

根据线性齐次方程特征值的讨论得到，当 $\lambda\leqslant 0$ 时，特征值问题无非零解，当 $\lambda>0$ 时，$X(x)=C\sin\sqrt{\lambda}x+D\cos\sqrt{\lambda}x$，由 $X(0)=0$，有 $D=0$，从而 $X(x)=C\sin\sqrt{\lambda}x$，由于 $X'(l)=0$，即 $\cos\sqrt{\lambda}l=0$，所以 $\sqrt{\lambda}l=\frac{(2n+1)\pi}{2}$，也就是

$$\sqrt{\lambda_n}=\frac{\left(n+\frac{1}{2}\right)\pi}{l},\ n=0,1,2,\cdots, \tag{45}$$

相应的特征函数为

$$X_n(x)=C_n\sin\frac{\left(n+\frac{1}{2}\right)\pi x}{l},\ n=0,1,2,\cdots. \tag{46}$$

将式(45)所得到的 λ_n 代入式(41)中，求出其通解为

$$T_n(t)=A_n e^{-\frac{\left(n+\frac{1}{2}\right)^2\pi^2a^2}{l^2}t},\ n=0,1,2,\cdots. \tag{47}$$

于是由式(40)得到

$$U_n(x,t)=X_n(x)T_n(t)=a_n e^{-\frac{\left(n+\frac{1}{2}\right)^2\pi^2a^2}{l^2}t}\sin\frac{(n+1/2)\pi x}{l},\ n=0,1,2,\cdots, \tag{48}$$

其中 a_n 为任意常数.

第三，$U_n(x,t)$ 的叠加.

上面求出的式(48)是满足齐次方程(37)和齐次边界条件(39)的特解，利用叠加原理，如果级数

$$u(x,t)=\sum_{n=0}^{\infty}U_n(x,t)=\sum_{n=0}^{\infty}a_n e^{-\frac{\left(n+\frac{1}{2}\right)^2\pi^2a^2}{l^2}t}\sin\frac{\left(n+\frac{1}{2}\right)\pi x}{l} \tag{49}$$

收敛且对 x，t 分别可二次、一次逐项微分，则 $u(x,t)$ 满足方程(37)和边界条件(39).

同时，如果恰当地选择系数 a_n，就有可能满足初始条件(38).

第四，确定系数 a_n.

将式(49)代入条件(38)，即

$$u(x,0)=\sum_{n=0}^{\infty}a_n\sin\frac{(n+1/2)\pi x}{l}=\varphi(x). \tag{50}$$

只要利用特征函数系 $\left\{\sin\frac{\left(n+\frac{1}{2}\right)\pi x}{l}\,\middle|\,n=0,1,2,\cdots\right\}$ 的完备正交性，即知当 φ 满足一定条件时，存在 a_n 使得式(50)成立，且

$$a_n=\frac{2}{l}\int_0^l\varphi(x)\sin\frac{\left(n+\frac{1}{2}\right)\pi x}{l}\mathrm{d}x,\ n=0,1,2,\cdots. \tag{51}$$

把这样求出的系数 a_n 的表达式(51)代入式(49)后，就确定了解的表达式.

历史注记

偏微分方程这门学科产生于 18 世纪，Euler 在他的著作中最早提出了弦振动的二阶方程，随后不久，法国数学家 d'Alember 在他的著作《论动力学》中提出了特殊的偏微分方程. 这些著作当时并没有引起多大注意. 1746 年，d'Alember 在他的论文《张紧的弦振动时形成的曲线的研究》中，提议证明无穷多种和正弦曲线不同的曲线是振动的模式，他将偏导数的概念引进，作为对弦振动的数学描述，由此开创了偏微分这门学科. 后来，瑞士数学家 Bernoulli 提出了解弹性系振动问题的一般方法，对偏微分方程的发展起了比较大的影响. Lagrange 也讨论了一阶偏微分方程，丰富了这门学科的内容.

偏微分方程的迅速发展是在 19 世纪，数学物理问题研究繁荣起来，许多数学家对数学物理问题的解决做出了贡献，值得一提的是法国数学家 Fourier，写出了《热的解析理论》，在书中提出了三维空间的热方程，他的研究对偏微分方程的发展影响巨大.

抗疫精神

习题 13.4

1. 试导出均匀等截面的弹性杆做微小纵振动的运动方程(略去空气的阻力和杆的重量).

2. 一均匀细杆直径为 l，假设它的同一横截面上温度是相同的，杆的表面和周围介质发生热交换，服从规律 $\mathrm{d}Q=K_1(u-u_1)\mathrm{d}S\mathrm{d}t$，记杆的密度为 ρ，比热容为 C，导热系数为 K，试导出此时温度 u 所满足

的微分方程.

3. 一根均匀杆原长 l，一端固定，另一端拉长 ε 而静止，然后突然放手任其振动，试写出其定解问题.

4. 用分离变量法求解下列热传导方程的混合问题：

（1）$\begin{cases} U_t = a^2 U_{xx}, & 0<x<l, t>0, \\ U(x,0) = x(l-x), & 0<x<l, \\ U(0,t) = U(l,t) = 0, & t>0; \end{cases}$

（2）$\begin{cases} U_t = a^2 U_{xx}, & 0<x<l, t>0, \\ U(x,0) = x, & 0<x<l, \\ U_x(0,t) = U_x(l,t) = 0, & t>0. \end{cases}$

5. 采用 d'Alembert 公式求解下列波动方程的初值问题：

（1）$\begin{cases} U_{tt} - a^2 U_{xx} = 0, & t>0, -\infty<x<+\infty, \\ U(x,0) = \sin x, & U_t(x,0) = x^2; \end{cases}$

（2）$\begin{cases} U_{tt} - a^2 U_{xx} = \sin x, & t>0, -\infty<x<+\infty, \\ U(x,0) = \cos x, & U_t(x,0) = x. \end{cases}$

参考文献

[1] 陈纪修，於崇华，金路. 数学分析：上册[M]. 2 版. 北京：高等教育出版社，2004.

[2] 陈纪修，於崇华，金路. 数学分析：下册[M]. 2 版. 北京：高等教育出版社，2004.

[3] 菲赫金哥尔茨. 微积分学教程：第一卷　第 8 版[M]. 杨弢亮，叶彦谦，译. 北京：高等教育出版社，2006.

[4] RUDIN W. 数学分析原理：原书第 3 版[M]. 影印版. 北京：机械工业出版社，2004.

[5] 卓里奇. 数学分析：第一卷　原书第 4 版[M]. 蒋铎，王昆扬，周美珂，等译. 北京：高等教育出版社，2006.

[6] 张筑生. 数学分析新讲：第一册[M]. 北京：北京大学出版社，1990.

[7] 张筑生. 数学分析新讲：第二册[M]. 北京：北京大学出版社，1990.

[8] 张筑生. 数学分析新讲：第三册[M]. 北京：北京大学出版社，1990.

[9] 伍胜健. 数学分析：第一册[M]. 北京：北京大学出版社，2010.

[10] 伍胜健. 数学分析：第二册[M]. 北京：北京大学出版社，2010.

[11] 伍胜健. 数学分析：第三册[M]. 北京：北京大学出版社，2010.

[12] 常庚哲，史济怀. 数学分析教程：上册[M]. 北京：高等教育出版社，2003.

[13] 常庚哲，史济怀. 数学分析教程：下册[M]. 北京：高等教育出版社，2003.

[14] 方企勤，林源渠. 数学分析习题课教材[M]. 北京：北京大学出版社，1990.

[15] 裴礼文. 数学分析中的典型问题与方法[M]. 2 版. 北京：高等教育出版社，2006.

[16] 滕加俊. 吉米多维奇数学分析习题集精选精解[M]. 南京：东南大学出版社，2010.

[17] 谢惠民，恽自求，易法槐，等. 数学分析习题课讲义：上册[M]. 2 版. 北京：高等教育出版社，2018.

[18] 谢惠民，恽自求，易法槐，等. 数学分析习题课讲义：下册[M]. 2 版. 北京：高等教育出版社，2018.